普通高等教育"十一五"国家级规划教材

测 控 仪 器 设 计

第 4 版

主编　刘炳国　刘庆纲
参编　刘文文　赵　辉　刘国栋　卢丙辉
主审　浦昭邦

机械工业出版社

本书为高等工科院校"测控技术与仪器"专业"十一五"国家级规划教材。本书从总体设计出发,用创新设计思想组织光、机、电、算相结合的测控仪器设计内容。

本书首先系统地论述了测控仪器的精度理论、总体设计的理论与方法,然后分析了在总体设计时如何考虑测控仪器的精密机械系统、电路与软件系统、光电系统设计的主要问题和方法。

本书内容荟萃了近代仪器设计的有关资料和科研成果,体系新颖,具有相当的深度和广度。适用于仪器、机械、电子、光电类专业师生和从事仪器仪表科研、计量、生产开发的工程技术人员学习和参考。

本书配有电子课件,欢迎选用本书作教材的教师登录 www.cmpedu.com 注册后下载。

图书在版编目(CIP)数据

测控仪器设计/刘炳国,刘庆纲主编. —4 版. —北京:机械工业出版社,2022.11(2025.3 重印)

普通高等教育"十一五"国家级规划教材

ISBN 978-7-111-71958-8

Ⅰ.①测… Ⅱ.①刘… ②刘… Ⅲ.①电子测量设备–高等学校–教材 Ⅳ.①TM93

中国版本图书馆 CIP 数据核字(2022)第 203620 号

机械工业出版社(北京市百万庄大街 22 号 邮政编码 100037)
策划编辑:王玉鑫   责任编辑:王玉鑫 聂文君
责任校对:樊钟英 刘雅娜 封面设计:张 静
责任印制:张 博
北京建宏印刷有限公司印刷
2025 年 3 月第 4 版第 2 次印刷
184mm×260mm ·21.5 印张 ·559 千字
标准书号:ISBN 978-7-111-71958-8
定价:59.80 元

电话服务   网络服务
客服电话:010-88361066   机 工 官 网:www.cmpbook.com
        010-88379833   机 工 官 博:weibo.com/cmp1952
        010-68326294   金 书 网:www.golden-book.com
封底无防伪标均为盗版   机工教育服务网:www.cmpedu.com

第4版前言

本书第3版出版以来，已多次重印。由于本书既有仪器设计的基础理论知识，又特别重视工程实践，因而被国内多所高等院校选为本科生教材。目前国内十分重视云计算、大数据、互联网、人工智能及虚拟现实技术等方面的自主创新，因而本书在第4版加强了这些方面在测控仪器设计中的分析与介绍。如在第二章增加了三坐标测量机的精度分析，在第四章增加了测控仪器设计方法等内容，尤其是增加了第八章智能仪器设计。这些新增加的内容紧密结合测控技术的发展需求，符合课程建设的需要。

本书第3版主编浦昭邦教授主动提出不再担任主编工作，由哈尔滨工业大学刘炳国研究员和天津大学刘庆纲教授担任主编，感谢浦昭邦教授为本书的体系建立和内容不断完善做出的重要贡献。参加编写的教师有：哈尔滨工业大学刘炳国（第一章和第五章），合肥工业大学刘文文（第二章），天津大学刘庆纲（第三章和第四章），上海交通大学赵辉（第六章和第八章），哈尔滨工业大学刘国栋和卢丙辉（第七章）。考虑到原主审张国雄教授年事已高，为了照顾他的身体，改为浦昭邦教授作为第4版主审。感谢本书前几版中做出重要贡献的施涌潮、王宝光、王代华、庄志涛等老师。

本书为高等学校"测控技术与仪器"专业主修课程教材之一，并可作为相关专业的参考书或研究生用书，也可供从事仪器仪表、光学工程、机械工程等的研究人员参考。

本书修订时同时进行了勘误工作，但由于编者水平有限，难免有疏漏和不足之处，恳请广大读者给予批评和建议，以便进一步修订和完善。

编　者

第3版前言

自从 2007 年第 2 版出版以来，经过了 7 次重印，许多高校反映本书内容丰富，结构清晰，创新设计思想突出，同时也提出一些宝贵的修改意见。特此本书再次修订。

随着计算机技术、智能仪器和网络化测试技术的发展，测控仪器的设计内容和设计方法有了很大变化，因此本书在内容上做了相应的增删。如第二章仪器精度理论增加了仪器误差分析的蒙特卡洛法，该方法已比较广泛地应用于测量不确定度评定、误差综合和精度分配之中；在测控仪器总体设计中增加了仪器系统总线设计与选择；在机械系统设计和电路系统设计中增加了模块化设计选用实例和工程应用实例等。第 3 版还将原书使用过程中发现的错误和不当之处进行了修正。

本书为高等学校"测控技术与仪器"专业主修课程教材之一，并可作为相关专业的参考书或研究生用书，也可供从事仪器仪表、光学工程、机械工程的计量和研究工程技术人员参考。

本书由哈尔滨工业大学浦昭邦教授和天津大学刘庆纲教授主编，本书第 2 版主编王宝光教授由于年龄关系提出不再担任本书主编工作，在此对王宝光教授对本书做出的贡献表示感谢。参加编写的教师有：哈尔滨工业大学浦昭邦（第一章），合肥工业大学刘文文（第二章），天津大学刘庆纲（第三章），哈尔滨工业大学刘炳国、庄志涛（第四章），上海交通大学赵辉（第五章），哈尔滨工业大学浦昭邦、庄志涛（第六章）。全书由天津大学张国雄教授主审，哈尔滨工业大学马晶月完成本书的电子编辑工作。感谢本书第 1 版和第 2 版参加编写的施涌潮和王代华老师对本书做出的贡献。还要特别感谢本书第 1 版和第 2 版的主审 陈林才 教授对本书做出的贡献，他的严谨治学态度和科学求实的学风使本书的编者永志难忘。

本书编写中参考了许多文献，在此谨向参考文献的作者们表示衷心感谢。

由于编者水平有限，难免有疏漏和错误。恳请广大读者提出批评，以便进一步修订和完善。

编　者

目 录

第一章

测控仪器设计概论

第一节　测控仪器的概念和组成

一、测控仪器的概念

按照系统工程的技术观点，可以将产品生产的技术结构分为能量流、材料流和信息流三大部分。能量流是以能量和能量变换为主的技术系统，如锅炉、冷凝器、热交换器、发动机等；材料流是以材料和材料变换为主的技术系统，如机床、液压机械、农业机械、纺织机械等；信息流则包含信息获取、变换、控制、测量、监视、处理、存储、显示等技术系统，如仪器仪表、计算机、通信装置、自动控制系统等。用信息流可以控制能量流和材料流。

仪器仪表是信息流的核心装备，是人们对物质及其属性进行观察、测定、监视、验证、分析计算、传输、控制、记忆与显示的器具总称，它是人类认识物质世界的工具。

仪器仪表的作用主要体现在测量与控制两大方面。测量是以确定量值为目的的一组操作，它用于表达物质的数量特征；控制是对信息获取、传送、执行过程的一种干预，使过程优化或更简便易行，并使结果更准确地操作。现代仪器中测量与控制功能已密不可分，如在纳米测量技术中，精密工作台的纳米级精密定位则必须使用带有检测装置的闭环控制系统，才能达到预定的高精度、高效率和高可靠性。将测量与控制组合为一体的测控系统常简称为测控仪器。

测控仪器应用是十分广泛的，它深入到国民经济的各个部门和人们生活的各个角落。如机械制造和仪器制造业中产品的静态与动态性能测试，加工过程的监测和控制，故障诊断与消除都需要用各种尺寸测量仪器、机械量测量仪器、温度测量仪器等。工业、电力、化工、石油等领域的自动化生产中为保证生产过程正常、高效运行，要对工业参数，如尺寸、温度、压力、电流、电压、流量等进行适时检测与控制。在航空航天领域则要求更加严格，如对发动机转速、转矩、振动、噪声、动力特性等进行测量，对管道进行流量、压力测量；对工件尺寸、结构应力、强度、刚度进行静态或动态测量或无损检测；对电流、电压、绝缘强度以及对控制性能进行测量等。

测控仪器的水平是科学技术现代化的重要标志，没有现代化的测控仪器，国民经济是无法发展的。

测控仪器大致包括以下几个方面：

1. 计量测试仪器

计量测试仪器的主要测量对象是各种物理量，它是先进制造业中保证产品质量和提高产品创新能力的重要手段。

（1）几何量计量仪器 用于先进制造业和微电子制造业中各种工件的长度、角度、形貌、相互位置、位移距离等参数的测量，如坐标测量机、扫描仪、跟踪仪等。

（2）机械量计量仪器 如各种测力仪、硬度仪、力矩仪、振动测量仪、速度与加速度测量仪。

（3）热工量计量仪器 包括温度、湿度、流量、压力等计量仪器和仪表，如各种测温仪器及仪表、流量计、气压计、真空计等。

（4）时间频率计量仪器 如各种计时仪器与钟表、铯原子钟、时间频率测量仪等。

（5）电磁计量仪器 用于测量各种电量和磁量的仪器，如各种交直流电流表、电压表、功率表、电阻测量仪、电容测量仪、静电仪、磁参数测量仪等。

（6）无线电参数测量仪器 如示波器、信号发生器、相位测量仪、频率发生器、动态信号分析仪以及微波测量技术等。

（7）光学与声学参数测量仪器 如光度计、光谱仪、色度计、激光参数测量仪、光学传递函数测量仪等。

（8）电离辐射计量仪器 如各种放射性、核素计量，X、γ射线及中子计量仪器等。

以上8大类计量仪器在技术上是融会贯通的，有许多共性的东西，这就是计量测试仪器的设计理论和测试理论，还要研究计量基准、基准仪器、基准的传递和传递过程中的标准仪器和标准器件。

2. 工业自动化仪器及仪表

在石油、化工、钢铁、电力、交通、轻工、航空航天等领域使用着大量过程控制仪器仪表、智能仪器仪表以及采用现场总线技术的检测仪表及控制系统等。

3. 科学仪器

生命科学、材料科学、环境监测、地震监测、河流海洋监测、能源计量、农业产品品质、食品营养成分、农药及其残留量检测等关系到人类生存和发展的计量和监测仪器。

4. 医疗仪器

在更加关心人们身体健康的今天，医疗仪器的市场越来越广阔。医用光学仪器、医用电子仪器、医用光电仪器已经普遍应用于临床。如X射线影像系统、黑白与彩色超声仪器、核磁共振影像系统、内窥镜、手术显微镜及各种化验分析显微镜、激光诊疗设备等。

5. 自动化与网络化测试系统

在机械制造与电子信息行业中，在线自动检测系统是必不可少的。各种精密数字测量仪、无线电参数测量仪、集成电路测量仪及由它们组成的自动化测试系统被广泛地应用着。这种在线自动检测系统、加工装置与机器人构成的无人车间已经越来越多。随着网络化测试系统的发展，资源共享与远程控制已经在广泛应用。因此自动化与网络化测量仪器与通信及计算机相结合构成的自动化与网络化测量系统也是测控仪器的重要部分。

6. 各种传感器

传感器是测控仪器中感受与拾取被测量的重要器件，在智能化与自动化测控系统中各种原理的传感器创新性设计是测控系统创新的核心之一，各种测量长度、距离、压力、温度、流量、液位、光学、声学、电磁、电子的新型传感器以及环保、海洋、河流、生物、航空航天等领域的新原理、微型化、智能化传感器的设计与制造是国民经济发展的新兴产业。

可以看出测控仪器内容十分广泛，应用极为普遍。从科学的角度可以认为测控仪器是利用测量与控制的理论，采用机械、电子、光学的各种计量测试原理及控制系统与计算机相结合的一种范围广泛的测量仪器。

"测控仪器设计"是"测控技术与仪器"专业的一门主修课程，是一门综合性的专业课。本课程力求从总体设计角度出发，对测控仪器的精度设计、总体设计、机械系统设计、电子系统设计和光电系统设计进行总体分析与论述，使学生学会如何从设计任务出发进行测控仪器的设计分析、计算与综合。本课程的要求是：①掌握机、电、光、计算机技术相结合的仪器总体设计的基础理论知识；②学会如何从设计任务出发，进行总体设计的方法；③具有进行仪器精度设计的能力。本门课程力求使学生在测控仪器设计中具有勇于探索、有创新思维的设计能力。

二、测控仪器的组成

测控仪器种类繁多，其组成也多种多样，但仍可按其各部分的功能来分成若干组成部分。为了说明测控仪器的组成，以"微电子产品视觉检测仪"为例加以说明。

图 1-1 所示是该仪器的三维外观图。从图中可以看出仪器由底座支承，在底座上装有精密工作台和立柱。精密工作台是一个具有 X、Y 两个方向位移的二维直线运动装置，在其上面安放被检测的印制电路板或者 IC 芯片。X 和 Y 方向的位移由各自的精密驱动系统驱动，两个方向的位移值由各自的光栅系统检测，由计算机进行驱动控制。在立柱上装有 Z 向运动导轨、Z 向光栅系统、可变焦的显微光学镜头及 CCD 摄像器件。Z 向运动也是由计算机控制驱动器来控制的。Z 向运动还具有自动调焦功能，通过计算机对 CCD 摄像器件摄取图像的不断分析，用调焦评价函数来判断调焦质量。被检测的印制电路板或 IC 芯片的瞄准用可变焦的光学显微镜和 CCD 摄像器件来完成。摄像机的输出经图像采集卡送到计算机进行图像处理，实现精密定位和图像识别与计算，并给出被检测件的尺寸值、误差值及缺陷状况。

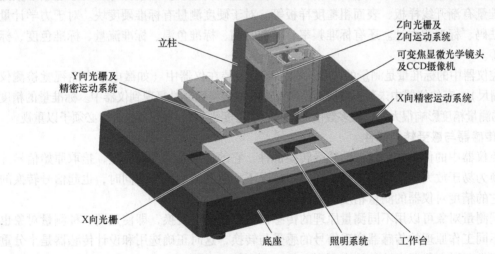

图 1-1　微电子产品视觉检测仪的三维外观图

以上原理还可用图 1-2 所示的框图更深入地加以说明。它包括 4 个闭环控制模块。第一个是检测模块，由变焦显微镜、CCD 摄像机、数据卡、计算机、驱动控制和自动调焦装置组成，用于感受、拾取信号和信号变换与处理，测量过程可由监视器监测，测量结果由计算机显示。第二个是 X、Y 向位移的运动模块，由计算机、驱动控制、X、Y 向精密工作台和 X、Y 向光栅系统组成，用于将被测件在 X、Y 向工作台上精密定位。瞄准由第一和第二个模块协调完成。第三个是由计算机、照明系统、摄像机、数据卡组成的自适应照明控制模块，保证测量过程中照明始终均匀一致。

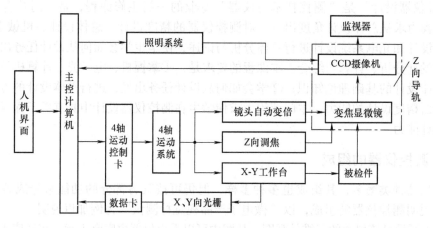

图1-2 微电子产品视觉检测仪组成框图

对以上举例加以概括，并考虑许多典型仪器的工作原理，可以按功能将仪器分成以下几个组成部分：

1. 基准部件

测量的过程是一个被测量与标准量比较的过程，因此，在许多仪器中都有与被测量相比较的标准量，标准量与其相应的装置一起，称为仪器的基准部件。对于不同测量原理和不同测量对象的仪器，其标准量也有不同，如位移测量的标准器有量块、精密线纹尺、激光波长、光栅尺、感应同步器、容栅尺、精密丝杠、度盘、码盘、多面棱体等。对于复杂参数测量其标准量有渐开线样板、表面粗糙度样板等。对于硬度测量有标准硬度块。对于力学计量有标准砝码、标准测力计。还有标准频率、标准时间、标准色温、标准流量、标准色度、标准照度等。

测控仪器中的标准量是测量的基准，有的标准器装在仪器中（如微电子产品视觉检测仪中的光栅尺），有的仪器中未装标准器而是用校准的方法将标准量复现到仪器中。标准量的精度对仪器的测量精度影响很大，在大多数情况下其影响程度是1:1，在仪器设计时必须予以重视。

2. 传感器与感受转换部件

测控仪器中的传感器是仪器的感受转换部件，它的作用是感受被测量，拾取原始信号并将它转换为易于放大或处理的信号。在很多情况下，感受原始信号的同时，也起信号转换的作用。它的精度对仪器的测量精度影响很大。

不同测量对象可以用不同测量原理的传感器进行感受与转换，即使是同一种测量对象也可以用不同工作原理的传感器实现信号的感受与转换，这时正确选用和设计传感器是十分重要的，通常要遵守仪器设计的精度原则和经济原则等。

常用的传感器有机械式、电子式、光电式、光学式、声学式、压电式等，其数量可多达数千种，选用时一定要分析清楚其工作原理、精度指标、测量范围、使用场合、特点和成本。同时一定要注意按照被测参数的定义来选用和设计传感器。

3. 放大部件

仪器中常用的放大部件有机械式，如齿轮放大、杠杆放大、弹性及刚度放大等；有光学式，如光准直式、显微镜式、投影放大、摄影放大、莫尔条纹、光干涉等；还有电子放大、光电放大等。放大的过程中可能还伴有二次转换，最终的目的是提供进一步加工处理和显示的信号。采用电子放大和信号处理的系统称为电子信息处理系统；采用光电转换和光电放大的系统称为光电系统，如莫尔条纹系统、光干涉条纹细分放大系统等。

4. 瞄准部件

在有些仪器中把传感器与转换放大装置一起做成瞄准部件，用来确定被测量的位置（或零位），如图1-2中的瞄准和检测模块。用作瞄准时，它一般不作读数用，因此不要求有准确的灵敏度，但要求瞄准的重复性精度要好。在有些仪器中没有固定的瞄准部件，而把瞄准部件与读数部分合二为一。

5. 信息处理与运算装置

信息处理与运算装置主要用于数据加工、处理、运算和校正等。根据不同测量要求可以用硬件电路、单片机或微机来完成，用工业控制机则有较好的环境适应能力。由于信息处理与运算大都采用电子学方法，因此在测控系统中，把电子放大和信息处理系统归为电子系统。

6. 显示部件

显示部件是用指针与表盘、记录器、数字显示器、打印机、监视器等将测量结果显示出来。

7. 驱动控制部件

驱动控制部件用来驱动测控系统中的运动部件，如驱动测头运动、工作台运动、标准器运动、补偿与校正运动等。在测控仪器中常用步进电动机、交直流伺服电动机、力矩电动机、测速电动机、压电陶瓷等实现驱动。控制一般用计算机或单片机来实现，这时要将一个控制接口卡插入到计算机的插槽中。

8. 机械结构部件

仪器中的机械结构部件用于对被测件、标准器、传感器的定位、支承和运动。如精密直线运动需要高精度导轨，精度转角运动需要有精密轴系，有时还需要微调、锁紧、限位等保护机构。所有的零部件还要装到仪器的基座或支架上。这些都是测控仪器必不可少的部件，其精度对仪器总精度影响起决定作用。

第二节　测控仪器及其设计的发展状况与趋势

人类社会进入了信息时代，作为信息获取、测量、控制、监视、存储与显示的测控仪器，无疑是一种极其重要的信息测量与控制工具，受到广泛重视。近年来，世界上工业发达国家都十分重视仪器仪表的发展，其发展速度已远远超过国民经济其他部门。我国已将信息产业作为优先发展的产业。因此，作为信息产业重要组成部分的仪器仪表必将得到加速发展。尤其是计算机与测控仪器相组合，使测控仪器精度提高、功能扩展、可靠性增加，从而使测控仪器发展到一个新阶段。

一、测控仪器的发展状况和发展趋势

测控仪器的发展与生产力的发展相适应，与科学技术的发展密切相关。中国人在很早以前就对仪器的发展做出卓越的贡献，如计里鼓车、指南针、浑天仪、地动仪等都是当时的世界著名创造。蒸汽机时代世界的发明中心移到了欧洲，与蒸汽机相关的机械加工水平相适应相继出现了卡尺、千分尺、百分表、米尼表、扭簧表等机械式量仪、光学比较仪、阿贝测长仪、测量显微镜等光学仪器以及电感测微仪等电动仪器。20世纪60年代新型光源激光器的问世和电子技术的发展使仪器发展进入新的阶段，尤其是计算机技术的飞速发展使其与仪器的测量与控制相结合，实现测量自动化、测量与控制的智能化，使仪器的发展进入了测控结合的智能化阶段。该类测控仪器种类繁多，最具代表性的是三坐标测量机，它产生于20世纪60年代，它的发展鼎盛时期是1970—1990年，目前世界上的生产厂商已超过60家，品种规格达500种以上。它由主机、测头、控制系统和计算机组成。3个坐标的测量与控制都是闭环测控系统，瞄准用的测头有机械、光学、电子、光电等各种原理的触测和扫描测头，全部控制由计算机来发出指令。目前三坐标测量机在进一步提高其测量精度和测量效率的同时正在发展非接触测量、效率更高的光学坐标测量和使用更加方便的无导轨激光扫描跟踪测量系统。

由于机械加工水平的不断提高，尤其是微芯片的线宽已达到 $0.01\mu m$ 以下，因此美国测试技术委员会将纳米技术列为政府重点支持的22项关键技术之一，之后又将纳米科学与技术列为21世纪优先发展的重中之重的3项科技之一。日本和欧盟也都把纳米技术列为优先研究和发展的科技项目，斥巨资资助这方面的研究。作为测控仪器发展的又一新阶段，向纳米测试技术进军是测控仪器的一个重要发展方向之一。1982年 G. Binnig 和 H. Rohrer 发明了扫描隧道显微镜（STM），实现了纳米尺度的测量，其横向分辨力达到 $0.1nm$，纵向分辨力达到 $0.01nm$，并于1986年获得诺贝尔物理学奖。此后1986年研制成功的原子力显微镜（AFM）以及相继研究成功的光子扫描隧道显微镜（PSTM）、扫描近场光学显微镜（SNOM）、差分干涉显微镜（1989年）等在测量参数、测量对象、测量结果溯源等方面又有新的进展。纳米测量技术的实现和发展使人们认识自然从宏观领域进入到微观领域，从微米层次深入到分子、原子级的纳米层次（介观），同时把研究领域拓展到生物、生命技术，从而产生新的物质处理技术、新的材料和新的工艺，是一个更深层次的信息革命。纳米技术是认识和改造客观世界的一门崭新的综合性科学技术，纳米测量技术是完美测量与完美控制相结合的产物，是新型的测控技术的范例。

随着航空航天、海洋和生物、生命技术的发展对微机电系统提出越来越高的要求，不仅要求体积小、重量轻，还要求功能多。现在卫星上用的加速度计、集成化压力传感器、微型陀螺平台、微型机器人都已研究成功。目前人们已在致力于研究将微型机械、微型传感器、微电子、微光学器件集一体的微光机电系统，这种微光机电系统的核心就是微型测控仪器。

现今的时代是信息的时代，是商品经济社会，商品活动都是快节奏的，因此对产品的加工和检测要求高效率。传统的静态测量已远远满足不了快速的生产节奏，因此必须发展非接触、在线快速测量技术以适应市场的要求。

通过以上对测控仪器发展历史和状况简要分析，可将其发展趋势概括为高精度、高可靠性、高效率、高智能化、多维化与多功能化。

（1）高精度、高可靠性　随着科学技术的发展，对测控仪器的精度提出更高的要求，如几何量纳米（nm）精度测量，质量的纳克（ng）精度测量等。同时对仪器的可靠性要求也日益增高，尤其是航空航天用的测控仪器，其可靠性尤为重要。

（2）高效率　产品生产的快节奏，必然要求测量仪器具有高效率，因此非接触测量、在线检测、自适应控制、模糊控制、操作与控制的自动化、多点检测、光机电算一体化是必然的趋势。

（3）高智能化　新一代测控仪器在信息拾取与转换、信息测量、判断和处理及控制方面大量采用微处理器和微计算机，显示与控制系统向三维形象化发展，测量与操作向自动化发展，并且具有多种人工智能，各种各样的人工智能机将会越来越普遍。

（4）多维化、多功能化　多维的测量空间，要求我们研究多维的测量仪器，但是多维空间是丰富多彩的，测量内容是多变的，因此要发展新型的多维测量仪器，如原子尺度的三维测量，军事侦察的空间搜索测量与空间扫描对准等。在许多场合，希望通过测量反映被测全貌，除了三维测量外还需要多参数同时测量，如同时测出某点温度、湿度和应变，这就要求一台仪器多功能化。如利用钛酸钡-钛酸锶组成的多孔陶瓷，其电容量与温度有关，电阻值则与湿度呈函数关系，这样从测得的电容和电阻就可测得温度和湿度。由集成传感器组成的测量系统，可以同时测得力、速度、振动、应变等多种参数，尤其是由微光机电系统组成的多参数融合测量仪器也是发展的重要方向。使现有仪器系列化、多样化，以满足不同用户的要求，也是势在必行的。

（5）研究新原理的新型仪器 随着科学技术的发展，需要测量的极端参数（超高压、超高温、超低温、超大尺寸、原子空间）和特种参数（识别颜色、气味）也在增加，要求也更奇特，因此要不断研究新原理、新仪器。如仿生仪器就是仿照生物的功能、特点来开发未来的新型仪器，例如，研究狗鼻的结构来探索嗅觉测量仪，研究人体功能制成相应的医疗仪器等。将光学、电学、微机械、微计算机相结合的各种军用仪器、生物仪器、监测仪器将会得到更大的发展。

（6）研究多学科融合的新的测控技术 如研究将测量技术、控制技术、网络与通信技术、计算机技术、现代化制造技术相结合的网络化系统集成技术；结合生物技术、光学技术、电子技术、化学技术开发新的生物检测技术等。

（7）拓宽探测的新领域 如研究原子的价态、分子结构和聚集态、固态的结晶形态、生命化学物理进程的激发态的现场检测新技术及微分析传感技术；深空探测及生命起源研究的新仪器；深海探测及海洋生物的检测新技术。

（8）基于量子物理的计量基准研究 基于量子物理的计量基准是以量子理论为基础，研究实物基准向量子计量基准转变，因为量子计量基准比实物基准精度更高，复现性更好。如长度量子基准、物质的量的量子基准、光辐射基准、电子隧道效应电流基准、量子化霍尔电阻基准等。量子计量基准所需量子计量基准器件，如交、直流量子化电学计量基准器件，温度量子校准器件，超导量子干涉器件等的研制也是迫切需要的。

二、测控仪器设计的发展概况

随着科学技术的进步以及现代制造业的飞速发展，对测控仪器产品的设计提出了更高的要求。一方面，市场竞争日趋激烈，要求提供质高、价廉且具有创新性的产品；另一方面，要求产品的设计、开发及生产周期短，及时抢占市场。如果采用直觉法、类比法以及半经验设计方法，很难满足上述要求。因此，用科学的设计方法代替经验的、类比的设计方法势在必行。

20 世纪 70 年代以后，随着计算方法、控制理论、系统工程、价值工程、创造工程等学科理论的发展以及计算机的广泛应用，促使许多跨学科的现代设计方法出现，使工程设计进入创新、高质量、高效率的新阶段。

现代设计方法是研究设计领域内用现代科学方法进行设计的一门科学。它包括一切先进的设计理论、设计技术和设计方法，是一切先进而行之有效的设计思想的集成与统一。

现代设计方法是以设计产品为目标的一个总的知识群体的总称，它运用系统工程思想实行人—机—环境系统一体化设计，使设计思想、设计进程、设计组织更合理化、现代化；采用动态分析方法使问题分析动态化；设计管理和战略、设计方案和数据的选择广义优化；计算、绘图等计算机化。因此，有人以动态、优化、计算机化来概括其核心。

现代设计方法有如下特点：

（1）程式性　现代设计方法研究设计的全过程，强调设计、生产与销售的一体化。设计不是单纯的科学技术问题，要把市场需求、社会效益、经济成本、加工工艺、生产管理等问题统一考虑，最终反映到质高价廉的产品上。

（2）创造性　现代设计方法突出人的创造性，要求充分发挥设计者的创造性能力及集体智慧，力求探寻更多的突破性方案，开发创新性产品。

（3）系统性　现代设计方法强调用系统工程思想处理技术系统问题。设计时要求分析各部分的有机联系，力求系统整体最优，同时要考虑系统与外界的联系，即人—机—环境的大系统关系。

（4）优化性　通过优化理论及技术，对技术系统进行方案优选、参数优化及结构优化，争取使技术系统整体最优，以获得功能全、性能良好、成本低、性能价格比高的产品。

（5）计算机辅助设计　计算机将更全面地引入到设计全过程，通过设计者和计算机的密切配合，采用先进的设计方法提高设计质量和设计速度。计算机辅助设计不仅用于计算和绘图，在信息储存、评价决策、动态模拟、人工智能等方面将发挥更大作用。

从表1-1可以看出：现代设计方法已渗透到测控仪器产品设计的各个环节。

表1-1　测控仪器产品设计过程中的方法和理论

设计阶段	设计方法	理　　论
明确设计任务（产品规则）	预测技术与方法	技术预测理论 市场学 信息学
方案设计	系统化设计法 创造性方法 评价与决策方法	系统工程学，工程图学，形态学 创造学，思维心理学 决策论，模糊学
技术设计	构形法 价值设计 优化设计 可靠性设计 宜人性设计 产品造型设计 系列产品设计	系统工程学，计算机图形学 价值工程学，力学，制造工程学 优化理论 可靠性理论 人机工程学 工业美学 相似理论

（一）测控仪器的计算机辅助设计

测控仪器设计是一个构思和创造测控仪器产品的活动过程。在这个过程中，要进行大量的数据和信息的智能分析与处理。计算机作为处理信息的智能工具，具有下述功能：①快速的数值计算能力；②图像显示和绘图功能；③储存和管理数据信息的功能；④逻辑判断和推理功能。采用计算机辅助设计（Computer Aided Design，CAD）能有机地将计算机的上述功能和设计者的创造力、判断力结合起来，从而加快设计进程和提高设计质量。计算机辅助设计就是指使用计算机系统，统一支持设计过程中各项设计活动，是一项跨学科的新技术。

计算机辅助设计系统包括硬件部分和软件部分，从功能角度它可以分为数据库、程序库和输入输出人机通信系统3个模块，其功能组成如图1-3所示。

计算机直接处理的是符号化和数值化后的信息，设计对象的实体应当经过抽象作为数据信息存储在计算机内以便处理，这就是数据库模块的功能。CAD工作（如分析和综合等）是由用户调用CAD系统中各种功能程序去执行实现的，供用户调用的各种功能程序的总体称作程序库。CAD系统中还应提供一个友善的交互作业环境，即输入、输出和人机交互通信模块。

在储存有关设计产品数据信息的工作中，最重要的是在计算机内部建立产品的数学模型，即用数据符号以及数学语言对产品进行全面定义和描述。作为 CAD 系统的设计，在不同阶段要调用同一产品对象的不同特性参数，在设计进程中还会对这些参数作补充或修改更新。因此，需要一个较完整的产品模型。产品模型应包括产品几何形状、尺寸、物理性质、功能、制造工艺技术要求等方面信息。先进的产品模型技术，

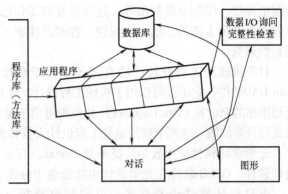

图 1-3 CAD 系统的功能组成

不但可以方便地检索出储存在模型内部的参数数据，并且能够从基本定义参数及其联系关系，根据需要推导其他派生数据信息。在目前的 CAD 中，大都把产品有关几何形状和尺寸等几何方面特性抽出单独组成模型，称作几何模型或图形。

典型的 CAD 工作过程是：启动 CAD 系统后，用户调用几何模型构建软件，在屏幕前构建和观察设计对象的三维几何形体，将所选定的尺寸、形状参数储存在几何模型中；接着用户调用程序库中的有关分析软件进行分析计算，如对储存在几何模型中的实体进行运动分析，有限元计算网络划分和有限元强度计算等，用户可以按分析结果反馈回来的信息，对设计对象进行优化修改，其结果应反映为计算机内产品模型数据的更新和修改。用户可以从屏幕上观察到设计产品工作过程仿真，如果对设计产品的性能觉得满意，就可以结束设计工作。设计结果存储在外存的综合产品数据库中，可以由计算机绘图设备绘出设计图样，也可以通过联网直接传输到计算机辅助制造系统（Computer Aided Manufacturing，CAM）或计算机集成制造系统（Computer Integrated Manufacturing System，CIMS）中。

CAD 技术的发展不断将各类工业技术推向新的高度，现今 CAD 技术不仅和 CAM 融为一体，而且出现了计算机辅助工程（Computer Aided Engineering，CAE），即将设计、制造、测试以至管理组成一集成系统，以求达到最大的经济效益。

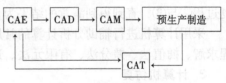

图 1-4 CAD/CAM 集成系统

图 1-4 为 CAD/CAM 集成系统，其中 CAT（Computer Aided Test）是计算机辅助测试。此系统是集工程、设计、制造、测试于一体。根据工程的需要，由 CAD 系统进行设计，CAD 系统输出的数据由 CAM 来实现制造。先进行预生产，将预生产的产品由 CAT 根据 CAE 的评价要求进行测试，测试到的信息再反馈到 CAE 进行综合。然后由 CAD 系统进行设计修改，重复上述过程直至测试合格，正式生产。CAD/CAM 技术首先成功应用于航空工业，以后迅速地扩展到机械、电子、建筑等许多部门。

随着计算机辅助设计技术的不断发展以及测控仪器系统的进一步复杂化，计算机辅助设计技术已渗透到测控仪器设计的各个环节，如计算机辅助工程设计、计算机辅助分析计算、计算机仿真等。

1. 计算机辅助工程设计

在传统人工的工程设计中，经常由设计工程师进行机械结构设计、光学设计和电子设计。机械工程师在图板上手工绘制想象中的零部件图和装配图；光学工程师在光学计算和分析的基础上绘制光学零件图和光学系统图以及装配图；电气工程师则要在分析计算的基础上

绘制电路图、印制电路板图等。这些繁复的工作已经可以用计算机来完成，这不仅提高了工作效率，减少了差错，还大大减轻工程师的伏案工作，使得工程设计人员有更多的时间用于创新性研究。

计算机辅助工程设计已经有许多风行于全球的设计软件，如用于工程机械图设计的Auto CAD软件，它不仅可以用于机械工程设计，还可用于建筑、测绘、电子等领域。美国PTC公司推出的Pro/E（Pro/Engineer）软件则可用于零件设计、装配设计、数控加工、机构分析、仿真设计等领域。这两个软件也是工程设计人员和大学科研机构广泛应用的基础软件。

光学设计软件应用较为广泛的是Zemax，它是ZEMAX公司研制成的光学零件和组件的设计软件。OSLO软件在光学设计中功能也十分强大。

电路设计软件也有许多，以印制电路板（PCB）设计应用最为广泛，如Protel是PROTEL公司推出的电路行业的CAD软件，如Protel 99可实现电路系统全方位设计。

2. 计算机辅助分析计算

随着科学技术的发展，计算机在测控仪器设计中得到越来越广泛的应用。由于计算机的运算速度极快，可以在较短时间内求解过去人力难以解决的设计问题。因此，过去一些不便或不能处理的问题，利用计算机便可以进行计算并得到解答。当给出的数字方程式不能直接求解（或不能建立统一的设计方程式）时，利用计算机可以采用逐次逼近的方法求得满足要求的解答。采用计算机辅助分析计算的过程是：①建立数学模型，在利用计算机求解一个设计问题时，要求建立一个能代表实际物理系统的数学模型，即用数学方程式表示各个参数之间的关系式。在建立方程式时，常常需要对物理模型作一些必要的简化和假设，对于复杂的结构，则可以用离散的子结构模型来代替；②计算，即求解所建立的数学方程式，以得到该方程式所代表的系统在给定条件下的性能结果，如果所建立的是一组比较复杂的微分方程式，则应寻求一种适合于计算机求解的解法，一般是数值解法；③检查计算结果，将计算机的计算结果与定值进行比较，并根据需要进一步修改物理系统的某些原始数据；④循环，重复过程②与③，直到得到满意的结果为止。

采用计算机进行辅助分析计算的常用数值分析方法有很多，如数值积分法、逼近法、方程求解、插值法、差分法、有限元法、边界元法等。

3. 计算机仿真

所谓计算机仿真（Computer Simulation，CS）通常是指建立被仿真对象的模型，并通过运行计算机仿真软件代替实际系统的运行，以便对设计结果进行试验和考核，以指导研究和设计工作。系统仿真的操作过程是人们通过对现实系统的特征和规律做深入的研究，总结出仿真对象的模型，然后把模型编成计算机程序输入到计算机，由计算机演示系统的工作过程，而仿真系统则是实现这一过程的一套软硬件设备。由于计算机仿真是用系统的数学模型代替实际系统在计算机上进行试验研究，与用实物（物理）模型作为试验对象相比，具有成本低，适应面宽，设计、试验、制造周期短等特点。因此，随着计算机技术的不断进步，计算机仿真技术正日益广泛地应用于电子、航空航天、军事、医疗、公安、消防、交通、船舶、建筑、化工、电力、原子能、冶金、机械等几乎所有工程或非工程领域的预测、概念研究、方案论证、分析、设计、制造、训练、诊断和维护等各个阶段，并且已渗透到日常生活的服装、影视和娱乐等各个部门。

值得注意的是计算机仿真仍有一定的局限性，仿真方法并不一定是一种十分精确的方法。只有当所有的前提、假设、约束条件（这是在从实际系统转化为物理模型进而再抽象为数学模型中必然产生的问题）和错误的可能性都被考虑的情况下，才能显示出仿真的优越性，同时还应注意仿真结果解释存在的主观性的缺点，并应对仿真结果进行适当的统计，分析，才能得到有意义的性能估计（尤其是在可靠性仿真试验中）。

就应用性质不同，计算机仿真系统可分为系统分析设计运行和操作管理人员的培训两大类。在系统研制过程的各个阶段，仿真技术可应用于表 1-2 所列各项。

按仿真对象的特性（内容）不同，计算机仿真又可分为：静态（运动）仿真，动态仿真和"虚拟"仿真技术。静态（运动）仿真主要完成机构运动位置、速度、加速度、加速度变化率、应力分析、振动特性分析等；动态仿真主要实现系统的图形显示和动画功能，使仿真效果更直观和清晰；"虚拟"仿真技术主要完成各子系统之间的数据交换、传递、打印以及协调总系统的各子系统，如"虚拟"仓储、"虚拟"现实等。

虚拟环境技术（也称为虚拟现实技术或灵境技术）是仿真技术的最新发展，是迄今为止最高级的人机交互技术。主要由视觉环境、听觉环境和触觉环境 3 部分组成，可以有效地模拟人在自然环境中的视、听和动作，使人有身临其境的感觉。遥控遥测系统利用基于模拟预测的"虚拟技术"，消除信号传输延时对遥控遥测的影响，使实验者进行遥控遥测实验就像在地面实验室中一样。

表 1-2　系统研制过程中各阶段仿真技术的应用

阶　　段	应用项目
方案论证	对各种设计方案进行技术经济仿真比较，选择合理方案
方案分析	分析研究对象及现有零部件的特性，建立其数学模型，分析其优缺点
初步设计	选择合理的系统结构，进行应力、振动分析，机构动态分析，确定控制方式及结构
技术设计	优化设计系统参数，保证各部分工作协调
制造阶段	数控仿真、机器人仿真、搬运仿真、测试仿真、加工刀具轨迹仿真
分系统试验	将控制器的样机接入计算机的仿真系统，进行仿真试验，考核初步设计方案
人员培训	调整系统中各部分参数，使系统投入运行，改进系统的运行参数，发展系统潜力

计算机仿真的步骤如图 1-5 所示，通常可分为如下 3 个主要阶段：①建模阶段（包括几何建模和数学建模）；②模型变换阶段；③仿真实验阶段。建模阶段的主要任务是根据仿真的研究目的建立系统的数学模型（或几何模型）。模型变换即通过仿真软件中的仿真算法将数学模型变换成能为计算机所接受的仿真模型。仿真实验即是运行仿真模型。对系统设计人员来讲，建立数学模型是仿真工作的基础，其次是选择或编制合适的仿真软件，而图形显示是仿真技术的主要手段。

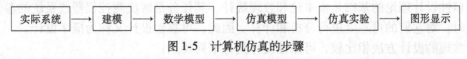

图 1-5　计算机仿真的步骤

计算机数字仿真软件有 I—DEAS 软件、UG—II 软件、CATIA 软件和 MATLAB 软件等，以 MATLAB 软件应用最为普遍。

MATLAB 是一个高级的数学分析与运算软件，可以用作动态系统的建模与仿真，它非常适用于矩阵分析与运算。现在 MATLAB 已经成为一个系列产品，主要包括 MATLAB 主程序包和各种工具箱（Toolbox）。迄今所有的 30 多个工具箱大致可分为两类：功能型工具箱和领域型工具箱。功能型工具箱主要用来扩充 MATLAB 的符号计算功能、图表建模仿真功能、文字处理功能以及与硬件的实时交互功能，能用于多种学科。而领域型工具箱是专业性很强的，如控制系统工具箱（Control Systems Toolbox），系统辨识工具箱（System Identification Toolbox），鲁棒控制工具箱（Robust Control Toolbox），多变量频域设计工具箱（Multivariable Frequency Design Toolbox），μ 分析与校正工具箱（μ- Analysis and Synthesis Toolbox），信号处理工具箱（Signal Processing Toolbox），神经网络工具箱（Neural Network Toolbox），最优化工具箱（Optimization Toolbox），模糊推理系统工具箱（Fuzzy Inference Systems Toolbox）以及仿真环境 SIMULINK。

（二）测控仪器的优化设计

在测控仪器产品的设计和制造过程中，人们总希望在一切可能的方案中选择一种最好的方案，这就是工程优化问题。工程优化是以数学规划为理论基础，计算机为工具寻求最优参数的先进设计方法之一，也是计算机辅助设计技术的一个重要组成部分。

近 10 年来，优化技术在理论与应用方面都得到了很大的发展。目前，在机械零部件和机械设计方面，优化设计已得到广泛应用。在测控仪器设计方面，优化设计方法主要用于光学系统像差自动校正，精密机构参数设计计算，仪器精度设计和传感器参数选择等方面。

进行优化设计，必须建立正确的数学模型，然后求解数学模型方程，修改原参数，直至最优。因此优化设计的步骤是：

1）建立数学模型，即将测控仪器的设计问题转化为数学规划问题，选取设计变量、建立目标函数、确定约束条件。

2）选择最优化的计算方法。

3）按算法编写迭代程序。

4）利用计算机选出最优参数或设计方案。

5）对选出的最优方案和参数进行分析判断审查其是否符合设计要求。

6）给出最优解。

优化设计要借助于计算机来求解，途径有两种：一种是设计者自己编写优化算法程序，如用 C ++ 等程序语言编译，调试后用于优化问题求解；另一种是用优化设计软件包中的各种计算程序求解优化问题，如用 MATLAB 的优化工具箱，不仅能求解无约束线性优化问题，还可以求解有约束非线性优化问题，以及进行极值运算，自由选择算法和搜索策略等。具体使用方法可参考有关资料。

（三）测控仪器的可靠性设计

可靠性设计是以实现产品的可靠性为目的的设计技术。在产品设计中，应用可靠性的理论和技术可以在满足性能、费用、时间等条件下使所设计的产品具有满意的可靠性。

可靠性设计理论的基础是概率论和数理统计，其任务是解决测控仪器或系统的参数做随机变化时，对它们的可靠度进行分析和计算。因此，可靠性设计又称为概率设计。

与常规的设计方法相比较，可靠性设计具有下列特点：

1）在对失效可能性的认识和评价上，常规的设计方法是用安全系数来保证仪器的安全性，而可靠性设计方法则是用可靠度（或其他可靠性指标）来保证仪器的安全性，因此可靠性设计对失效可能性的认识和评价都比常规设计更为合理。

2）可靠性设计除了引入可靠度指标外，还对仪器的安全系数做了统计分析，这样得出的安全系数比常规的安全系数更科学，因为它已经是与可靠度相联系的安全系数了。因此，常规设计对仪器安全度的评价只有一个指标，即安全系数，而可靠性设计对安全度的评价则有两个指标，即可靠度和安全系数（这是在一定可靠度条件下的），对安全性有了进一步的认识。

所谓可靠性，是指产品在规定的条件下和规定的时间内完成规定功能的能力。显然，测控仪器产品的可靠性是衡量测控仪器产品质量的一个重要指标。

论述产品的可靠性首先与其规定的工作条件分不开。这里所说的"规定的条件"是指产品在正常运行中可能遇到的使用条件、环境条件和储存条件，如载荷、速度、温度、振动、环境温度、含尘量及维护保养等。"规定的条件"不同，产品的可靠性也不同。

产品的可靠性与"规定的时间"密切相关。规定的时间是指产品的预期寿命。这是可靠性区别于产品其他质量属性的一项重要特征，一般认为可靠性是产品功能在时间上稳定的程度。机械零部件及电子元器件经过筛选、整机调试和磨合后，其可靠性水平经过一段较长的稳定使用或储存阶段之后，便随着时间的增长而降低。时间越长，失效（故障）也越多。规定的时间可以用小时表示，也可以用与时间成比例的循环次数、行驶里程等表示。例如，滚动轴承用小时表示，齿轮、轴用应力循环次数表示。

产品的可靠性与"规定的功能"有更密切的关系。任何产品都有一定的功能和功能参数。功能参数是根据产品的功能和用途以及对产品提出的各种要求而制定的某些指标，如承载能力、工作寿命、机械特征、运动特性、动力特性和经济性等。例如，减速器的功能是降低转速和增大转矩，而根据减速器的不同用途可能提出不同的参数要求，如对承载能力和工作寿命的要求、对噪声等级的要求。

产品丧失规定的功能称为失效，对可修复产品也常称为故障。产品在实际工作中，常因各种偶然因素而发生故障，并且何时出现故障也是难以预料的。也就是说产品的失效或故障是一种随机事件。因此，应用概率论与数理统计理论对产品的可靠性进行定量计算是可靠性理论的基础。

产品的可靠性是产品质量的一个重要组成部分，产品质量与可靠性的关系如图1-6所示。

按产品可靠性的形成，可靠性可分为固有可靠性、使用可靠性和环境适应性3个方面。固有可靠性是通过设计、制造赋予产品的可靠性。影响产品固有可靠性的因素很多，主要有产品设计方案的选择，零部件的材料、结构、性能及制造工艺等。使用可靠性是指使用时操作及维护人员对产品可靠性的影响，它既受设计、制造的影响，又受使用条件的影响，包括使用与维护的程序、设备及人的因素等。环境适应性指产品所处的环境条件对产品可靠性的

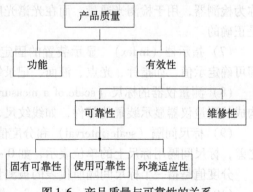

图1-6　产品质量与可靠性的关系

影响，如环境温度、相对湿度、大气压力、振动、冲击、辐射、烟雾、储存、运输等。

有关可靠性设计的内容和设计方法，可参考专门论著。

现代设计方法的核心是充分发挥人的创造能力，利用各种现代科学技术手段使人从繁复的具体工作中解放出来，进行创造性的思维，实现技术创新和产品创新。有关创造性的设计方法请参阅本书第三章。

第三节　测量仪器通用术语及定义

仪器的技术指标是用来说明一台仪器的性能和作用的，设计一台仪器，总是要根据测量任务要求规定出这台仪器的若干主要技术指标作为设计依据，最后还要用这些指标来考核所设计的仪器是否成功。

作为测量仪器还必须要有规范的语言,这些语言称之为测量仪器的术语。本节叙述的有关测量仪器的术语是根据 JJFl001—1998 全国法制计量技术委员会颁布的"通用计量术语及定义"来说明的。

(1) 测量仪器(measuring instrument) 测量仪器又称计量器具,它是指单独地或同辅助设备一起用以进行测量的器具。而测量是指用以确定量值为目的的一组操作。

测量仪器和测量器具是有区别的,测量仪器是将被测量转换成指示值或等效信息的一种计量器具,即具有转换和指示功能。测量器具是以固定形态复现或提供给定量的一个或多个已知值的器具,如砝码、标准电阻、量块、线纹尺、参考物质等。

(2) 测量传感器(measuring transducer) 它是提供与输入量有确定关系的输出量的器件,如热电偶、电流互感器、应变计等。

(3) 测量系统(measuring system) 组装起来以进行特定测量的全套测量仪器和其他设备。如半导体材料电导率测量装置、光电光波比长仪、校准体温计的装置等。

(4) 模拟式测量仪器(analogue measuring instrument)与数字式测量仪器(digital measuring instrument) 前者是指仪器的输出或显示是输入信号的连续函数的测量仪器,而后者是提供数字化输出或显示的仪器。

(5) 敏感元件(sensor)或敏感器 测量仪器或测量链中直接感受被测量作用的元件。如涡流流量计的转子、液面测量仪的浮子、光谱光度计的光电池。

(6) 检测器(detector) 用于指示某个现象的存在而不必提供有关量值的器件或物质。如卤素检漏仪、石蕊试纸等。

在某些领域中敏感元件与检测器的概念界限并不十分明显,如在光电测量领域把光电池称为检测器,用于检测光通量,而在光谱光度计中,光电池则称为敏感元件,这在概念上也是正确的。

(7) 指示器(index) 显示装置的固定的或可动的部件,根据它相对标尺标记的位置即可确定示值,如指针、光点、液面、记录笔等。

(8) 测量仪器的标尺(scale of a measuring instrument) 由一组有序的带有数码的标记构成的测量仪器显示装置的部件,如线纹尺、度盘等。

(9) 标尺间隔(scale interval)和分度值 标尺间隔是指对应标尺两相邻标记的两个值之差,标尺间隔用标尺上的单位表示,如 0 ~ 100mm 的线纹尺相邻刻度间隔一般为 1mm。

分度值是指一个标尺间隔所代表的被测量值。如百分表的分度值为 0.01mm。

(10) 示值范围(range of indication) 极限示值界限内的一组数。对模拟量显示而言它就是标尺范围;在有些领域中它是仪器所能显示的最大值与最小值之差。

有时又把示值范围称为量程(span),如某电压表的示值范围从 -10 ~ 10V,则其量程为 20V。

(11) 测量范围(measuring range) 测量仪器误差允许范围内的被测量值。测量范围包含示值范围还包含仪器的调节范围。如光学计的示值范围为 ±0.1mm,但其悬臂可沿立柱调节 180mm,在该范围内仍可保证仪器的测量精度,则其测量范围为(180 ± 0.1)mm;又如千分尺的测量范围有 0 ~ 25mm,25 ~ 50mm,50 ~ 75mm,…,但其示值范围均为 25mm。

(12) 灵敏度(sensitivity) 测量仪器响应(输出)的变化与对应的激励(输入)的变化之比。若输入激励量为 ΔX,相应输出是 ΔY,则灵敏度表示为

$$S = \Delta Y / \Delta X$$

仪器的输出量与输入量的关系可以用曲线来表示,称为特性曲线,特性曲线有线性的,

也有非线性的，非线性特性用线性特性来代替时带来的误差，称为非线性误差。特性曲线的斜率即为灵敏度。

灵敏度的输入量与输出量的量纲可以是相同的，也可以是不相同的，如电感传感器的输入量是位移，而输出量是电压，其灵敏度的量纲为 V/mm；而齿轮传动的百分表其输入量是位移，输出量也是位移，此时，灵敏度又称为放大比。

灵敏度是仪器对被测量变化的反应能力。

（13）鉴别力（阈）（discrimination）　使测量仪器产生未察觉的响应变化的最大激励变化，这种激励变化应是缓慢而单调地进行。它表示仪器感受微小量的敏感程度。仪器的鉴别力可能与仪器的内部或外部噪声有关，也可能与摩擦有关或与激励值有关。

（14）分辨力（resolution）　显示装置能有效辨别的最小示值。对于数字式仪器，分辨力是指仪器显示的最末一位数字间隔代表的被测量值。对模拟式仪器，分辨力就是分度值。

分辨力是与仪器的精度密切相关的。要提高仪器精度必须有足够的分辨力来保证；反过来，仪器的分辨力必须与仪器精度相适应。不考虑仪器精度而一味地追求高分辨力是不可取的。

（15）测量仪器的准确度（accuracy of measuring instrument）　测量仪器的准确度是一个定性的概念，它是指测量仪器输出接近于真值的响应的能力。符合一定的计量要求，使误差保持在规定极限以内的测量仪器的等级或级别称为测量仪器的准确度等级，如零级、一级、二级等。

（16）测量仪器的示值误差（error of indication）　测量仪器的示值与对应输入量的真值之差。由于真值不能确定，实际上用的是约定真值，即常用某量的多次测量结果来确定约定真值或者由参考标准复现而赋予该量的值为约定真值。测量仪器的示值误差，包含有仪器的随机误差和系统误差，因此用测量的方法确定仪器示值误差时，同一个值测量次数一般不要超过 3 次。

示值误差越小，表明仪器的准确度越高。

（17）测量仪器的重复性（repeatability of a measuring instrument）　在相同测量条件下，重复测量同一个被测量，仪器提供相近示值的能力。相同的测量条件包括：相同的测量程序、相同的观测者，在相同的条件下使用相同的测量设备，在相同的地点，在短时间内重复测量。

示值重复性可用示值的分散性定量地表示；当用实验的方法确定重复性时可用实验标准差乘以相应的扩展因子来定量表示。

仪器的示值重复性误差小，表明仪器的随机误差小。

（18）稳定性（stability）和漂移（drift）　稳定性是指测量仪器保持其计量特性随时间恒定的能力。稳定性可以用几种方式定量的表示，如用计量特性变化某个规定的量所经过的时间，仪器测头动作一万次以后再测量仪器的示值误差和示值重复性是否变化，也可用计量仪器工作某一规定时间（如 8h）再考察仪器特性的变化。

漂移是指仪器计量特性的慢变化，如仪器零位随时间变化称为零位漂移；仪器灵敏度随时间变化称为灵敏度漂移。

（19）测量仪器的引用误差（fiducial error of a measuring instrument）　测量仪器的误差除以仪器特定值。该特定值一般称引用值，如仪器的量程或示值范围的上限。

（20）测量仪器的校准（calibration of measuring instrument）　在规定条件下，为确定测量仪器或测量系统所指示的量值，或实物量具或参考物质所代表的量值与对应的由标准所复现的量值之间关系的一组操作。

校准的结果既可给出被测量的示值，又可确定示值的修正值，也可确定其他计量特性，如影响量的作用。校正的结果要记录在校准证书或校准报告之中。

（21）测量仪器的偏移误差（bias error of measuring instrument） 测量仪器示值的系统误差。通常用适当次数重复测量的示值误差的平均值来估计。

（22）回程误差（滞差）（hysteresis error） 在相同条件下，被测量值不变，计量器具行程方向不同（正程、反程，正转、反转等）其示值之差的绝对值。产生回程误差的主要原因是仪器零件之间存在间隙或摩擦，或齿轮啮合面的变动；对于电磁式传感器或压电式传感器，由于正反程磁滞或电滞现象也会出现滞后误差（滞差）。

（23）视差（parallax error） 当指示器与标尺表面不在同一平面时，观测者偏离正确观察方向进行读数和瞄准所引起的误差。

（24）估读误差（interpolation error） 观测者估读指示器位于两相邻标尺标记间的相对位置而引起的误差，有时也称为内插误差。

（25）读数误差（reading error） 由于观测者对计量器具示值读数不准确所引起的误差，它包括视差和估读误差。

第四节　对测控仪器设计的要求和设计程序

一、设计要求

经过仪器仪表领域科技工作者几十年的努力，总结出仪器设计的一些很重要的设计要求，按照这些要求去设计仪器，则容易获得成功。

（1）精度要求　精度是测控仪器的生命，精度本身只是一种定性的概念。为表征一台仪器的性能和达到的水平，应有一些精度指标要求，如静态测量的示值误差、重复性误差、稳定性、回程误差、灵敏度、鉴别力、线性度等，动态测量的动态重复性误差、稳态响应误差、瞬态响应误差等。这些精度指标不是每一台仪器都必须全部满足，而是根据不同的测量对象和不同的测量要求，选用最能反映该仪器精度的一些指标组合来表示。

仪器的精度应根据被测对象的要求来确定，当仪器总误差占测量总误差比重较小时，常采用1/3原则，即仪器总误差应小于或等于被测参数公差的1/3；若仪器总误差占测量总误差的主导部分时，可允许仪器总误差小于或等于被测参数公差的1/2。

为了保证仪器的精度，设计仪器时应遵守一些重要的设计原则和设计原理，如阿贝原则、变形最小原则、测量链最短原则、精度匹配原则、误差平均作用原理、补偿原理、差动比较原理等。

（2）检测效率要求　一般情况下仪器的检测效率应与生产效率相适应。在自动化生产情况下，检测效率应适合生产线节拍的要求。提高检测效率不仅有经济上的效益，有时对提高检测精度也有一定作用，因为缩短了测量时间，可减少环境变化对测量的影响。同时还可以节省人力，消除人的主观误差，提高测量的可靠性。

（3）可靠性要求　一台测量仪器或一套自动测量系统，无论在原理上如何先进，在功能上如何全面，在精度上如何高，若可靠性差，故障频繁，不能长时间稳定工作，则该仪器或系统就无使用价值。因此对仪器的可靠性要求是十分必要的。可靠性要求，就是要求设备在一定时间、一定条件下不出故障地发挥其功能的概率要高。可靠性要求可由可靠性设计来保证。

（4）经济性要求　仪器设计时应采用各种先进技术，以获得最佳经济效果。盲目追求复杂、高级的方案，不仅会造成仪器成本的急剧增加，有时甚至无法实现。因此仪器设计时应尽量选择最经济的方案，即技术先进、零部件少、工艺简单、成本低、可靠性高、装调方便，这样在市场上才有竞争力。同时还要考虑仪器的功能，具有较好的功能与产品成本比，即价值系数高。

（5）使用条件要求 使用条件不同，仪器的设计也不同。如在室外使用的仪器仪表应适应宽范围的温度、湿度变化，以及抗振和耐盐雾；在车间使用除了防振外，电磁干扰，尤其是强电设备起动的干扰应重点防范；在易燃易爆场合下工作的仪器仪表则要求防爆和阻燃；在线测量与离线测量，连续工作与间歇工作……其条件都有不同，在设计仪器时应慎重考虑，以满足不同使用条件的要求。

（6）时间要求 设计任务的完成时间是根据企业发展计划和市场需求确定的，只有按时完成设计任务，才能在市场中占据有利地位，否则带来的损失是很大的。

（7）造型要求 仪器的外观设计极为重要，优美的造型、柔和的色泽是人们选择产品的考虑因素之一，有利于销售，同时也会使操作者加倍爱护和保养仪器，延长使用寿命，提高工作效率。

二、设计程序

测控仪器的设计一般按下述程序进行：

（1）确定设计任务 设计任务由国家或部门根据经济与事业发展需要由计划和科技部门下达，也有企业或公司根据国内外市场调查自行确定的新产品开发任务，也有的是由用户特殊要求而确定的设计任务。

（2）设计任务分析，制定设计任务书 接到设计任务后，首先要认真、仔细地阅读任务书。要认真研究被测对象有什么特点？被测参数是如何定义的？精度要求是什么？测量范围有多大？检测效率要求多高？使用条件是什么？经济情况如何？完成时间与验收方式是什么？逐一分析后，制定详细的任务书，作为研制的基本文件。

（3）调查研究，熟悉现有资料 在对设计任务心中有数后，应对国内外同类产品的技术资料进行分析，采用各种手段，如网上查询、科技情报检索、工厂企业调研、请教有经验的技术人员和工人，熟悉现有资料，哪怕是一种外观照片对设计都会有启发。

（4）总体方案设计 总体方案设计是非常重要的一步，对研究的成败有着举足轻重的作用。对总体方案要求具有先进性、创新性、合理性和可行性。总体设计要进行方案比对，可以用现代的虚拟设计、仿真设计法，也可用经典的设计方法。在方案设计时首先要确定原理方案，必要时要对仪器所包含的机、电、光各部分进行数学建模，然后确定系统的主要参数，进行精度设计和总体结构设计，绘制总体装配图和进行外观造型设计。总体设计后，最好邀请各方面的专家，组织一次方案评审会，集思广益，保证质量。

（5）技术设计 技术设计是在总体设计基础上，对光、机、电、计算机各部分进行具体的设计，如部件设计、零件设计、硬件电路设计、光学设计、软件设计、技术经济评价和编写设计说明书、精度设计及计算等。

（6）制造样机 包括产品机械加工、硬件电路制作、软件调试、整机装调，然后进行产品自检测试（由研制人员进行），并详细做好记录。将检测结果与设计任务书给定的技术指标进行比对，对达不到要求的进行改进。然后做出经济评价和技术资料总结。

（7）样机鉴定或验收 对制造的样机根据设计任务书进行鉴定或验收。鉴定或验收的方式有：①专家鉴定会，由5～13名专家组成评审委员会，对样机进行测试，对资料进行审查，并给出产品达到的技术水平的结论意见和指出不足之处；②技术监督部门按照计量法和任务书对产品进行测试，合格者出具合格证书；③通信评议，对理论性较强的研究项目可以采用通信评议的方法，用书面形式对研究项目进行评审。

在样机鉴定和验收之前，研制者应编写出技术总结报告、使用说明书、鉴定测试大纲或检定规程、绘制设计图样并提供软盘。

（8）小批量生产　样机设计定型后进行小批量生产，考核工艺和对仪器试销，以确定下一步生产策略。

思　考　题

1. 测控仪器的概念是什么？

2. 为什么说测控仪器的发展与科学技术发展密切相关？

3. 现代测控仪器技术包含哪些内容？

4. 测控仪器由哪几部分组成？各部分功能是什么？

5. 写出下列成组名词术语的概念并分清其差异：分度值与分辨力；示值范围与测量范围；灵敏度与鉴别力（阈）；仪器的准确度、示值误差、重复性误差；视差、估读误差、读数误差。

6. 对测控仪器的设计要求有哪些？

第二章

仪器精度理论

每一台仪器都有精度要求。仪器的精度问题贯穿于仪器的设计、制造以及使用的全过程。随着科学技术的发展，对仪器的精度提出了越来越高的要求。例如集成电路线宽已达几纳米，这就要求半导体的光刻设备和测量仪器本身的精度能达到纳米级或亚纳米级。由此可见，仪器精度的高低是衡量仪器质量的关键。

仪器误差的客观存在以及精度的重要性决定了分析研究仪器误差是仪器设计的重要内容之一。它涉及分析影响仪器精度的各项误差来源及特性；研究误差的评定和计算方法；研究误差的传递、转换和相互作用的规律；研究确定误差合成与分配的原则和方法以及对仪器精度进行测试等，从而为仪器结构设计和特性参数的确定提供可靠的依据。只有通过对仪器精度的分析，才能找出提高仪器精度的可行途经，才能合理而有效地设置必要的精度调整和补偿环节，从而在确保经济性的前提下使仪器达到理想的精度。

第一节　仪器精度理论中的若干基本概念

一、测量误差

（一）定义

对某物理量进行测量，所测得的数值 x_i 与其真值 x_0 之间的差称为测量误差，即

$$\Delta_i = x_i - x_0 \qquad i = 1, 2, \cdots, n \qquad (2-1)$$

该误差的大小反映了测得值对于真值的偏离程度，它具有以下特点：

1）任何测量手段，无论其精度多高，总是有误差存在，即误差是客观存在的。

2）多次重复测量某物理量时，各次的测得值一般不会完全相等，这是误差不确定性的反映，只有测量仪器的分辨力太低时，才会出现相等的情况。

3）误差是未知的，因为通常被测量的真值是未知的。

为了能正确地表达仪器精度，人们在长期实践中，确定了以下 3 个基本概念：

（1）理论真值　它是设计时给定的或是用数学、物理公式计算出的给定值。

（2）约定真值　对于给定目的具有适当不确定度并赋予特定量的值，有时该值是约定采用的。如国际数据委员会（CODATA 2017）推荐的阿伏加德罗常数值为 $6.02214076 \times 10^{23} \, \text{mol}^{-1}$。约定真值也是世界各国公认的一些物理量的最高基准的量值。

（3）相对真值　若标准仪器的误差比一般仪器的误差小一个数量级，则标准仪器的测得值可视为真值，称作相对真值，有时也作为约定真值来使用。

（二）误差的分类

为了便于对误差进行分析研究和处理，人们对误差进行了如下分类。

1. 按误差的数学特征分

（1）随机误差　随机误差是由大量的独立微小因素的综合影响所造成的，其数值的大小和方向没有一定的规律，但就其总体而言，服从统计规律。大多数随机误差服从正态分布。可以证明，服从任意分布规律且足够多的相互独立的随机误差和的分布近似服从正态分布，条件是这些分布对总和所起的作用相仿。

（2）系统误差　系统误差由一些稳定的误差因素的影响所造成，其数值的大小和方向在测量过程中恒定不变或按一定的规律变化。一般来说，系统误差可以用理论计算或实验方法求得，也可以预测它的出现，并可以进行调整和修正。

（3）粗大误差　粗大误差指超出规定条件所产生的误差，一般是由于疏忽或错误所引起，在测量值中一旦出现这种误差，应予以剔除。

2. 按被测参数的时间特性分

（1）静态参数误差　不随时间而变化或随时间缓慢变化的被测参数称为静态参数，测定静态参数所产生的误差称为静态参数误差。

（2）动态参数误差　随时间变化或是时间的函数的被测参数称为动态参数，测定动态参数所产生的误差称为动态参数误差。

3. 按误差间的关系分

（1）独立误差　彼此相互独立，互不相关，互不影响的误差称为独立误差。

（2）非独立误差（或相关误差）　一种误差的出现与其他的误差相关联，这种彼此相关的误差称为非独立误差。在计算总误差时其相关系数不为零。

（三）误差的表示方法

1. 绝对误差

被测量测得值 x 与其真值 x_0（或相对真值）之差称为绝对误差。在工程测量中，绝对误差一般都有量纲，能反映出误差的大小和方向。绝对误差可以表示为

$$\Delta = x - x_0 \tag{2-2}$$

针对测量仪器，绝对误差可以表示为仪器的示值与被测量真值（或相对真值）之差。

2. 相对误差

绝对误差与被测量真值的比值称为相对误差。相对误差无量纲，可以表示为

$$\delta = \frac{\Delta}{x_0} \tag{2-3}$$

相对误差有如下两种表示方法：

（1）引用误差　它指绝对误差的最大值与仪器示值范围的比值。

（2）额定相对误差　它指示值绝对误差与示值的比值。

二、精度

精度的高低是用误差来衡量的，误差大则精度低，误差小则精度高。通常把精度区分为：

（1）正确度　它是系统误差大小的反映，表征测量结果稳定地接近真值的程度。

（2）精密度　它是随机误差大小的反映，表征测量结果的一致性或误差的分散性。

（3）准确度　它是系统误差和随机误差两者的综合反映。表征测量结果与真值之间的一致程度。

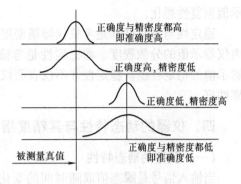

图 2-1　仪器精度

由此可见，精密度高未必正确度一定高，反之亦然。在上面（1）和（2）两种情况下，准确度都不一定高，只有在正确度和精密度都高的情况下，才表明准确度高。图 2-1 表示出精度的各种情况。

仪器的精度是一种定性的概念，表征仪器的精度水平应由一些精度指标来体现。

三、仪器的静态特性与其常用精度指标

（一）仪器的静态特性与线性度误差

当输入量不随时间的变化而变化或变化十分缓慢时，输出与输入量之间的关系称为仪器的静态特性。仪器的静态特性通常表示为

$$y = f(x) \tag{2-4}$$

式中，x 和 y 分别为输入量（被测量值）和输出量（测量结果）。

当输入和输出呈线性关系时，仪器静态特性是线性函数，可表示为

$$y = kx \tag{2-5}$$

式中，k 为灵敏度或放大比。

通常希望仪器的输入与输出为一种规定的线性关系，即 $y_0 = k_0 x$，如果仪器实际特性与规定特性不符，就会产生非线性误差，定义为

$$\Delta(x) = f(x) - k_0 x \tag{2-6}$$

静态特性曲线 $f(x)$ 可以用实验（校准）的方法获得，至于规定特性 $y_0 = k_0 x$ 可根据静态特性曲线 $f(x)$ 的校准结果用最小二乘法或其他方法求得。一般以两者的最大偏差 $\Delta(x)_{max}$ 与标称输出范围 A 的百分比来表示仪器的线性度，如图 2-2 所示，即

$$线性度 = \frac{\Delta(x)_{max}}{A} \times 100\% \tag{2-7}$$

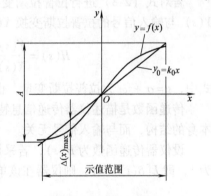

图 2-2　仪器的线性度

（二）表征仪器静态精度的常用指标

表征仪器静态精度的常用指标有：示值误差、重复性误差、灵敏度与分辨力、稳定性等。

示值误差是仪器准确度的重要指标，它既能考核仪器的精密度，也能考核其示值的正确度。

重复性精度表征了仪器固有误差的精密度，重复性误差越小表明仪器精密度越高，随机误差越小。

灵敏度和分辨力表征仪器对被测量变化的反应能力。仪器设计时一般希望仪器的灵敏度高，因为高灵敏度会使仪器的分辨力的值小，但是高灵敏度必须以仪器能有效辨别的最小量值为前提，盲目地追求高灵敏度与小分辨力值不仅会增高仪器成本而且会使示值范围减小、

示值重复性恶化。

稳定性与重复性都是考核仪器精密度的指标，重复性一般是指短时间（较短测量周期）内仪器示值的分散程度，而稳定性是考核仪器在较长时间（几个小时甚至几天时间）内仪器示值的稳定程度。稳定性好不仅表明仪器的精密度高，而且也可一定程度地表明仪器的可靠性好。

四、仪器的动态特性与其精度指标

（一）仪器的动态特性

当输入信号是瞬态值或随时间的变化值时，仪器的输出信号（响应）与输入信号（激励）之间的关系称为仪器动态特性。由于仪器中存在着弹性、惯性和阻尼，输出信号不仅与输入信号有关，而且还与输入信号变化的速度 $\mathrm{d}x/\mathrm{d}t$、加速度 $\mathrm{d}^2x/\mathrm{d}t^2$ 等有关。因此，在一定条件下可用常系数线性微分方程来描述仪器的动态特性，其表达式为

$$a_n\frac{\mathrm{d}^n y}{\mathrm{d}t^n}+a_{n-1}\frac{\mathrm{d}^{n-1}y}{\mathrm{d}t^{n-1}}+\cdots+a_1\frac{\mathrm{d}y}{\mathrm{d}t}+a_0 y=b_m\frac{\mathrm{d}^m x}{\mathrm{d}t^m}+b_{m-1}\frac{\mathrm{d}^{m-1}x}{\mathrm{d}t^{m-1}}+\cdots+b_1\frac{\mathrm{d}x}{\mathrm{d}t}+b_0 x \qquad (2\text{-}8)$$

式中，a_n，a_{n-1}，$\cdots$，a_0 和 b_m，b_{m-1}，$\cdots$，b_0 为与仪器结构和特性参数有关且与时间无关的常数。

由于应用上述数学模型来研究仪器的动态特性较为困难，因此，常用传递函数、脉冲响应函数和频率响应函数分别在复域、时域和频域内分析仪器的动态特性。

若对式（2-8）进行拉普拉斯变换，并设初始状态为零，定义输出信号的拉普拉斯变换 $Y(s)$ 与输入信号的拉普拉斯变换 $X(s)$ 之比为传递函数，则仪器的传递函数为

$$H(s)=\frac{Y(s)}{X(s)}=\frac{b_m s^m+b_{m-1}s^{m-1}+\cdots+b_1 s+b_0}{a_n s^n+a_{n-1}s^{n-1}+\cdots+a_1 s+a_0} \qquad (2\text{-}9)$$

式中，$s=\sigma+\mathrm{j}\omega$ 为拉普拉斯变量，也称为复频率。

传递函数是描述仪器传递信息特性的函数，是仪器结构参数的表达式，它只取决于仪器本身的结构，而与输入信号无关。

设仪器传递函数为 $H(s)$，若采用单位脉冲信号 $\delta(t)$ 作为激励，由于其拉普拉斯变换为1，即 $L[\delta(t)]=1$，则仪器在该单位脉冲信号作用下的响应

$$y(t)=L^{-1}[H(s)] \qquad (2\text{-}10)$$

称为单位脉冲响应函数。它与传递函数 $H(s)$ 一样，描述仪器的动态性能。所不同的是传递函数是在复域中描述仪器的动态特性，而单位脉冲响应函数是在时域中描述。

类似地对式（2-9）进行傅里叶变换，或将 $s=\mathrm{j}\omega$ 代入式（2-9）中，则可以得到

$$H(\mathrm{j}\omega)=\frac{Y(\mathrm{j}\omega)}{X(\mathrm{j}\omega)}=\frac{b_m(\mathrm{j}\omega)^m+b_{m-1}(\mathrm{j}\omega)^{m-1}+\cdots+b_1(\mathrm{j}\omega)+b_0}{a_n(\mathrm{j}\omega)^n+a_{n-1}(\mathrm{j}\omega)^{n-1}+\cdots+a_1(\mathrm{j}\omega)+a_0} \qquad (2\text{-}11)$$

式（2-11）称为仪器的频率响应函数。式中，$Y(\mathrm{j}\omega)$、$X(\mathrm{j}\omega)$ 分别为输出与输入信号的傅里叶变换。它反映的是仪器对不同频率激励信号的响应能力，它是在频域中对仪器稳态特性的描述。

值得注意的是仪器的动态与静态特性是显著不同的。例如，实现角位移精密传动轴系由轴、主动轮和从动轮构成，如图 2-3a 所示，支撑在轴承上的轴将主动轮的转角位移 $\theta_1(t)$ 传递到从动轮，引起从动轮的转角位移 $\theta_2(t)$。显然轴的扭转刚度 K 是有限的、支撑轴承不可避免地存在黏性阻力，阻力系数为 F、轴系惯量为 J，根据力学原理，有

$$M_k(t) - M_f(t) = J\frac{d^2\theta_2(t)}{dt^2}$$

如图 2-3b 所示，$M_k(t)$ 为驱动从动轮的旋转力矩，$M_f(t)$ 为从动轮旋转时的黏性阻力矩，与从动轮旋转速度成正比，根据运动学原理得轴系运动的微分方程，有

$$J\frac{d^2\theta_2(t)}{dt^2} + F\frac{d\theta_2(t)}{dt} + K\theta_2(t) = K\theta_1(t) \tag{2-12}$$

式（2-12）表明该轴系是二阶动态系统，在考虑到回转运动速度和回转加速度的情况下，由于轴系惯性、黏性阻力以及轴的有限扭转刚度的制约，使得 $\theta_2(t) \neq \theta_1(t)$，从而使轴系从动轮转角位移 $\theta_2(t)$ 难以快速平稳准确地跟踪主动轮的转角位移 $\theta_1(t)$。若轴为绝对刚体，即其扭转刚度 K 为无穷大，此时式（2-12）的前两项为有限量，可以忽略，角位移精密传动要求 $\theta_2(t) = \theta_1(t)$ 得以满足；当主、从动轮的转角位移 $\theta_1(t)$ 和 $\theta_2(t)$ 不随时间变化或随时间缓慢变化，即静态（稳态）情况下，式（2-12）的前两项小至可以忽略，此时 $\theta_2(t) = \theta_1(t)$ 表征轴系的静态特性。

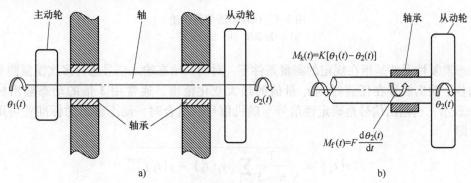

图 2-3 角位移精密传动轴系
a）轴系机械结构 b）轴系力学模型

因此，仪器的动态特性是仪器特性的全面表征，是在放大时间坐标的情况下考察仪器输入输出关系，此时仪器内部的惯性、阻尼和有限刚度是决定仪器特性的重要因素；而仪器的静态特性是仪器进入稳态条件下对仪器特性的表征，是一种相对、有条件的表征。

（二）仪器的动态精度指标

1. 动态偏移误差和动态重复性误差

动态偏移误差 $\Delta(t)$ 是一种有规律的或在一定条件下有固定大小和符号的误差，它由输入信号的形式和仪器的动态特性所决定。动态仪器的输出应能正确反映输入，故动态偏移误差 $\Delta(t)$ 定义为输出信号 $y(t)$ 与输入信号 $x(t)$ 之差，表达式为

$$\Delta(t) = y(t) - x(t) \tag{2-13}$$

已知输入信号 $x(t)$ 的函数形式，为求动态偏移误差，就必须先求出输出信号 $y(t)$ 的函数形式。求仪器输出信号的途径有：

1）由仪器动态特性微分方程，应用经典的微分方程解法，求式（2-8）的通解和特解。

2）由仪器的脉冲响应函数与输入信号的时域卷积。

3）由仪器的传递函数与输入信号拉普拉斯变换的乘积后的拉普拉斯反变换。

也可用实验测试的方法得到输出信号 $y(t)$ 的样本集合，在特定的动态测量条件下，通过多次测量，把 $y(t)$ 的均值 $M[y(t)]$ 与被测量信号 $x(t)$ 之差作为测量仪器的动态偏移误

差，即

$$\Delta(t) = M[y(t)] - x(t) \tag{2-14}$$

图 2-4a、b 分别表示一阶和二阶动态仪器的单位阶跃响应的动态偏移误差。若要求的动态偏移误差不能大于 $\Delta_允$，则在 $t=0$ 输入测量信号后，要等到 $t \geq t_允$ 才能读取测量结果。若要在 $t=t_1$ 时刻读取测量结果，将引起动态偏移误差 $\Delta(t_1)$。

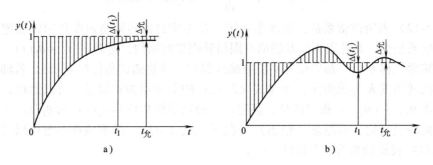

图 2-4 仪器动态偏移误差
a）一阶系统 b）二阶系统

动态重复性误差是指在规定的测量条件下，对同一动态输入信号进行多次重复测量，所测得的各个输出信号在任意时刻 t_k 量值的最大变化范围，通常用 3 倍的动态输出标准差 $s(t_k)$ 来表示。当输出信号是确定性信号与随机信号的组合时，动态输出的标准差可用下式估计，即

$$s(t_k) = \sqrt{\frac{1}{n-1}\sum_{i=1}^{n}\left[y_i(t_k) - \bar{y}(t_k)\right]^2} \tag{2-15}$$

式中，i 为多次重复测量所得各次样本的序号，$i=1, 2, \cdots, n$；k 为在一次输出信号样本上做 m 次采样的采样点序号，$k=1, 2, \cdots, m$。

动态重复性误差的变化范围为

$$\Delta y(t_k) = \pm 3s(t_k) \tag{2-16}$$

动态偏移误差和动态重复性误差在时域表征动态测量仪器的瞬态响应精度，分别代表了动态仪器响应的准确程度和精密程度。

2. 理想仪器与频率响应精度

对于理想的动态测量仪器，在满足要求的稳态测量的条件下，其输出信号 $y(t)$ 应该能不失真地再现输入信号 $x(t)$，如图 2-5a 所示，它们之间的时域关系应为

$$y(t) = A_0 x(t - \tau_0) \tag{2-17}$$

式中，A_0 为仪器的增益或静态灵敏度；τ_0 为输出信号在时间上的滞后。

对式（2-17）进行傅里叶变换，则有理想仪器的频率响应函数为

$$H(j\omega) = \frac{Y(j\omega)}{X(j\omega)} = A_0 e^{-j\omega\tau_0} \tag{2-18}$$

理想仪器的幅频特性为 $|H(\omega)| = A_0$；相频特性为 $\phi(\omega) = -\tau_0\omega$，如图 2-5b 所示。

由此可知，理想动态仪器的幅频特性应该是与频率无关的常数，相频特性应该与频率呈线性关系。实际上理想动态仪器是不存在的，即使一个性能良好的动态仪器也有对高频信号响应能力衰减的特性。但是，可以选择某一个认为具有足够精度的频率范围作为仪器系统具有不失真特性的范围，这个频率范围就是仪器的频率响应范围。在这个频率范围之内与理想

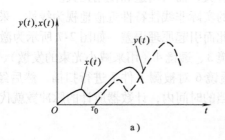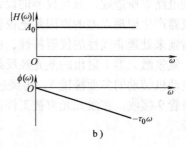

图 2-5 理想动态仪器的时域与频域特性

a) 时域特性 b) 频域特性

仪器相比所产生的最大幅值误差与相位误差，就代表了仪器的频率响应精度，它是动态仪器的稳态响应精度指标，表达了仪器对不同频率信号的响应能力。

图 2-6a、b 分别表示一阶和二阶仪器在频域中的幅值误差。当频率响应范围为 $0 \sim \omega_c$ 时，一阶仪器的最大幅值误差为 $| \Delta H(\omega_c) |$，二阶仪器的最大幅值误差为 $| \Delta H(\omega_r) |$。当输入信号的最大频率为 $\omega_1 < \omega_c$ 时，由图可知仪器对该频率信号的测量结果幅值误差为 $| \Delta H(\omega_1) |$。

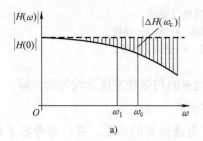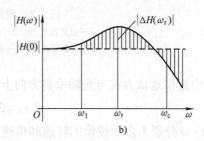

图 2-6 一阶、二阶动态仪器幅值误差

a) 一阶动态仪器 b) 二阶动态仪器

第二节 仪器误差的来源与性质

仪器误差是指仪器本身所具有的误差。在仪器制成后，在规定的使用条件下，仪器误差已基本确定了。

为了有效地进行仪器精度分析，必须首先对影响仪器精度的各种误差源，特别是影响仪器精度的主要误差源进行分析、归纳，进而掌握其变化规律，最终设法加以控制并进一步减小其对仪器测量精度的影响。

仪器误差产生的原因是多方面的，在仪器的设计、制造和使用的各个阶段都可能产生误差，在此，分别把它们称为原理误差、制造误差和运行误差。由于它们产生于不同的阶段，故使得它们的规律各不相同。从数学特性上看，原理误差多为系统误差，而制造误差和运行误差多为随机误差。

一、原理误差

原理误差是由于在仪器设计中采用了近似的理论、近似的数学模型、近似的机构和近似的测量控制电路等所造成，只与仪器的设计有关，而与制造和使用无关。

有些仪器产生原理误差的原因是把仪器的实际非线性特性近似地视为线性，采用线性的技术处理措施来处理非线性的仪器特性，由此而引起原理误差。如图 2-7 所示为激光扫描测径仪原理，氦氖激光器 1 射出的激光经反射镜 3、透镜 4（用来减小光束的发散）、反射镜 2 和用同步电动机带动的多面棱镜 5，再经过透镜 6 对被测工件 7 进行扫描，然后经过透镜 8 由光电二极管 9 接收。在激光光束被工件遮挡的时间内，计数器所计的脉冲数就代表了被测工件的直径。

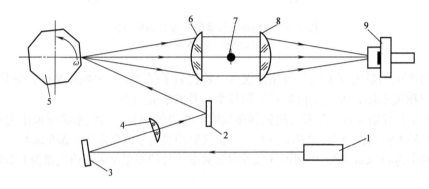

图 2-7　激光扫描测径仪原理
1—氦氖激光器　2、3—反射镜　4、6、8—透镜
5—多面棱镜　7—被测工件　9—光电二极管

设计中近似地认为在与光轴垂直方向上激光光束的扫描线速度是均匀的，即

$$v_0 = 2\omega f = 4\pi n f \tag{2-19}$$

式中，n 和 ω 分别为多面棱镜的转速和角速度；f 为透镜 6 的焦距，并已经考虑了激光反射光束的角速度是多面棱镜角速度的 2 倍。

实际上，激光光束的扫描速度在与光轴垂直方向上是变化的，激光扫描光束在距透镜光轴距离为 $\pm y$ 的位置与时间 t 的关系式为

$$y = f\tan(2\omega t) = f\tan(4\pi n t) \tag{2-20}$$

在该位置上，激光光束在与光轴垂直方向上的扫描线速度为

$$v = \frac{\mathrm{d}y}{\mathrm{d}t} = 4\pi n f \sec^2(4\pi n t) = 4\pi n f\left[1 + \tan^2(4\pi n t)\right] = 4\pi n f\left[1 + \left(\frac{y}{f}\right)^2\right] \tag{2-21}$$

可见实际激光扫描线速度 v 随着光束离光轴的距离 y 的不同而变化，离光轴垂直距离越大，扫描速度越高。这就使得该仪器的测得值总是小于被测直径的真值，从而引起原理误差。

原理误差有时发生在数据处理方法上的近似以及数值舍位。例如，在模/数转换过程中，通常用二进制最小单位所代表的电平去度量一个实际的模拟量，这个电平被称为脉冲当量 Q。对于一个模拟量的最大值 V，用一个二进制数字量 $N = 2^n$ 来表示，那么这个当量 $Q = V/2^n$，n 为数字量的有效位。显然 n 越大，Q 越小，模/数转换精度越高。图 2-8a 给出了量化过程的输入输出图形。但当输入模拟量在 nQ 与 $(n+1)Q$ 之间时，输出都以 nQ 表示，结果产生量化误差。从图 2-8b 可以看出，量化误差的绝对值小于一个脉冲当量 Q。

仪器结构有时也存在着原理误差，即实际机构的作用方程与理论作用方程有差别，因而产生机构原理误差。如正弦和正切机构，其传动方程是非线性的，当用线性方程来处理时就引起了原理误差。此外，在实现 $y = f(\varphi)$ 运动规律的凸轮机构中，为了减小磨损，常需将动杆的端头设计成半径为 r 的圆形触头，如图 2-9 所示。由此引起误差为

$$\Delta h = OA - OB \approx \frac{r}{\cos\alpha} - r \approx \frac{r}{2}\alpha^2$$

式中，α 为压力角。

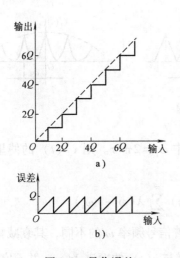

图 2-8　量化误差

a) 量化过程　b) 量化误差

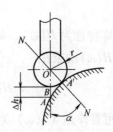

图 2-9　凸轮机构原理误差

在仪器的测量与控制电路系统中的某些环节同样存在原理误差。例如，在数据采集系统中，首先要进行的操作是采样，即用一系列时间离散序列 $x^*(t)$ 来描述连续的模拟信号 $x(t)$。理论上只要这种采样过程满足香农采样定理，即采样频率 ω_s 大于 2 倍模拟信号 $x(t)$ 频谱中的最高频率分量 ω_H，则 $x^*(t)$ 将完全确定原来的模拟信号，可以用理想的低通滤波器准确将离散信号恢复成原来的模拟信号 $x(t)$。图 2-10 给出了采样过程。图 2-10a 是模拟信号 $x(t)$，图 2-10b 是理想采样脉冲 $\delta_T(t)$，图 2-10c 是采样得到的离散信号 $x^*(t)$。按照频率卷积定理，离散信号 $x^*(t)$ 的傅里叶变换是模拟信号频谱 $X(\omega)$ 与理想采样脉冲频谱 $\delta_T(\omega)$ 的卷积，如图 2-10d、e 所示，即

$$X^*(\omega) = X(\omega) * \delta_T(\omega) = \frac{1}{T}\left[X(\omega)\sum_{n=-\infty}^{\infty}\delta_T(\omega - n\omega_s)\right] = \frac{1}{T}\sum_{n=-\infty}^{\infty}X(\omega - n\omega_s) \quad (2-22)$$

图 2-10f 表明了 $x^*(t)$ 的频谱 $X^*(\omega)$ 是由无穷多个相互间隔为 $\omega_s = 2\pi/\tau$ 的 $X(\omega)$ 叠加而成的。由于频谱 $X(\omega)$ 的宽为 $2\omega_H$，所以当 $\omega_s \geq 2\omega_H$ 时，$X^*(\omega)$ 中的边带频谱互相不重叠。这意味着让 $x^*(t)$ 通过一个截止频率为 ω_H 的理想低通滤波器，$x^*(t)$ 的频谱与 $x(t)$ 的频谱完全相同，$x^*(t)$ 可以不失真地复现 $x(t)$。

但上述的理想采样脉冲是难以得到的，因为实际的采样脉冲总是有一定的宽度 τ。若使用采样保持的采样方式，在脉冲保持时间 τ 内，采出信号 $x_\tau^*(t)$ 的幅度维持不变，如图 2-10g 所示，采样过程等效于理想脉冲采样后，采出的离散序列又通过一个脉冲形成电路进行保持。脉冲形成电路的功能是将单个脉冲转换成同幅度的方波，方波宽度为 τ，重复周

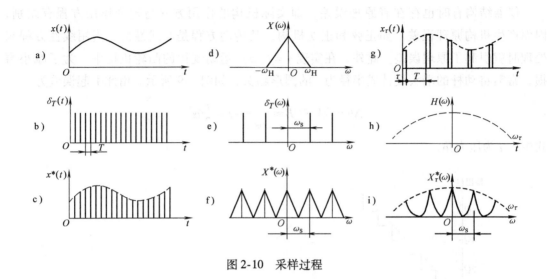

图 2-10　采样过程

期为 T，其频率特性为 $H(\omega)$，如图 2-10h 所示，图中 $\omega_\tau = 2\pi/\tau$。则 $x_\tau^*(t)$ 的傅里叶变换是 $X^*(\omega)$ 与 $H(\omega)$ 的乘积。

$$X_\tau^*(\omega) = H(\omega)X^*(\omega) = \frac{1}{T}H(\omega)\sum_{n=-\infty}^{\infty} X(\omega - n\omega_s) \tag{2-23}$$

$X_\tau^*(\omega)$ 可看作是 $X^*(\omega)$ 对 $H(\omega)$ 的调制，随着信号频率 ω 的不同，其衰减幅度是不同的，如图 2-10i 所示，$x_\tau^*(t)$ 的频谱 $X_\tau^*(\omega)$ 的主瓣与 $x(t)$ 的频谱 $X(\omega)$ 并不完全相同，有变形。这样，即使让 $x_\tau^*(t)$ 通过一个截止频率为 ω_H 的理想低通滤波器，$x_\tau^*(t)$ 也不能完全恢复 $x(t)$，从而产生原理误差。

　　采用近似的理论和原理进行设计是为了简化设计、简化制造工艺、简化算法和降低成本。在有些情况下，是由于理想的原理在设计中难以实现。由此可以看出，原理误差的特点是产生在仪器的设计过程中，可看成是仪器原理上的固有误差，从数学特征上看，它属于系统误差。它的存在使仪器的准确度下降，因此应予重视。

　　设计仪器时首先应分析原理误差，然后采用不同的方法去减小或消除它对仪器精度的影响。分析原理误差的途径是：将仪器各个组成环节之间的实际关系与设计、计算时采用的理论关系进行比较，若有差异，则存在原理误差。

　　减小或消除原理误差影响的方法如下：

　　1）采用更为精确的、符合实际的理论和公式进行设计和参数计算。

　　2）研究原理误差的规律，采取技术措施避免原理误差。例如图 2-9 所示凸轮机构，原理误差的产生原因为顶杆端部为一球。设计凸轮时就考虑用半径等于顶杆球端半径的刀具加工，算出该刀具加工时的轨迹，并用端部与顶杆球端半径相同的测杆检验该凸轮，可以减小该原理误差。

　　3）采用零位比较和差动比较测量原理（详见第三章第二节），采用零位比较测量法或利用具有同样原理误差的测量系统与标准系统相比较来消除原理误差。前者是利用零位的唯一性来减小系统的干扰，后者是利用差模抑制原理来减小干扰。

　　4）采用误差补偿措施。原理误差是系统误差，系统误差是有规律的，通过研究原理误差规律，采用调整措施或误差补偿技术来减小或消除仪器原理误差是确保仪器精度最可靠的途径。例如，采用综合调整原理可以减小正弦和正切机构的原理误差（见第三章第二节）；在建立了原理误差数学模型的前提下，可用误差修正的方法对原理误差进行修正。

例如，激光测径仪，如图 2-7 所示，如果认为激光径向扫描速度是均匀的，那么扫描速度见式（2-19），若填充脉冲频率为 M，即可得激光脉冲当量 $q = v_0/M$。在实际测量中，若被测钢丝直径为 d_0，激光以非均匀的速度径向扫描，见式（2-21），扫描被测直径所用时间

$$t = 2\int_0^{\frac{d_0}{2}} \frac{1}{v}\mathrm{d}y = 2\int_0^{\frac{d_0}{2}} \frac{1}{4n\pi f\left(1 + \dfrac{y^2}{f^2}\right)}\mathrm{d}y = \frac{1}{2n\pi}\arctan\frac{d_0}{2f}$$

在该段时间内填充的脉冲数为 $N = tM$，则仪器指示的被测直径

$$d = Nq = 2f\arctan\left(\frac{d_0}{2f}\right)$$

那么，仪器的原理误差

$$\Delta d = d - d_0 = 2f\arctan\left(\frac{d_0}{2f}\right) - d_0 \approx -\frac{2f}{3}\left(\frac{d_0}{2f}\right)^3 \tag{2-24}$$

该原理误差与被测直径有明确的函数关系，在实际测量中，用测量结果 d 取代 d_0 代入式（2-24），计算出原理误差 Δd，在测量结果中进行修正，即最终测量结果：$d = Nq - \Delta d$，以此消除了激光测径仪的原理误差对测量精度的影响。

二、制造误差

由于制造工艺的不完善，仪器各个环节在制造过程中总会产生各种各样的误差，由此影响仪器的精度。制造误差是指由仪器的零件、元件、部件和其他环节在尺寸、形状、相互位置以及其他参量等方面的制造及装调的不完善所引起的误差。例如，内外尺寸的配合间隙，对直线运动造成歪斜误差，对回转运动造成径向跳动误差；轴与套的圆度会引起轴系的回转误差；零件表面波度和粗糙度会影响运动的平稳性；导轨导向面直线度误差会引起拖板运动误差；在有些差动电路和差动式传感器中，制造中的结构不对称会造成共模误差和零位漂移；在光学仪器中，透镜和棱镜的制造误差会引起成像畸变和光线方向的变化。所以，在仪器误差中，制造误差占有极大的比重。需要注意的是并不是所有的制造误差对仪器精度都有影响，我们只研究与仪器精度有关的制造误差，又称为原始误差。

仪器的制造误差是难以避免的，除了在制造过程中提高加工精度和装配精度外，在设计过程中也应采取适当的措施对其进行控制。具体的方法有：

1）合理地分配误差和确定制造公差。根据仪器总精度指标，在仪器的测量与控制等各个大的组成环节之间进行正确的误差分配，在结构设计中合理地确定各个环节的制造公差，对于保证和提高仪器精度具有重要意义。

2）正确应用仪器设计原理和设计原则。如误差平均原理、补偿原理、阿贝原则、变形最小原则，使制造误差对仪器精度的影响达到最小。

3）合理地确定仪器的结构参数。在保证仪器功能和性能的前提下以减小制造误差对仪器精度的影响为目标来选择仪器的结构参数。

4）合理的结构工艺性。好的结构工艺性可以为加工和装调提供方便，使制造精度易于保证。在结构设计中遵循基准统一原则，设计过程中所选择的设计基准应该充分考虑到加工和装配的可行性与可靠性。

三、运行误差

仪器在使用过程中所产生的误差称为运行误差。如力变形误差、磨损和间隙造成的误差、温度变形引起的误差、材料的内摩擦所引起的弹性滞后，以及振动和干扰等。

1. 力变形引起的误差

由于仪器的测量装置（测量头架等）在测量过程中的移动，使仪器结构件（基座和支架等）的受力大小和受力点的位置发生变化，从而引起仪器结构件的变形，这种变形通常对测量精度有较大的影响，特别在大型测量仪器中。

重力变形的大小主要与仪器的结构刚度和结构形式有关，对测量精度的影响程度根据仪器的测量方式的不同有所不同。现以悬臂式坐标测量机为例分析之。

如图 2-11 所示，横臂 4 可绕立柱 1 回转，横臂上有 X 方向读数基准尺 3，测头部件 5 可在横臂上移动，Z 向测量轴 6（其上装有 Z 向读数基准尺）可作垂直方向运动。由于仪器结构庞大，故横臂在测量过程中的变形将引

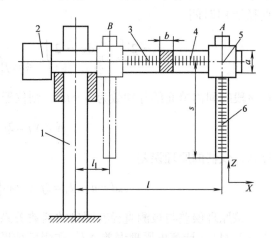

图 2-11 悬臂式坐标测量机原理图
1—立柱 2—平衡块 3—读数基准尺 4—横臂
5—测头部件 6—Z 向测量轴

起测量误差。当测头部件位于横臂最外端 A 处和最里端 B 处时，由于测头部件的集中负荷在横臂上的作用点发生变化引起立柱和横臂的受力状态发生变化，使横臂上 A、B 两点处的挠曲变形和截面转角发生变化，从而引起测量误差。设横臂为 $a \times b = 50\text{mm} \times 200\text{mm}$ 的等截面梁，长度 $l = 3000\text{mm}$，测头部件的自重引起的重力 $W = 200\text{N}$。

当测头部件在最外端时（见图 2-12），横臂上 A 点的挠曲变形及截面转角分别由测头部件重力 W（见图 2-12a）、横臂自重 q（见图 2-12b）和由它们共同作用引起的弯曲力矩 $M_A = lW + 0.5l^2q$（见图 2-12c）的共同作用所引起，经计算分别为

$$y_A = y_{AW} + y_{Aq} + y_{AM} = -3.56\text{mm}$$

$$\theta_A = \theta_{AW} + \theta_{Aq} + \theta_{AM} = -1.56 \times 10^{-3}\text{rad}$$

同理，测头部件处在横臂最里端时，即图 2-11 中 B 点处存在弯曲力矩，$M_B = l_1W + 0.5l_1^2q$，$l_1 = 400\text{mm}$，则横臂上 B 点的挠曲变形和截面转角经计算分别为

$$y_B = -0.13\text{mm}$$

$$\theta_B = -0.46 \times 10^{-3}\text{rad}$$

上述变形引起的测量误差有下列两部分：

1）测头部件从 B 点移到 A 点时，在测量方向 Z 向上引起的测量误差为

$$y_A - y_B = 3.43\text{mm}$$

2）由于 X 方向读数基准尺 3 与测量线不在一条直线上，在 X 测量方向引起阿贝误差。设 s 为测量线至横臂上基准尺的距离，若取 $s = 1000\text{mm}$，则阿贝误差为

$$s(\theta_A - \theta_B) = 1.11\text{mm}$$

上述计算表明，对大型仪器，由力变形引起的测量误差是相当大的。为了减小力变形，在设计过程中要着重提高仪器结构件的刚度，合理选择支点的位置和材料，适当采用卸荷装

置或适当配重，使重力引起的变形达到最小。

2. 测量力引起的变形误差

在接触式测量仪器中，测量力作用下的接触变形和测杆变形也会对测量精度产生影响，引起运行误差。例如，在工具显微镜上利用灵敏杠杆测量时（见图 2-13），设灵敏杠杆长为 70mm，直径约为 8mm，测球直径为 4mm，测杆和被测零件材料同为钢，在 $F = 0.2N$ 测量力的作用下，引起测球与被测平面之间的接触变形约为 $0.1\mu m$。同时在此测量力的作用下，测杆的弯曲变形约为 $0.5\mu m$，这两项误差对工具显微镜瞄准精度产生直接的影响。

由此可知，在测量力作用下接触变形和弯曲变形所引起的运行误差是不可忽视的。接触变形量的大小与接触表面的形状、材料、表面粗糙度以及作用力大小有关。而测杆弯曲变形量与测杆的长度和测量力大小有关。在设计中应尽量减小测量力，同时确保测量力在测量过程中恒定。

3. 应力变形引起的误差

结构件在加工和装配过程中形成的内应力的释放所引发的变形同样影响仪器精度。零件虽然经过时效处理，但内应力仍可能不平衡，金属的晶格处于不稳定状态。例如，未充分消除应力的铸件毛坯，经切削加工后，由于除去了不同应力的表层，破坏了材料内部的应力平衡，经过一段时间会使零件产生变形，在运行时产生误差。在结构设计时应尽量减少使用焊接件，因为焊接产生的应力变形较大。

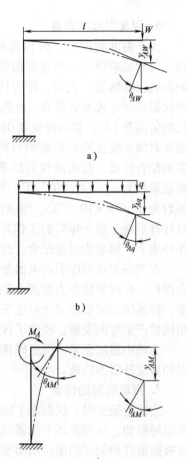

图 2-12　悬臂式坐标测量机受力变形

4. 磨损引起的误差

磨损使零件产生尺寸、形状、位置误差，使配合间隙增加，降低了仪器工作精度的稳定性。磨损与摩擦密切相关，零件断面轮廓是不规则的，不同的加工方式留下的断面轮廓形状不同。由于零件加工表面存在微观不平度，在运行开始时，配合面仅有少数顶峰接触，因而使局部单位面积的比压增大，顶峰很快被磨平，从而迅速扩大了接触面积，磨损的速度随之减慢，实际的磨损过程如图 2-14 所示，Δf_h 表示磨损量。为减少磨损引起的误差，在设计时要正确选用材料和热处理的方法。

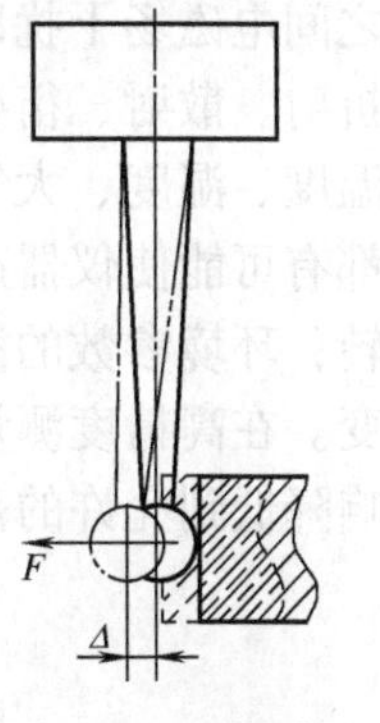

5. 间隙与空程引起的误差

配合零件之间存在间隙，造成空程，影响精度。例如，在滑动轴系中，轴与套之间的间隙制约着轴系回转精度的提高；在开环伺服定位系统中，通常以蜗轮蜗杆或精密丝杠驱动工作台作回转或直线位移，蜗轮

图 2-13　测量力引起的测杆变形

与蜗杆之间的齿侧间隙或丝杠与螺母之间的配合间隙直接引起工作台的定位误差。为减小间隙和空程引起的误差，除了提高加工和装配精度外，可采用消间隙措施，或采用柔性铰链等无间隙结构。

弹性变形在许多情况下，会引起弹性空程，同样会影响精度。

6. 温度引起的误差

由于温度的改变，使仪器的零部件尺寸、形状、相互位置关系以及一些重要的特性参数发生变化，从而影响仪器精度。例如，作为传动部件的丝杠热变形对仪器精度有较大的影响。由热力学可知，1m 长的丝杠均匀温升 1℃，轴向伸长 0.011mm，引起传动误差。温度对轴系配合间隙的影响也可达到很大数值，甚至影响配合性质。在水准仪的轴系中，轴选用钢材其线膨胀系数为 $\alpha_z = 12 \times 10^{-6}/℃$，轴套选用黄铜其线膨胀

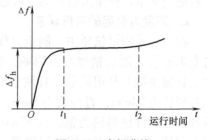

图 2-14　磨损曲线

系数为 $\alpha_k = 18 \times 10^{-6}/℃$。假设在温度为 20℃ 时，配合间隙为 3μm，轴的直径 $d = 15$mm。通过计算发现，在 +40℃ 的工作环境下，轴系为间隙配合，间隙为 4.8μm；但在 -40℃ 的工作环境下，轴系为过盈配合，过盈量为 2.4μm，轴系间隙的变化量达 7μm。

温度的变化可能引起电器参数的改变及仪器特性的改变，引起温度灵敏度漂移和温度零点漂移。在以液体作为摩擦介质的导轨或轴系中，温度的变化有时还会使润滑油的黏度改变，使系统的刚度和运动精度下降、磨损加快。如果仪器使用环境存在温度梯度，还可能使结构件产生弯曲变形，改变了仪器各组成部件之间的位置关系，从而影响仪器精度。

为减小温度误差，要正确选用材料，尤其要注意材料线胀系数的影响，此外还可采用恒温和温度补偿等措施。

7. 振动引起的误差

当仪器受振时，仪器除了随着振源做整机振动外，各主要部件及其相互间还会产生弯曲和扭转振动，从而破坏了仪器的正常工作状态，影响仪器精度。如在瞄准读数中，振动可能使被瞄准件和刻尺的像抖动而变模糊；振动频率高时，还会使紧固件松动。若外界振动频率与仪器的自振频率相近，则会发生共振，损坏仪器。设计时应采用减振和隔振措施。

8. 干扰与环境波动引起的误差

所谓干扰，一方面是外部设备电磁场、电火花等的干扰，另一方面是由于内部各级电路之间电磁场干扰以及通过地线、电源等相互耦合造成的干扰。在光学系统中，由于光学元件折射、散射、衍射使杂散光进入主光路而产生杂光干扰。环境波动指仪器在使用过程中环境温度、湿度、大气压力的波动，气源压力波动以及仪器电气设备的供电电压的波动等，它们都有可能使仪器产生测量误差。例如，偶然的电磁干扰可能使仪器电路产生错误的触发翻转；环境参数的波动使激光波长发生变化；气源压力的波动可使气动测量仪器的示值发生改变。在高精度测量中干扰和环境波动引起的误差是很大的，应采取各种防干扰措施，使其影响降低到允许的范围内。

第三节　仪器误差的分析与计算

仪器误差分析又称精度分析，它的目的是寻找影响仪器精度的误差根源及其规律，进而计算误差的大小和其对仪器总精度的影响程度，以便正确地选择仪器设计方案，合理地确定结构和技术参数，并为科学合理地设置误差补偿环节提供依据，在确保经济性的条件下获得满足要求的仪器总精度。

仪器误差的分析可按下列几个阶段进行：

1) 寻找仪器误差源，找出影响仪器精度的各项误差，这些误差称为源误差。

2）计算分析各个源误差对仪器精度的影响。这种影响可以用误差影响系数与该源误差的乘积来表示，称之为一个局部误差，即一个源误差使仪器产生一个局部误差，而仪器的总误差就是由许多局部误差综合而成的。

3）精度综合。根据各个源误差对仪器精度影响估计仪器的总误差，并判断仪器总误差是否满足精度设计所要求的数值。如果满足，则表明精度设计成功；否则，在精度分配方案中进行适当调整或者改变设计方案和结构，然后重新进行精度综合。

一、误差独立作用原理

在理想情况，即认为仪器特性参数无误差的情况下，仪器所指示的被测量值与仪器的被测量以及有关仪器各特性参数之间的关系可用如下函数表示：

$$y_0 = f(x, q_{01}, q_{02}, \cdots, q_{0n}) \tag{2-25}$$

式中，x 为被测量；q_{01}，q_{02}，$\cdots$，q_{0n} 为仪器的特性或结构参数的理论值；n 为参数的个数；y_0 为在理想情况下仪器应该具有的指示值。

当仪器的特性参数有误差时，即

$$q_1 = q_{01} + \Delta q_1$$
$$q_2 = q_{02} + \Delta q_2$$
$$\vdots$$
$$q_n = q_{0n} + \Delta q_n$$

式中，Δq_i 为各特性参数 q_i 的相应源误差，$i = 1$，2，$\cdots$，n。

实际仪器的输出方程为

$$y = f(x, q_1, q_2, \cdots, q_n) \tag{2-26}$$

仪器误差为

$$\Delta y = y - y_0 = f(x, q_1, q_2, \cdots, q_n) - f(x, q_{01}, q_{02}, \cdots, q_{0n})$$

当某一源误差 $\Delta q_i \neq 0$，而其他源误差均为"0"时，则由 Δq_i 引起的仪器误差为

$$\Delta y_i = y_i - y_0 = f(x, q_{01}, q_{02}, \cdots, q_{0(i-1)}, (q_{0i} + \Delta q_i), q_{0(i+1)}, \cdots, q_{0n}) -$$
$$f(x, q_{01}, q_{02}, \cdots, q_{0n})$$

可以近似简化为

$$\Delta y_i \approx \mathrm{d}y_i = \frac{\partial y}{\partial q_i} \Delta q_i$$

其物理意义是：Δy_i 是由某一源误差 Δq_i 单独作用造成的仪器误差，又称为局部误差。现以 ΔQ_i 表示，即

$$\Delta Q_i = \frac{\partial y}{\partial q_i} \Delta q_i$$

在仪器制造之前，仪器含有误差的实际方程式是未知的，偏导数 $\partial y / \partial q_i$ 也是未知的，但可用理想方程式偏导数 $\partial y_0 / \partial q_i$ 取而代之，则有

$$\Delta Q_i = \frac{\partial y_0}{\partial q_i} \Delta q_i$$

式中，$\partial y_0 / \partial q_i$ 又称为误差影响系数，常用 P_i 来表示。

若仪器有关特性参数都具有误差，且各源误差相互独立时，有

$$\Delta y = \sum_{i=1}^{n} \frac{\partial y_0}{\partial q_i} \Delta q_i = \sum_{i=1}^{n} P_i \Delta q_i = \sum_{i=1}^{n} \Delta Q_i \qquad (2\text{-}27)$$

式中，Δy 是仪器中所有源误差共同作用所引起的仪器局部误差的总和。

综上所述，一个源误差仅使仪器产生一个局部误差，局部误差是源误差的线性函数，与其他源误差无关；仪器总误差是局部误差的综合，这就是误差独立作用原理。因此，可以用逐个计算源误差所引起的局部误差，然后综合局部误差的方法计算仪器总误差。

依据误差独立作用原理，在分析计算一个源误差所引起的局部误差的过程中，视其余各特性参数为理想数值，并且忽略了各源误差对仪器精度影响的相关性以及非线性，因此误差独立作用是近似原理，但在大多数情况下都能适用。

二、微分法

若能列出仪器全部或局部的作用方程，那么，当源误差为各特性或结构参数误差时，可以用对作用原理方程求全微分的方法来求各源误差对仪器精度的影响（局部误差）。

例 2-1 激光干涉测长仪的误差分析与计算。

如图 2-15 所示激光干涉仪光路，激光光源 S 发出的光，经分光镜 BS 分成两束，一束透过分光镜入射到测量反射镜 M_2 被返回，另一束反射后入射到参考镜 M_1 被返回。两束光在分光镜处相遇发生干涉，所产生干涉条纹被光电二极管 VLS 接收。当干涉仪处于起始位置，其初始光程差为 $2n(L_m - L_c)$，对应的干涉条纹数为

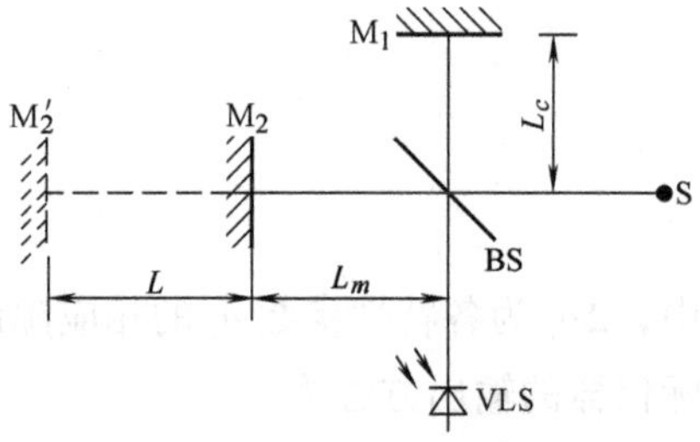

图 2-15　激光干涉光路图

$$K_1 = \frac{2n(L_m - L_c)}{\lambda_0}$$

式中，L_m 为测量光路长度；L_c 为参考光路长度；λ_0 为真空中激光波长；n 为测量环境下空气折射率。

当反射镜 M_2 移动到 M_2' 位置时，设被测长度为 L，那么，此时的干涉条纹数为

$$K = K_2 + K_1 = \frac{2nL}{\lambda_0} + \frac{2n(L_m - L_c)}{\lambda_0}$$

$$L = \frac{K\lambda_0}{2n} - (L_m - L_c) \qquad (2\text{-}28)$$

式中，L 为被测长度。

式（2-28）为激光干涉仪的测量方程。

由于外界环境的变化，如温度、湿度、气压等，使空气折射率、激光波长和被测尺寸发生变化；测量过程中由于测量镜的移动使仪器基座受力状态发生变化，使测量光路与参考光路长度差发生改变；计数器的计数误差等都对激光干涉测量产生直接的影响，并造成测量误差。

对式（2-29）进行全微分，得

$$dL = \frac{\partial L}{\partial K}dK + \frac{\partial L}{\partial \lambda_0}d\lambda_0 + \frac{\partial L}{\partial n}dn - \frac{\partial L}{\partial (L_m - L_c)}d(L_m - L_c)$$

$$= \frac{\lambda_0}{2n}\mathrm{d}K + \frac{K}{2n}\mathrm{d}\lambda_0 - \frac{K\lambda_0}{2n^2}\mathrm{d}n - \mathrm{d}(L_m - L_c)$$

写成增量形式,有

$$\Delta L \approx \frac{\lambda_0}{2n}\Delta K + \frac{K}{2n}\Delta\lambda_0 - \frac{K\lambda_0}{2n^2}\Delta n - \Delta(L_m - L_c) \tag{2-29}$$

若测量开始时计数器"置零",在理想情况下,有

$$L = \frac{K\lambda_0}{2n}$$

代入式(2-29),得

$$\Delta L \approx L\left(\frac{\Delta K}{K} + \frac{\Delta\lambda_0}{\lambda} - \frac{\Delta n}{n}\right) - \Delta(L_m - L_c) \tag{2-30}$$

式中，ΔK 为计数器计数误差；$\Delta\lambda_0$ 为真空波长对理论值的偏差；Δn 为测量环境下空气折射率对标准状态下空气折射率的偏差；$\Delta(L_m - L_c)$ 为测量过程中干涉仪的初始光程差的变动量。

式(2-30)即是激光干涉测长仪的误差公式。

微分法的优点是运用微分运算解决误差计算问题,具有简单、快速的优点。但微分法也有局限性,对于不能列入仪器作用方程的源误差,不能用微分法求其对仪器精度产生的影响,例如仪器中经常遇到的测杆间隙、度盘的安装偏心等,因为此类源误差通常产生于装配调整环节,与仪器作用方程无关。

三、几何法

利用源误差与其局部误差之间的几何关系,分析计算源误差对仪器精度的影响。具体步骤是:画出机构某一瞬时作用原理图,按比例放大,画出源误差与局部误差之间的关系,依据其中的几何关系写出局部误差表达式,将源误差代入,求出局部误差大小。

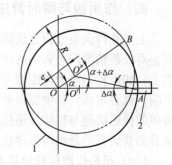

图 2-16　偏心误差所
引起的读数误差
1—度盘　2—读数头

例 2-2　角度误差测量的度盘安装偏心所引起的读数误差。

如图 2-16 所示,设 O' 是度盘的几何中心,O 是主轴的回转中心,度盘的安装偏心量为 e,当主轴的回转角度为 α 时,度盘刻划中心从 O' 移至 O'' 处,读数头实际读数为从 A 点到 B 点弧上刻度所对应的角度 $\alpha + \Delta\alpha$,而主轴实际转角为 α,则读数误差为

$$(\alpha + \Delta\alpha) - \alpha = \Delta\alpha$$

从正弦定理可知 $\dfrac{\sin\alpha}{O''A} = \dfrac{\sin\Delta\alpha}{OO''}$　即　$\dfrac{\sin\alpha}{R} = \dfrac{\sin\Delta\alpha}{e}$

式中，R 为度盘刻划半径；e 为偏心量。

由于 $\Delta\alpha$ 很小,故有

$$\Delta\alpha = \frac{e}{R}\sin\alpha$$

当 $\alpha = \pm 90°$ 时,$\sin\alpha = \pm 1$,则由度盘的安装偏心引起的最大读数误差为

$$\Delta\alpha_{max} = \pm\frac{e}{R} \tag{2-31}$$

例 2-3 仪器中螺旋测微机构误差分析。

如图 2-17 所示，由于制造或装配的不完善，使得螺旋测微机构的轴线与滑块运动方向成一夹角 θ，求由此引起的滑块位置误差 ΔL。

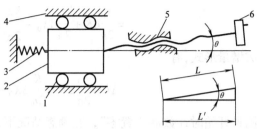

图 2-17 螺旋测微机构示意图
1—滚珠 2—滑块 3—弹簧 4—导轨
5—螺旋副 6—手轮

机构传动方程为 $\qquad L = \dfrac{\varphi}{2\pi}P$

式中，L 为螺杆移动距离；φ 为螺旋转角；P 为螺距。

由于源误差为夹角误差 θ，滑块的实际移动距离 L' 为

$$L' = L\cos\theta = \frac{\varphi}{2\pi}P\cos\theta$$

故位置误差为 $\qquad \Delta L = L - L' = \dfrac{\varphi}{2\pi}P - \dfrac{\varphi}{2\pi}P\cos\theta$

$$= \frac{\varphi}{2\pi}P(1-\cos\theta) \approx \frac{\varphi}{2\pi}P\left(1-1+\frac{\theta^2}{2}\right) = \frac{\varphi P}{4\pi}\theta^2 \qquad (2\text{-}32)$$

几何法的优点是简单、直观，适合于求解机构中未能列入作用方程的源误差所引起的局部误差，但在应用于分析复杂机构运行误差时较为困难。

四、作用线与瞬时臂法

上述几种误差分析方法都是直接导出源误差与局部误差之间的关系，并没有分析各个源误差对仪器精度产生影响的中间过程，而有些源误差是随着机构传递位移逐步传递到仪器示值上，如齿轮的单个齿距偏差、齿廓总偏差等。为研究仪器实际机构各源误差对仪器精度的影响，就必须研究各项源误差在机构中的传递过程。作用线与瞬时臂法正是基于源误差在机构中的传递机理与机构传递位移的过程紧密相关这一设想而提出的。因此，作用线与瞬时臂法首先要研究的是机构传递位移的规律。

（一）机构传递位移的基本公式

传递位移的机构（运动副）多种多样，但从传递位移的方式看，不外乎以下两种：

1）推力传动：传递位移时一对运动副之间的相互作用力为推力。

2）摩擦力传动：传递位移时一对运动副之间的相互作用力为摩擦力。

图 2-18a 所示为正弦机构，导杆推动摆杆偏转，属推力传动。图 2-18b 所示为直尺圆盘运动副，圆盘依靠摩擦力带动直尺做直线移动，属摩擦传动。

尽管这两种机构依靠不同的作用力来传递位移，但它们都有一个共同的特征，即每一对运动副之间存在着作用线。定义作用线为一对运动副之间瞬时作用力的方向线。对于推力传动，其作用线是两构件接触区的公法线；对于摩擦力传动，其作用线是两构件接触区的公切线。如图 2-18 所示，推力副与摩擦力副的作用线分别为 l—l。若把位移传递的过程看作是沿作用线传递的，那么，位移沿作用线传递的基本公式为

$$\mathrm{d}l = r_0(\varphi)\mathrm{d}\varphi \qquad (2\text{-}33)$$

式中，$\mathrm{d}\varphi$ 为转动件的瞬时微小角位移；$r_0(\varphi)$ 为瞬时臂，定义为转动件的回转中心至作用线 l—l 的垂直距离；$\mathrm{d}l$ 为平动件沿作用线上的瞬时微小直线位移。

值得注意的是，在某些运动副中，在传递位移的每个瞬时，转动件回转中心的位置以及

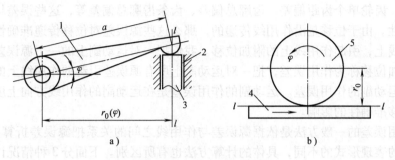

图 2-18　推力传动与摩擦力传动

a）推力传动　b）摩擦力传动

1—摆杆　2—导套　3—导杆　4—直尺　5—摩擦盘

两作用件接触点的位置是变化的，所以，作用线 $l—l$ 的位置和方向是变动的；瞬时臂 $r_0(\varphi)$ 的大小和方向也是变动的，它们都是转角的函数。当然也有些运动副，如直尺圆盘运动副、齿轮运动副等，它们的作用线在传动过程中是固定不变的，此时，瞬时臂 $r_0(\varphi)$ 就等于常量。

由式（2-33）可以导出各种运动副的传动公式。

例 2-4　齿轮齿条传动机构。

如图 2-19 所示，当齿轮向齿条传递位移时，属推力传动，作用线 $l—l$ 通过接触区与齿面垂直，位移沿作用线传递的基本公式为

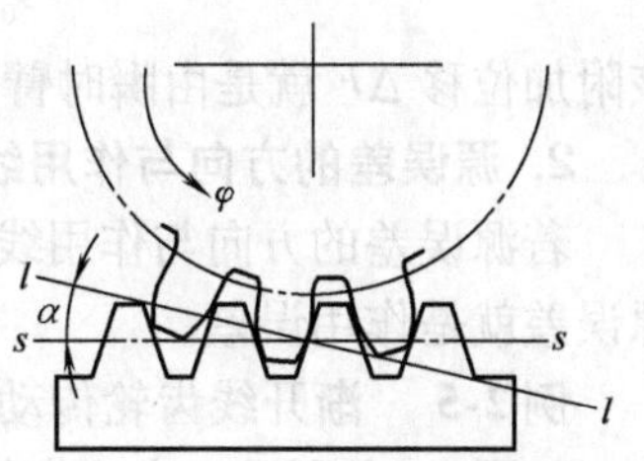

$$\mathrm{d}l = r_0(\varphi)\mathrm{d}\varphi = r\cos\alpha\mathrm{d}\varphi$$

式中，α 为齿轮分度圆压力角；r 为齿轮分度圆半径。

当齿轮旋转 φ 角时，位移沿作用线传递的方程为

$$L = \int_0^\varphi r\cos\alpha\mathrm{d}\varphi = r\cos\alpha\varphi$$

图 2-19　齿轮齿条传动机构

但是，齿条的实际位移并不是沿作用线方向 $l—l$，而是沿位移线方向 $s—s$，作用线与位移线之间夹角为齿形压力角 α。根据位移线与作用线之间的几何关系，可以导出位移沿位移线方向传递的公式为

$$\mathrm{d}s = \frac{\mathrm{d}l}{\cos\alpha} \tag{2-34}$$

式中，$\mathrm{d}s$ 为位移线瞬时微位移；$\mathrm{d}l$ 为作用线瞬时微位移。

故相应的齿条位移方程为

$$\mathrm{d}s = \frac{\mathrm{d}l}{\cos\alpha} = \frac{r\cos\alpha}{\cos\alpha}\mathrm{d}\varphi = r\mathrm{d}\varphi$$

$$s = \int_0^\varphi \mathrm{d}s = \int_0^\varphi r\mathrm{d}\varphi = r\varphi$$

由此可见，作用线与位移线是有区别的，作用线只是作用力的方向线，而位移线则是质点移动的轨迹。实际机构总是沿位移线方向传递移动，而位移沿作用线传递只是一种假设的位移传递的中间过程，在多数情况下，作用线与位移线是重合的，而在位移线与作用线不一致的特殊情况下，应注意将作用线上瞬时位移转换成位移线上的瞬时位移。

（二）运动副的作用误差

在一对运动副上，有许多源误差。如图 2-19 所示齿轮齿条运动副上，存在着齿轮的安

装偏心误差、齿轮单个齿距偏差、齿廓总偏差、齿条齿廓总偏差等，这些误差均会影响位移传递的准确性。由于位移是沿作用线传递的，那么这些源误差对位移传递准确性的影响必然反映在作用线上，引起作用线上的附加位移。我们把一对运动副上的一个源误差所引起的作用线上的附加位移称为作用误差，把一对运动副上所有源误差引起的作用线上的附加位移的总和称为该运动副的作用误差。运动副的作用误差是在运动副的作用线方向上度量源误差对该运动副位移准确性的影响。

计算作用误差的一般方法是依据源误差与作用线之间的关系把源误差折算到作用线上，根据源误差的表现形式的不同，具体的计算方法也有所区别。下面分3种情况讨论：

1. 源误差可以转换成瞬时臂误差时的作用误差计算

设一对运动副的理论瞬时臂是 $r_0(\varphi)$，若运动副中存在一源误差直接表现为瞬时臂误差 $\delta r_0(\varphi)$，那么位移沿作用线传递的基本公式为

$$dl = [r_0(\varphi) + \delta r_0(\varphi)]d\varphi$$

显然，由瞬时臂误差 $\delta r_0(\varphi)$ 而引起的作用线上的附加位移为

$$\Delta F = L - L_0 = \int_0^\varphi [r_0(\varphi) + \delta r_0(\varphi)]d\varphi - \int_0^\varphi r_0(\varphi)d\varphi = \int_0^\varphi \delta r_0(\varphi)d\varphi \tag{2-35}$$

该附加位移 ΔF 就是由瞬时臂误差 $\delta r_0(\varphi)$ 而引起的作用误差。

2. 源误差的方向与作用线一致时的作用误差计算

若源误差的方向与作用线方向一致，则不必再经过折算，源误差就是作用误差。

例2-5 渐开线齿轮传动的作用误差。

如图2-20所示，由于齿轮运动副的作用线就是齿轮的啮合线，若存在齿廓总偏差 F_α，由于其方向与齿轮啮合线方向一致，当齿轮转过一个齿时，作用误差为

$$\Delta F = F_\alpha$$

当超过一个齿时，作用误差为 $\Delta F = \Delta E_{wm}\cos\alpha + F_\alpha$

式中，α 为渐开线齿形压力角；ΔE_{wm} 为齿距累积偏差；$\Delta E_{wm}\cos\alpha$ 为齿距累积偏差在齿轮啮合线上折合值。

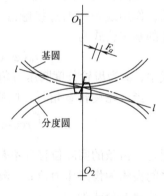

图2-20　齿轮传动

3. 源误差既不能折算成瞬时臂误差，其方向又不与作用线一致时的作用误差计算

在这种情况下，很难用一个通式来计算作用误差，只能根据源误差与作用误差之间的几何关系，将源误差折算到作用线上。

例2-6 测杆与导套之间的配合间隙所引起的作用误差。

如图2-21所示，由于测杆与导套之间存在间隙 Δ 使测杆倾斜 α，它引起的作用误差可按几何关系折算为

$$\Delta F = L(1 - \cos\alpha) \approx L\alpha^2/2$$

式中，$\alpha = \Delta/h$ 为测杆倾斜角，h 为配合长度；L 为测杆长度。

总之，对于一对运动副来说，大体上可以按照上面所述3种情况来计算作用误差。通常，能转换成瞬时臂误差的源误差多发生在转动件上；而既不能换算成瞬时臂误差，其方向又不与作用线方向一致的源误差多发生在平动件上。

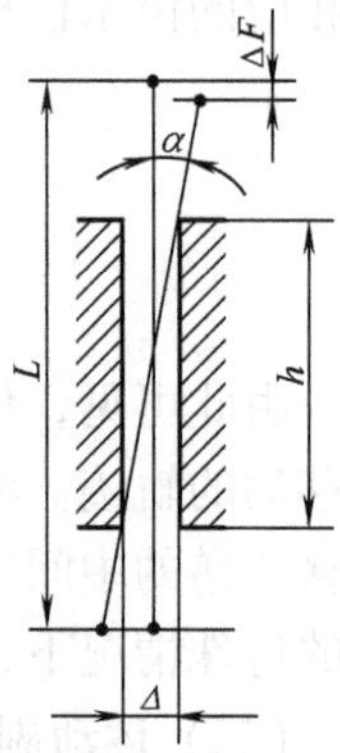

若一对运动副上有 m 个源误差，每个源误差均使其作用线上产生一

图2-21　测杆倾斜

个作用误差 ΔF_m（$m=1$，2，$\cdots$，M），那么该运动副的作用误差为

$$\Delta F = \sum_{k=1}^{M} \Delta F_m \tag{2-36}$$

（三）作用误差从一条作用线向另一条作用线的传递

在仪器机构中，总是存在多个运动副及其相应的作用线，在作用线与瞬时臂法中，把机构传递位移的过程视为位移从一条作用线向另一条作用线的传递，最终传递到最后一对运动副的作用线上。在机构传递位移的同时，各对运动副上的作用误差也随之一同传递，最终成为影响机构位移精度的总误差。为了求出机构总误差，就必须研究一对运动副作用线上的位移是如何传递到另一条作用线上去的。

设机构中任意两对运动副作用线上的瞬时直线位移分别为 dl_a 与 dl_n，定义作用线之间直线位移之比为作用线之间传动比。根据位移沿作用线传递的基本公式（2-33），作用线之间传动比可写为

$$i'_{na}=\frac{dl_n}{dl_a}=\frac{r_{0n}(\varphi_n)d\varphi_n}{r_{0a}(\varphi_a)d\varphi_a}=\frac{r_{0n}(\varphi_n)}{r_{0a}(\varphi_a)}i_{na} \tag{2-37}$$

式中，$r_{0a}(\varphi_a)$ 为第 a 条作用线上的瞬时臂；$r_{0n}(\varphi_n)$ 为第 n 条作用线上的瞬时臂；i_{na} 为两运动副之间角位移传动比。注意避免将作用线间的线位移传动比 i'_{na} 与角位移传动比 i_{na} 混淆。

若第 a 条作用线上的作用误差为 ΔF_a，它是第 a 条对运动副上所有源误差所引起的作用线上的位移增量的总和。当将第 a 条作用线上作用误差 ΔF_a 转换到第 n 条作用线上时，使第 n 条作用线上产生附加的位移增量，其成为第 n 条作用线上的作用误差 ΔF_{na}，应该有如下关系：

$$\Delta F_{na} = i'_{na}\Delta F_a \tag{2-38}$$

假设仪器由 j（$j=1$，2，$\cdots$，K）对运动副组成，每对运动副的作用误差为 ΔF_j，若仪器测量端运动副的作用线为第 K 条作用线，显然，每对运动副的作用误差 ΔF_j 都可通过作用线之间的传动比转换到仪器测量端作用线上，成为仪器测量端作用线 K 上的一个作用误差 ΔF_{Kj}。定义 $\Delta\overline{F}_K$ 为全部的 j（$j=1$，2，$\cdots$，K）对运动副的作用误差转换到仪器测量端第 K 条作用线上的作用误差总和，即仪器测量端总作用误差

$$\Delta\overline{F}_K = \sum_{j=1}^{K} \Delta F_{Kj} = \sum_{j=1}^{K} i'_{Kj}\Delta F_j \tag{2-39}$$

值得注意的是，$\Delta\overline{F}_K$ 只是沿作用线方向度量的机构位移误差，如果仪器测量端运动副的作用线与位移线方向不一致，则还应把作用线上的机构位移误差 $\Delta\overline{F}_K$ 折算到测量端位移线上去，变成测量端位移件的位移误差 $\Delta\overline{S}$。

例2-7 小模数渐开线齿廓偏差检查仪误差分析。

图2-22所示为小模数渐开线齿廓偏差检查仪测量原理。被测齿轮1与半径为 R 的基圆盘2同心安装在主轴上，基圆盘2由钢带将其与主拖板3相连。在主拖板3上安装了直尺5，其角度可以通过专门装置实现调整。在推力弹簧12的作用下，测量拖板8始终与直尺5保持接触，在测量拖板上安装了测量杠杆9和测微仪10。转动手柄7时，传动丝杠4带动主拖板上下移动，基圆盘在钢带的带动下转动，被测齿轮随之转动。与此同时，直尺也上下移动，使测量拖板作水平移动，此时，测量杠杆感受的是被测齿轮的齿廓偏差信号，测微仪10将其放大显示。

当主拖板在丝杠的带动下向上移动的距离为 L 时，由于直尺安装在主拖板上，也向上移动了同样的距离，在钢带的带动下基圆盘逆时针旋转 φ 角（$\varphi = L/R$）。此时，在弹簧的作用下，测量拖板向右移动的距离 $s = L\tan\theta$，其中 θ 为直尺的倾斜角。设被测齿轮的基圆半径为 r_0，测量之前将直尺倾斜角调整为

$$\theta = \arctan(r_0/R)$$

那么测量拖板的位移距离为

$$s = L\tan\theta = Lr_0/R = r_0\varphi \qquad (2\text{-}40)$$

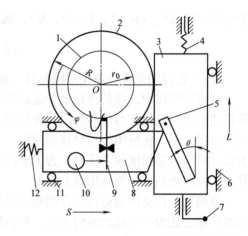

图 2-22 小模数渐开线齿廓偏差检查仪
1—被测齿轮 2—基圆盘 3—主拖板
4—传动丝杠 5—直尺 6—主导轨
7—手柄 8—测量拖板 9—测量杠杆
10—测微仪 11—测量导轨
12—推力弹簧

式（2-40）表明：测量拖板水平位移 s 与基圆盘的转角位移 φ 之间的位移关系形成的是一种以 r_0 为基圆半径的标准渐开线位移。该仪器的测量原理实际上是将被测渐开线齿形同测量拖板与基圆盘所形成的标准渐开线位移进行比较，如果被测齿轮的齿形是标准的，则被测齿形的展开长度应为 $l = r_0\varphi$，测量拖板的位移 $s = r_0\varphi$，则测量杠杆没有偏转，测微仪的输出为零；一旦被测齿轮渐开线有误差，则被测齿形的展开长度 $l \neq r_0\varphi$，而测量拖板的位移仍为 $s = r_0\varphi$，此时，测量杠杆将有偏转，测微仪的输出为渐开线齿廓偏差

$$\Delta s = l - s = l - r_0\varphi$$

仪器的精度与所建立的标准渐开线位移的准确性有关。由于仪器的测量链较长，影响标准渐开线位移精度的源误差也很多，因此，如果没有一些必要的措施，则渐开线位移的准确性是难以保证的。下面运用作用线与瞬时臂法分析仪器中若存在基圆盘安装偏心误差 e、基圆盘半径误差 ΔR、直尺表面直线度误差 δ 以及直尺倾斜角度的调整误差 $\Delta\theta$ 所引起的测量拖板的位移误差。

如图 2-22 和图 2-23 所示，为了计算的方便，视基圆盘 2 为主动件、主拖板 3 为从动件，基圆盘与主拖板运动副为摩擦力传动，作用线为 l_1—l_1；视直尺 5 与测量拖板 8 运动副为推力传动，作用线为 l_2—l_2，直尺为主动件，测量拖板为从动件。

1. 求基圆盘与主拖板运动副的作用误差

（1）e 引起的作用误差 如图 2-23a 所示，基圆盘安装偏心 e 可以转换成瞬时臂误差 $\delta r_0(\varphi) = e\sin\varphi$，则引起的作用误差为

$$\Delta F_e = \int_0^\varphi \delta r_0(\varphi)\,\mathrm{d}\varphi = \int_0^\varphi e\sin\varphi\,\mathrm{d}\varphi = e(1 - \cos\varphi)$$

那么，这项误差的最大值为

$$\Delta F_e = 2e$$

（2）ΔR 所引起的作用误差 显然基圆盘半径误差 ΔR 同样可以转换成瞬时臂误差 $\delta r_0(\varphi) = \Delta R$，则引起的作用误差为

$$\Delta F_R = \int_0^\varphi \delta r_0(\varphi)\,\mathrm{d}\varphi = \int_0^\varphi \Delta R\,\mathrm{d}\varphi = \Delta R\varphi$$

该运动副上的作用误差为

$$\Delta F_1 = \Delta F_e + \Delta F_R = 2e + \Delta R\varphi \tag{2-41}$$

2. 求直尺与测量拖板运动副的作用误差

（1）直尺直线度 δ 所引起的作用误差　如图 2-23b 所示，显然，误差 δ 与作用线 l_2—l_2 方向相同，则其所引起的作用误差为

$$\Delta F_\delta = \delta$$

（2）$\Delta\theta$ 所引起的作用误差　直尺倾斜角调整误差 $\Delta\theta$ 既不能转换成瞬时臂误差，也不与作用线方向相同，只能用几何法将其折算成作用误差。如图 2-23c 所示，当直尺向上移动的距离为 L 时，若没有角度调整误差，作用线从 l_2—l_2 处移到 l_2'—l_2' 处，这时作用线方向的位移为 L_2；当有角度调整误差 $\Delta\theta$ 时，在作用线 l_2' – l_2' 方向上的位移变为 $L_2 + \Delta L_2$，那么，作用线上的附加位移即作用误差为

$$\Delta F_\theta = \Delta L_2 = \overline{AB}\Delta\theta = \frac{L}{\cos\theta}\Delta\theta$$

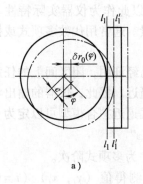
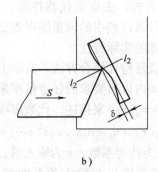
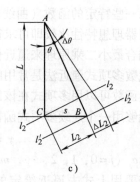

a)　　　　　　　　　　b)　　　　　　　　　c)

图 2-23　源误差与作用误差示意图

直尺与测量拖板运动副的作用误差为

$$\Delta F_2 = \Delta F_\delta + \Delta F_\theta = \delta + \frac{L}{\cos\theta}\Delta\theta \tag{2-42}$$

3. 求作用线 l_2—l_2 方向上的总作用误差 $\Delta\overline{F}_2$

依据作用误差沿作用线之间传递的公式（2-39），有

$$\Delta\overline{F} = \Delta F_2 + i'_{21}\Delta F_1 \tag{2-43}$$

式中，i'_{21} 为作用线 l_2—l_2 与 l_1—l_1 之间直线传动比。

根据作用线之间传动比的定义以及两作用线之间的几何关系，如图 2-23b、c 所示，有

$$i'_{21} = \frac{\mathrm{d}l_2}{\mathrm{d}l_1} = \frac{\mathrm{d}l_1\sin\theta}{\mathrm{d}l_1} = \sin\theta$$

将式（2-41）、式（2-42）代入式（2-43），则作用线 l_2—l_2 方向上的总误差为

$$\Delta\overline{F} = \delta + \frac{L}{\cos\theta}\Delta\theta + (2e + \varphi\Delta R)\sin\theta$$

4. 求测量拖板的位移误差

如图 2-23b 所示，测量拖板的位移方向 s 与作用线 l_2—l_2 的方向不一致，夹角为 θ，根据作用线与位移线之间的关系以及基圆盘转角 φ 与主拖盘位移 L 之间的关系 $L = R\varphi$，则测量拖板的位移误差

$$\Delta \overline{S} = \frac{\Delta \overline{F}}{\cos\theta} = \frac{\delta}{\cos\theta} + \frac{R\varphi}{\cos^2\theta}\Delta\theta + (2e + \varphi\Delta R)\tan\theta$$

应该注意的是，上例在求解各个源误差引起的测量拖板位移误差时采用的是代数和法，若采用统计和法会更加符合实际情况。

五、数学逼近法

数学逼近法是分析计算仪器系统性误差的一种有效方法。仪器原理误差也可定义为仪器的实际特性（公式或曲线）与仪器理想特性之差，它是一种系统误差。只有在掌握该系统误差规律的前提下，才能通过误差修正或补偿的办法消除或减小它，那么，精确地掌握仪器实际输出与输入关系是提高仪器精度的关键之一。但由于仪器结构及其系统性源误差的多样性和复杂性，人们常常难以从理论上确切地掌握仪器实际输出与输入关系，只有采用测量（或校准）的方法，测出在一些离散点上仪器输出与输入关系的对应值，应用数值逼近理论，以一些特定的函数（曲线或公式）去逼近仪器特性，并以此作为仪器实际特性。再将其与仪器理想特性比较即可求得仪器误差中的该系统误差分量。通常用代数多项式或样条函数，结合最小二乘原理来逼近仪器的实际特性。

代数多项式逼近法是常用的仪器特性拟合方法。数学上已经证明，闭区间上的任意确定性连续函数可以用多项式在该区间内以所要求的任意精度来逼近。据此，仪器的输出与输入关系能够用一个连续多项式函数 $y = f_0(x)$ 来描述，代数多项式逼近拟合模型可以定为

$$y = f_0(x) = a_0 + a_1x + a_2x^2 + \cdots + a_jx^m$$

式中，a_j（$j = 0, 1, 2, \cdots, m$）为待定系数；x 为输入量；m 为多项式阶次。

若要用上式去逼近给定的仪器输出与输入关系曲线的测得值（y_i, x_i）（$i = 0, 1, 2, \cdots, n$），必须以残差的平方和最小为原则确定系数 a_j（$j = 0, 1, 2, \cdots, m$），则有

$$\text{MIN} \quad \varepsilon(\hat{a}_0, \hat{a}_1, \cdots, \hat{a}_m) = \sum_{i=1}^{n}[y_i - f_0(x_i)]^2 = \sum_{i=1}^{n}[y_i - \sum_{j=0}^{m}\hat{a}_jx_i^m] \tag{2-44}$$

式中，$\hat{a}_j$（$j = 0, 1, 2, \cdots, m$）为 a_j（$j = 0, 1, 2, \cdots, m$）的估计值。

求解上述优化问题可以归结为解以下线性方程组：

$$\begin{pmatrix} n & \sum\limits_{i=1}^{n}x_i & \cdots & \sum\limits_{i=1}^{n}x_i^m \\ \sum\limits_{i=1}^{n}x_i & \sum\limits_{i=1}^{n}x_i^2 & \cdots & \sum\limits_{i=1}^{n}x_i^{m+1} \\ \vdots & \vdots & \vdots & \vdots \\ \sum\limits_{i=1}^{n}x_i^m & \sum\limits_{i=1}^{n}x_i^{m+1} & \cdots & \sum\limits_{i=1}^{n}x_i^{2m} \end{pmatrix}\begin{pmatrix} \hat{a}_0 \\ \hat{a}_1 \\ \vdots \\ \hat{a}_m \end{pmatrix} = \begin{pmatrix} \sum\limits_{i=1}^{n}y_i \\ \sum\limits_{i=1}^{n}x_iy_i \\ \vdots \\ \sum\limits_{i=1}^{n}x_i^my_i \end{pmatrix} \tag{2-45}$$

式（2-45）表达的实际上是有（$m+1$）个待定系数的线性方程组，数学上已经证明在主矩阵的秩为（$m+1$）时，该线性方程组有唯一解。

目前，大型工程计算软件 MATLAB 已经提供了相关的计算函数方便求解上述线性方程组，一旦计算出最小二乘估计值 $\hat{a}_j$（$j = 0, 1, 2, \cdots, m$），则用

$$y = f_0(x) = \sum_{j=0}^{m}\hat{a}_jx^m \tag{2-46}$$

代表仪器的实际输出与输入关系公式（或曲线），再将其与仪器理想特性相比较，即可获得

仪器系统误差的规律和数值。

值得注意的是,在用上述方法进行特性曲线拟合时,多项式的阶次 m 不应太大。因为从理论上来看,当多项式的阶次 m 较大时,将引起拟合曲线振荡,使拟合出的仪器特性与实际特性在非测量点上有较大差异,从而使拟合结果的精度下降。再者,当 $m > 6$ 时,由于式(2-45)主矩阵中不同项之间有较强的相关性,使主矩阵出现病态,引起计算过程不稳定,同样会使拟合结果的精度下降。

例 2-8 表 2-1 为某一电阻温度(18~22℃)传感器静态校准实验数据(U_i,t_i)($i = 0$,1,…,6),t_i 为温度,U_i 为温度传感器输出电压。在此,以三次多项式拟合该温度传感器的特性方程。

表 2-1 测温传感器静态校准实验数据

i	0	1	2	3	4	5	6
温度 t_i/℃	17.03	18.01	19.02	20.00	21.00	22.00	23.00
电压 U_i/mV	−0.17054	0.12556	0.41592	0.69679	0.97324	1.24212	1.50351

将电压作为输入,温度作为输出,由标定数据用计算机求解式(2-46),得静特性方程系数 $\hat{a}_j$($j = 0$,1,2,3)。此时温度传感器静特性方程为

$$t = f(U) = 17.59456 + 3.34696U + 0.14410U^2 + 0.01379U^3$$

温度传感器的拟合特性曲线如图 2-24 所示。

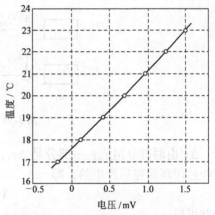

此外,样条函数逼近法也常常用于拟合仪器的输出与输入特性,它是以一组阶次不高于 3 的分段多项式去逼近给定的仪器输出与输入关系的测得值(y_i,x_i)($i = 0$,1,2,…,n),且能够保证在测量点处连续光顺,由于阶次不高,拟合曲线具有较好的保凸性,不会出现拟合曲线振荡现象。与代数多项式逼近法不同,样条函数逼近的拟合曲线通过测量点,使拟合曲线能最大限度地逼近仪器的实际特性。MATLAB 同样提供了相关的计算函数方便实现样条拟合。

图 2-24 温度传感器的拟合特性曲线

六、控制系统的误差分析法

在测控仪器中,控制系统以及电路的源误差同样影响仪器的静态与动态精度。下面讨论有关反馈仪器控制系统的误差分析方法。

仪器控制系统从功能上看通常是由测量装置、比较元件、放大元件、校正装置以及执行机构所组成,其每一种功能都可以用传递函数来表达。控制系统受两种信号作用,即测量元件(传感器)所提供的测量信号以及扰动,前者是有用的输入信号,决定系统被控制量的变化规律;而后者是系统不希望的干扰,它破坏系统对输出信号的控制。在实际系统中,扰动总是不可避免的,它可以作用于系统的任何部位。电源电压的波动、环境温度、压力变化以及负载的变化等,都是现实中存在的扰动,它们对系统的影响是使各个环节的输出信号产生偏移,最终引起控制系统的输出误差。除此之外,控制系统的各个环节在制造和安装过程中的误差,如元器件参数的非理想性、电路微小参数的忽略等,将干扰每个环节输出的正确性,同样影响控制系统输出的精度。

如闭环反馈控制系统，已知两个环节的输入信号为 x_1 和 x_2，输出信号为 y_1 和 y_2，静态灵敏度为 k_1 和 k_2。环节源误差用 Δy_1 与 Δy_2 表示，可以看作在输出处与输出信号相加的信号。

如图 2-25a 所示，此时，各环节的输出信号成为

$$y_1 = x_1 k_1 + \Delta y_1$$
$$y_2 = x_2 k_2 + \Delta y_2$$

以第一环节构成控制系统主回路，第二环节变成包容第一环节的负反馈耦合，如图 2-25b 所示，便得到按被测量偏差的闭环负反馈控制系统。通常，仪器中的按被测量偏差闭环负反馈控制系统的反馈环节 k_2 是由检测元件或转换环节所组成，其功能是对系统的输出进行监测，系统依据控制信号与反馈信号之差实现对被控对象的控制，控制系统的误差可以定义为 $e = x - x_{oc}$ 或 $e = x - y$。针对图 2-25 所示情况，根据叠加原理，仪器总的静态误差可以看作是两环节所带来的误差之和，即

$$e = \Delta y' + \Delta y''$$

式中，$\Delta y'$ 为由第一环节源误差 Δy_1 所引起的系统输出误差；$\Delta y''$ 为由第二环节（反馈环节）源误差 Δy_2 所引起的系统输出误差。

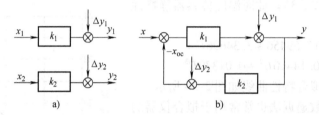

图 2-25 按被测量偏差反馈系统

$\Delta y'$ 由两部分组成：一部分是 Δy_1，它以全量出现在第一环节的输出处；另一部分是信号经过闭环回路后产生的，即

$$\Delta y' = \Delta y_1 - \Delta y' k_1 k_2$$

由此可得

$$\Delta y' = \frac{\Delta y_1}{1 + k_1 k_2}$$

$\Delta y''$ 也由两部分所组成：一部分由负反馈环节的源误差折算到第一环节的输出值，它等于 $\Delta y_2 k_1$；另一部分是由 $\Delta y''$ 通过整个系统后的结果，它等于 $\Delta y'' k_1 k_2$，即

$$\Delta y'' = -\Delta y_2 k_1 - \Delta y'' k_1 k_2$$

由此可得

$$\Delta y'' = -\frac{\Delta y_2 k_1}{1 + k_1 k_2}$$

如果源误差 Δy_1 和 Δy_2 是系统误差，则得到按偏差负反馈系统的静态系统误差为

$$e_x = \frac{\Delta y_1 - k_1 \Delta y_2}{1 + k_1 k_2} \tag{2-47}$$

如果源误差 Δy_1 和 Δy_2 是随机误差，则得到系统的静态随机误差为

$$e_s = \frac{\sqrt{(\Delta y_1)^2 + (k_1 \Delta y_2)^2}}{1 + k_1 k_2} \tag{2-48}$$

带扰动补偿器的控制系统是在控制环路中接入干扰补偿回路，如图 2-26 所示。其中 k_{ob}

为扰动传递系数，k_3 为扰动补偿环节，其作用是直接或间接地测出干扰信号，经过适当配置或变换之后，使干扰补偿通道的传递函数与干扰通道传递函数相等，即 $x_b k_{ob} = x_b k_3 k_1$，由于极性相反，则干扰 x_b 对系统输出的影响可完全补偿。设扰动补偿环节 k_3 的误差为 Δy_3，按前面相同的方法分析有 $y_3 = x_b k_3 + \Delta y_3$，则仪器总的静态误差为

$$e = \Delta y' + \Delta y'' + \Delta y'''$$

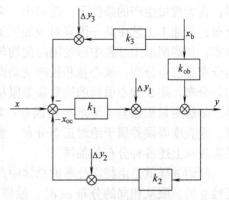

图 2-26　带扰动补偿器系统

式中，$\Delta y'$ 和 $\Delta y''$ 与上面的意思相同；$\Delta y'''$ 为补偿环节误差 Δy_3 所引起的输出误差，类似于 Δy_2 所引起的系统误差处理方法，并结合误差独立作用原理有 $\Delta y''' = -\Delta y_3 k_1 / (1 + k_1 k_2)$。

同样，如果源误差为系统性的，那么控制系统静态系统误差为

$$e_x = \frac{\Delta y_1 - k_1 \Delta y_2 - k_1 \Delta y_3}{1 + k_1 k_2} \tag{2-49}$$

如果源误差为随机性的，那么控制系统静态随机误差为

$$e_s = \sqrt{\frac{(\Delta y_1)^2 + (k_1 \Delta y_2)^2 + (k_1 \Delta y_3)^2}{(1 + k_1 k_2)^2}} \tag{2-50}$$

式中，Δy_1 和 Δy_2 以及 k_1 和 k_2 的定义与图 2-25a 相同。

七、蒙特卡洛方法

微分法通过对仪器的作用原理方程求全微分的方法来求得某些源误差（特性参数或结构参数误差）所产生的局部误差，其前提是仪器作用原理方程是可微的，而且求局部误差时忽略了高阶微分项，若作用原理方程不可微或作用原理有复杂非线性，则微分法的分析精度及其可靠性难以评估。

蒙特卡洛方法又称为随机事件模拟，随着计算机技术和软件技术的发展，该方法已广泛应用于测量不确定度评定、可靠性分析评估、误差综合和精度分配等领域，一些工程软件如 Zemax 已经采用蒙特卡洛方法来评估光学元件的制造误差和装配误差对光学系统性能的影响，并以此构建其光学系统公差设计体系。

蒙特卡洛方法是分析仪器随机误差的有效方法，基本出发点是通过对不同分布的抽样来模拟仪器参数的随机源误差。设仪器的作用原理方程为 $y = f(x, q_1, q_2, \cdots, q_n)$，当仪器的特性或结构参数为理论值 $q_{01}, q_{02}, \cdots, q_{0n}$ 时，仪器应该具有的指示值为

$$y_0 = f(x, q_{01}, q_{02}, \cdots, q_{0n})$$

若结构参数 q_i 有误差 $\Delta q_i (i = 1, 2, \cdots, n)$，是彼此相互独立且服从特定分布 $\varphi_i(\delta)$ 的随机误差，即结构参数 $q_i = q_{0i} + \Delta q_i$，以对该概率分布 $\varphi_i(\delta)$ 的随机抽样获得 ζ_j 作为误差 Δq_i 的估计值，代入仪器的作用原理方程，获得一个仪器示值的估计值 y_j，即

$$y_j = f(x, q_{10} + \zeta_{1j}, q_{20} + \zeta_{2j}, \cdots, q_{i0} + \zeta_{ij}, \cdots, q_{n0} + \zeta_{nj}), \quad j = 1, 2, 3, \cdots, M$$

经过 M 次反复计算，即可获得 M 个仪器示值的估计值 y_j，再对 y_j 进行统计，即可获得仪器示值的分布、示值平均值 $\overline{Y}$ 和标准差 σ_y，进而获得示值误差极限 $\pm t \sigma_y$，t 为置信系数。

由于仪器各个环节作用机理的不同，随机源误差将服从不同的分布。理论和实践已经证

明，在大批量生产的条件下，在机床、夹具与刀具稳定状态下加工一批工件的尺寸趋于正态分布；若加工工艺中某一因素对被加工工件尺寸起决定作用，则该批工件的尺寸将偏离正态分布，如磨削加工过程中砂轮随时间均匀磨损，工件尺寸趋于均匀分布；两个均匀分布的和的分布是三角分布；偏心量和径向跳动误差服从瑞利分布；若偏心方向服从（0～2π）内的均匀分布，那么偏心引起的读数误差服从反正弦分布；一些用两个量之差的绝对值表示的误差，如螺距累积误差、牙形半角误差；零件形状误差如直线度、圆度；位置误差中的平行度、垂直度等误差属于绝对正态分布。鉴于此，蒙特卡洛方法分析仪器误差中的重要工作就是实现对上述各种分布的抽样。

所谓抽样就是由特定分布的总体中产生容量为 M 的简单子样 $\zeta_1, \zeta_2, \cdots, \zeta_M$，且它们是相互独立的、服从相同的分布 $\varphi(\delta)$。抽样的一般手段是首先产生服从 [0，1] 之间均匀分布的随机数，然后通过数学变换、编写计算机程序获得所需分布的抽样。实现抽样的数学变换方法有很多，如直接抽样法、舍选抽样法和变换抽样法等，不同的抽样方法意味着不同的抽样效率。理论上已经证明：只要抽样所用的随机数序列满足均匀性和独立性要求，由这些数学变换方法所产生的简单子样 $\zeta_1, \zeta_2, \cdots, \zeta_M$ 必定严格服从相同总体分布 $\varphi(\delta)$，且相互独立。表 2-2 列出了实现仪器随机源误差常见分布抽样的算法流程。

例 2-9 滑块运动精度分析。

曲柄滑块机构是典型的平面运动机构，在工程中应用广泛。其杆件长度误差、铰链间隙误差、运动的速度和加速度以及运动中摩擦磨损等因素都将影响滑块的运动精度，在此仅以杆件的尺寸误差、铰链配合间隙引起的销轴在套孔中的偏心误差为源误差，分析滑块的运动精度。如图 2-27a 所示，显然，滑块运动方程为

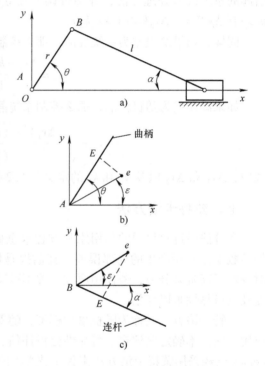

图 2-27 曲柄滑块机构
a) 原理 b) 铰链 A c) 铰链 B

$$x = r\cos\theta + \sqrt{l^2 - (r\sin\theta)^2}; \quad l\sin\alpha = r\sin\theta$$
$$(2\text{-}51)$$

根据杆件的有效长度理论，由于铰链中存在间隙，如图 2-27b、c 所示，使得销轴在套孔中产生偏心 e，偏心在杆件长度方向上的投影 AE 或 BE 造成杆件实际有效长度发生改变，若仅考虑铰链 A 和 B 的销轴偏心和杆件长度误差，则曲柄和连杆有效长度分别为

$$r = r_0 + \Delta r + e_A\cos(\theta - \varepsilon_A) \tag{2-52}$$
$$l = l_0 + \Delta l + e_B\cos(\alpha + \varepsilon_B)$$

其中，r_0 和 l_0 为曲柄和连杆的公称尺寸；Δr 和 Δl 为曲柄和连杆尺寸误差；$(e_A，\varepsilon_A)$ 和 $(e_B，\varepsilon_B)$ 分别为铰链 A、B 销轴的偏心量和偏心方向误差。已知曲柄 $r = 200^{+0.5}_{-0.5}$、连杆 $l = 400^{+0.75}_{-0.75}$，它们在公差范围之内服从正态分布，铰链 A 和 B 型号相同，偏心量服从铰链间隙 0.1mm 范围内的瑞利分布、偏心方向服从 $[0,2\pi]$ 范围内的均匀分布，利用蒙特卡洛方法计算滑块运动误差的计算流程如图 2-28 所示。

表2-2 仪器随机源误差常见分布及其抽样算法流程

名称	1. 正态分布	2. 双截尾正态分布	3. 三角分布	4. 梯形分布
图形				
概率密度函数	$$\varphi(\delta)=\frac{1}{\sigma_N\sqrt{2\pi}}\,e^{-\frac{\delta^2}{2\sigma_N^2}}$$ $$|\delta|<\infty$$	$$\varphi(\delta)=\frac{1}{K_m\,\sigma_N\sqrt{2\pi}}\,e^{-\frac{\delta^2}{2\sigma_N^2}}$$ $$K_m=\int_{-t}^{t}\frac{1}{\sqrt{2\pi}}\exp\!\left(-\frac{x^2}{2}\right)\mathrm{d}x$$ $$-t\sigma_N\leq\delta<t\sigma_N$$	$$\varphi(\delta)=\frac{a+\delta}{a^2}\quad(-a\leq\delta<0)$$ $$\varphi(\delta)=\frac{a-\delta}{a^2}\quad(0\leq\delta<a)$$	$$\varphi(\delta)=\frac{a+\delta}{a^2-b^2}\quad(-a\leq\delta<-b)$$ $$\varphi(\delta)=\frac{1}{a+b}\quad(-b\leq\delta<b)$$ $$\varphi(\delta)=\frac{a-\delta}{a^2-b^2}\quad(b\leq\delta<a)$$
抽样流程	$y=\ln(r_{i,1})$; $u=\dfrac{(y+1)^2}{2},\ v=-\ln(r_{i,2})$; $u\leq v$?; $\zeta_i=\operatorname{sign}(r_{i,3}-0.5)y\sigma_N$ 抽样效率：76%	$\varepsilon=1-\exp(-t)$; $y=\ln[\varepsilon r_{i,1}+\exp(-t)]$; $u=\dfrac{(y+1)^2}{2},\ v=-\ln(r_{i,2})$; $u\leq v$?; $\zeta_i=\operatorname{sign}(r_{i,3}-0.5)y\sigma_N$ 抽样效率：76%	$y=a(\sqrt{r_{i,1}}-1)$; $\zeta_i=\operatorname{sign}(r_{i,2}-0.5)y$ 抽样效率：100%	$y=-ar_{i,1}$; $z=1+(y+b)/(a-b)$; $(y\leq-b)\text{ and }(z\geq r_{i,2})$?; $\zeta_i=\operatorname{sign}(r_{i,3}-0.5)y$ 抽样效率：60%

（续）

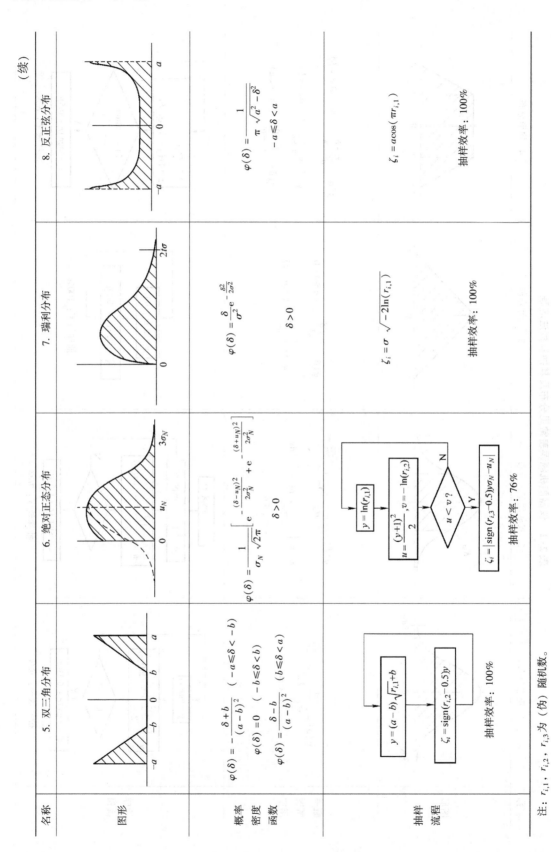

名称	图形	概率密度函数	抽样流程
5. 双三角分布		$\varphi(\delta) = -\dfrac{\delta+b}{(a-b)^2}\quad(-a\le\delta<-b)$ $\varphi(\delta) = 0\quad(-b\le\delta<b)$ $\varphi(\delta) = \dfrac{\delta-b}{(a-b)^2}\quad(b\le\delta<a)$	$y=(a-b)\sqrt{r_{i,1}}+b$ $\zeta_i=\text{sign}(r_{i,2}-0.5)y$ 抽样效率：100%
6. 绝对正态分布		$\varphi(\delta)=\dfrac{1}{\sigma_N\sqrt{2\pi}}\left[e^{-\frac{(\delta-u_N)^2}{2\sigma_N^2}}+e^{-\frac{(\delta+u_N)^2}{2\sigma_N^2}}\right]$ $\delta>0$	$y=\ln(r_{i,1})$；$u=\dfrac{(y+1)^2}{2}$，$v=-\ln(r_{i,2})$；$u<v?$ $\zeta_i=\big|\,\text{sign}(r_{i,3}-0.5)y\sigma_N-u_N\,\big|$ 抽样效率：76%
7. 瑞利分布		$\varphi(\delta)=\dfrac{\delta}{\sigma^2}e^{-\frac{\delta^2}{2\sigma^2}}$ $\delta>0$	$\zeta_i=\sigma\sqrt{-2\ln(r_{i,1})}$ 抽样效率：100%
8. 反正弦分布		$\varphi(\delta)=\dfrac{1}{\pi\sqrt{a^2-\delta^2}}$ $-a\le\delta<a$	$\zeta_i=a\cos(\pi r_{i,1})$ 抽样效率：100%

注：$r_{i,1}$，$r_{i,2}$，$r_{i,3}$ 为（伪）随机数。

首先基于 3σ 原则确定曲柄和连杆长度服从正态分布的标准偏差，分别为 $\sigma_r = 0.5/3$ mm 和 $\sigma_l = 0.75/3$ mm；偏心量服从的瑞利分布的标准差 $\sigma_e = \dfrac{0.1}{2 \times 2.63}$ mm，式中 2.63 是瑞利分布的分布系数。基于计算平台产生 $[0, 2\pi]$ 随机数序列 $r_1, r_2, r_3, \cdots$，利用标准差分别为 σ_r 和 σ_l 正态分布的抽样流程获得曲柄和连杆长度抽样 $\Delta r(i)$ 和 $\Delta l(i)$，同样根据标准差为 σ_e 的瑞利分布抽样流程获得铰链偏心量抽样 $e_A(i)$ 和 $e_B(i)$，另外抽取随机数 $\zeta_A(i)$ 和 $\zeta_B(i)$ 获得 $[0, 2\pi]$ 范围内的偏心方向抽样 $\varepsilon_A(i) = 2\pi\zeta_A(i)$ 和 $\varepsilon_B(i) = 2\pi\zeta_B(i)$，将它们带入式（2-51）和式（2-52），获得杆件的有效长度和滑块位置 $x(i)$，进而获得在特定曲柄转角位置下的滑块位置误差 $\Delta x(i)$。经过 $M = 1000$ 次重复运算发现滑块位置误差服从均值为零的正态分布，分布的标准差随着滑块的位置 x 不同而变化，见表2-3。根据 3σ 原则，全程滑块的运动误差为 ±0.952mm。

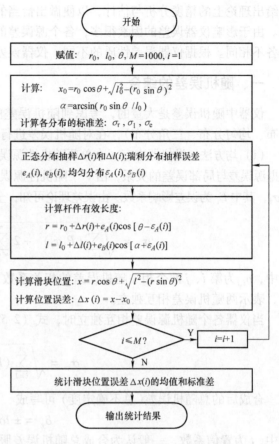

图2-28 滑块运动误差的计算流程

表2-3 滑块运动误差

曲柄转角/(°)	位置 x/mm	标准差/mm	极限误差/mm
0	600.000	0.302	±0.906
30	560.503	0.288	±0.865
60	460.555	0.279	±0.836
90	346.410	0.303	±0.908
120	260.555	0.317	±0.952
150	214.093	0.306	±0.918
180	200.000	0.298	±0.895

蒙特卡洛方法将误差分析和误差综合合二为一，适用于随机源误差多且这些随机源误差通过复杂的数据处理过程进行传播、难以用传统的随机误差合成方法进行分析综合的场合，它的优点是分析精度高，缺点是计算量较大。

第四节　仪器误差的综合

在仪器设计完成以后，需要估算仪器的总精度，并与设计任务书给出的精度要求相比较，以指导进一步设计，这时需要进行仪器误差的综合计算。在对仪器进行技术鉴定时，需要给出理论上的精度分析与估计，以便做出恰当的评价，这时也需要进行仪器误差的综合计算。由于影响仪器误差的因素很多，各个源误差的性质又各不相同，因此仪器误差综合方法也各不相同。根据仪器误差性质的不同，仪器误差可按下述方法综合。

一、随机误差的综合

仪器中随机误差是大量的，考虑到随机误差的随机性及其分布规律的多样性（如正态分布、均匀分布、三角分布），在对随机误差进行综合时，可采用均方法和极限误差法。

（1）均方法　设仪器中有 n 个单项随机性源误差，它们的标准差分别为 σ_1，σ_2，$\cdots$，σ_n；根据源误差与局部误差的关系，由一个随机性源误差所引起的随机局部误差的标准差为 $\sigma_i' = P_i\sigma_i$，其中 P_i 为误差影响系数。由误差理论可知，全部随机误差所引起的仪器合成标准差为

$$\sigma_y = \sqrt{\sum_{i=1}^{n}(P_i\sigma_i)^2 + 2\sum_{1\leqslant i<j}\rho_{i,j}(P_i\sigma_i)(P_j\sigma_j)} \tag{2-53}$$

式中，$\rho_{i,j}$ 为第 i、j 两个相关随机误差的相关系数（$i\neq j$），其取值范围为 $-1\sim1$。若 $\rho_{i,j}=0$ 时，表示两随机误差相互独立。

当仪器各个随机源误差相互独立时，式（2-53）可以写成

$$\sigma_y = \sqrt{\sum_{i=1}^{n}(P_i\sigma_i)^2}$$

合成后的总随机误差（总不确定度）可写成

$$\delta_y = \pm t\sigma_y \tag{2-54}$$

式中，t 为置信系数，一般认为合成总随机误差服从正态分布，即当置信概率为 99.7% 时，$t=3$；置信概率为 95% 时，$t=2$。

（2）极限误差法　由于在仪器设计阶段各单项误差的标准差 σ_i 是未知的，因此用式（2-53）、式（2-54）进行随机误差的综合是比较困难的。但是各单项随机误差的极限误差 δ_i 是已知的（如公差范围），而 $\delta_i = \pm t_i\sigma_i$，其中 t_i 为各对应随机误差的置信系数，那么可以用各单项随机误差的极限误差来合成总随机误差的不确定度

$$\delta_y = \pm t\sqrt{\sum_{i=1}^{n}\left(\frac{P_i\delta_i}{t_i}\right)^2 + 2\sum_{1\leqslant i<j}^{n}\rho_{i,j}\left(\frac{P_i\delta_i}{t_i}\right)\left(\frac{P_j\delta_j}{t_j}\right)} \tag{2-55}$$

若各单项随机误差相互独立，即 $\rho_{i,j}=0$，则

$$\delta_y = \pm t\sqrt{\sum_{i=1}^{n}\left(\frac{P_i\delta_i}{t_i}\right)^2} \tag{2-56}$$

若 $\rho_{i,j}=\pm1$ 时，称为两随机误差完全相关，即 δ_i 与 δ_j 有确定的线性函数关系。当 $0<\rho_{i,j}<1$ 时，两随机误差为正相关；当 $0>\rho_{i,j}>-1$ 时，两随机误差为负相关。一般在仪器设计阶段相关系数 $\rho_{i,j}$ 是很难确定的。

二、系统误差的综合

（一）已定系统误差的合成

设仪器中有 r 个已定系统性源误差 Δ_1，Δ_2，$\cdots$，Δ_r，因为已定系统误差其数值大小和方向已知，其合成方法用代数和法。则仪器总已定系统误差为

$$\Delta_y = \sum_{i=1}^{r} P_i \Delta_i \qquad (2\text{-}57)$$

式中，P_i 为误差的影响系数，如果是原理误差，则 $P_i = 1$。

（二）未定系统误差的合成

未定系统误差是其大小和方向或变化规律未被确切掌握，而只能估计出不致超出某一极限范围 $\pm e_i$ 的系统误差。由于未定系统误差的取值在极限范围内具有随机性，并且服从一定的概率分布，而从其对仪器精度影响上看又具有系统误差的特性，故常用两种方法合成。

（1）绝对和法 若仪器有 m 个未定系统性源误差，其各单项未定系统误差出现的范围为 $\pm e_1$，$\pm e_2$，$\cdots$，$\pm e_m$，则合成未定系统误差按绝对值相加，其所引起的仪器合成系统误差为

$$\Delta_y = \pm \sum_{i=1}^{m} |P_i e_i| \qquad (2\text{-}58)$$

这种合成方法对总误差的估计值偏大，与实际情况有出入。但此法比较简便、直观，因而在原始误差数值较小或选择设计方案时采用。

（2）方和根法 考虑到未定系统误差的随机性，可用随机误差的合成方法合成未定系统误差。若有 m 个未定系统源误差，各项未定系统误差出现的范围为 $\pm e_1$，$\pm e_2$，$\cdots$，$\pm e_m$，当各项未定系统误差相互独立时，合成未定系统误差为

$$\Delta_y = \pm t \sqrt{\sum_{i=1}^{m} \left(\frac{P_i e_i}{t_i}\right)^2} \qquad (2\text{-}59)$$

式中，P_i 为误差的影响系数；t 为合成后未定系统误差的置信系数；t_i 为各单项未定系统误差的置信系数。

三、仪器总体误差的合成

（一）一台仪器误差的综合

若一台仪器中各源误差相互独立，而未定系统误差数又很少，因而未定系统误差的随机性大为减小，可按系统误差来处理它，这样，一台仪器合成总误差为

$$U = \sum_{i=1}^{r} P_i \Delta_i \pm \left[\sum_{i=1}^{m} |P_i e_i| + t \sqrt{\sum_{i=1}^{n} \left(\frac{P_i \delta_i}{t_i}\right)^2} \right] \qquad (2\text{-}60)$$

若一台仪器中未定系统误差数较多，在仪器误差合成时，既考虑未定系统误差的系统性，又强调其随机性，可按下式合成：

$$U = \sum_{i=1}^{r} P_i \Delta_i \pm t \left[\sqrt{\sum_{i=1}^{m} \left(\frac{P_i e_i}{t_i}\right)^2} + \sqrt{\sum_{i=1}^{n} \left(\frac{P_i \delta_i}{t_i}\right)^2} \right] \qquad (2\text{-}61)$$

（二）一批同类仪器误差综合

当计算一批同类仪器的精度时，由于未定系统误差的随机性大大增加，因此为强调其随机性，误差合成时将未定系统误差按随机误差来处理。各单项源误差相互独立，则总合成误差为

$$U = \sum_{i=1}^{r} P_i \Delta_i \pm t \sqrt{\sum_{i=1}^{m} \left(\frac{P_i e_i}{t_i}\right)^2 + \sum_{i=1}^{n} \left(\frac{P_i \delta_i}{t_i}\right)^2} \qquad (2\text{-}62)$$

第五节 仪器误差的分析合成举例

JDG-S1 型数字显示式立式光学计是一种精密测微仪，它的结构特点是用数字显示取代传统立式光学计的目镜读数系统，如图 2-29 所示。运用标准器（如量块）以比较法实现测量，适用于对 5 等量块、量棒、钢球及平行平面状精密量具和零件的外形尺寸做精密测量。其技术参数为：被测件最大长度（测量范围）为 180mm、示值范围为 ±0.1mm、显示分辨力为 0.1μm、测量力为（2±0.2）N、示值变动性为 ±0.1μm。下面以此为例，介绍仪器误差分析与误差合成的一般过程。

一、数字显示式立式光学计原理与结构

数字显示式立式光学计的原理如图 2-30 所示，由光源 1 发出的光经聚光镜 2 照亮位于准直物镜 7 焦面上的光栅 3，经胶合立方棱镜 6 被反射，并经过准直物镜 7 以平行光出射，投射至平面反射镜 8 上。由平面反射镜反射的光束又重新进入物镜、立方棱镜，由立方棱镜分光面透射，将光栅 3 刻线成像在位于物镜焦面上的光栅 5 上，形成光闸莫尔条纹。当测杆 9 有微小位移时，光栅 3 刻线的像将沿光栅 5 表面移动，莫尔条纹光强产生周期性变化，光电元件 4 接收该光强变化，经过光电转换、前置放大、细分、辨相、可逆计数和数字显示等单元，最后在显示窗口上显示测量值。

图 2-29 数字显示式立式光学计

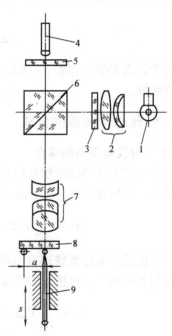

图 2-30 数字显示式立式光学计原理图
1— 光源 2—聚光镜 3、5—光栅 4—光电元件
6—立方棱镜 7—准直物镜 8—平面反射镜 9—测杆

显然，仪器采用两级放大，首先利用光学杠杆原理将测杆 9 的微小位移放大转换成光栅 3 刻线像在物镜焦平面上的位移；再通过光栅传感器将光栅刻线像的位移转换成数字显示值。仪器物镜焦距 $f = 100$mm，反射镜摆动臂长 $a = 6.4$mm，根据光学杠杆原理，光学放大

比 $k = 2f/a = 31.25$，即光栅刻线像的位移量是测杆位移量的 31.25 倍。已知光栅栅距 $d = 0.025\mathrm{mm}$，当光栅刻线像移动一个栅距时，光电信号变换一个周期，此时对应测杆 9 位移 $s = d/k = 0.0008\mathrm{mm}$，电路上实现 8 倍细分，那么，仪器分辨力达到 $0.1\mu\mathrm{m}$。

二、数字显示式立式光学计精度分析

（一）仪器中的主要未定系统误差

1. 光栅刻划累积误差 Δ_1 所引起的局部误差

一般光栅刻划累积误差范围为 $\pm 1\mu\mathrm{m}$，折算到测量端上的误差应再除以放大倍数（$k = 31.25$），即

$$e_1 = \pm\frac{1}{31.25}\mu\mathrm{m} \approx \pm 0.032\mu\mathrm{m} \tag{2-63}$$

2. 原理误差

由仪器原理可知，测杆位移 s 与光栅 3 刻线像的位移 y 的关系为

$$y = f\tan 2\varphi = 2f\frac{\tan\varphi}{1 - \tan^2\varphi}$$

式中，φ 为在测杆 9 位移 s 的作用下平面反射镜 8 的偏转角；f 为物镜焦距。

将 $\tan\varphi = s/a$ 代入上式，得方程 $(s/a)^2 + (2f/y)(s/a) - 1 = 0$，解该方程得

$$\frac{s}{a} = \frac{f}{y}\left[-1 + \sqrt{1 + \left(\frac{y}{f}\right)^2}\right]$$

考虑到 y/f 值很小，故可按级数展开，并近似取 $\sqrt{1 + (y/f)^2} \approx 1 + (y/f)^2/2 - (y/f)^4/8$，代入上式，有

$$s = a\left[\frac{y}{2f} - \left(\frac{y}{2f}\right)^3\right] \tag{2-64}$$

可见，光栅刻线像的位移 y 与测杆位移之间的关系是非线性的，而测量过程是依据光栅 3 刻线像的位移量 y，以线性的光学放大比来估计测量结果 s_0，即

$$s_0 = a\frac{y}{2f} \tag{2-65}$$

故当标尺光栅刻线像的位移量为 y 时，测量端实际位移如式（2-64）所示，而仪器指示值如式（2-65）所示，于是，由实际仪器非线性光学特性与理论上的线性特性之间的矛盾将引起原理误差：

$$\Delta = s_0 - s = a\left(\frac{y}{2f}\right)^3$$

应该强调的是，当仪器示值已经确定的情况下，用上式计算的原理误差属已定系统误差；当仪器示值在示值范围内变动时，用上式计算的原理误差属未定系统误差。若仪器的示值范围为 $s_{\max} = \pm 0.1\mathrm{mm}$，则最大显示时 $y_{\max} = ks_{\max} = 3.125\mathrm{mm}$，而且当 $f = 100\mathrm{mm}$、$a = 6.4\mathrm{mm}$ 时，最大原理误差为

$$\Delta_{\max} = \pm 0.024\mu\mathrm{m} \tag{2-66}$$

实际上，在仪器结构中已经设计了综合调整环节以补偿仪器总误差，其补偿原理是通过调整反射镜摆动臂长 a 来实现的。见式（2-64），只要将杠杆短臂的长度 a 做适当调整，仪器实际传动关系就会发生改变。

设将杠杆短臂长 a 调整为 a_1，由式（2-64）和式（2-65）知，仪器原理误差表达式为

$$\Delta = s_0 - s = a\frac{y}{2f} - a_1\left[\frac{y}{2f} - \left(\frac{y}{2f}\right)^3\right] = (a - a_1)\frac{y}{2f} + a_1\left(\frac{y}{2f}\right)^3$$

如图 2-31 所示，为了减小原理误差，可调反射镜摆动臂长 a 使原理误差在 $y = 0$ 及最大显示 $y = \pm y_{max}$ 处都为"零"，而在 $y = \pm y_1$ 处原理误差为最大。则有 $\Delta\Big|_{y=0} = \Delta\Big|_{y=y_{max}} = 0$，$\mathrm{d}\Delta/\mathrm{d}y\Big|_{y=y_1} = 0$，得 $(a - a_1) = -3a_1(y_1/2f)^2$，$y_1 = y_{max}/\sqrt{3}$，代入上式，则有最大原理误差

$$\Delta_{max} = (a - a_1)\frac{y_1}{2f} + a_1\left(\frac{y_1}{2f}\right)^3 = -2a_1\left(\frac{y_1}{2f}\right)^3 \approx -\frac{2}{3\sqrt{3}}a\left(\frac{y_{max}}{2f}\right)^3$$

同样，将最大指示 $y_{max} = ks_{max} = 3.125\mathrm{mm}$，$f = 100\mathrm{mm}$，$a = 6.4\mathrm{mm}$ 代入上式，得光学计残余的最大原理误差为

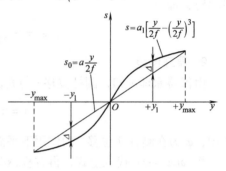

$$e_2 = \pm 0.01\mathrm{\mu m} \qquad (2\text{-}67)$$

理论上，调整反射镜摆动臂长 a 可以消除原理（系统）误差中的累积部分，原理误差 e_2 作为综合调整后的残余系统误差，以未定系统误差来处理。如果做最佳调整，则原理误差还可以进一步减小。

图 2-31　调整原理误差的方法

3. 物镜畸变所引起的局部误差

物镜的畸变是指物镜在其近轴区与远轴区的横向放大率不一致，由此造成的像差即称为物镜畸变，一般光学计物镜的相对畸变约为 0.0005，即

$$\Delta = 0.0005y$$

将 Δ 换算到测量端，得

$$e_3 = 0.0005 \times \frac{y}{k} = 0.0005s$$

由于此项误差与被测量 s 成正比，属于累积误差，故在上述综合调整的过程中其大部分已经消除。

4. 反射镜摆动臂长调整不准所引起的局部误差

综合调整的过程是用两块量块，通过调整反射镜摆动臂长 a 反复校验仪器 $(-100\mathrm{\mu m}, 0)$ 或 $(0, +100\mathrm{\mu m})$ 两点示值来实现。根据量块检定规程"JJG 146—2011"，尺寸小于 10mm 3 等量块的检定误差为 $\pm 0.1\mathrm{\mu m}$，量块的检定误差对仪器精度的影响考虑为两次，即首先用 1mm（或 1.1mm）的量块调零，然后再用 1.1mm（或 1mm）的量块校验仪器的 $+100\mathrm{\mu m}$（或 $-100\mathrm{\mu m}$）位置的示值误差。同时，考虑由于显示系统示值变动 $\pm 0.1\mathrm{\mu m}$ 对读数精度的影响为两次。故反射镜摆动臂长调整不准所引起的局部误差为量块检定误差与读数误差合成，即

$$e_4 = \pm\sqrt{0.1^2 + 0.1^2 + 0.1^2 + 0.1^2}\mathrm{\mu m} = \pm 0.2\mathrm{\mu m}$$

（二）组成仪器误差主要的随机误差

1. 由于测杆配合间隙引起的局部误差

如图 2-32 所示，若测杆的配合间隙的最大值为 $\Delta_{max} = 0.002\mathrm{mm}$，配合长度约为 $l = 28\mathrm{mm}$，则测杆的倾侧角 β 的变动范围为

$$\beta = \pm\frac{\Delta_{max}}{l} = \pm\frac{0.002}{28}\mathrm{rad} = \pm 7 \times 10^{-5}\mathrm{rad} \qquad (2\text{-}68)$$

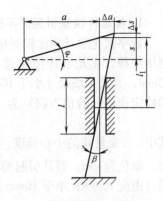

测杆的倾侧一方面会使测杆的垂直长度变化，但因其为二阶微量可忽略不计，另一方面测杆倾侧 β 角后会使反射镜摆动臂长度 a 发生变化 Δa，由此引起的局部误差不可忽略。

$$\Delta a = l_1 \beta$$

式中的 l_1 为测杆与轴套的配合中心到测杆与平面反射镜接触点之间的距离，取值 $l_1 = 25\text{mm}$，它由设计图样给出。由仪器原理可知，$s = a\tan\varphi$，当 a 发生误差 Δa，由其所引起的局部误差 $\Delta s_1 = \Delta a \tan\varphi$，得到

$$\Delta s_1 = s\frac{\Delta a}{a} \tag{2-69}$$

图 2-32　测杆配合间隙引起的误差

将最大示值 $s_{\max} = \pm 0.1\text{mm}$ 和 $a = 6.4\text{mm}$ 代入，得测杆配合间隙引起的局部误差为

$$\Delta s_1 = s\frac{l_1 \beta}{a} = \pm 0.1 \times 10^3 \times \frac{25 \times 7 \times 10^{-5}}{6.4} \mu\text{m} = \pm 0.027 \mu\text{m}$$

2. 示值重复性引起的局部误差

数字式仪器示值重复性误差通常为 ±1 个显示分辨力，来源于电子细分量化误差和各类干扰的影响，考虑到显示分辨力为 $0.1\mu\text{m}$，确定一个量值需要两次读数，故示值重复引起的局部误差

$$\Delta s_2 = \pm \sqrt{0.1^2 + 0.1^2} \mu\text{m} = \pm 0.14 \mu\text{m}$$

3. 测量力变动引起的局部误差

光学计的测量力为 $(2 \pm 0.2)\text{N}$，由于是比较测量，故由测量力引起的压陷变形误差只需计算测量力变动对测量结果的影响。若测量是属于球形测头测量平面被测件，且测头与被测件的材料都是钢，则压陷量 δ 可按以下公式计算，即

$$\delta = 0.45 \times \sqrt[3]{\frac{P^2}{d}}$$

式中，P 为测量力（N）；d 为测量头直径（mm）。

由于测量力的变动 ΔP 引起的压陷量变化即为测量力变动引起的误差 $\Delta\delta$，可由上式用微分法计算，即

$$\Delta\delta = 0.45 \times \frac{2}{3} \times \sqrt[3]{\frac{1}{Pd}} \Delta P \tag{2-70}$$

以 $P = 2\text{N}$，$d = 10\text{mm}$ 及 $\Delta P = \pm 0.2\text{N}$ 代入，得测量力变动引起的局部误差为

$$\Delta s_3 = \Delta\delta = \pm 0.45 \times \frac{2}{3} \times \sqrt[3]{\frac{1}{2 \times 10}} \times 0.2 \mu\text{m} = \pm 0.02 \mu\text{m}$$

将上述各项未定系统误差与随机误差综合，得光学计仪器的极限误差（相当于包含因子为 3 的展伸不确定度）为

$$\Delta_I = \pm \sqrt{e_1^2 + e_2^2 + e_3^2 + e_4^2 + \Delta s_1^2 + \Delta s_2^2 + \Delta s_3^2}$$
$$= \pm \sqrt{0.032^2 + 0.01^2 + 0 + 0.2^2 + 0.027^2 + 0.14^2 + 0.02^2} \mu\text{m} = \pm 0.25 \mu\text{m} \tag{2-71}$$

（三）仪器测量不确定度

数字显示式光学计采用比较测量测量法实现长度测量，其测量不确定度来自于标准件误差和温度误差引起的测量不确定度分量以及仪器的极限误差引起的不确定度分量。

1. 标准件误差引起的不确定度分量 u_L

数字式光学计为比较测量仪,标准件(量块)的检定误差将影响测量精度。根据仪器使用规程,在光学计使用过程中,所选的量块数一般不会超过 5,且只有一块尺寸大于 10mm,其余 4 块尺寸小于 10mm,若选用的量块为 4 等,根据"JJG 146—2011",4 等量块的检定误差(数值方程)为

$$\Delta L_1 = \pm(0.2 + 2.0 \times 10^{-3}L)$$

其中,L 是量块的中心长度,以 mm 计算。大于 10mm 量块检定误差 ΔL_1 可认为服从均匀分布,单位为 μm,即其引起的不确定度(数值方程)$u_1 = \Delta L_1/\sqrt{3}$、相对标准差为 25%,对应的自由度 $\nu_1 = 8$;小于 10mm 量块检定误差 $\Delta L_2 = \pm 0.2\mu m$,也服从均匀分布,即其引起的不确定度 $u_2 = \Delta L_2/\sqrt{3}\ \mu m$、相对标准差为 25%,对应的自由度 $\nu_2 = 8$。因此,标准件误差引起的不确定度分量 u_L(数值方程)为

$$u_L = \sqrt{u_1^2 + 4 \times u_2^2} = \sqrt{\left(\frac{0.2 + 2.0 \times 10^{-3}L}{\sqrt{3}}\right)^2 + 4 \times \left(\frac{0.2}{\sqrt{3}}\right)^2}$$

$$= \sqrt{0.0667 + 0.0267 \times \frac{L}{100} + 0.0133 \times \left(\frac{L}{100}\right)^2}$$

上式中,L 为被测长度,以 mm 计算。光学计测量范围 $L = 10 \sim 180mm$,对应的自由度

$$\nu_L = \frac{u_L^4}{\dfrac{u_1^4}{\nu_1} + 4\dfrac{u_2^4}{\nu_2}} = 4 \sim 17$$

2. 温度误差引起的测量不确定度分量 u_T

根据光学计使用环境的要求,室温对标准温度 20℃ 的偏差 Δt 应控制在 ± 3℃ 范围内,服从均匀分布,其引起的不确定分量 $u_1 = L(\alpha - \alpha_0)\left(\dfrac{\Delta t}{\sqrt{3}}\right) \times 10^3$;被测件对量块的温度差 $(t - t_0)$ 在 ± 0.5℃ 范围内,服从均匀分布,其引起的不确定分量 $u_2 = L\alpha_0\left(\dfrac{t - t_0}{\sqrt{3}}\right) \times 10^3$,它们的相对标准差均为 25%,对应的自由度 $\nu = 8$。

量块的线膨胀系数 α_0 为 11.5×10^{-6}/℃,被测件对量块的线膨胀系数差 $(\alpha - \alpha_0)$ 为 $\pm 0.3 \times 10^{-6}$/℃,则温度误差引起的测量不确定度分量 u_T(单位为 μm)数值方程(L 的单位为 mm)为

$$u_T = \sqrt{u_1^2 + u_2^2} = L \times 10^3 \times \sqrt{\left(0.3^2 \times \frac{3^2}{3} + 11.5^2 \times \frac{0.5^2}{3}\right) \times 10^{-12}} = 0.34 \times \frac{L}{100}$$

对应的自由度

$$\nu_T = \frac{u_T^4}{\dfrac{u_1^4}{\nu} + \dfrac{u_2^4}{\nu}} = 8.4$$

3. 仪器展伸测量不确定度

式(2-71)仪器误差 Δ_I 为极限误差,服从正态分布,其引起的测量不确定度分量为 $u_I = 0.25/3 = 0.083\mu m$,取其相对标准差为 20%,对应的自由度 $\nu_I = 12.5$,那么,立式光学计总不确定度(数值方程)为

$$u_M = \sqrt{u_I^2 + u_L^2 + u_T^2} = \sqrt{0.0736 + 0.0267 \times \frac{L}{100} + 0.1263 \times \left(\frac{L}{100}\right)^2}$$

在测量范围 $L = 10 \sim 180$mm 内，对应的自由度

$$\nu_M = \frac{u_M^4}{\dfrac{u_I^4}{\nu_I} + \dfrac{u_L^4}{\nu_L} + \dfrac{u_T^4}{\nu_T}} = 48 \sim 15.5$$

取置信概率 $P = 0.95$，自由度 $\nu_M = 15$，查 t 分布表得 $t_{0.95}(15) = 2.13$，即包含因子 $k = 2.13$，于是，立式光学计测量的展伸不确定度（数值方程）为

$$U = ku_M = 2.13 \times \sqrt{0.0736 + 0.0267 \times \frac{L}{100} + 0.1263 \times \left(\frac{L}{100}\right)^2}$$

可以证明，在 $L = 10 \sim 180$mm 的测量范围内，上式小于并接近于 $\left(0.6 + 0.6 \times \dfrac{L}{100}\right)$μm，因此，立式光学计测量不确定度（数值方程）为

$$U \approx 0.6\left(1 + \frac{L}{100}\right) \tag{2-72}$$

式中，L 为被测长度（mm）。

第六节 仪器精度设计

仪器精度设计是仪器精度综合的反问题，其根本任务是将给定的仪器总误差合理地分配到仪器的各个组成部件上，为正确设计仪器的各个组成部件结构以及制定零部件的公差和技术要求提供依据。合理的精度设计离不开仪器各组成部分源误差对仪器总精度影响程度的正确估计。对于一些对仪器精度影响较大的环节给予较严的精度指标；对于那些对仪器精度影响较小的环节给予较宽松的精度指标，在满足仪器总精度要求的前提下使制造成本降至最低。随着科学技术的发展，对仪器精度提出了越来越高的要求，仅从提高仪器各组成部件的制造与装调精度出发来保证仪器高精度的设计思想是不可行的。目前，普遍的做法是在掌握误差规律的前提下，采取误差补偿或修正措施确保仪器高精度，扩大关键部件的制造公差以降低仪器总的制造成本。

一、仪器精度指标的确定

通常，仪器的总准确度指标是根据设计任务或仪器的使用要求来确定的。传统上以微小误差原理来确定仪器总精度指标，而 M_{cp} 检测能力指数法则为更加科学合理地确定仪器总精确度指标提供了有效途径。

（一）微小误差原理

与所有误差的总影响相比是微不足道的某一误差，称为微小误差。微小误差是可以忽略不计的，实际工作中一般要求为：若略去某项误差对总误差的影响小于不略去结果的 1/10，则该项误差可视为微小误差。

仪器的主要任务是完成测量。若要实现准确测量，则需要由人借助测量仪器，在一定的环境条件下，利用一定的测量原理和方法，将被测量同标准量相比较。因此，测量人员、测量仪器、环境条件、原理方法、测量对象和标准量都将导致测量误差，分别用 U_P、U_I、U_{Co}、U_{Pm}、U_O、U_S 来表示，测量结果的合成不确定度为

$$U_M = \sqrt{U_P^2 + U_I^2 + U_{Co}^2 + U_{Pm}^2 + U_O^2 + U_S^2}$$

在测量中，若测量仪器（包括测量标准）的不确定度为 U_I，其余误差的合成不确定度

为 U_{oth}，考虑到一般两者不相关，上式可改写成 $U_M = \sqrt{U_I^2 + U_{oth}^2}$，略去 U_I 后合成不确定度即为 U_{oth}，它与不略去 U_I 的合成不确定度 $\sqrt{U_I^2 + U_{oth}^2}$ 之差为 $\sqrt{U_I^2 + U_{oth}^2} - U_{oth}$，由微小误差定义，欲定 U_I 为微小误差，则它应满足

$$\sqrt{U_I^2 + U_{oth}^2} - U_{oth} \leqslant \frac{1}{10}\sqrt{U_I^2 + U_{oth}^2}$$

解上述不等式，得

$$U_I \leqslant \frac{\sqrt{19}}{10}\sqrt{U_I^2 + U_{oth}^2} = \frac{\sqrt{19}}{10}U_M \approx \frac{U_M}{2.29} \approx \frac{1}{3}U_{oth} \tag{2-73}$$

这就是说，测量仪器和测量标准的误差只需为测量总误差的 1/3，其对测量精度的影响是微不足道的，可略去不计。这就是通常希望测量仪器及标准的精度高于测量总精度指标一个等级的原因。

根据微小误差原理，所确定的仪器总误差应在测量总误差指标中所占的比重是微小的，是可以忽略不计的。为此，需使仪器自身总精度指标小于或等于被测参数测量总不确定度要求的 1/3。在机械行业的参数检测中，确定测量仪器或设备精度的通行原则是：仪器或设备总误差与被测参数的公差值之比保持在 1/10 ~ 1/3 的范围内。该原则同样来自于微小误差原理。

（二）M_{cp} 检测能力指数法

尽管测量仪器种类繁多，但按测量的性质可分为 3 类：

（1）参数检验。其特点是通过测量判断被测参数的量值是否处在事先规定的范围 T 之内。为了保证判断的可靠性，测量结果的总不确定度 U_M 应该尽量小，即 $U_M \leqslant T$。U_M 是针对被检参数提出的。

（2）参数监控。其特点是不仅要进行检测，还要利用测出的信息去控制生产过程，以实现将被检参数的量值控制在规定的范围内。因此，无论是人工监测控制，还是自动调节控制，就其本质而言，都与检验是类似的，是通过测量将被测参数控制在某个事先规定的范围 T 内，所不同的是监控是在生产过程中进行，检测结果要干预生产过程，以排除不正常的生产状态，属于主动测量。相比之下，对监控过程的测量精度要求应该比参数检验更高。

（3）参数测量。参数测量与检验和监控不同，它的目的仅仅要求测定被测参数的具体量值，只要求测量结果的总不确定度 U_M 小于等于所允许的测量误差 $\Delta_允$。其中 $\Delta_允$ 是针对测量过程提出的。

M_{cp} 检测能力指数用以衡量检测能力的状况，定义为

$$M_{cp} = \frac{T}{6u} = \frac{T}{2U_M}$$

式中，u 为测量结果的标准不确定度；U_M 为测量结果的总（展伸）不确定度（置信概率 99.7%，包含因子 $k_p = 3$）。

针对参数检验，T 是被测参数允许的变化范围，即被测参数公差；针对参数监控，T 是被监控参数允许的变化范围，即被控参数的制造误差；针对参数测量，T 为两倍允许的测量误差（$2\Delta_允$）。显然，M_{cp} 越大，检测能力越强。

由于测量环境、测量条件、测量人员等方面的误差难以估计，使得获取测量的总不确定度 U_M 比较困难，但获取测量仪器精度指标是比较容易的。因为测量的总合成不确定度为 $U_M = \sqrt{U_I^2 + U_{oth}^2}$，其中，$U_I$ 为测量仪器（包括标准件）的不确定度；U_{oth} 为除测量仪器以外

的所有因素造成测量的合成不确定度。通常，从经济性和精度两个方面来考虑 U_I 与 U_M 的比例关系。从经济性方面看应尽量增大 U_I，这样有利于降低测量仪器的造价；而从测量精度方面看应尽量使 U_I 成为微小误差，使其对测量总精度所产生的影响微不足道。根据微小误差原理，U_I/U_M 应小于 1/3，但据调查，在实际的检测实践中，U_I/U_M 从 0.1~0.9 的情况均存在。但在宏观上，考虑普遍、适中的情况，取 $U_M = 1.5U_I$。据此，用测量仪器的不确定度 U_I 去估计 M_{cp} 检测能力指数的定义式为

$$M_{cp} = \frac{T}{3U_I} \quad 或 \quad M_{cp} = \frac{2\Delta_允}{3U_I} \tag{2-74}$$

依据 M_{cp} 检测能力指数数值的不同以及不同的检测性质，将现行的计量检测精度状况分为 A、B、C、D、E 共 5 个精度等级，检测能力指数依次由高到低，见表 2-4。

在仪器的精度设计中，通常根据设计任务所提出的检测能力指数 M_{cp} 的大小和被测参数的变化范围或者检测精度的要求，利用式（2-74）确定测量仪器或设备的精度指标。利用 M_{cp} 检测能力指数在确定测量仪器精度指标的优势在于，它充分考虑了测量性质的不同以及检测能力要求的不同，对测量仪器相应提出了不同的精度要求，从而使测量仪器精度指标的制定更加科学合理。

表 2-4 检测能力指数 M_{cp}

精度等级		A	B	C	D	E
检测与监控	M_{cp}	3~5	2~3	1.5~2	1~1.5	<1
	T/U_M	6~10	4~6	3~4	2~3	<2
	T/U_I	9~15	6~9	4.5~6	3~4.5	<3
测量	M_{cp}	1.7~2	1.3~1.7	1~1.3	0.7~1	<0.7
	$\Delta_允/U_I$	2.6~3	2~2.6	1.5~2	1~1.5	<1
	T/U_I	5~6	4~5	3~4	2~3	<2
检测能力评价		足够	一般		不足	低

以下给出两个用 M_{cp} 检测能力指数法校核检测能力的实例。

例 2-10 已知被检凸轮轴凸轮升程公差为 ±0.05mm，设计一台检测状况为 A 级的凸轮轴凸轮检验仪，试确定它的不确定度。

由题意知，$T = 2 \times 0.05\text{mm} = 0.1\text{mm}$，由式（2-74）可求出 $U_I = T/3M_{cp}$。由于该测量任务只需检测凸轮升程合格与否，故属于参数检验，查表 2-4 得 $M_{cp} = 3~5$，则

$$U_I = \frac{0.1}{3 \times (3~5)}\text{mm} = (0.011~0.0066)\text{mm}$$

取 $U_I = 0.008\text{mm}$，即所设计的凸轮升程检验仪的不确定度为 0.008mm 可满足检验要求。

例 2-11 设计一台用于港口计量进出口散装粮食的轨道衡，要求其测量状况为 A 级，确定该轨道衡的精度。

根据国际惯例，港口散装粮食计量误差范围为 ±0.4%，超出要予以索赔，因而被测对象的测量误差 $\Delta_允 = ±0.4\%$。由于粮食计量属于测量，对于 A 级测量，查表 2-4 得 $M_{cp} = 1.7~2$，那么

$$U_I = \frac{2\Delta_允}{3M_{cp}} = \frac{2 \times 0.4\%}{3 \times (1.7~2)} = (0.15~0.13)\%$$

取 $U_I = ±0.13\%$ 可满足计量要求。

二、误差分配方法

从数学特征上看，仪器总误差是仪器的总系统误差与总随机误差之和。由于它们性质的不同，其分配方法也相异。

（一）系统误差分配

系统误差数目较少但对仪器精度影响较大。其分配是在完成仪器的原理与方案设计之后进行的。误差分配过程是：先算出原理性的系统误差，再依据误差分析的结果找出产生系统误差的可能环节（即系统性源误差）。根据一般经济工艺水平给出这些环节具体的系统误差值，算出仪器局部的系统误差，最后合成总系统误差。

如果合成总系统误差大于或接近仪器允许总误差，说明所确定的系统误差值不合理，要重新考虑采取技术措施减小系统误差，或推翻原设计方案，重新设计。

如果系统误差小于仪器允许的总误差但大于仪器允许的总误差的1/2时，一般可以先减小有关环节的误差值，然后再考虑采用一些误差补偿措施。

如果系统误差小于或接近仪器允许总误差的1/3，则初步认为所分配的系统误差值是合理的，待确定随机误差值时，再进行综合平衡。

（二）随机误差分配

随机误差和未定系统误差的分配是同时进行的，它们的特点是数量多，一般用方和根法进行综合。在仪器允许的总误差中扣除总系统误差 Δ_e，剩下的是允许的总随机误差和总未定系统误差之和 Δ_Σ，即

$$\Delta_\Sigma = \Delta_I - \Delta_e \tag{2-75}$$

式中，Δ_I 为允许的仪器总误差；Δ_e 为总系统误差。

通常依据等作用原则与加权作用原则来分配总随机误差。

1. 按等作用原则分配

等作用原则认为仪器各环节和各零部件的源误差对仪器总精度的影响是同等的，即每个源误差所产生的局部误差是相等的，则所分配的每个单项误差 δ_i 为

$$\delta_i = \frac{\Delta_\Sigma}{P_i \sqrt{n+m}} \tag{2-76}$$

式中，n、m 分别为随机误差的数目与未定系统误差的数目；P_i 为误差的影响系数。当误差影响程度大时，分配给较小的单项误差。

2. 按加权作用原则分配

加权作用原则认为在仪器的误差分配过程中，不仅要考虑仪器中的各个环节的误差对仪器总精度影响程度的不同，还应考虑仪器不同环节误差控制的难易程度。这种难易程度涉及许多内容，如以不同的原理（机械、电子、光学、控制）实现相同大小公差的难易程度是不同的，又如在机械零件中同样的公差大小，但公称尺寸的不同、零件形状材料的不同、加工方法的不同，加工的难易程度也不同。误差控制的难易程度直接关系到制造成本。所以，在误差分配的过程中，对难以实现或成本高的环节应该给予较大的误差，反之则给予较小的误差是合理的。通常，由一综合权 A_i 来表征某一环节误差控制的难易程度，权 A_i 越大表明此误差控制越难，应允许该环节有较大的误差。则按加权作用原则分配各环节误差 δ_i 的公式为

$$\delta_i = A_i \Delta_\Sigma \Big/ \left(P_i \sqrt{\sum_{i=1}^{n+m} A_i^2} \right) \tag{2-77}$$

显然，按加权作用原则分配仪器各个环节误差有较大的灵活性，综合考虑了误差对仪器精度的影响程度以及误差控制的难易程度。但是赋予各个环节综合权 A_i 的具体数值时，需要一定的实际经验。

（三）误差调整

按等作用原则分配仪器误差并没有考虑仪器各个组成环节的结构与制造工艺的实际情况，更没有考虑技术经济指标的要求，从而造成有的环节误差的允许值偏松，有的偏紧，不太经济。所以，应对按等作用原则分配结果进行结构、工艺与经济性分析，从实际出发进行误差调整。

通常，在调研制造行业实际工艺水平和技术水平的基础上制定出三方面的制造精度标准，即以经济性制造、生产性制造和技术性制造作为衡量误差分配合理性的标准。

经济性制造指在通用设备上，采用最经济的加工方法所能达到的加工精度。

生产性制造指在通用设备上，采用特殊工艺装备，不考虑效率因素进行加工所能达到的加工精度。

技术性制造指在特殊设备上，在良好的实验室条件下进行加工和检测时所能达到的加工精度。

误差调整时，第一步是评价已制定出的各环节误差的允许值，看各允许误差值在 3 个制造精度上的分布情况，以确定调整对象，一般是先调整系统误差项目、误差影响系数较大的误差项目和较容易调整的误差项目；第二步是把低于经济性制造极限的误差项目（不论系统误差或随机误差）都提高到经济性制造极限上，将其对仪器精度的影响从允许的仪器总误差 Δ_Σ 中扣除，得到新的允许误差 Δ'_Σ；第三步是将新的允许误差 Δ'_Σ 按等作用原理再分配到其余环节中，得出其余环节新的允许误差值。经过反复多次的调整，使得多数环节的误差都在经济性制造极限范围之内，少数对仪器精度影响大的环节的误差允许值提升到生产性制造极限内，对于个别超出技术性制造极限的误差环节实行误差补偿，使其误差的允许值扩大到经济性制造水平。

当大多数环节误差在经济性制造极限内，少数在生产性制造极限内，极个别在技术性制造极限内，而且总系统误差小于随机误差，补偿措施少而经济效益显著时，即认为误差调整成功。

值得注意的是：并非每个精度设计都能取得令人满意的结果，有些仪器由于精度要求过高，在现行的仪器原理下无法实现成功的精度分配，此时应考虑增加误差补偿和精度调整环节，如果还不满足精度要求，则只有推翻原有总体设计方案。所以精度设计应与总体结构设计是同步进行的。

例 2-12　数字显示式立式光学计的关键环节误差分配。

在数字显示式立式光学计总体结构设计完成以后，必须依据允许的仪器精度指标 $\Delta_s = \pm 0.25\mu m$ 合理规划仪器各个组成环节的误差指标。

由于数字立式光学计是测微仪，其精度很高，仅仅通过控制加工和装配工艺来控制仪器中各种尺寸和装配精度难以满足仪器高精度要求，可采用调整反射镜摆动臂支点到测杆顶点之间的距离 a，如图 2-30 所示，结合端点调整或最优调整来综合控制仪器的总精度。这种方法的优点是可以消除仪器中系统误差中的累积部分，且这样可使反射镜摆动臂长 a 的制造和安装误差对仪器精度影响大为减小。仪器中也不存在已定系统误差的分配问题，因为经过综合调整，原理误差中的累积部分被消除，余下的误差被当作未定系统误差来处理。再者，物镜畸变所引起的局部误差也具有累积特性，通过综合调整，该误差也大部分被消除，这样

$\Delta_\Sigma = \Delta_I = 0.25 \mu m$。

仪器的未定系统误差源有3项：残余的原理误差、光栅刻划累积误差和综合调整中使用的量块误差；而随机误差源也有3项：测杆配合间隙、测量力变动和显示系统示值重复性。按等精度原则分配，允许每个源误差产生的局部误差在测量端度量为：$\delta = \Delta_I / \sqrt{3+3} = \pm 0.1 \mu m$。

据此，每个单项误差的允许值如下：

1）原理误差允差 δ_1：根据仪器原理，由于采用端点原理误差为零的调整方法［见式（2-67）］，最大原理误差仅有 $0.01 \mu m$，而分配的允许原理误差为 $\pm 0.1 \mu m$，有较大冗余。

2）光栅刻划累积允差 δ_2：由于允许该误差引起的仪器局部误差为 $\pm 0.1 \mu m$（在测量端处度量），而光栅刻划累积误差在物镜焦平面上，那么误差影响系数为光学放大比 k，则

$$\delta_2 = k\delta = \pm 31.25 \times 0.1 \mu m = \pm 3.125 \mu m$$

一般用光刻工艺制作光栅。由于仪器的示值范围小（$\pm 0.1mm$）、光学放大倍数不高（$k = 31.25$），光栅长度在 $40mm$ 之内已足够。根据光栅一般刻划工艺水平，在 $40mm$ 范围内达到 $\pm 1 \mu m$ 的刻划精度不困难，因此可以取光栅刻划累积允差 $\delta_2' = \pm 1 \mu m$，有较大冗余。

3）综合调整中量块允差 δ_3：考虑到综合调整是用量块反复校验仪器示值（$-100 \mu m$，0）或（0，$+100 \mu m$）两点来实现。如果允许的量块误差为 δ_3，其对综合调整精度的影响为两次，按等精度分配允许其引起仪器局部误差为 $\pm 0.1 \mu m$，即

$$\delta_3 = \pm 0.1 \mu m / \sqrt{2} = \pm 0.07 \mu m$$

根据 "JJG 146—2011"，3等且尺寸小于 $10mm$ 量块的检定误差为 $\pm 0.1 \mu m$，2等且尺寸小于 $10mm$ 量块的检定误差为 $\pm 0.05 \mu m$，考虑仪器功能和使用环境，选择3等量块。那么，允许的量块误差 $\delta_3' = \pm 0.1 \mu m$，实际其所产生的局部误差为 $\pm 0.14 \mu m$，超差 $\pm 0.04 \mu m$。

4）允许的测杆配合间隙 δ_4：如图 2-32 所示，测杆与轴套配合间隙引起测杆倾侧，从而引起反射镜摆动臂长度 a 变化，并因此引起仪器局部误差，由式（2-68）和式（2-69）可得允许的测杆配合间隙为

$$\delta_4 = \Delta_{max} = \delta \frac{al}{s_{max} l_1} = 6.6 \mu m$$

在此，$\delta = \pm 0.1 \mu m$、$s_{max} = \pm 0.1mm$、$a = 6.4mm$、$l = 28mm$ 以及 $l_1 = 25mm$。查公差手册，选用间隙配合 H4/h3，其轴公差 $d_{-0.0025}^{0}$、孔公差 $D_{0}^{+0.004}$，在生产性制造范围内，易于获得。

5）测量力变动允许值 δ_5：测量力引起测头与被测件的接触变形，由于是比较测量仪，影响测量精度的是测量力的变动，允许测量力变动引起的仪器局部误差为 $\delta = \pm 0.1 \mu m$，由式（2-70），测量力变动允差值为

$$\Delta P = \delta \times 3.33 \times \sqrt[3]{Pd} = \pm 0.8N$$

在此，$P = 2N$、$d = 10mm$。考虑到光学计示值范围只有 $\pm 0.1mm$，若采用测力弹簧提供测量力，将测量力控制在 $\delta_5 = \pm 0.2N$ 以内不困难，将此带入式（2-70），可得由测量力的变动引起的局部误差为 $\pm 0.02 \mu m$，与分配的误差值 $\pm 0.1 \mu m$ 相比仍有冗余 $\pm 0.08 \mu m$。

6）示值重复性允许值 δ_6：若示值重复性误差允许值为 δ_6，考虑到比较式仪器确定一个量值需要两次读数，示值重复性对测量精度的影响为两次；另外，在综合调整时示值重复性误差对综合调整精度的影响也为两次，那么其引起的局部误差为 $2\delta_6$。由于分配的局部误差 $\delta = \pm 0.1 \mu m$，故示值重复性误差允许值为 $\delta_6 = \delta / 2 = \pm 0.05 \mu m$。

示值重复性误差一般为 ± 1 个显示分辨力。由于仪器的分辨力为 $0.1 \mu m$，则示值变动值 $\delta_6' = \pm 0.1 \mu m$，与 δ_6 相比较超差一倍。

由此可见，按等精度分配后，综合调整中的量块误差和示值重复性误差所引起的局部误差超出等精度分配的误差数值；原理误差、光栅刻划累积误差和测量力变动引起的局部误差有较大冗余。这样可将冗余误差调整给超差的环节，如可将原理误差 δ_1 和测量力变动误差 δ_5 冗余值调整给 δ_6，将光栅刻划累积允许误差 δ_2 的冗余值调整给 δ_3，再根据误差调整后的各个源误差的允许值再一次进行误差综合（见本章第五节），显然误差分配结果满足仪器精度指标 $\Delta_I = \pm 0.25\,\mu m$ 的要求。

例 2-13 激光测长机精度设计。

要求测长范围为 $L = 3m$，允许的总测量误差为 $\Delta_\Sigma = \pm 3\,\mu m$，该测长机用于内尺寸测量时，考虑到被测件结构的复杂性以及系统操作的便利，测长机布局如图 2-33 所示，不符合阿贝原则。

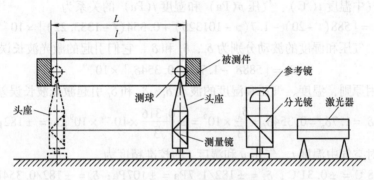

图 2-33 激光测长机原理

由激光器发出的激光光束投向分光镜，由分光镜分光后，一路反射至参考镜再反射回分光镜；另一路投向测量镜，并由测量镜返回至分光镜，在分光面两束光发生干涉。当头座由被测件一端移至另一端，测量镜随之移动，测量光束与参考光束的光程差发生变化，干涉条纹出现明暗变化，激光器内的光电器件接收干涉条纹的明暗变化，转换为电信号并计数，即可得到测量镜的移动距离 l，由此得测量方程为

$$L = l + d = \frac{1}{2}k\lambda + d \tag{2-78}$$

式中，L 为被测件内尺寸测量结果；λ 为激光波长；k 为计数器计数；d 为测球直径。为克服阿贝误差，采用准直仪监测头座移动过程中的仰俯角，在测量结果中修正阿贝误差，其残余误差以随机误差处理。

1. 误差分析

仪器没有系统性源误差，有 4 项随机性源误差。

1）激光测长机在规定的环境中使用，环境波动引起激光波长误差 δ_λ，进而引起的测量误差为 Δ_1，按干涉测长原理有 $\Delta_1 = k\delta_\lambda / 2$。

2）按热变形原理，环境温度波动引起的被测件热变形误差为 $\Delta_2 = \alpha L \delta_T$，其中 δ_T 为温度测量误差、α 为被测件的线膨胀系数。

3）头座移动时其仰俯角运动误差 γ 由准直仪检测，若其角度测量误差为 δ_γ、测量镜顶点与测球球心之间的距离为 h，则阿贝误差修正后的残余误差为 $\Delta_3 = h\delta_\gamma$。

4）测球直径引起的测量误差 Δ_4 包括直径校准误差 δ_{d1} 和测力引起的接触变形误差 δ_{d2}。鉴于测量与测球直径校准时均有球与平面为接触方式的接触变形，因此 δ_{d2} 对测长精度的影响可以忽略。

2. 精度分配

按等精度原则进行精度分配，分配给每个源误差的允许局部误差量值为

$$\delta = \Delta_\Sigma / \sqrt{4} = \pm 1.5\,\mu m$$

1）激光波长误差 δ_λ 引起的局部误差为 $\Delta_1 = k\delta_\lambda/2$，则允许的激光波长误差为 $\delta_\lambda = \dfrac{2}{k}\delta$。

根据测量范围，计数器最大计数 $k = \dfrac{2L}{\lambda} = \dfrac{2\times3\times10^6}{0.6328} = 9.48\times10^6$，则

$$\delta_\lambda = \frac{2}{k}\delta = \pm\frac{2\times1.5}{9.48\times10^6}\mu m = \pm0.316\times10^{-6}\,\mu m$$

已知，空气中温度、气压和湿度的变化引起空气折射率变化，进而引起激光波长误差 δ_λ，激光波长与空气中温度 $t(℃)$、气压 $p(Pa)$ 和湿度 $f(Pa)$ 的关系为

$$\lambda = [588(t-20) - 1.7(p-101325) + 0.354(f-1333.22)]\times10^{-9}$$

设空气中温度、气压和湿度的波动分别为 δ_t、δ_p 和 δ_f，它们引起的激光波长误差（μm）为

$$\delta_\lambda = [588\delta_t - 1.7\delta_p + 0.354\delta_f]\times10^{-9}$$

按等精度等作用原则，温度、气压和湿度的波动 δ_t、δ_p 和 δ_f 引起激光波长误差为

$$588\delta_t = 1.7\delta_p = 0.354\delta_f = \frac{\delta_\lambda}{\sqrt{3}}\times10^9 = \pm\frac{0.316}{\sqrt{3}}\times10^{-6}\times10^9\,\mu m = \pm182\,\mu m$$

那么，允许的对空气中温度 t、气压 p 和湿度 f 的校准精度为

$$\delta_t = \pm182/588℃ = \pm0.31℃；\quad \delta_p = \pm182/1.7Pa = \pm107Pa；\quad \delta_f = \pm182/0.354Pa = \pm514Pa$$

目前的温度、气压和湿度检测精度可以满足要求。

2）环境温度测量误差 δ_T 引起的被测件的变形误差为 $\Delta_2 = \alpha L\delta_T$，则允许的温度测量误差为

$$\delta_T = \frac{1}{\alpha L}\delta = \pm\frac{1.5}{11.5\times10^{-6}\times3\times10^6}℃ = \pm0.0435℃$$

目前在激光测量系统中温度测量精度可以达到 $\pm(0.1\sim0.01)℃$，温度测量精度满足上式要求是不困难的。

3）阿贝误差为 $\Delta_3 = h\delta_\gamma$，若 $h = 800mm$，则允许的仰俯角 γ 测量误差 δ_γ 为

$$\delta_\gamma = \frac{1}{h}\delta = \pm\frac{1.5}{800\times10^3}rad = \pm1.88\times10^{-6}rad = \pm0.39''$$

目前准直系统角度测量精度可以达到 $\pm0.1''$，误差分配的结果有较大冗余。

4）允许测球直径尺寸误差引起的测量误差为 $\delta_{d1} = \delta = \pm1.5\,\mu m$，如图 2-29 所示，数显立式光学计可以用来校准测球尺寸，若测球公称直径为 20mm，由式（2-72），测球尺寸校准误差为 $\pm0.72\,\mu m$，能够满足测球尺寸校准的精度要求。

以上分析所得各项精度要求都在可达到的测量、加工精度范围内，无须进一步调整即可使激光测长机的测量精度满足设计要求。

三、仪器精度的优化设计

传统的精度设计方法是在满足总精度要求的前提下，对影响仪器精度的各个环节进行反复计算和调整，直到设计者认为仪器各结构和特性参数及其公差选择满足仪器总精度的要求为止，所得设计方案的优劣主要取决于设计者的技术水平和经验。随着仪器结构的复杂化，工作环节越来越多，传统方法难以获得最佳的设计方案。利用优化技术，将误差分配过程变成基于算法的自动迭代选择，这不仅可以加速设计过程，而且能够提高设计质量。仪器精度

优化设计的具体步骤是：

1）通过对仪器工作原理和特性参数的初步分析，依据微小误差原理将仪器的使用精度要求转换为仪器设计的精度指标，即允许的仪器的总误差 $\Delta_允$。

2）根据仪器的工作原理和结构，确定仪器必不可少的组成环节，建立测量方程

$$Y = f(X, s_1, s_2, \cdots, s_n)$$

式中，X 为被测量；$s_i(i = 1, 2, \cdots, n)$ 为仪器的结构与特性参数；Y 为仪器的输出（指示值）。

3）若仪器的结构与特性参数 $s_i(i = 1, 2, \cdots, n)$ 具有源误差 $\Delta s_j(j = 1, 2, \cdots, m)$，通过误差分析，求得相应的误差影响系数为 $P_j(j = 1, 2, \cdots, m)$。值得注意的是，误差影响系数是仪器的结构与特性参数的函数，即 $P_j = g_j(s_1, s_2, \cdots, s_n)(j = 1, 2, \cdots, m)$，那么，各个源误差 $\Delta s_j(j = 1, 2, \cdots, m)$ 将引起的局部误差为 $\Delta_j = P_j \times \Delta s_j(j = 1, 2, \cdots, m)$，再根据精度分析建立仪器总误差的数学模型

$$\Delta_总 = \varphi(\Delta_1, \Delta_2, \cdots, \Delta_m)$$

4）将仪器结构和特性参数 $s_i(i = 1, 2, \cdots, n)$ 及其源误差 $\Delta s_j(j = 1, 2, \cdots, m)$ 作为设计变量，构成 $n + m$ 维设计空间；以仪器结构和特性参数的允许变化范围 $\underline{S_i} \leqslant s_i \leqslant \overline{S_i}(i = 1, 2, \cdots, n)$ 以及相应的源误差公差界限 $\underline{T_j} \leqslant \Delta s_j \leqslant \overline{T_j}(j = 1, 2, \cdots, m)$ 构成约束条件。在确定约束条件时将生产性制造公差作为下界 $\underline{T_j}(j = 1, 2, \cdots, m)$、经济性制造公差作为上界 $\overline{T_j}$ $(j = 1, 2, \cdots, m)$；那些对仪器总精度影响特别大的环节，则需要用生产性制造公差赋值上界 $\overline{T_j}$、技术性制造公差赋值下界 $\underline{T_j}$。

5）建立仪器精度优化设计模型

$$\text{Min} \quad \Delta_总 = \varphi(\Delta_1, \Delta_2, \cdots, \Delta_m); \quad \Delta_j = g_j(s_1, s_2, \cdots, s_n) \Delta s_j \quad j = 1, 2, \cdots, m$$

$$\text{s. t.} \qquad \underline{S_i} \leqslant s_i \leqslant \overline{S_i} \qquad\qquad i = 1, 2, \cdots, n \qquad\qquad (2\text{-}79)$$

$$\qquad\qquad \underline{T_j} \leqslant \Delta s_j \leqslant \overline{T_j} \qquad\qquad j = 1, 2, \cdots, m$$

6）仪器精度优化设计的实质是求解有约束优化问题，见式（2-79）。大型工程软件 MATLAB 提供的求解非线性规划问题的方法"fmincom"可用于求解该模型。

7）主程序运行过程：输入设计变量、收敛精度、约束条件和初始设计值后，求解优化模型，见式（2-79）；将第一轮运算获得的优化目标值 $\Delta_总$ 与允许的总误差 $\Delta_允$ 进行比较，如果 $\Delta_总 \leqslant \Delta_允$，则结束计算；否则，调整公差上下界，重新设计。如果 $\Delta_总 > \Delta_允$，则说明设计方案不能满足精度要求，优先减小那些公差数值大、加工难度又小的特性和结构参数的公差上界 $\overline{T_j}$；如果 $\Delta_总 \ll \Delta_允$，则优先扩大公差数值小、加工难度又大的那些特性和结构参数的公差下界 $\underline{T_j}$，以降低制造成本。

8）将第一轮优化设计结果作为初始设计值再求解优化模型，见式（2-79）。这样经过反复运算，求得满足约束条件下的仪器总误差 $\Delta_总$ 和设计变量及其公差的最优组合。

值得注意的是在进行仪器精度优化设计之前，应先对仪器原理误差等系统性误差进行补偿，残余误差作为随机误差参与仪器精度优化设计。

第七节　仪器误差补偿

在仪器的精度设计中，由于各种误差因素（原理误差、制造误差、测量校准误差、环境条件造成的误差）客观存在、仪器中零部件的精度不可能超过现有制造水平而达到很高

的精度等级，往往只能通过误差补偿来消除或减小一些对仪器精度起决定性作用的主要源误差对仪器总精度的影响，才能使仪器达到较高精度。在现代仪器系统中误差补偿技术是一项不可或缺的提高精度的措施，涌现了许多误差补偿技术，包括实时和非实时误差补偿，其中又分为硬件和软件补偿、单项和综合补偿等。

一、实时误差补偿

所谓的实时误差补偿就是在仪器实际运行过程中通过实时测量某些对仪器精度起决定性作用的源误差项目，通过建立相应误差补偿模型实时补偿仪器精度。例如，由于激光测长机（见图2-33）布局不符合阿贝原则，阿贝误差是影响仪器精度的主要因素，因此在仪器运行过程中采用了准直仪实时监测头座移动过程中的仰俯角误差，在测量结果中补偿阿贝误差以提高激光测长机的精度。实时误差补偿符合仪器的实际工作状况，不仅能够补偿仪器误差中的有规律部分，还可以补偿随机部分，具有补偿精度高的优点，但需要在仪器中增设测量补偿环节，增加了仪器成本和装调难度。

二、非实时误差补偿

所谓非实时的误差补偿是先用高一级精度的通用测量设备测出对仪器精度产生显著影响的源误差的大小和规律，并且认定这些误差一经测定，在以后仪器使用过程中便不再变动，然后利用已建立的反应各项源误差与仪器精度之间关系的数学模型，即误差补偿模型，从测量结果中修正或补偿这些源误差的影响。因此这种补偿方法是在假设各个位置上出现的源误差的重复性和稳定性很好的前提下方可使用，不能对仪器工作过程中出现的随机误差进行补偿。

制造或装调误差对仪器精度的影响表现为有规律部分和随机部分的综合，通过非实时的误差补偿，可以有效减小或消除制造误差中有规律部分，提高仪器精度。随着电子技术和软件技术的发展，非实时的误差补偿方法以其成本低、易于实现的优点得到了广泛的应用。

实施非实时误差补偿的关键是获取各项源误差的大小和规律，有以下方法。

（一）原理误差

由于设计中理论的不完善或由于近似或舍弃的原因，使仪器的作用方程有不同程度的近似，由此所产生的误差称为原理误差。在中低档精度的仪器中，原理误差占总误差的比例较小，可以忽略不计；但在高精度仪器中，原理误差往往成为不可忽略的精度影响因素，需要进行计算并予以补偿。原理误差是有规律的，其规律都可以通过理论计算求得，并在设计阶段进行补偿。例如图2-7所示激光测径仪，可以采用式（2-24）计算其原理误差，在测量结果中进行修正；再如图2-30所示立式光学计，采用正切的测量机构这一非线性特性取代线性刻度所表征的线性特性，由此产生原理误差，在仪器装调阶段，采用综合调整方法，即调整尺寸 a 不仅可以减小原理误差，还消除了仪器误差中的线性部分。

（二）工况和环境条件引入的有规律误差

由于有限结构刚度、负载变动和偏置的客观存在，仪器系统在工作时会产生的附加误差是可以估算的有规律的误差。例如，图2-11所示悬臂式坐标测量机，测量时测头部件在横梁上的移动，由于横梁和立柱刚度有限，使得横梁截面产生挠曲变形和截面偏转，引起测头在径向和轴向的测量误差，该误差可以通过结构力学的理论计算求取。仪器各种结构参数都有温度系数，当环境温度或工作温度变化时引起的热变形，部分也是可以估算的有规律的误差，可以进行补偿。

（三）误差规律的标定测试

仪器往往是机、光、电、算的有机集合体，结构复杂，通过理论分析计算来获取仪器误差的大小和规律往往较为困难。在设计阶段，根据理论或经验预估的某些有规律误差只是有规律误差的一部分；在仪器的制造和装调阶段，可以用精度高一级的标定仪器对生产中的仪器误差进行多轮测试，用多轮测试的平均来表征仪器误差。仪器误差的标定测试是逐点进行，可以采用第三节的数学逼近法，以 x 作为仪器输入、y 为仪器实际输出与高一级精度的标定仪器的输出之差，采用式（2-44）和式（2-45）计算出仪器误差中的有规律部分 $y = f_0(x)$。

值得注意的是误差规律的标定测试方法不仅可以用于测定仪器总误差的大小和规律，还可以用于测定仪器中各项源误差的大小和规律，基于仪器的作用原理建立的误差补偿数学模型，来实现非实时的误差补偿。

三、三坐标测量机的非实时误差补偿

三坐标测量机是精密测量仪器，它集机、光、电、算于一体，广泛应用于零件和部件的尺寸、形状及相互位置的检测，还可应用于划线、定中心孔和光刻集成电路等，并可对连续曲面进行扫描及制备数控机床的加工程序等。由于其通用性强、测量范围大、精度高、性能优、易于与柔性制造连接等，获得了"测量中心"之美誉。

龙门式三坐标测量机是目前应用最广的一种结构形式，典型的龙门式三坐标测量机如图 2-34 所示。其测量原理是：将被测件置于其测量空间 $OXYZ$，在 X、Y 和 Z 3 个正交方向上移动测头 P 感测（瞄准）被测件上的各个测点，通过标尺可获被测件上各测点坐标值，据其通过数学运算求出被测件的几何尺寸、形状和位置。测量时滑板 5、龙门架 2 和立柱 4 支撑在各自的导轨上分别沿 X、Y 和 Z 方向移动，测控系统采集 X、Y 和 Z 方向对应的标尺

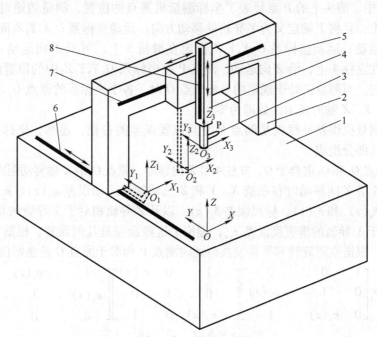

图 2-34　龙门式三坐标测量机原理图

1—工作台　2—龙门架　3—测头　4—立柱　5—滑板　6—Y 标尺　7—X 标尺　8—Z 标尺

数据获得测点的移动距离，即测头P的位置坐标。由于滑板5、龙门架2和立柱4分别由各自导轨支撑，每个方向上导轨的制造误差将使得滑块产生除移动方向之外的其他5个自由度的误差运动，那么，导轨制造误差将使得测头沿3个方向移动时受到15个导轨误差运动的影响，除此之外还有三标尺的制造误差（刻划误差）以及安装误差使三导轨在移动方向上的相互的垂直度误差。表2-5呈现了坐标测量机的21项结构误差，它们随着滑板5、龙门架2和立柱4移动位置的不同发生改变，并共同作用使得坐标测量机上测头P产生位置误差，干扰了坐标测量机的测量精度。

表2-5 坐标测量机21项结构误差

项目	沿 X 方向移动	沿 Y 方向移动	沿 Z 方向移动
标尺误差与滑块直线度误差/mm	标尺 $\delta_x(x)$	直线度 $\delta_x(y)$	直线度 $\delta_x(z)$
	直线度 $\delta_y(x)$	标尺 $\delta_y(y)$	直线度 $\delta_y(z)$
	直线度 $\delta_z(x)$	直线度 $\delta_z(y)$	标尺 $\delta_z(z)$
滑块偏转角误差/rad	绕 X 轴 $\varepsilon_x(x)$	绕 X 轴 $\varepsilon_x(y)$	绕 X 轴 $\varepsilon_x(z)$
	绕 Y 轴 $\varepsilon_y(x)$	绕 Y 轴 $\varepsilon_y(y)$	绕 Y 轴 $\varepsilon_y(z)$
	绕 Z 轴 $\varepsilon_z(x)$	绕 Z 轴 $\varepsilon_z(y)$	绕 Z 轴 $\varepsilon_z(z)$
导轨垂直度误差/rad	X 相对于 Y 导轨 τ_{xy}	OXYZ 坐标系的 Y 轴定义为 Y 导轨移动方向	Z 相对于 Y 导轨 τ_{zy}
	—		Z 相对于 X 导轨 τ_{zx}

若认为龙门式三坐标测量机21项结构误差的规律在使用过程中保持稳定，当用标定测试法测得这21项误差的大小和规律后，建立反应这21项源误差与测点空间位置误差关系的数学模型，据此开发误差补偿软件，在测量结果中补偿这21项结构误差引起的测点位置误差。

在图2-34中，测头上的P点代表了坐标测量机测点的位置，测量的绝对坐标系 OXYZ 固定在工作台上，且将 Y 轴定义为 Y 导轨的移动方向；运动坐标系 $O_1X_1Y_1Z_1$ 固定在龙门架2上，可沿 Y 向运动；运动坐标系 $O_2X_2Y_2Z_2$ 固定在滑板5上，可沿 X 向运动；运动坐标系 $O_3X_3Y_3Z_3$ 固定在立柱4上，沿 Z 向运动，测点 P 在坐标系 $O_3X_3Y_3Z_3$ 中的位置由测头的结构和安装方式决定。当测量机处于规定的坐标原点 O 时，各个坐标系的原点 O_1、O_2 和 O_3 重合于 O，此时 X、Y、Z 轴的显示读数都为零。

所谓坐标测量机误差补偿就是测点 P 空间位置误差的补偿，显然，坐标测量机测点 P 的位置由下列几部分组成

1）坐标原点 O_1 和 O_2 重合于 O，立柱4沿 Z 向移动、原点 O_3 沿 Z 轴移动距离 z，见表2-5，考虑到在立柱4沿 Z 向移动时存在绕 X、Y 和 Z 三轴的角运动误差 $\varepsilon_x(z)$、$\varepsilon_y(z)$ 和 $\varepsilon_z(z)$ 和直线度误差 $\delta_x(z)$ 和 $\delta_y(z)$、标尺误差 $\delta_z(z)$，以及 Z 导轨相对于 Y 导轨的垂直度误差 τ_{zy} 和 Z 导轨相对于 X 导轨的垂直度误差 τ_{zx}，理论上这些误差是几何误差，根据它们与测点之间的几何关系，根据空间旋转和平移变换得此时测点 P 相对于原点 O 的坐标位置为

$$\boldsymbol{P}_2 = \boldsymbol{P}_1 \begin{bmatrix} 1 & 0 & 0 \\ 0 & 1 & -\varepsilon_x(z) \\ 0 & \varepsilon_x(z) & 1 \end{bmatrix} \begin{bmatrix} 1 & 0 & \varepsilon_y(z) \\ 0 & 1 & 0 \\ -\varepsilon_y(z) & 0 & 1 \end{bmatrix} \begin{bmatrix} 1 & -\varepsilon_z(z) & 0 \\ \varepsilon_z(z) & 1 & 0 \\ 0 & 0 & 1 \end{bmatrix} +$$

$$\begin{bmatrix} \delta_x(z) \\ \delta_y(z) \\ \delta_z(z) \end{bmatrix}^{\mathrm{T}} - \begin{bmatrix} z\tau_{zx} \\ z\tau_{zy} \\ 0 \end{bmatrix}^{\mathrm{T}}$$

2）坐标原点 O_2 重合于 O、原点 O_3 沿 Z 轴移动距离 z 后，滑板5沿 X 轴移动、坐标原点 O_2 沿 X 轴移动距离 x，见表2-5，鉴于滑板5在沿 X 向移动时存在绕 X、Y 和 Z 三轴的角运动误差 $\varepsilon_x(x)$、$\varepsilon_y(x)$ 和 $\varepsilon_z(x)$、直线度误差 $\delta_y(x)$ 和 $\delta_z(x)$，以及标尺的误差 $\delta_x(x)$ 和 X 导轨相对于 Y 导轨的垂直度误差 τ_{xy}，同理实际 P 点对原点 O 的坐标位置为

$$P_4 = P_3 \begin{bmatrix} 1 & 0 & 0 \\ 0 & 1 & -\varepsilon_x(x) \\ 0 & \varepsilon_x(x) & 1 \end{bmatrix} \begin{bmatrix} 1 & 0 & \varepsilon_y(x) \\ 0 & 1 & 0 \\ -\varepsilon_y(x) & 0 & 1 \end{bmatrix} \begin{bmatrix} 1 & -\varepsilon_z(x) & 0 \\ \varepsilon_z(x) & 1 & 0 \\ 0 & 0 & 1 \end{bmatrix} +$$

$$\begin{bmatrix} \delta_x(x) \\ \delta_y(x) \\ \delta_z(x) \end{bmatrix}^{\mathrm{T}} - \begin{bmatrix} 0 \\ x\tau_{xy} \\ 0 \end{bmatrix}^{\mathrm{T}}$$

3）原点 O_3 沿 Z 轴移动距离 z、O_2 沿 X 轴移动距离 x 后，龙门架2沿 Y 轴移动、坐标原点 O_1 沿 Y 方向移动距离 y，考虑到龙门架2在沿 Y 方向移动时存在绕 X、Y、Z 三轴的角运动误差 $\varepsilon_x(y)$、$\varepsilon_y(y)$ 和 $\varepsilon_z(y)$ 和直线度误差 $\delta_x(y)$ 和 $\delta_z(y)$，以及标尺误差 $\delta_y(y)$，见表2-5，同理实际 P 点对原点 O 的坐标位置为

$$P_6 = P_5 \begin{bmatrix} 1 & 0 & 0 \\ 0 & 1 & -\varepsilon_x(y) \\ 0 & \varepsilon_x(y) & 1 \end{bmatrix} \begin{bmatrix} 1 & 0 & \varepsilon_y(y) \\ 0 & 1 & 0 \\ -\varepsilon_y(y) & 0 & 1 \end{bmatrix} \begin{bmatrix} 1 & -\varepsilon_z(y) & 0 \\ \varepsilon_z(y) & 1 & 0 \\ 0 & 0 & 1 \end{bmatrix} +$$

$$\begin{bmatrix} \delta_x(y) \\ \delta_y(y) \\ \delta_z(y) \end{bmatrix}^{\mathrm{T}}$$

因此，当测点 P 沿 X、Y 和 Z 3个方向移动 x、y 和 z 距离后，由 21 项结构误差引起的 P 点位置误差为

$$\Delta P = P_3 - P_0 - \begin{bmatrix} x & y & z \end{bmatrix} \tag{2-80}$$

其中测点 P 沿 X、Y 和 Z 3个方向移动 x、y 和 z 距离可以从 3 个方向标尺上读取。式（2-80）为测点 P 的空间位置误差与 21 项结构误差关系的数学模型。鉴于坐标测量机在每个位置上的 21 项误差均已测出，并已存储于计算机中，则可对式（2-80）进行编程计算。测量时将三坐标方向移动距离值（x，y，z）带入程序求出 ΔP，并在该测点位置显示值上减去 ΔP，即实现了对三坐标测量机 21 项结构误差的软件补偿。值得注意的是这种补偿方法能够补偿仪器误差中大小和规律友好的重复性的那一部分，难以补偿仪器误差中的随机部分。

思 考 题

1. 说明分析仪器误差的微分法、几何法、作用线与瞬时臂法和数学逼近法各适用在什么情况下，为什么？

2. 什么是原理误差、原始误差、瞬时臂误差、作用误差？

3. 机械式测微仪的原理如图 2-35 所示。

1）试分析仪器的原理误差。

2）阐述仪器各个误差源。

3）用作用线与瞬时臂法分析杠杆短臂误差 Δa、表盘刻划半径误差 Δl 和表盘安装偏心 e 所引起的局部误差。

4. 自准直仪简化原理图如图 2-36 所示，用分划板上的刻尺来测量反射镜偏转角 α，分划板上的刻度间

隔是均匀的，求原理误差。

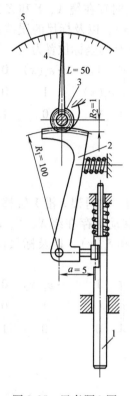

图 2-35 思考题 3 图

1—测杆 2—扇形齿轮 3—小齿轮 4—指针 5—表盘

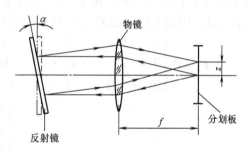

图 2-36 思考题 4 图

5. 分析激光测径仪（见图 2-7）原理误差，并阐述减小原理误差的方法。

6. 有一光学系统，其放大倍数公式为：$M = \dfrac{y'}{y} = -\dfrac{x'}{f'}$。已知像面的轴向位置误差 $\Delta x' = 0.1\mathrm{mm}$，物高 $y = 20\mathrm{mm}$，像高为 y'，像面到像方焦点间距 $x' = 1000\mathrm{mm}$，求因此引起的仪器误差 Δy。

7. 有一摩擦盘直尺运动副（见图 2-18b），其原始误差有摩擦盘直径误差 ΔD，摩擦盘回转偏心 e，摩擦盘转角从 φ_1 转到 φ_2，求它们带来的作用误差。（$\Delta D = 0.005\mathrm{mm}$，$e = 0.002\mathrm{mm}$，$\varphi_1 = 0°$，$\varphi_2 = 30°$）

8. 有一测杆在轴套孔中运动，测杆和轴套孔的公差分别为 $d_{-0.003}^{\ 0}$、$D_{0}^{+0.013}$，轴套长 $l = 30\mathrm{mm}$，测杆长 $l = 50\mathrm{mm}$，求测杆倾斜带来的误差。

9. 采用标准砝码校准测力弹簧特性，所得测量数据如下：

质量/g	5	10	15	20	25	30
长度/cm	7.25	8.12	8.95	9.92	10.70	12.8

求：1）测力弹簧特性表达式。

2）绘制校正曲线。

3）估计测力弹簧线性特性表达式并给出非线性误差。

第三章

测控仪器总体设计理论

测控仪器总体设计，是指在进行仪器各组成部分的具体设计以前，从仪器总体的功能、技术指标、如何实现检测与控制系统框架及仪器应用的环境和条件等总体角度出发，对仪器设计中的全局问题进行全面的设想和规划。

总体设计要考虑的主要问题有：①设计任务分析；②创新性设计；③如何遵守测控仪器若干设计原则；④测控仪器设计原理；⑤测控仪器工作原理的选择和系统设计；⑥测控系统主要结构参数与技术指标的确定；⑦仪器总体的造型设计；⑧经济指标与成本控制。

现代测控仪器大多是由机械、光学光电、电子及计算机等系统组成的一体化的整体；是检测技术与控制技术相结合的智能型动态系统。因此，测控仪器的范畴十分广泛。测控仪器总体设计的最终评估，以其所能达到的经济指标与技术指标来衡量，故作为仪器的总体设计，也应从这一角度出发来考虑。在仪器所有的技术指标中，精度指标是测控仪器设计的核心问题。就具体一台仪器而言，其所能达到的新功能、所实现的新方法、所反映出的新技术和新理论等，则是测控仪器总体设计中的创新。创新设计应贯穿仪器总体设计的始末。

第一节　测控仪器设计原则

在仪器设计长期实践的基础上，设计者经过不断地总结经验，继承和发展前人的科技成果，形成了一些带有普遍性的或在一定场合下带有普遍性的仪器设计所应遵循的基本原则与基本原理。这些设计原则与设计原理，根据不同仪器设计的具体情况，作为仪器设计中的技术措施，在保证和提高仪器精度、改善仪器性能以及在降低仪器成本等方面带来了良好的效果。因此，如何在仪器的总体方案中遵循且恰当地运用这些原则与原理，便是在仪器总体设计阶段应当突出考虑的一个重要内容。

一、阿贝（Abbe）原则、扩展及其补偿方法

对于线值尺寸测量仪器的设计，1890 年，阿贝（Abbe）提出了一条指导性原则。人们将这条原则称为阿贝原则。该原则指出，为使测量器具能给出正确的测量结果，必须将仪器的读数刻线尺安放在被测尺寸线的延长线上。就是说，被测零件的尺寸线和仪器中作为读数用的基准线（刻线基准）应顺序排成一条直线。因此，遵守阿贝原则的仪器，应符合图 3-1 所示的安排。图 3-1 中，仪器的标准刻线尺与被测件的直径共线。

下面分别以游标卡尺测量工件的直径和用阿贝比较仪测量线纹尺刻线间隔为例说明阿贝原则在仪器设计中的重

图 3-1　遵守阿贝原则的测量
1—导轨　2—指示器　3—标准线纹尺
4—被测件　5—工作台

要意义。

图 3-2a 为用游标卡尺测量工件的直径。它的读数刻线尺和被测件的尺寸线不在一条线上，故不符合阿贝原则。测量时，活动量爪在尺架（导轨）上移动，由于导轨之间存在间隙，使活动量爪发生倾斜角 φ 而带来测量误差，其值为

$$\Delta_1 = S\tan\varphi \approx S\varphi \tag{3-1}$$

式中，S 为偏移量。

设 $S = 30\text{mm}$，$\varphi = 1'$，通过式（3-1）可求出因量爪倾斜所引起的测量误差

$$\Delta_1 \approx 30\text{mm} \times (1/60 \times \pi/180)$$

$$\approx 8.7 \times 10^{-3}\text{mm}$$

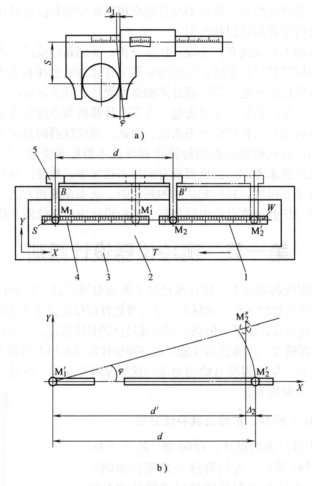

图 3-2 工件的直径测量

a）用游标卡尺测量 b）用阿贝比较仪测量

1—被测工件 2—工作台 3—底座 4—基准刻线尺 5—支架

图 3-2b 为用阿贝比较仪测量线纹尺刻线间隔。阿贝比较仪是由仪器底座 3、工作台 2、导轨（图中未画出）、支架 5、基准刻线尺 4、瞄准用显微镜 M_2 与读数用显微镜 M_1 等部件组成。测量时，被测工件 1 安放在工作台 2 上与基准刻线尺串联排列，固定在支架上的瞄准显微镜 M_2 瞄准被测工件的始端，从固定在支架上另一端的读数显微镜 M_1 中读出测量的初

始值；然后，移动支架使瞄准显微镜 M_2 瞄准被测工件的末端，再从读数显微镜 M_1 中读出测量的终值。两次读数值之差，即为被测工件的长度。

由于被测件的尺寸线 W 和仪器标准读数线 S 在一条线上，故符合阿贝原则。如果由于导轨误差等原因，在导轨上运动的支架可能在图示平面内产生 φ 的转动，使瞄准显微镜 M_2 的第二次瞄准位置由 M_2' 移到 M_2''，如图 3-2b 所示，则此时带来的测量误差为

$$\Delta_2 = d - d' = d(1 - \cos\varphi) \approx d\varphi^2/2 \tag{3-2}$$

式中，d 为被测线纹长度。

设 $d = 30\text{mm}$，$\varphi = 1'$，则引起的误差为

$$\Delta_2 \approx 30\text{mm} \times (1/60 \times \pi/180)^2$$

$$\approx 1.3 \times 10^{-6}\text{mm}$$

即 $\Delta_2/\Delta_1 = \varphi/2 \approx 3 \times 10^{-4}$，误差微小到可以忽略不计的程度。

式（3-1）中误差和倾角 φ 成一次方关系，习惯上称为一次误差；式（3-2）中误差和倾角 φ 成二次方关系，习惯上称为二次微小误差。由此看出，遵守阿贝原则可消除一次误差，而仅仅保留有二次微小误差。

可见，阿贝原则在测控设计中的意义重大。该原则至今一直被公认为是仪器设计中最基本的原则之一。在一般的设计情况下应尽量遵守。但在实际的设计工作中，有些情况不能保证阿贝原则的实施，其原因有二：①遵守阿贝原则会造成仪器外廓尺寸过大，例如，阿贝比较仪，其被测件的尺寸线和仪器读数线串联排列，则仪器外廓尺寸是并联排列的 2 倍，特别是对线值测量范围大的仪器，情况更为严重；②多自由度测量仪器，如图 3-3 所示的三坐标测量机，其测量点的轨迹是测头 1 的行程所构成的尺寸线，而仪器读数线分别在图示的 X、Y 与 Z 直线位置处，显然，在图示情况下测量时，X 与 Y 坐标方向均不遵守阿贝原则。这就是说，许多线值测量系统的仪器，很难做到使各个坐标方向或一个坐标方向上的各个平面内均能遵守阿贝原则。

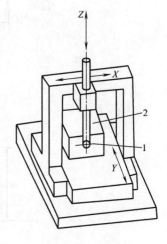

图 3-3 三坐标测量机
1—测头 2—被测工件

这样，仪器的设计者在大量的实际工作中进一步扩展了阿贝原则的定义。阿贝原则的扩展包含三重意思，即：①标尺与被测量一条线；②若做不到，则应使导轨没有角运动；③或应跟踪测量，计算出导轨的偏移加以补偿。遵守了这三条中的一条，即遵守了阿贝原则。

阿贝误差的补偿可采用动态跟踪测量补偿与定点测量补偿法。动态跟踪测量补偿法是监测到导轨偏移信息后，随机补偿阿贝误差的方法。动态跟踪测量的随机补偿方法是将监测系统与仪器主体固定为一体，一旦经过统调与定标，则补偿的数值稳定可靠。定点测量补偿法是采用标准器具，对仪器进行定点测量，而后将逐点所取得的测量误差输入计算机，在读数时进行补偿。这种方法要求：仪器某标定点的定标条件与被测件在此标定点上的被测条件都应完全一样，否则将造成更大的测量误差。因此，定点补偿的方法很难达到高精度的要求。需要注意的是，阿贝误差分析及补偿仅适合于线值尺寸测量仪器。

（一）爱彭斯坦（Eppenstein）光学补偿方法

爱彭斯坦光学补偿方法是一种用结构布局来补偿阿贝误差的方法，被应用于高精度测长机的读数系统中。图 3-4a 为测长机工作原理图。由尾座内光源照明的双刻线分划板

及由读数显微镜读数的100mm刻线尺均安置于仪器床身上,并分别位于焦距f相同的两个透镜N_2、N_1的焦平面上。反射镜M_2、透镜N_2及照明光源与尾座连为一体,反射镜M_1、透镜N_1与头座连为一体。对于1m测长机而言,仪器床身上装有10块双刻线分划板,每两块相距100mm,每块上面还刻有0~9的一个数字。对零时,双刻线指标成像在100mm刻尺的0刻线位置,即s_1点。测量时,若工件长度的基本尺寸为100mm或其整数倍,则仅需尾座向左移动;若工件长度的基本尺寸除了100mm的整数倍外,还有0.1~100mm的小数时,则还需同时将头座向右移动至所需的数值上;当导轨平直时,设被测长度的基本尺寸为100mm的整数倍,则尾座内光源照明的新的双刻线指标o'也成像在s_1处而不产生误差。

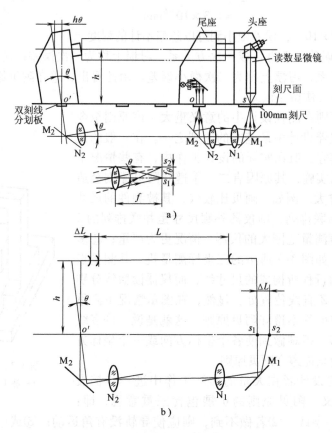

图 3-4　爱彭斯坦光学补偿方法

a) 测长机工作原理图　b) 光学补偿原理

现假设由于导轨直线度的影响,测量时使尾座产生了倾角θ,而产生了阿贝误差。图 3-4b 说明了其光学补偿原理。如图所示,由于倾角θ的影响,在测量线方向上测端将向左挪动$\Delta L = h\tan\theta$值,如无补偿措施,则此值即为阿贝误差。但这时与尾座连为一体的M_2、N_2也随之倾斜θ角,这样,新的双刻线指标o'通过M_2、N_2及M_1、N_1便成像到s_2点,即s_2点相对于s_1点在刻尺面上也有一挪动量$s_1 s_2 = f\tan\theta$。这时,由于头座要向左移动ΔL来压紧工件,而使o'点的像也同时向左移动ΔL,再次与s_1点瞄准。若选择参数使

$$h = f$$

则

$$h\tan\theta = f\tan\theta$$

于是，由尾座倾斜而带来的阿贝误差，在读数时自动消失了，即达到了补偿的目的。这种补偿原理被称为爱彭斯坦光学补偿原理，是通过结构布局随机补偿阿贝误差的方法。

（二）激光两坐标测量仪中监测导轨转角与平移的光电补偿方法

现以高精度激光两坐标测量仪为例，来说明以光电转换方法监测导轨转角与平移来实现阿贝误差的补偿，如图3-5所示。

为了补偿的需要，仪器采用双层工作台。下工作台2经滚柱在底座1的导轨上作纵向移动，上工作台3通过3个滚珠轴承4支承在下工作台上。上工作台Π形框板的左右面各有两个孔眼。左面两个孔眼里装有弹性顶块5，把上工作台往左拉，右面两个孔眼里装有压电陶瓷组合体6、7，其端部顶在下工作台上。利用压电陶瓷的电场-压变效应，在测控系统的反馈控制下，可使上工作台相对于下工作台有小的位移或转角。

仪器设计有两套测量系统对上工作台移动过程中在水平面内的平移和转角进行测量并进行校正，以补偿阿贝误差。

上工作台在移动过程中在水平面内的平移不会引起阿贝误差，因此对平移的检测与校正原理在此不作介绍。

上工作台移动过程中在水平面内的转角测量及校正原理如图3-6所示。这里采用了激光小角度测量法。在上工作台的左部装了一对角隅棱镜。若上工作台移动过程中产生转动，角隅棱镜3相对于角隅棱镜8的光程差将有增大或缩小。这样根据测得的偏差值的正负方向，通过电子电路，使压电陶瓷

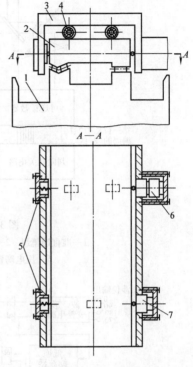

图3-5 激光两坐标测量仪的工作台结构
1—底座 2—下工作台 3—上工作台 4—滚珠轴承
5—弹性顶块 6、7—压电陶瓷组合体

5作相应的伸长或缩短，以补偿上工作台在移动过程中产生的转角。通过校正 θ 角来消除阿贝误差。

（三）以动态准直仪来检测导轨摆角误差的电学补偿方法

以动态准直仪为标准器来跟踪测量一些高精度、数字式计量仪器导轨的直线度误差，并把测得的误差值经电路处理后转换为相应的脉冲数，输入给计数器或计算机进行阿贝误差补偿。其电路框图如图3-7所示。

由干涉仪输出的线位移脉冲信号，一路直接送到计数器或计算机进行显示；另一路则经低通滤波器送到门电路。门电路的开闭决定于 D/A 转换器的输出电压与由自准直仪测得的和导轨直线度误差成比例的输出电压相比较的结果。如果两个电压平衡，比较电路无输出，门电路均关闭而无加减脉冲输出。只要两个电压不平衡，经过比较电路，或把加法门打开，或把减法门打开。这样，就有脉冲通过加法门或减法门输出，一路加到计数器或计算机进行显示；另一路送到128进位计数器，使 D/A 转换器的输出电压与自准直仪的输出电压达到重新平衡，又使门电路均关闭。在整个测量过程中，补偿是自动地连续进行。

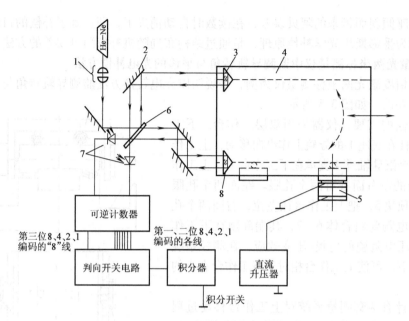

图 3-6 转角测量及校正原理

1—准直透镜组 2—全反射镜 3、8—角隅棱镜 4—上工作台

5—压电陶瓷 6—分光移相镜 7—光电接收器

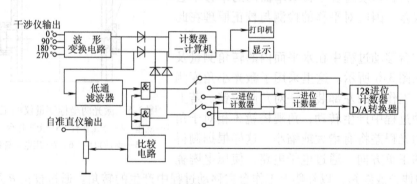

图 3-7 电学补偿方法电路框图

（四）平直度测量过程中的阿贝误差补偿

在三坐标测量机上配制标准直尺和测微表，即可作直线度测量。对于这一直线度测量系统，布莱恩提出了一条如何遵守阿贝原则的结构布局。布莱恩提出："平直度测量系统的工作点应当位于垂直于滑块移动方向，并通过被测的平直度测量点的方向线上。如果这不可能，那么，或者必须使传送平直度的导轨没有角运动，或者必须用角运动的数据计算偏移的影响。"

现以图 3-8 来说明。图中测微表 6 和标准直尺 5，以及测微表 15 和标准直尺 12 组成平直度测量系统。测端 17 即为 Z 向被测的平直度的测量点（图中未画出被测件）。由于仪器导轨的直线度误差，Z 向滑块移动时，可能有 Y 向的平移或在 $Y-Z$ 平面内的倾斜，为了补偿导轨倾斜引起的测量误差，布莱恩提出如上所述的结构布局。即测端 17 与测微表 6 的测端应按图 3-9a 所示的布置方可。如若布置为如图 3-9b 所示的 A_1 点或 A_2 点，则不符合上面提到的原则，起不到补偿的作用。

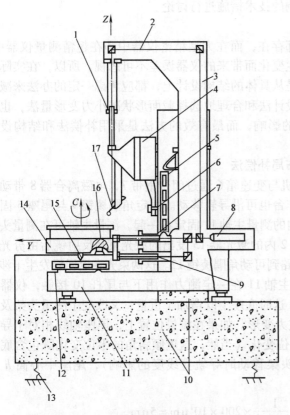

图 3-8　平直度测量系统的结构布局

1、7、9—激光干涉仪　2—激光光路　3—测量框架　4—Z轴滑块
5、12—标准直尺　6、15—测微表　8—激光器　10—仪器底座
11—测量框架　13—隔振支承　14—Y轴　16—压电晶体　17—测端

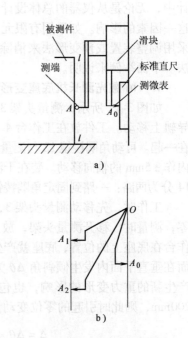

图 3-9　标准器工作点与被测点
的相互关系示意图
a）正确设置　b）不正确设置

（五）遵守阿贝原则的传动部件设计

阿贝原则虽然主要是针对几何量中大量程线
值测量仪器总体布局设计的一条原则，但同样适
合各类仪器传动部件的设计。如图 3-10 所示，图
a 中，测杆与传动杠杆的接触点位于测杆位移的
方向线上，符合阿贝原则；而图 b 则不符合阿贝
原则。可见，仪器中类似这些环节的设计，也应
注意遵守阿贝原则。

二、变形最小原则及减小变形影响的措施

变形最小原则是指：应尽量避免在仪器工作
过程中，因受力变化或因温度变化而引起的仪器
结构变形或仪器状态和参数的变化，并使之对仪
器精度的影响最小。

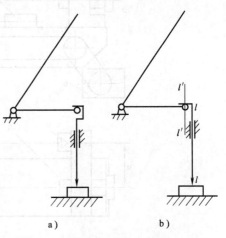

图 3-10　传动部件遵守阿贝原则的设计
a）正确设计　b）不正确设计

如仪器承重变化，引起仪器结构变形而产生测量误差；又如温度变化引起仪器或传感器
结构参数变化，导致光电信号的零点漂移及系统灵敏度变化。因此，要求仪器变形要小。下

面分别就减小力变形影响及温度变形影响的技术措施进行讨论。

（一）减小力变形影响的技术措施

力变形的影响在各种原理的仪器中都存在，而在大型精密仪器中和在超精测量仪器中，由于力变形使仪器相关部件相对位置发生变化而带来的仪器误差不可忽视。所以，在实际设计中，无论是从仪器的总体设计上，或是从具体的结构设计上，都应考虑一定的办法来减小这一因素的影响。如采用有限元的刚度设计法和合理地选择截面形状减小力变形量法，也可采用调整装置或预变形法来消除力变形的影响，而最有效的方法是采用补偿法和结构设计法。下面举例来说明。

1. 1m 激光测长机底座变形的结构布局补偿法

如图 3-11 所示，测量头架 3 由电动机与变速箱 6 通过闭合钢带 7，电磁离合器 8 带动在导轨上移动。工件放在工作台 4 上，工作台也可沿导轨移动。固定角隅棱镜 9 与尾座 5 固结在一起。可动角隅棱镜 12 与测量头架 3 内的测量主轴 11 固定在一起，测量主轴可在测量头架内作 ±5mm 的轴向移动。装在干涉仪箱体 2 内的激光器 13 发出的激光束经反射镜后由分光镜 14 分为两路：一路到固定角隅棱镜 9；一路到可动角隅棱镜 12。这两束光在返回后发生干涉。

工作时，先移动测量头架 3，使测量主轴 11 在一定测力作用下与尾杆 10 接触，仪器对零；测量时，移开测量头架，放上工件，这时底座上既增加了重量，又改变了测量头架及工作台在底座上的位置，底座就产生新的重力变形。如果在测量位置上，尾座轴线相对于导轨面在垂直平面内发生倾斜角 $\Delta\theta$ 为 5″的零位变化（当然，这里倾斜角的零位变化既包含底座产生新的重力变形的影响，也包含测量头架移动时导轨直线度的影响），尾座中心高 h 为 200mm，则此时引起的零位变动量为

$$\Delta = \Delta\theta \times h \approx 5 \times \frac{1}{2 \times 10^5} \times 200 \times 10^3 \, \mu m = 5 \, \mu m$$

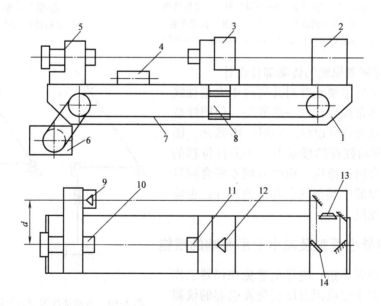

图 3-11　1m 激光测长机工作原理
1—底座　2—干涉仪箱体　3—测量头架　4—工作台　5—尾座　6—电动机与变速箱　7—闭合钢带　8—电磁离合器　9—固定角隅棱镜　10—尾杆　11—测量主轴　12—可动角隅棱镜　13—激光器　14—分光镜

如果其他条件不变，则 $5\mu m$ 的零位变动量就是由重力变形等原因造成的仪器误差。

为了消除上述误差的影响，此台仪器在总体布局时，采取了以下措施：①固定角隅棱镜9与尾座5固定在一起；②固定角隅棱镜的锥顶安放在尾杆10的轴线离底座导轨面等高的同一平面内；③可动角隅棱镜12的锥顶位于测量主轴11的轴心线上（以便符合阿贝原则）；④尽可能减小固定角隅棱镜9和尾杆10在水平面内的距离 d。

这台仪器在布局上做了上述考虑之后，则底座因重力变形而引起的误差便可大为缩小。下面分析几种情况：

1）尾座5因变形在垂直平面内有倾角 $\Delta\theta$。如图3-12所示，位置Ⅰ是测量头架3对零时的位置。此时，测量光路中由测量角隅棱镜到分光镜之间的距离为 L_1；参考光路，由固定角隅棱镜到分光镜之间的距离为 $(s+d)$。则此两种相干光束的光程差为

$$\delta_1 = 2n[(s+d)-L_1] \tag{3-3}$$

式中，n 为测量环境的空气折射率。

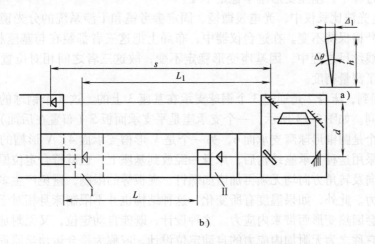

图3-12　测量头架位置变动的原理示意图

位置Ⅱ为测量头架在测量时的位置。设此时尾座有倾角 $\Delta\theta$，由此而引起的尾杆零位变动量为 $\Delta_1 = h\Delta\theta$（见图3-12a），其中 h 为尾杆轴线离底座导轨面的距离。这时，测量光束一路，由测量角隅棱镜到分光镜之间的距离为 $(L_1 + \Delta_1 - L)$，其中 L 为被测零件长度。由于仪器布局满足上述所采取的4项措施中的第一和第二两项，则固定角隅棱镜的位置也有一个和尾杆方向相同、大小相等的零位变动量 Δ_1。所以，参考光束一路，由固定角隅棱镜到分光镜的距离为 $[(s+d)+\Delta_1]$。这样，在测量时，两种相干光束的光程差为

$$\delta_2 = 2n[(s+d)+\Delta_1] - 2n(L_1+\Delta_1-L) = 2n[(s+d)-L_1+L] \tag{3-4}$$

式（3-4）减去式（3-3），就得到测量时和对零时两个光程差的变化量为

$$\delta = \delta_2 - \delta_1 = 2nL \tag{3-5}$$

即光程差的变化正好正比于被测长度 L，也即尾杆的零位变动量已由参考镜的零位变动量所补偿。而如果这两项措施中有一项不满足，则会引起测量误差。

2）测量头架在垂直平面内产生倾斜。这时，由于总体布局满足第三项内容，符合阿贝原则，故只引起二次方微小误差，可以忽略。

3）尾座在水平面内产生摆角。这时，因不符合阿贝原则，故误差不能补偿，但总体布局的第四项条件就是针对这一点考虑的。d 值越小，引起的误差也越小。

2. 光电光波比长仪消除力变形的结构布局

在光电光波比长仪中，为了减小力变形的影响，对仪器布局及设计作了如下考虑：

1）采用了工作台、床身、基座三层结构的形式，如图 3-13 所示。工作台 1 在床身 2 上移动（滚动导轨），床身 2 通过 3 个钢球支承在基座 3 上，基座则用 3 个支点支在地基上。钢球支承和基座支点位置一一对应。这样，工作时，无论工作台 1 怎样移动，工作台 1 及床身 2 的重量始终通过 3 个球支承作用在基座上，即基座受到的 3 个垂直力只有大小的变化，而无方向和位置的变化，而且这 3 个力又通过基座底下的 3 个相对应的支点直接作用在地基上。因此，在工作过程中，基座变形基本稳定不变。

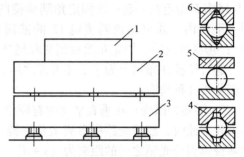

图 3-13　三层结构形式的设计
1—工作台　2—床身　3—基座　4—V 形槽支承面
5—平支承面板　6—圆锥形球窝支承面

2）在光电光波比长仪中，光电显微镜、固定参考镜和干涉系统的分光镜三者之间的相对位置，要求严格保持不变。在这台仪器中，布局上把这三者都装在与基座相连的构件上。这样，在检定线纹尺过程中，因基座变形稳定不变，故这三者之间相对位置也保持稳定不变。从而保证了测量精度。

3）前面提到，床身 2 是通过 3 个钢球支承在基座 3 上的。这 3 个钢球的支承，其支承座结构各不相同。如图 3-13 所示，一个支承座是平支承面板 5（布置在后面），前面两边的两个，其中一个是圆锥形球窝支承面 6，另一个是 V 形槽支承面 4。V 形槽的方向与基座纵方向相平行。采用这种支承座结构后，床身一经放到基座上，也就符合定位原则。这时，床身在纵向、横向及转角方向均无须再加诸如螺钉、夹板等的限制，避免产生多余的约束所带来的附加内应力。此外，如果温度有所变化，这种结构也并不限制床身相对于基座的自由伸缩，所以也不会因热变形而带来内应力。这种设计，既能自动定位，又无附加内应力，在有些资料中，把它称之为无附加内应力的自动定位设计，或称为符合运动学原理的设计。作为一种设计原理，在仪器设计中应用很广。

（二）减小热变形影响的技术措施

减小热变形影响的技术措施有：①采用恒温条件，以减小温度变化量 Δ_t；②选择合适的材料，以减小线膨胀的影响，或选用线胀系数相反的材料在某些敏感环节上进行补偿；③采用补偿法补偿温度变化的影响，如测出被测件与标准件的温度 t_1 和 t_2，被测件与标准件的线胀系数 α_1 与 α_2，则温度误差的修正公式为

$$\Delta L = L\left[\alpha_1(t_1 - 20℃) - \alpha_2(t_2 - 20℃)\right] \tag{3-6}$$

式中，L 为被测件的标准长度。

也可采用实时补偿法，例如：

1. 丝杠动态测量仪对环境条件及温度变化影响的补偿

丝杠动态测量仪是用圆光栅作测量转角的角度标准，用激光波长作测量线位移的长度标准。利用同步测量角位移和线位移，把两路信号通过相位比较，或通过比较两路信号的脉冲个数，而实现对丝杠参数的动态测量。仪器在工作过程中，由于温度的影响，被测丝杠将伸长或缩短，此外，当环境温度、气压、湿度偏离标准状态时，激光波长也将发生变化，这些都将带来测量误差。当实时测定环境的温度、气压和湿度数值后，这些因素引起的误差会影响激光波长的变化，故可看作是与测量长度成线性关系的系统误差，其全长上的误差是递增

或递减的。根据这样的考虑，可以采用在激光一路信号中增减脉冲数的办法来进行补偿的方案。在补偿时，先测出环境的温度、气压和湿度，再根据修正公式计算出在被测长度上应补偿的数值。假设，根据实测的环境条件，计算得每米累积补偿量为 $5\mu m$。工作台每移动半个波长，激光一路发出一个脉冲，所以 $5\mu m$ 相当于 $5\mu m/(\lambda/2)=N_1$ 个脉冲（λ 以 μm 计）。这 N_1 个脉冲数需要在 1m 长度内给以均匀补偿。1m 长度内的激光脉冲数为 $M_1=10^6\mu m/(\lambda/2)$。因此，为了将 $5\mu m$ 的误差量在 1m 长度内补偿掉，就需要在每隔 $M_1/N_1=2\times10^5$ 个激光脉冲时，对激光信号增减一个脉冲。如果计算所得的累积补偿量 $5\mu m$ 是一个正数，那么就要求在每隔 2×10^5 个脉冲时，对激光一路补进一个脉冲，即 1m 内补 N_1 个脉冲；反之，若计算所得的 $5\mu m$ 是一个负数，则就要求在每隔 2×10^5 个信号时，对激光一路减去一个脉冲，即 1m 内减去 N_1 个脉冲，这样就起到了补偿的作用。

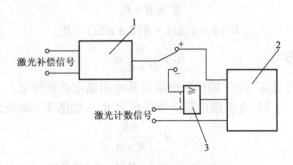

图 3-14 分频补偿原理框图
1—分频器 2—补偿器 3—与门

上述补偿原理的框图如图 3-14 所示。上部是激光补偿信号，下部是激光计数信号。分频器 1 的比例系数 $M_1/N_1=10^5/\Delta L$，可以根据不同的环境条件，即根据计算所得的每米补偿的脉冲数 ΔL 而预置。在上面的例子中，$M_1/N_1=2\times10^5$，即激光补偿信号每对分频器 1 送入 2×10^5 个信号时，分频器 1 便输出一个信号。若计算所得的补偿量是正值，信号便从预置在（＋）端处直接送到补偿器 2，并将此信号加到激光计数信号上；若计算所得的补偿量是负值，则分频器 1 送出的信号便加到预置的（－）端，送到与门 3，堵住一个送到补偿器 2 的激光计数信号，亦即从激光计数信号中减去一个信号，这样，便达到了补偿的目的。

2. 扩散硅压力传感器零点温漂的补偿

扩散硅压力传感器是在硅材料的基片上，用集成电路的工艺制成扩散电阻并组成桥路。这一硅材料的基片既是压力传感器承受压力的弹性膜片，又是将压力转换为电信号的转换元件。就是说，这一力敏元件具有感压和转换压力的两重功能。和粘贴式应变计比较，它消除了应变计黏结剂引起的蠕变和迟滞。很显然，这样的压阻式传感器无可动部件，不需要粘贴工艺，结构简单，体积小，耐冲击，耐振，且不受安装倾斜的影响。因此，扩散硅压力传感器一出现，就受到各方面的重视，是目前发展较快的一种传感元件。但是，由于采用了半导体材料的扩散技术，不可避免地产生了如下问题：①扩散电阻的离散性很大，桥路各电阻值不等，即 4 个电桥臂的阻值 $R_1\neq R_2\neq R_3\neq R_4$；②扩散电阻的各个电阻温度系数不等，即 $\alpha_1\neq\alpha_2\neq\alpha_3\neq\alpha_4$；③扩散电阻随温度的非线性变化。因此，在组成测量桥路时，将产生严重的各不相同的零点温度漂移和灵敏度温度漂移。

为了解决扩散硅压力传感器零点温度漂移的补偿，提出了串并联、双并联、双串联等几种补偿方案，下面以串并联为例，叙述其补偿原理。

（1）桥路的平衡条件 图 3-15 为 4 个扩散电阻所组成的桥路。I_s 为恒流源的电流，扩散电阻的阻值分别为 R_1、R_2、R_3、R_4。其中 R_1、R_4 随压力的增加而减小，R_2、R_3 随压力的增加而增加，各电阻的电阻温度系数分别为 α_1、α_2、α_3、α_4，且在设计所要求的温度点附近一定范围内为常数。若使桥路在设计所要求的温度点和温度变化 Δt 后均能平衡，则平衡条件应有两个，即

$$\left.\begin{array}{r}R_{10}R_{40} = R_{20}R_{30}\\ \alpha_1 + \alpha_4 = \alpha_2 + \alpha_3\end{array}\right\} \qquad (3\text{-}7)$$

式中，R_{10}、R_{20}、R_{30}、R_{40}为在设计所要求的温度点的扩散硅电桥电阻 R_1、R_2、R_3、R_4 的阻值。

（2）串、并联电阻对电阻温度系数的影响

1）在电阻为 R 的扩散电阻上串联电阻 R_s。设串联后的等效电阻温度系数为 α'，等效电阻为 R'，R 的电阻温度系数为 α。如图3-16a所示，则有

$$R' = R + R_s$$
$$R'(1 + \alpha'\Delta t) = R(1 + \alpha\Delta t) + R_s$$

得
$$\alpha' = \frac{R}{R + R_s}\alpha$$

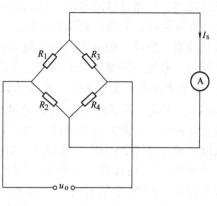

图3-15 电阻式桥路

可见 $\alpha' < \alpha$，即串联电阻后其电阻温度系数降低。

2）在扩散电阻上并联电阻 R_p。如图3-16b 所示，并联后其等效电阻为

$$R' = \frac{RR_p}{R + R_p}$$

即
$$R'(1 + \alpha'\Delta t) = \frac{R(1 + \alpha\Delta t)R_p}{R(1 + \alpha\Delta t) + R_p}$$

得
$$\alpha' = \frac{R_p\alpha}{R + R_p + R\alpha\Delta t}$$

因
$$R + R_p \gg R\alpha\Delta t$$

故
$$\alpha' = \frac{R_p\alpha}{R + R_p}$$

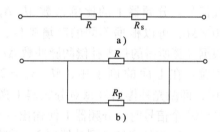

图3-16 电阻的串联或并联形式

a）串联形式 b）并联形式

可见 $\alpha' < \alpha$。

即并联后也能降低其电阻温度系数。

（3）串并联电阻补偿原理 如图3-17 所示，在 R_1 上串联 R_s，在 R_2 上并联 R_p。这样，桥臂1 上的等效电阻和等效温度系数分别为

$$\left.\begin{array}{l}R'_{10} = R_{10} + R_s\\ \alpha'_1 = \dfrac{R_{10}}{R_{10} + R_s}\alpha_1\end{array}\right\} \qquad (3\text{-}8)$$

桥臂2 上的等效电阻和等效温度系数分别为

$$\left.\begin{array}{l}R'_{20} = \dfrac{R_{20}R_p}{R_{20} + R_p}\\ \alpha'_2 = \dfrac{R_p}{R_{20} + R_p}\alpha_2\end{array}\right\} \qquad (3\text{-}9)$$

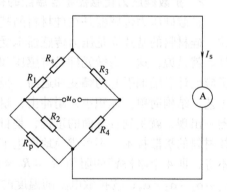

图3-17 串并联电阻补偿原理

将式（3-8）、式（3-9）代入式（3-7），得

$$\left.\begin{array}{l}\left(R_{10} + R_s\right)R_{40} - R_{20}R_{30}\dfrac{R_p}{R_{20} + R_p} = 0\\ \alpha_1\dfrac{R_{10}}{R_{10} + R_s} + \alpha_4 - \alpha_2\dfrac{R_p}{R_{20} + R_p} - \alpha_3 = 0\end{array}\right\} \qquad (3\text{-}10)$$

令 $K = \dfrac{R_\mathrm{p}}{R_{20} + R_\mathrm{p}}$，故

$$R_\mathrm{p} = R_{20} \frac{K}{1-K} \tag{3-11}$$

又由式（3-10）得

$$R_\mathrm{s} = \frac{R_{20} R_{30}}{R_{40}} K - R_{10} \tag{3-12}$$

将式（3-11）、式（3-12）代入式（3-10），解得

$$K = \frac{\alpha_4 - \alpha_3}{2\alpha_2} \pm \sqrt{\left(\frac{\alpha_4 - \alpha_3}{2\alpha_2}\right)^2 + \frac{R_{10} R_{40}}{R_{20} R_{30}} \frac{\alpha_1}{\alpha_2}} \tag{3-13}$$

由 K 的定义知 $K > 0$，故取上式根号前的正值得

$$K = \frac{\alpha_4 - \alpha_3}{2\alpha_2} + \sqrt{\left(\frac{\alpha_4 - \alpha_3}{2\alpha_2}\right)^2 + \frac{R_{10} R_{40}}{R_{20} R_{30}} \frac{\alpha_1}{\alpha_2}} \tag{3-14}$$

在此，将桥路的各电阻和 α 值代入式（3-14）便可求得 K 值，再将 K 值代入式(3-11)、式（3-12）就可以求出 R_p 和 R_s。这样求出的 R_p 和 R_s 值能够满足式（3-10），也就是说在有温度变化时，电桥总是处在平衡的条件下，这就达到了补偿温度漂移的目的。

三、测量链最短原则

测量链最短原则是指构成仪器测量链环节的构件数目应最少。在精密测量仪器的整体结构中，凡是直接与感受标准量和被测量信息的有关元件，如被测件、标准件、感受元件、定位元件等均属于测量链。这类元件的误差对仪器精度的影响最大，并且一般都是1:1影响测量结果。因此，在该类仪器中，对测量链各环节的精度要求应最高；测量链环节的构件数目应最少，即测量链应最短。除了测量链以外，还有放大指示链和辅助链两大环节，它们对仪器精度的影响程度要低于测量链。

在长度测量中，测量链由测量系统中确定两测量面相对位置的各个环节及被测工件组成。两测量面是指测头与工作台的测量面（立式测量仪器），或活动测头与固定测头的测量面（卧式测量仪器），将被测工件置入两测量面之间即形成封闭的测量链。被测工件测量结果的最终误差是各组成环节误差之累积值。因此，应尽可能地减少测量链的组成环节，并减小各环节的误差，这就是最短测量链原则。

测量链最短原则，一般只能从原始设计上加以保证，而不能采用什么补偿的办法来实现，如采用电子式位移量同步比较原理的仪器可以大大缩短测量链，使仪器的精度及其他功能得到了提高。有关位移量同步比较原理，可参阅本章第二节。

在实际测量中，应当遵循这个原则，以降低误差的累积值。例如，在用量块组合尺寸时，应使量块数尽可能地减少；在用指示表测量时，在测头—被测工件—工作台之间应不垫或尽量少垫量块；表架的悬伸支臂应尽量缩短等。

四、坐标系基准统一原则

以上几条设计原则，一般都是从某台仪器自身结构布局及变形特性出发来考虑设计应遵守的规律。而坐标系基准统一原则是对仪器群体之间（也可说是对主系统与子系统之间）的位置关系、相互依赖关系来说的，或是针对仪器中的零件设计及部件装配要求来说的。对

零件设计来说，这条原则是指：在设计零件时，应该使零件的设计基面、工艺基面和测量基面一致起来，符合这个原则，才能使工艺上或测量上能够较经济地获得规定的精度要求而避免附加的误差。对于部件装配，则要求设计基面、装配基面和测量基面一致。

例如，图 3-18 所示的零件，两个直径 d_1 及 d_2 的设计基面及工艺基面均为中心线 OO。在测量时，若用顶尖支承进行（见图 3-18），则测量基准和设计基准、工艺基准重合，此时能真正地反映 d_2 的圆柱度等加工误差。但若以 d_1 的外圆柱面为测量基准时（见图3-19），则 d_1 的形状误差也反映到测量结果中，带来附加的测量误差。

以上例子说明，统一基面这条原则，对于设计、工艺、测量三者来说，都是有关联的。设计者在标注零件的尺寸、选择零件的设计基准时，应考虑到与工艺基准和测量基准的一致；工艺人员则应尽可能选择设计基准作为工艺基准；测量人员则应使测量基准和设计基准一致。

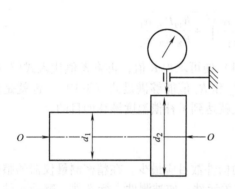

图 3-18 顶尖支承法测径向圆心晃动

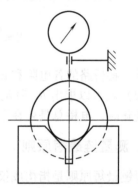

图 3-19 V 形支承法测径向圆心晃动

对仪器群体之间（主系统与子系统之间）的位置关系、相互依赖关系来说，这条原则是指：在设计某台仪器或其中的组成部件时，应考虑到该仪器或该部件的坐标系统在主坐标系统中的转换关系与实现转换的方法。较复杂的测控系统，常常由机械系统、光学系统和光电变换部分组成；有时一个复杂的测控系统往往由几个子系统共同来完成同一个测量任务。这时，机械系统坐标、光学系统坐标、光电变换部分坐标或各个子系统的坐标都应统一起来，统一到表征被测件位置的主坐标系中，即在设计中要考虑各子坐标系与主坐标系的转换关系，否则会带来测量结果的混乱。

图 3-20a 所示为刀具预调仪的结构原理图，该仪器用于测量刀具的刀尖部分参数，主要有刀柄长度和刀尖的旋转半径（见图 3-20b）。其工作原理是：装有 CCD 成像系统（包括 CCD 摄像头 5 和光源 8）的 Z 向滑架 7 可沿 Z 向导轨 6 运动，它的位移由 Z 向光栅尺及其读数头给出（光栅尺装在 Z 向导轨上，读数头装在 Z 向滑架上，随滑架移动），Z 向导轨 6 垂直于 X 向导轨 2 并可沿 X 导轨左右移动，X 向位移由位于其上的光栅尺及其读数头给出，它们构成了刀具预调仪的主坐标系 XOZ。被测刀具 3 通过莫氏锥柄安装到旋转轴套内，以便精确定位。测量时，首先转动刀柄，使包括刀尖的竖直平面垂于摄像系统轴线，然后移动 Z 向滑架将刀尖置于 CCD 摄像头 5 的物点处，这样，CCD 摄像系统便将刀尖成像到 CCD 摄像头 5 的光敏面上，经计算机图像转换后将刀尖位于光敏面上的坐标影像显示在监视器 4 上，即刀尖的尺寸和形状由 CCD 光敏面坐标 $X'O'Z'$ 来确定，它起瞄准作用。为了正确给出刀尖的尺寸和形状坐标，必须将 $X'O'Z'$ 确定的刀尖像坐标与主坐标统一起来。即通过坐标

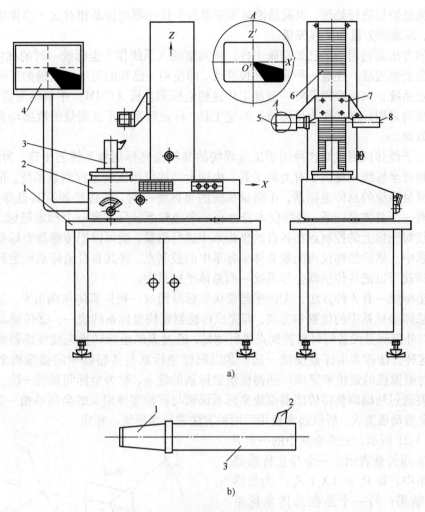

图 3-20 刀具预调仪及其工具

a) 数控加工设备用刀具预调仪

1—工作台 2—X 向导轨 3—被测刀具 4—计算机监视器

5—CCD 摄像头 6—Z 向导轨 7—Z 向滑架 8—光源

b) 数控加工用刀具

1—莫氏锥柄 2—刀尖 3—刀柄

转换矩阵将像坐标系转换到主坐标系中。通过标定可以找到 $X'O'Z'$ 坐标系相对 XOZ 坐标系的转角转换系数 R_θ 和坐标平移系数 T，则

$$\binom{X}{Z} = R_\theta \binom{X'}{Z'} + T \tag{3-15}$$

式中，R_θ 为坐标转换的转角系数；T 为坐标转换的平移系数。经过转换，做到了两个坐标系统的基准统一。

又如，坐标系基准统一原则经常用于计算机视觉测量技术，多传感器视觉测量系统中的每个传感器都有各自局部的三维测量坐标系，传感器在其自身的坐标系下完成相对测量，为了处理测量结果，必须把它们统一到一个总体坐标系中，求出传感器坐标系与总体坐标系之间的关系。为了描述被测对象的几何特性，必须把各个传感器的测量数据统一到一个总体坐标系中对测量数据进行处理，也就是说必须知道各个传感器坐标系相对这一总体坐标系的位置与方向，即旋转矢量和平移矢量。

传统的方法是利用一个已知精确工件，将其常插入系统作为坐标统一时的标定依据，这种方法称为金规校准。还有一种是银规校准法，即使用一已知的但不必精确的工件作为标准件定期标定系统，该标准件是将一般加工件送到坐标测量机（CMM）中精确测量后生成的。这两种方法均采用标准件作为坐标统一标定工具，标定后系统正式测量的数据均是相对标准件的偏差数据。

由于电子经纬仪测量站这种用于工业现场的高精度坐标测量系统的出现，为实现快速、有效、高精度坐标统一提供了有力的工具。由两台经纬仪组成的坐标测量系统，很容易精确建立视觉测量系统的总体坐标系，在测量系统的坐标统一时，各传感器有其自身的坐标系，测量系统有一个总体坐标系，经纬仪本身也有一个坐标系，只需要一个标定靶标，通过传感器与经纬仪对靶标上的控制点在各自的坐标系中进行测量，就可以把传感器坐标系统一到经纬仪坐标系中。然后经纬仪再测量总体坐标系中的控制点，将其自身坐标系标定到总体坐标系中。这样就可以把各传感器坐标系统一到总体坐标系中。

通常坐标统一有3种方法：①传感器模块坐标系通过一靶标实体体现出来，经纬仪确定出实体在总体坐标系中的位置和方向，即完成传感器模块坐标系的统一；②传感器作为一测量模块，与外部测量设备同时对控制点进行测量，通过点的坐标转换完成传感器模块坐标系的统一，这种方法称为坐标直接统一法；③以靶标坐标系与传感器中的摄像机坐标系为中介，通过对摄像机的定位来完成传感器模块坐标系的统一，称为坐标间接统一法。其中第一种方法需要通过精确调整将传感器模块坐标系调到与靶标实体定义的坐标系相一致，因而精度低，标定劳动强度大，所以通常使用后两种方法进行坐标统一标定。

如图 3-21 所示，三维空间中的一点 P 可用两个坐标矢量表示：一个是在传感器模块坐标系中，即 $P_s = (X_sY_sZ_s)^T$ 为传感器的测量结果；另一个是在总体坐标系下，即 $P_g = (X_gY_gZ_g)^T$ 为已标定到总体坐标系的经纬仪系统的测量结果。坐标直接统一法，就是根据靶标上的若干个控制点分别在传感器坐标系与总体坐标系下形成一组 P_sP_g 对，直接计算出传感器模块坐标系到总体坐标系的转换。该转换通常包括平移和旋转。设传感器模块坐标系到总体坐标系的转换可定义为：$P_g = R_g^sP_s + T_g^s$，其中 R_g^s 和 T_g^s 分别为旋转矩阵和平移矢量。

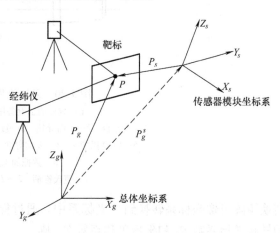

图 3-21　坐标直接统一法

线结构光视觉传感器的坐标统一常采用坐标直接统一法。在传感器坐标统一之前，需要对视觉传感器的内部参数（摄像机几何与光学参数）与外部参数（摄像机与光平面的位置关系）进行标定，通常这种局部标定是分别进行的，首先标定内部参数，再标定外部参数，如果采用坐标直接统一法，在坐标统一时就可以同时求出传感器外部参数，不必先标定其外部参数。而坐标间接统一法常用于双目视觉传感器的坐标统一，由于在坐标统一过程中视觉传感器与经纬仪不需要瞄准靶标上的相同点，因此可以根据传感器与经纬仪的测量特点，在靶标上设置不同的控制点，这样可以提高坐标统一的精度。由于多传感器视觉测量系统常常由单目线结构光视觉传感器与双目视觉传感器共同组成，完成复杂的测量任务，因此在坐标统一时两种坐标统一方法常常都要用到。

五、精度匹配原则

在对仪器进行精度分析的基础上，根据仪器中各部分各环节对仪器精度影响程度的不同，分别对各部分各环节提出不同的精度要求和恰当的精度分配，这就是精度匹配原则。例如，对于测量链中的各环节，特别是前置放大环节，由于它们要求精度最高，应当设法使这些环节保持足够的精度；而对于其他链中的各环节则应根据不同的要求分配不同的精度。如果都给予相同的精度要求，势必造成经济上的浪费。再如，对于一台仪器的机、电、光各个部分的精度分配要恰当，达到相辅相成，并要注意其衔接上的技术要求。

六、经济原则

经济原则是一切工作都要遵守的一条基本而重要的原则。经济原则反映到测控仪器的设计之中，可从以下几方面来考虑：

1）合理的精度要求：精度的高低，决定了成本的高低。因此各环节则应根据不同的要求分配不同的精度。

2）合理的工艺性：选择正确的加工工艺和装配工艺，从而达到节省工时，节约能源，不但易于组织生产，而且降低管理费用。例如，生产二维视觉传感器的普赛公司（Perceptron Company），他们把传感器两个端盖上的8个固定螺钉改为了自攻螺钉，这样的更改，其好处在于：可省去原先的攻螺纹工序。当产品的批量大和人员少而精的情况下，这种工艺上的改变是极其重要的。

3）合理选材：合理选材是仪器设计中的重要环节之一，从减小磨损、减小热变形、减小力变形、提高刚度及满足许多物理性能上来说，都离不开材料性能。而不同的材料，其成本差价很大，因此合理选材是至关重要的一条。

4）合理的调整环节：设计合理的调整环节，往往可以降低仪器零部件的精度要求，达到降低仪器成本的目的。例如，悬臂式三坐标测量机（见图2-11）的悬臂梁（横臂）承担在其上滑动的 Z 向坐标部件的全部重量，因此，当 Z 向坐标部件位于悬臂梁的根部时，悬臂梁变形最小，但当 Z 向坐标部件位于悬臂梁的前端部时，悬臂梁变形最大。如果单从加强悬臂梁的刚度来减小变形，势必加大仪器的成本。而采用在悬臂梁的下面增加另一个悬臂支架，通过悬臂支架上的几个螺钉来调整悬臂梁的姿态，调整到当 Z 向坐标部件位于悬臂梁的根部时悬臂梁前端向上翘起，而当 Z 向坐标部件位于悬臂梁的前端时，悬臂梁变形到恰好平行于工作台面。因此，可方便地解决悬臂式三坐标测量机悬臂梁设计的关键技术。有的调整环节，可以用软件计算补偿的方法来实现，如用线性输出代替非线性输出引入误差的软件补偿方法。

5）提高仪器寿命：为提高仪器寿命要对电气元器件进行老化和筛选；对机械零部件中的易损系统采用更合理的结构形式。虽然这两方面的改进会使成本增加，但如果仪器寿命延长一倍，等于使仪器价格降低了一半。

6）尽量使用标准件和标准化模块：仪器系统设计需要有建立和评估技术集成的框架结构，通常会基于从信息获取到通信与控制的系统结构，采用自上而下的设计方法，将系统分解为一系列的功能模块。对测控系统来讲，通常包括环境模块、机械结构模块、测量模块、驱动与控制模块、通信模块、微处理机模块、软件模块与接口模块等。一个独立模块很可能是一个系统中的子系统，子系统又可定义出一组模块。因此，系统的结构模块是相对的，既可以适用于大系统的结构，也可适用于子系统的结构。

以上6条基本原则是众多科技工作者在多年的设计实践中总结出的理论成果和经验的结晶，这些原则经过了长期实践的检验，并为大多数仪器设计者所公认。随着测控仪器的发展和其在测控系统中的重要作用，还应该不断地总结出一些理论成果来丰富和补充现有的设计原则。

第二节　测控仪器常用设计原理

一、平均读数原理

在计量学中，利用多次读数取其平均值，通常能够提高读数精度。利用这一原理来设计仪器的读数系统，即称之为平均读数原理。

在圆分度测量装置中，例如，在光学分度头中，当采用单面读数（单个读数头）时，由于轴系晃动或度盘安装偏心等原因，不可避免地将使仪器带来读数误差。如图 3-22 所示，图 a 中，设 O 为度盘几何中心，O' 为主轴回转中心，即度盘有安装偏心 e。I 为读数头瞄准位置。则当主轴转过 θ 角时，度盘几何中心转至 O_1 点（见图 b），此时，相对读数瞄准位置 I 来说，产生读数误差为

$$\Delta\theta = \frac{e}{R}\sin\theta \tag{3-16}$$

式中，e 为安装偏心；R 为度盘刻划半径。

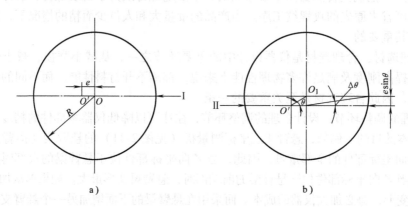

a)　　　　　　　　　　　　　　　b)

图 3-22　度盘安装偏心示意图

如果仪器主轴转动时轴系有晃动，其产生的读数误差与上面分析类似。

式（3-16）所表示的读数误差是单面读数的圆分度测量装置所固有的。为了消除这一误差，在高精度的圆分度测量装置设计中，一般不采用单面读数的方法，而是采用平均读数的原理。例如，在度盘的对径方向上安装两个读数头，并用这两个读数头的读数值的平均值作为度盘在这一转角位置上的读数值。这样，对读数头 I 来说，如果度盘安装偏心或轴系晃动带来的读数误差为正的话，则对读数头 II 来说，其读数误差 $\Delta\theta_{II} = \frac{e}{R}\sin(\theta + 180°) = -\frac{e}{R}\sin\theta$，两者的绝对值相等。因此，当存在度盘安装偏心或轴系晃动误差时，对径读数取它们的平均值 $\bar\theta = \theta_I + \theta_{II}$，则可自动消除读数误差。

现讨论一般情况：假设度盘有刻划误差、安装偏心、分度头轴系有晃动、游动等；同

时，又假设沿度盘圆周均布 n 个读数头。下面分析当用 n 个读数头的读数值的平均值作为读数值时，上述误差对读数误差影响的情况。

作为一般情况，上述误差对一个读数头来说所引起的读数误差，可以用由各阶谐波合成的周期误差来表示，即

$$\Delta\theta_{\Sigma 1} = \sum_{k=1}^{m} \frac{e_k}{R}\sin k\theta \tag{3-17}$$

式中，k 为各阶谐波的阶次；e_k 为各阶谐波的幅值。

由式（3-17）知，当取 n 个读数头读数值的平均值作为读数值时，读数误差将为

$$\Delta\theta_{\Sigma n} = \frac{1}{n}\sum_{k=1}^{m} \frac{e_k}{R}\left\{\sin k\theta + \sin k\left(\theta + \frac{2\pi}{n}\right) + \sin k\left(\theta + 2 \times \frac{2\pi}{n}\right) + \cdots + \right.$$
$$\left. \sin k\left[\theta + (n-1)\frac{2\pi}{n}\right]\right\} \tag{3-18}$$

对于某一阶次谐波 m 而言，式（3-17）改写为

$$\Delta\theta_{\Sigma nm} = \frac{1}{n}\frac{e_m}{R}\left\{\sin m\theta + \sin m\left(\theta + \frac{2\pi}{n}\right) + \sin m\left(\theta + 2 \times \frac{2\pi}{n}\right) + \cdots + \right.$$
$$\left. \sin m\left[\theta + (n-1)\frac{2\pi}{n}\right]\right\} \tag{3-19}$$

整理式（3-19）得

$$\Delta\theta_{\Sigma nm} = \frac{1}{n}\frac{e_m}{R}\left\{\sin m\theta\left[1 + \cos m\left(\frac{2\pi}{n}\right) + \cos m(2)\left(\frac{2\pi}{n}\right) + \cdots + \right.\right.$$
$$\left. \cos m(n-1)\left(\frac{2\pi}{n}\right)\right] + \cos m\theta\left[\sin m\left(\frac{2\pi}{n}\right) + \sin m(2)\left(\frac{2\pi}{n}\right) + \cdots + \right.$$
$$\left.\left. \sin m(n-1)\left(\frac{2\pi}{n}\right)\right]\right\} \tag{3-20}$$

利用三角数列公式

$$1 + \cos m\frac{2\pi}{n} + \cos m(2)\left(\frac{2\pi}{n}\right) + \cdots + \cos m(n-1)\left(\frac{2\pi}{n}\right) = \frac{\cos\left(\frac{n-1}{2}m\frac{2\pi}{n}\right)\sin\left(\frac{n}{2}m\frac{2\pi}{n}\right)}{\sin\left(m\frac{2\pi/n}{2}\right)}$$

$$\sin m\left(\frac{2\pi}{n}\right) + \sin m(2)\times\left(\frac{2\pi}{n}\right) + \cdots + \sin m(n-1)\left(\frac{2\pi}{n}\right) = \frac{\sin\left(\frac{n-1}{2}m\frac{2\pi}{n}\right)\sin\left(\frac{n}{2}m\frac{2\pi}{n}\right)}{\sin\left[\frac{m(2\pi/n)}{2}\right]}$$

则式（3-20）改写为

$$\Delta\theta_{\Sigma nm} = \frac{1}{n}\frac{e_m}{R}\left\{\sin m\theta\frac{\cos[m\pi - (m/n)\pi]\sin m\pi}{\sin(m/n)\pi} + \cos m\theta\frac{\sin[m\pi - (m/n)\pi]\sin m\pi}{\sin(m/n)\pi}\right\} \tag{3-21}$$

谐波的阶次 m 为整数，故式（3-21）中等式右边第二项为零。则式（3-21）改写为

$$\Delta\theta_{\Sigma nm} = \frac{1}{n}\frac{e_m}{R}\Big[(-1)^m \sin m\theta \frac{\cos(m/n)\pi\sin m\pi}{\sin(m/n)\pi}\Big] \tag{3-22}$$

现对式（3-22）进行讨论：

1）当 $m = cn$ 时，其中 c 为正整数，即谐波阶次为读数头数 n 的整数倍时，则式(3-22)中

$$\frac{\cos(m/n)\pi\sin m\pi}{\sin(m/n)\pi} = n$$

$$|\Delta\theta_{\Sigma nm}|_{max} = \frac{1}{n}\frac{e_m}{R}n = \frac{e_m}{R} \tag{3-23}$$

2）当 $m \neq cn$ 时，即谐波阶次不等于读数头数 n 的整数倍而为其他整数时，则式（3-22）中

$$\frac{\cos(m/n)\pi\sin m\pi}{\sin(m/n)\pi} = 0$$

进而得 $$\Delta\theta_{\Sigma nm} = 0 \tag{3-24}$$

由式（3-23）和式（3-24）可得出结论：在光学度盘式圆分度测量装置中，当采用在度盘圆周上均布 n 个读数头的结构，并取 n 个读数头读数值的平均值作为读数值时，则可以消除 $m = cn$ 阶谐波以外的所有谐波对读数误差的影响。

由于工艺及其他方面的原因，在光学度盘式测角仪中，多采用在度盘对径位置上安置两个读数头，即合像的办法，如图 3-23 所示。图 3-23 为 JCY 精密测角仪对径读数结构。度盘 3 上的 0°刻线与 180°刻线分别由两路照明光源 1 通过聚光镜 2 及直角棱镜 4 照明。被照明的刻线经物镜 5、梯形棱镜 6、光楔测微器 7、8 在合像分界楔 10 上成像。复合后的像及与光楔测微器 8 同步移动的秒尺刻线成像到投影屏上。由于两路光束的光程一样，所以在视场中看到的对径度盘刻线成像清晰度与颜色深浅度相同。当度盘转动时，视场中看到的上下两排像相对移动。读数时转动测微器，使对径刻线像上下对齐，其读数就是对径的平均值。

设计中采用误差平均读数原理时，应注意它的使用条件才能达到预期效果。如光栅度盘

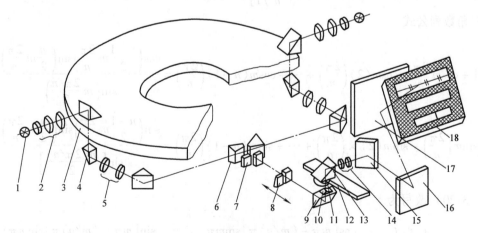

图 3-23　JCY 精密测角仪对径读数结构

1—照明光源　2—聚光镜　3—度盘　4、9、13—直角棱镜　5、11—物镜
6—梯形棱镜　7、8—光楔测微器　10—合像分界楔　12—秒尺
14—投影物镜　15、16、17—反射镜　18—投影屏

圆分度测量装置，与在光学度盘读数装置中一样，原理上也可采用均布多个读数头，并用合成多个读数头信号的办法，来达到消除读数误差的目的。但是，由于光栅读数头的输出是电信号，因此，存在各次谐波误差将使各个读数头的输出信号有一个附加的相移问题。如果在合成多读数头的信号时能保证合成信号的附加相移为零，同时还能保证合成信号幅值的变动范围也在电路正常工作所允许的范围以内，那么，这样的多读数头的平均读数，就能达到消除读数误差的目的。

为分析方便，假设在光栅盘上对径均布两个读数头，设两个读数头在初始位置 θ_0 时输出的电信号有相同的初相位 ϕ_0。光栅盘由位置 θ_0 转到 θ 时，两个读数头输出信号的电相位的变化为 $(\theta - \theta_0)(2\pi/\delta)$，其中 δ 为光栅盘的节距角。现在假设存在各次谐波误差，则当光栅盘由 θ_0 转到 θ 位置时，由于 k 次谐波误差 e_k 的存在，两个读数头输出的电信号便产生附加相移，其值分别为

$$\left. \begin{array}{l} (e_k/R)(\sin k\theta - \sin k\theta_0)(2\pi/\delta) \\ (e_k/R)[\sin k(\theta + 180°) - \sin k(\theta_0 + 180°)](2\pi/\delta) \end{array} \right\}$$

式中，R 为光栅盘的光栅刻划区平均半径。这样，相应的两个读数头输出的电信号便分别为（假设它们的幅值相同，均为 A）

$$\left. \begin{array}{l} A\sin\{\phi_0 + [(\theta - \theta_0) + (e_k/R)(\sin k\theta - \sin k\theta_0)](2\pi/\delta)\} \\ A\sin\{\phi_0 + [(\theta - \theta_0) + (e_k/R)(\sin k(\theta + 180°) - \sin k(\theta_0 + 180°))](2\pi/\delta)\} \end{array} \right\}$$

这时，这两路信号的平均值为

$$U_\Sigma = \frac{1}{2}A\{\sin\{\phi_0 + [(\theta - \theta_0) + (e_k/R)(\sin k\theta - \sin k\theta_0)](2\pi/\delta)\}$$
$$+ \sin\{\phi_0 + [(\theta - \theta_0) + (e_k/R)(\sin k(\theta + 180°) - \sin k(\theta_0 + 180°))](2\pi/\delta)\}\}$$

当 k 为偶数时，可写为

$$U_\Sigma = A\sin\{\phi_0 + [(\theta - \theta_0) + (e_k/R)(\sin k\theta - \sin k\theta_0)](2\pi/\delta)\}$$

上式表明，电压信号的平均值中有附加相移，说明均布两个读数头不能补偿偶次谐波误差带来的读数误差，此结论与光学度盘分度头中平均读数原理的结论一致。

当 k 为奇数时

$$U_\Sigma = A\cos[(e_k/R)(\sin k\theta - \sin k\theta_0)(2\pi/\delta)]\sin[\phi_0 + (\theta - \theta_0)(2\pi/\delta)]$$

上式表明，电压信号平均值是一个无附加相移的，幅值为变量 $A\cos[(e_k/R)(\sin k\theta - \sin k\theta_0)(2\pi/\delta)]$ 的正弦量。因此，只要适当控制 e_k 值，使幅值 $A\cos[(e_k/R)(\sin k\theta - \sin k\theta_0)(2\pi/\delta)]$ 的波动范围在电路正常工作所允许的界限之内，那么利用双读数头电压信号的平均值可以消除全部奇次谐波误差带来的读数误差，不能消除的仅是 2 次及 2 的整倍数次的谐波所引起的误差。从该式还可看出，正弦量的幅值在 1~0 变化。当 $e_k = 0$，即无偏心量等误差时，幅值为 1，此即无读数误差的情况，而若幅值为零时，虽此时无附加相移，但仪器也无法工作。最大幅值和最小幅值之比不超过 3∶1。现假设 $k = 1$，分两种情况讨论：

1）$\theta = 0°$ 时，此时要求 $\cos\left(\dfrac{2\pi}{\delta}\dfrac{e}{R}\sin\theta\right)$ 不应低于 0.33。则当 $\dfrac{e}{R} \leqslant 0.2\delta$ 时，不论 θ 取何值，幅值不会低于 0.33，光栅系统能正常工作。

2）$\theta = 90°$ 时，通过分析可知，当 $\dfrac{e}{R} \leqslant 0.1\delta$ 时，不论 θ 取何值，幅值不会低于 0.33，光栅系统能正常工作。

通过上面的理论分析可以看到，光栅式分度装置度盘偏移度 e/R 应不大于 1/10 光栅节距角 δ 的要求，式中 e 为主轴回转偏心与光栅安装偏心的综合值，R 为光栅盘刻划半径。应注意，此结论是在分度装置上均布两个读数头，合成信号最大幅度与最小幅度之比不超过 3:1 的条件下得到的。

如果现在均布读数头的个数不是两个，而是更多，此时，为了保证多个读数头的电压信号平均值起到消除误差的作用，则对于度盘偏移度的要求，还应作具体的分析和计算。

由上分析可见，多读数头结构平均读数原理，在消除轴系晃动、度盘安装偏心及度盘刻划误差等对读数精度的影响方面具有良好的效果。因此，平均读数原理已成为高精密圆分度测量装置中一条重要设计原理。

需要注意，多读数头结构平均读数原理不能消除测量过程中轴系晃动对测量结果的影响。轴系晃动，工件随之晃动，工件晃动对测量结果的影响，不能用平均读数原理来补偿，即轴系晃动仍然要反映到被测件的测量精度上来。因此，在高精度的分度装置中，轴系的设计及工艺仍然是一个关键问题，仍然要求轴系有很高的回转精度。例如，QGG405 型 0.2″ 光电圆刻划机，刻划精度为 0.2″，这时要求主轴晃动量按线值计算必须在 0.07μm 以内。

最后，需要指出，除了平均读数原理之外，在仪器设计中，平均原理和平均误差效应的应用相当广泛，如光栅形成的莫尔条纹有误差平均作用；多齿分度盘整周啮合时，对每个齿的制造误差有平均作用；多次采样和多次读数取平均值可减小随机误差的影响等。设计者对此应予充分重视。

二、比较测量原理

比较测量原理广泛地应用于各种物理量的测量。在电信号测量中，比较电桥和比较放大是比较测量的基本形式。它可以消除共模信号的影响，有利于提高测量精度。在光电法测量仪器中，双通道差动比较测量可以有效地减小光源光通量变化的影响。比较测量原理尤其适合于几何量测量中的复合参数测量，如渐开线齿形误差、齿轮切向综合误差、螺旋线误差、凸轮型面误差等的测量工作。

（一）位移量同步比较测量原理

几何量计量中的复合参数一般都是由线位移和角位移，或角位移和角位移以一定关系作相互运动而成。如渐开线齿形、螺旋线、凸轮型面等，这类复合参数的测量过程，实际上是相应的位移量（转角与展开长度，转角与升程）之间的同步比较过程，故在设计这类参数的测量仪器中，形成了一种位移量同步比较的测量原理。这一原理的特点符合按被测参数定义进行测量的基本原则。但在实现这一测量原理时，过去的设计几乎都是采用建立相应的机械标准运动，然后与被测运动相比较的方法，其结果是结构复杂、环节多、测量链长、工艺难度大，特别当要求仪器具有较大通用性时，问题更为突出（如现有的老式万能渐开线检查仪）。随着激光、光栅、电子和微机技术的发展，使位移量同步比较由机械式向电子式发展，并使位移量同步比较原理在仪器设计中获得了新的广泛应用。位移量同步比较测量原理是：对复合参数进行测量时先分别用激光装置或光栅装置等测出各自单参数的位移量，然后再根据它们之间存在的特定关系由计算机系统给出准确值，直接与测量值进行运算比较而实现测量。

图 3-24 是采用电子式位移量同步比较原理所设计的万能齿轮整体误差测量机的原理图。测量机所采用的测量方法是对齿轮截面进行极坐标逐齿坐标点测量。测量公式为 $\rho_i = r_0\phi_i$，

式中 ϕ_i 为 i 点齿轮展开角，ρ_i 为与 ϕ_i 相对应的渐开线展开长度，r_0 为基圆半径。测量前，先将刚性测头 5 调至被测齿轮基圆的切线位置上，并与被测齿轮的齿面接触。测量时，由齿轮顺时针转动带动测头沿渐开线法线移动进行测量，第一齿测量完毕，齿轮继续旋转，测头停止移动并在第一齿齿顶圆上滑过。测头滑过齿顶圆后，在测力机构作用下，进入至齿轮啮合位置中并与第二齿齿面接触。此时在计算机控制下齿轮反转，测头沿基圆切线随第二齿齿面继续返回移动，直至测头返回至被测齿轮基圆的切线位置上，并与被测齿轮的齿面接触时齿轮开始正转，开始第二齿的测量。逐齿循环上述正反转测量过程，直至测量完截面所有各齿。在测量过程中，与齿轮一起转动的圆光栅发出 θ 与 ϕ 脉冲信号（θ 为被测齿的实际分度角，ϕ 为齿轮实际测量展开角），与测头一起移动的长光栅发出 ρ_i 和 n 脉冲信号（n 为采样点序号）。两路信号同时送入计算机，按仪器测量原理所规定的程序进行计算，显示及自动画出齿轮的截面整体误差曲线。从总体设计角度看，除要求轴系与导轨有高的精度外，还要求仪器结构简单、测量链短、精度高、性能得到提高。

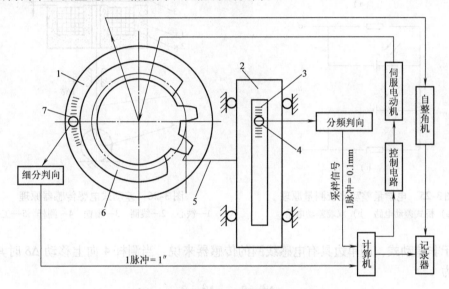

图 3-24　万能齿轮整体误差测量机原理图
1—圆光栅盘　2—切向滑板　3—长光栅尺　4、7—光栅头
5—刚性测头　6—被测齿轮

（二）差动比较测量原理

1. 电学量差动比较测量

电学量差动比较测量可以大大减小共模信号的影响，从而可提高测量精度和灵敏度，并可改善仪器的线性度。如直接检测的光电转换电路，当光信号是缓变信号时，由它产生的电信号也是缓变信号，在这种情况下级间耦合只能是直接耦合。温度变化、光源亮度变化等因素将引起零漂，若不采取措施必将引起较大的误差。图 3-25a 为桥式差动电路，图 3-25b 为双端差动电路。每个电路内都有两个光电元件：一个接受信号光线；另一个接受同一光源的恒定光线。这样，温度变化、光源亮度变化等渐变因素对其产生的影响可互相抵消，同时，还可抵消信号中的直流成分。

在电测量仪中，电感传感器常设计成差动式，如图 3-26 所示。当工件 5 尺寸改变使测杆 4 向上移动 $\Delta\delta$ 时，它使上气隙 δ_1 减小 $\Delta\delta$，下气隙 δ_2 增加 $\Delta\delta$，因而使上线圈的电感量增

为 $L + \Delta L_1$；下线圈的电感量减为 $L - \Delta L_2$，总变化量为

$$\Delta L = (L + \Delta L_1) - (L - \Delta L_2) = \frac{N^2 \mu_0 S}{2(\delta - \Delta \delta)} - \frac{N^2 \mu_0 S}{2(\delta + \Delta \delta)} \approx 2\left(L \frac{\Delta \delta}{\delta}\right)$$

式中，N 为线圈匝数；μ_0 为空气的磁导率；S 为空气隙的截面积。

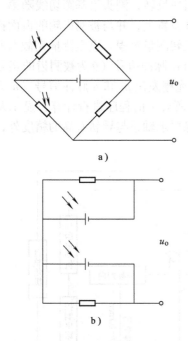

图 3-25 电学量差动比较测量原理
a）桥式差动电路 b）双端差动电路

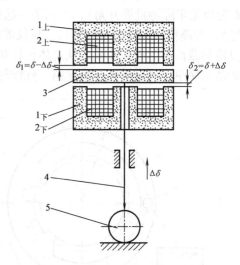

图 3-26 差动式电感传感器原理
1—铁心 2—线圈 3—衔铁 4—测杆 5—工件

对于非差动式，即单边具有电感线圈的传感器来说，当测杆 4 向上移动 $\Delta \delta$ 时其电感的变化量为

$$\Delta L = \frac{N^2 \mu_0 S}{2(\delta - \Delta \delta)} - \frac{N^2 \mu_0 S}{2\delta} \approx L\left(\frac{\Delta \delta}{\delta}\right)$$

由上述两个公式可以看出，差动式电感传感器的灵敏度比非差动式提高一倍。

2. 光学量差动比较测量

图 3-27 所示为双通道差动法"光谱透射比[⊖]"测量的例子。辐射光 1 借助反射镜 2 和透镜 3 分别沿着标准通道 I 和测量通道 II 并行输送。在标准通道 I 的光路中放置具有固定光谱透射比的标准样品 S_d，在测量通道 II 中放置被测样品 M_d。光通过 S_d 和 M_d 后，光通量分别为 Φ_1 和 Φ_2，它们经透镜 4 汇聚后，分别被光电元件接收并送到差动放大器进行比较，差值信号被放大并被指示出来。设入射光通量为 Φ_0，标准样品透射比为 τ_s，被测物透射比为 τ_d，光电检测灵敏度为 S_1，放大器增益为 K，电指示装置的传递系数为 M，则输出值 θ 为

$$\theta = KMS_1\Phi_0(\tau_d - \tau_s)$$

由于采用两个通道光通量比较法，用其差值去指示，因此对共模形式引入的干扰有抑制能力，还可消除杂散光的影响。

⊖ 按 GB 3102.6—1986，光谱透射比 τ 系透过的与入射的辐射能通量或光通量的光谱密集度之比。

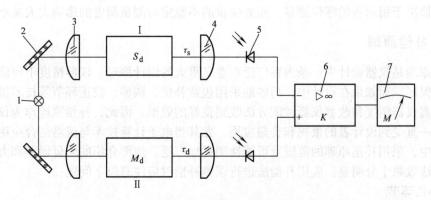

图 3-27　双通道差动法透过率测量原理
1—辐射光　2—反射镜　3—透镜　4—汇聚透镜　5—光电元件
6—差动放大器　7—指示表

也可以将差动法和零位法相结合，构成差动补偿测量法。差动式传感器与非差动式传感器相比较，具有线性范围大、精度高、灵敏度高以及抗同向干扰性能好等优点。在热工测量中用差动法的例子也很多，这里不再一一列举。

（三）零位比较测量原理

图 3-28 所示为测量偏振面转角的零位测量原理方案。具有偏光性质的被测物 3 放在起偏器 2 和检偏器 4 之间。起偏器和检偏器的光轴正交。当被测物未放到测位时，检偏器输出的光通量为零，此时光电检测器无输出，指示表指零。在光路中放入具有偏光性质的物体

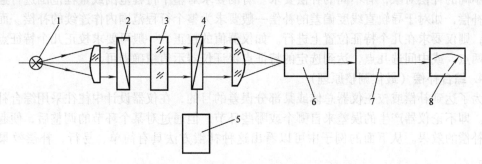

图 3-28　测量偏振面转角的零位测量原理
1—平行光光源　2—起偏器　3—被测物　4—检偏器
5—读数装置　6—光电检测器　7—放大器　8—指示表

后，该物体被光照射引起偏振面旋转，使检偏器有光通量输出，该光通量的变化经光电元件及电路的转换与放大后输出给指示表，使指示表的指针偏离零位。这时通过读数装置 5 转动检偏器直至指示表示值为零，此时，检偏器的转角等于被测物引起的偏振面转角。可用高精度的角度基准对检偏器转角和读数装置进行逐点标定，这样，通过读数装置读出的转角即为被测物引起的偏振面旋转值。指示表的输出值可用下式表示：

$$\theta = KS_1 \Phi_0 Q(\theta_x - \theta_0)$$

式中，θ_x 为被测偏振面转角；θ_0 为检偏器读数装置的读数值；K 为放大器的放大倍数；S_1 为光电检测灵敏度；Φ_0 为入射光通量；Q 为检偏器的转换因子。

当重新调整使表指示为零时，则必须使被测量与补偿量相平衡，即 $\theta_x = \theta_0$。因此它的测

量精度仅取决于指示表的零位漂移，而光通量的不稳定对测量精度的影响大大减小。

三、补偿原理

补偿原理是仪器设计中一条内容广泛而意义重大的设计原理。仪器精度不可能只依靠加工精度来保证。而如果在设计中，巧妙地采用包括补偿、调整、校正环节等技术措施，则往往能在提高仪器精度和改善仪器性能方面收到良好的效果。因此，补偿原理作为仪器设计原理之一，一直受到设计者的重视和普遍应用。尤其当电子计算技术与仪器结合应用之后，在仪器设计中，采用补偿原理的范围及可能性则更加广泛。前面介绍的阿贝误差和力变形误差的补偿方法效果十分明显。应用补偿法进行误差补偿时应注意以下问题：

1. 补偿环节

为了取得比较明显的补偿效果，应很好地选择补偿环节。一般应选择仪器中结构上的薄弱环节、工艺上的薄弱环节、精度上的薄弱环节、仪器中对环境条件及外界干扰敏感的环节作为补偿环节。在选择具体的补偿环节时，应考虑到通过该环节最易于实现补偿，且补偿效果最灵敏。

2. 补偿方法

一台仪器可以采取具体的结构措施进行补偿，也可以通过标定从数据处理上，即通过软件进行补偿。前者如爱彭斯坦原理的结构布局光学补偿及精密刻划机中精密丝杠螺距误差的校正，后者如在高精密的圆度仪中，为了消除轴系径向误差对测量结果的影响，采用了误差分离技术，通过测量方法及数据处理，把轴系径向误差从测量结果中剔除出去。

3. 补偿要求

不同的补偿对象，有不同的补偿要求。有的要求对整个行程范围或量程范围进行连续的逐点补偿，如对于导轨直线度偏差的补偿一般要求为整个行程范围内作连续的补偿。而有的补偿，则仅要求在几个特征位置上进行。如仪器值的校正，一般可要求校正几个特征点，如首尾两点，或中间选几点，达到选定的特征点保证仪器示值精确即可。

4. 综合补偿（最佳调整原理）

为了达到补偿或校正仪器总体或某部分误差的目的，在仪器设计中往往采用综合补偿的办法。即不论仪器产生的误差来自哪个或哪些环节，但通过对某个环节的调整后，便起到了综合补偿的效果。从下面的例子中可以看出这种补偿方法具有简单、易行、补偿效果好的特点。

1）在杠杆齿轮式机械测微仪中（见图 3-29），测杆部分采用了正弦机构，如图 3-30 所示。被测值 $s = a\sin\varphi$。而仪器的度盘刻度时，由于工艺的原因采用线性刻度，即将 $s = a\sin\varphi$ 简化为 $s' = a\varphi$。式中 a 为测杆部分杠杆臂长，φ 为由被测值 s 引起的杠杆转角。由此产生的原理误差

$$\Delta s \approx (1/6)a\varphi^3$$

由于仪器的示值范围 s_{max} 已经确定，其对应的杠杆摆角 φ_0 也已经确定，这时可以通过调整杠杆臂长来减小 Δs，即将 a 调整为 a'。由理论分析可以得知（用最小二乘估计法），当调整 a，使 $\varphi = 0.874\varphi_0$ 处的原理误差为零时，达到最佳调整，这时的最大原理误差为 $\Delta s' \approx (1/24)a\varphi^3$，即为调整前的 1/4，调整后的杠杆臂长 a' 可由下式求得：

$$a' = \frac{0.874a\varphi_0}{\sin(0.874\varphi_0)}$$

图 3-31 显示了调整前后的特性曲线。其中 $s = a\sin\varphi$ 为调整前的特性曲线，而线性特性 $s = a\varphi$ 为刻划特性，调整后的特性曲线为 $s = a'\sin\varphi$。

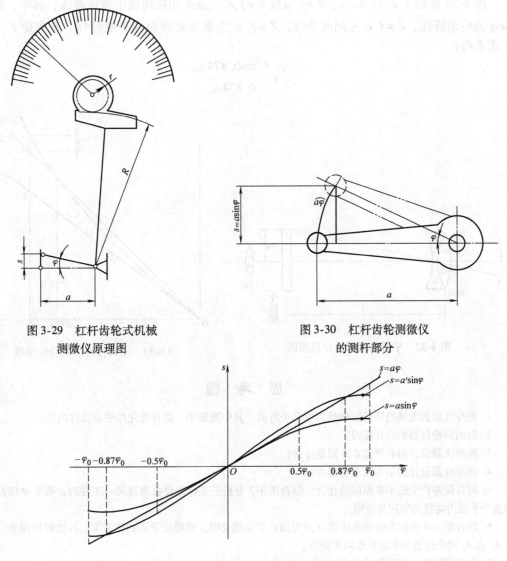

图 3-29　杠杆齿轮式机械
测微仪原理图

图 3-30　杠杆齿轮测微仪
的测杆部分

图 3-31　正弦杠杆三条特性曲线

2）在平行光管的读数系统中，由于利用分划板上的等分刻度尺量值来代替所测量角度的理论值，而带来原理误差。如图 3-32 所示，被测角度的理论方程为

$$Z = f' \tan\alpha$$

而等分刻度的实际方程为

$$Z = f'\alpha$$

式中，f' 为物镜焦距；α 为被测夹角。
由此带来原理误差

$$\Delta Z \approx -\frac{1}{3} f' \alpha^3$$

由于物镜已经选好，所以焦距 f' 确定。为了减小该项原理误差，可采用新的焦距 f'_n 进行分划板的等分刻度。新的等分刻度应使被测角度 $\alpha = 0.874\alpha_0$ 时，原理误差 $\Delta Z = 0$，即达到了最佳调整补偿。式中 α_0 为最大测角范围。最佳调整后仪器的最大测量误差为调整前的 1/4。

图 3-33 显示了 $Z = f'\tan\alpha$、$Z = f'\alpha$ 及 $Z = f'_n\alpha$ 三条正切机构输出特性曲线，其中，$Z = f'\tan\alpha$ 为传动特性，$Z = f'\alpha$ 为刻度特性，$Z = f'_n\alpha$ 为采用新焦距的刻度特性。新焦距 f'_n 可由下式求得：

$$f'_n = \frac{f'\tan 0.874\alpha_0}{0.874\alpha_0}$$

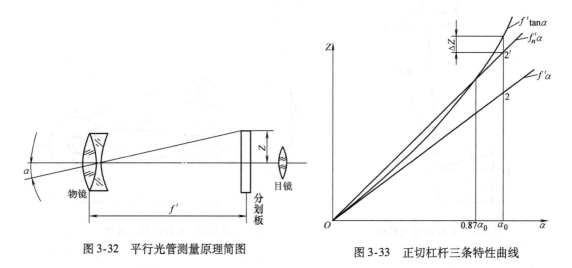

图 3-32　平行光管测量原理简图　　　图 3-33　正切杠杆三条特性曲线

思　考　题

1. 测控仪器的发展趋势可以概括为哪几个方面，其中高效率、高智能化指的是哪些内容？

2. 归纳测控仪器的设计流程。

3. 测控仪器设计的 6 项基本原则是什么？

4. 测控仪器设计的基本原理有哪些？

5. 阿贝误差产生的本质原因是什么？结合图 3-3 分析三坐标测量机测量某一工件时，哪个坐标方向上的各个平面内均能遵守阿贝原则。

6. 结合图 3-9 分析为何当滑块绕 O 点为圆心发生摆动时，测端处于 A 的位置可以补偿阿贝误差，而处于 A_1 或 A_2 两个位置均不能补偿阿贝误差。

7. 举例说明减小阿贝误差的方法。

8. 为减小底座变形对测量精度的影响，1m 激光测长机和光电光波比长仪在结构布局上采用了几种措施，这些措施的依据是什么？

9. 丝杠动态测量仪对环境条件变化产生的测量误差进行补偿的先决条件是什么？

10. 采用电子式位移量同步比较原理的仪器可以大大缩短测量链，试举出几种复合参数测量仪器来加深理解。

11. 视觉型刀具预调仪的坐标系基准统一指的是哪两个坐标系的统一？如何检查由于两个坐标系归一不准确而带来的误差？

12. 为什么在高精度的圆分度测量装置设计中，在度盘的对径方向上安装两个读数头？这一布局可以消除读数误差中哪些次谐波误差？

13. 对径方向上安装两个读数头，是否可完全消除轴系晃动、度盘安装偏心及度盘刻划误差等对读数精度的影响？为什么？

14. 零位比较测量方法与利用仪器指示测量绝对值的方法相比，优点是什么？

15. 综合补偿的优点是什么？试举例证明。

第四章

测控仪器总体设计方法

在测控仪器设计的工程实践中，通常把设计过程分为总体设计和技术设计两个阶段，在总体设计阶段，由总体设计师组织全体设计师完成仪器的总体设计方案，这包括对设计任务进行深入的分析，如何运用总体设计理论进行创新性的布局；确定仪器的主要参数；仪器总体及组成部分的工作原理，研究组成仪器的机械、光电、智能控制系统和测试显示系统的方案等。本章对总体设计中经常遇到的技术问题进行了详细的分析。

第一节　设计任务分析

设计任务分析，就是要对设计任务，包括需要实现的功能及设计指标，有详细的了解和分析，要弄清楚设计任务对仪器设计提出的要求和限制，以便所设计的仪器能实现和满足设计任务提出的各项指标和要求。

测控仪器的设计任务一般有 3 种情况：

1）专用仪器设计：设计者根据用户专门的需要，针对特定的测控对象、被测参数或工作特性来设计专用的仪器。这种情况下的仪器技术指标一般由用户提出。

2）通用仪器设计：设计者根据市场需求，设计通用产品和系列产品。在这种情况下，设计者自己或与仪器生产厂家合作，对市场需求做广泛的调研，以确定适当的仪器技术指标，以最少的产品系列和较全的仪器功能来覆盖最大的社会需求。

3）开发性仪器设计：根据技术的发展和社会需求的预测，推出性能好、功能全、技术先进的新型产品和新型仪器，进行开发性设计。

以上不同情况，对设计任务的分析，其侧重考虑的内容和方面是不同的。通常，设计任务的分析包括以下内容：

（一）了解被测控参数的特点

测控仪器的工作任务，首先是实现对被测参数的测量与跟踪。因此，了解被测参数的特点是仪器设计的基础。被测参数的特点是指：被测参数的精度要求、数值范围（一维，多维及量值范围）、性质（单值，多值）、状态（瞬态量，稳态量，动态量，静态量）以及量值标准等。只有掌握了这些特点以后才能确定仪器的主要技术指标。

了解被测参数的特点还包括要了解被测参数的定义，以使所设计的仪器在测量原理上严格与被测参数的定义相符合。如量块的长度、零件表面的粗糙度及各种形位公差等都有其确定的定义。如果不弄清楚这些定义，将会使设计的仪器在测量原理上或数据处理方法上出现原理性错误，造成设计失败。

（二）了解测控参数载体（测控对象）的特点

测控参数载体，即测控对象，一般是各种各样的机械或光学载体。这些载体的大小、形状、材料、重量、状态等特点都将对测量和跟踪控制的质量产生重大影响。例如，被测件粗糙的表面将影响光学成像的质量；不同重量的抓持物，将导致机械手动态轨迹的变化。

（三）了解仪器的功能要求

除了解上述两项要求以外，还要了解仪器的功能。例如：仪器用途（是静态测量还是动态测量，是开环测量还是闭环测控，是一维测量还是多维测量，是单一参数测量还是多种参数测量）；仪器的检验效率；仪器的测量范围；仪器的承载能力；仪器的操作方式（手动，自动，键盘，触摸屏）；仪器测量结果的显示方式（仪表，数字，图像，记录，打印等）；仪器的自动诊断要求；仪器的自动保护要求以及仪器的外廓尺寸与自重要求等。

（四）了解仪器的使用条件

仪器的使用条件和工作环境对仪器能否达到设计要求起到至关重要的作用。例如：仪器是在室内还是在室外工作；是在计量室内还是在车间工作；是在线测量还是离线脱机测量；间断工作还是连续工作（以及连续工作时间）；仪器工作环境状况（环境温度变动范围，湿度及振动情况，灰尘油污以及外界干扰情况）等。

（五）了解国内外同类产品的类型、原理、技术水平和特点

通过查找资料，收集产品样本，现场调查以及上网检索等多种渠道，对国内外同类产品的类型、原理、技术水平和特点等做深入的了解和分析。

（六）了解国内有关方面的加工工艺水平及关键元器件销售情况

加工工艺水平是实现设计目标的可靠保证，尤其对仪器的关键零部件设计，要在落实加工工艺方法的同时对设计进行反复的修改，这样可避免形成不可实现的结构设计。仪器测控系统所必需的关键光、电、气等元器件，应在设计的过程中边设计边落实可选购到的标准器件，同时还要了解关键元器件的国内外厂商在国内的销售情况。

（七）了解设计任务所需的资金要求，完成设计所需的设计条件以及设计时间要求

通过以上分析，可对设计任务以及所设计仪器的有关方面有一个全面的了解。在此基础上，还应弄清楚上述问题中哪些是主要的，应在设计中首先要解决和保证的，哪些是次要的。这样，在设计过程中，便可集中精力针对关键问题进行深入的研究。一般设计任务分析时，还应当进一步审定设计任务中提出的各项技术指标的合理性以及将用户要求转换为技术指标的确切程度。同时应注意，在仪器的精度储备以及在仪器功能的进一步扩展方面是否有必要在设计上留有余地等。

第二节 创新性设计

科技发展日新月异，新产品、新技术、新工艺不断涌现，测控仪器的设计者就必须密切关注本学科科技动态的发展，了解学科前沿的需求。这样，科研方向才能紧跟社会发展的趋向，研究的产品才有市场和竞争力。而且要维持一种产品的长久竞争力，还要求科技工作者具有创新性设计能力和智慧，对产品进行不断地更新。

就测控仪器的总体设计而言，创新设计将体现在仪器设计所实现的原理、所达到的功能、所反映出的新方法和新技术等方面。创新主要包括原创性设计和对原设计的继承和发展。对现有仪器的原理、功能和特点了解得愈多、掌握得愈深入、愈容易发现现有仪器的缺陷，从而找到进一步完善和发展的途径。

　　例如，数控加工机床所必备的刀具预调仪，其测量刀具的原理是由光学投影式瞄准及二维光栅数字电路进行测量的经典方法。该方法的缺点是光学投影光路的加工及调整复杂、成本高、人眼目视瞄准精度低、工作效率差，因此影响了刀具预调仪的应用市场。近年来，国内外多家公司采用 CCD 摄像机对刀具的刀尖进行摄像，将刀尖成像在 CCD 光敏元组成的二维坐标系统上。由于 CCD 二维坐标系统建立在二维光栅数字主坐标系统中，因此，刀尖在 CCD 二维坐标系统的位置经过坐标转换即可求出其在主坐标系统中的位置。这种测量原理称为计算机视觉系统测量方法。这种方法的优点是：计算机视觉系统的价格低于光学投影光路，可以方便地从市场上买到；刀尖不必微调到影屏的十字线中心，只要进入与 CCD 光敏元对应的计算机屏幕中即已经被瞄准，免去了在光学投影方法中由人眼控制刀尖对准十字线的微细调整过程，而这一微细调整过程要求二维光栅数字系统的导轨必须具备微调机构，增加了机构设计的难度；CCD 二维坐标系统属于测微系统，它除了承担瞄准定位功能外，还可对刀尖的圆弧部位进行弧度测量，有利于加工工艺分析。这种由光学投影式瞄准原理发展为利用机器视觉系统进行瞄准的创新，开创了新一代刀具预调仪的发展，也为生产厂家带来了较大的经济利润和社会效益。

　　又如，在仪器仪表领域，机械式开关是最早的通断控制形式，但其反应频率低、定位精度差、结构复杂、惯性大、寿命短。随着科技的发展，人们开发出触摸式、感应式、声控式、光控式、红外线式等多种新的开关。这些新的开关设计反映出设计者对各种新技术和新方法的创新研究。

　　再如，扫描隧道显微镜 STM，将量子电子学中的隧穿效应理论应用于导体表面电子云密度的测量，并结合筒式压电微动扫描机构和多级隔振技术，实现了纳米精度的物体表面三维形貌测量，体现了多学科知识交叉与融合设计的创新。

　　如何培养创新设计思维能力，如何进行创新设计，是本书编写、讨论的重点之一。

一、创新设计思维能力的培养

　　创新设计的关键是人的创造性思维的发挥。思维和感觉都是人脑对客观现实的反映。其中感觉是人脑对客观现实的直接反映，是通过感觉器官对事物的个别属性、事物的整体和外部联系的反映。而思维是对客观事物经过概括以后的间接反映，它所反映的是客观事物共同本质的特征和内在联系。这种反映是通过对感觉所提供的材料进行分析、综合、比较、抽象和概括等过程完成的。进一步讲，创新思维是建立在通常思维的基础上，使人对事物的观察和分析产生质的飞跃。即不仅能揭示事物的本质，而且能在此基础上提出新的、具有创见性的改造。

　　认识到思维和创新思维的本质以后，我们将在日常的科研和学习活动中从 3 个方面进行有意识的训练。

　　1）突破"思维定势"的束缚。人们往往习惯于从已有的经验和知识中，从考虑某类问题获得成功的思维模式中寻求解题方案，这就是所说的思维定势。要克服心理上的惯性，从思维定势的框框中解脱出来，要善于从新的技术领域中接受有用的事物，提出新原理、创造新模式、贡献新方法、闯出新局面。

　　2）敢于标新立异。创新思维的特点不仅是要突破"思维定势"的束缚，而且要敢于标新立异，即敢于提出与前人甚至多数人不同的见解，敢于对似乎完美的现实事物提出怀疑，寻找更合理的方法。同时，要善于观察和借鉴他人的经验，合理扬弃。

　　3）善于从不同角度思考问题，探索多种方法，设想多个可供选择的方案，这样，成功的概率必然成倍增长。我们称这种思维方法为多向思维或扩散思维。

例如，20 世纪 50 年代，在研制晶体管材料时，人们发现锗是一种比较理想的材料，但需要提炼得很纯才能满足要求，各国科学家在锗的提纯工艺方面做了很多探索，都未获得成功。但是，日本的江琦玲於奈和黑田百合子采取了与别人完全不同的方法，他们有计划地在锗中加入少量杂质，并观察其变化，最终发现当锗的纯度降低为原来的一半时，形成一种优异的电晶体。此项成果轰动该项研究领域，并由此获得诺贝尔奖。这个例子，生动说明了江崎和黑田百合子不仅突破了"思维定势"的束缚，而且善于从不同角度思考问题，探索多种解决问题的方法，标新立异。

二、创新设计方法

创新设计方法是通过学习，掌握创造学理论的基本思想，以创新思维规律为基础，通过对广泛的创新实践活动进行概括、总结、提炼而得出的具有创新发明的设计方法和技巧。

1）创造学理论认为，人的创新发明动力来自于自然界生存压力、社会发展需求压力、经济竞争压力、个人工作压力及自我责任心、事业心的主客观强大压力下而激发出来的积极、主动创造精神。有压力，才有动力，压力是驱散怠惰、激发事业心、求知欲和永不枯竭探索精神的最有效杠杆。

2）创新设计的方法和技巧。创新设计的诀窍在于：①巧妙调用人大脑中存储的信息，并充分依靠现代网络信息资源有针对性地检索相关资料，补充掌握不足的信息来达到创新构思。例如，我们想提出新的精密测量角度的原理时，必须首先掌握目前已有的精密测角原理，并对每种原理所形成的仪器设备的优缺点进行分析，如测角范围、分辨力、原理误差、精度、稳定性、仪器结构的复杂程度、成本，乃至应用范围。这样，才能知道我们提出的新原理是否属于创新，这一新原理是否有应用价值。②在设计的整个过程中可采用集多人智慧，互相启发来寻求解决问题的途径，也可通过有针对性、有系统地提问来激发智慧，寻找解决办法。③通过对现有产品的观察，优缺点分析，或采用数学建模，或采用系统分析及形态学矩阵的理论分析方法寻求各种解决办法。④利用最新的科学技术研究成果，或者将其他领域的研究成果应用到本领域。

现举一个例子来说明如何应用系统分析方法解决防止螺纹松动的结构措施。已知螺钉拧紧状况下的锁紧力矩公式为

$$M_L = F\left[\frac{d_2}{2}\tan(\beta_G - \beta) + \mu_M \frac{D_M}{2}\right]$$

式中，F 为螺钉锁紧力；d_2 为螺纹中径；β 为螺纹升角，$\beta_G = \arctan\mu_G$ 为螺纹摩擦角，$\mu_G = \mu/[\cos(\alpha/2)]$ 为螺纹间摩擦系数；$\mu_M = \mu/\sin\gamma$ 为螺母压紧端面时的摩擦系数，μ 为螺钉、螺母、被连接件（或垫圈）材料的摩擦系数；α 为螺纹牙形角；γ 为螺母锥形压紧端面锥角之半，通常压紧为平面时 $\gamma = 90°$；D_M 为螺母压紧端面的平均直径。

通过分析该锁紧力矩公式可得到防止螺纹松动的结构措施，它可以从 4 个方面考虑：①采用细牙螺纹，使螺纹升角 β 减小，则锁紧力矩增大；②采用大牙形角螺纹，使 α 增大，可使 β_G 增大，则锁紧力矩增大；③采用锥形压紧端面（锥角 $2\gamma < 180°$），γ 越小，μ_M 越大，则锁紧力矩增大；④采用摩擦系数 μ 大的材料，则锁紧力矩增大。这种系统分析的方法，使研究更具科学性，减少盲目性。

第三节　测控仪器工作原理的选择和系统设计

在分析设计任务的基础上，对测控系统进行总体考虑时，首先遇到的一个问题是检测系统工作原理的选择和系统功能的设计。

检测系统是测控仪器的重要组成部分，它相当于人体智能系统的五官，人体通过五官来实现与外界的联系与沟通，大脑相当于设备的控制系统，四肢相当于设备的执行机构。因此，一台完整的设备能否按设计要求完成预定的任务，首先取决于检测系统的精度和可靠性。检测系统的设计包括传感器的选择与设计、标准量及其细分方法的选用、数据处理与显示装置的选取三大部分。

一、传感器的选择与设计

传感器是信息提取的源头，选择不同的信号转换原理，则首先是选择或设计相应的传感器，使其按照一定的规律将拾取的信号转换成可用的输出信号。传感器的选择将对仪器的总体设计有很大的影响，若选择欠妥，则不仅会造成整台仪器难以获得好的性能，甚至有时不能满足设计任务的要求。

因此，传感器的选择可依据设计任务书的要求，综合考虑传感器的工作原理和应用要求来择优选取或设计最佳方案。按传感器的工作原理和特性进行选择或设计，可参考以下3个方面：

1）按传感器转换功能的不同，可选择位置检测或数值检测两类。位置检测（如几何量测量中的瞄准系统）的目的在于确定被测量对应于标准量的位置，转换后的位置信息经检测系统中的放大环节来提高仪器的分辨力，要求传感器重复性要好。数值检测是为了测量被测量的数值（它包括绝对测量的数值，也包括相对测量时，获取被测量的偏差部分，如测微式三坐标测头、视觉成像传感器等），故要求传感器灵敏度高、线性好、原理误差小。

2）按传感器对原始信号感受方式的不同，可选择接触式、非接触式和直接引入式几类。接触式感受方式一般指机械测头（如三坐标测量机中所配置的机械式硬测头或发讯式开关测头），也包括光学—机械式（如万能工具显微镜中的光学灵敏杠杆）、电子—机械式（如电感测微仪）和气动—机械式测微测头。接触式测头感受信号时都有测量力，可以挤出测头与工件之间的脏物，但会引起测力变形。由于它结构简单，使用方便，故适用于复杂形状工件的检测。非接触式感受方式有着广泛的应用，它大致可分为3种：光学式、电容式和气动式，这种方式测量力极小，无接触变形。对于热工量和电学量，感受方式多为直接引入式。

3）按传感器转换放大原理的不同，可选择机械式（如杠杆式、杠杆齿轮式放大机构等）、光学式（如显微式、投影式放大成像原理等）、光电式（如自准直法、干涉法放大原理等）、电学式（如电感法、电容法放大原理等）或气动式等。

根据上述选择依据，以及传感器的精度范围、测量范围、使用条件和成本即可确定传感器的类型，但在实际设计过程中还要进一步考虑应用要求方面的特殊性，如：

1）考虑被测参数的定义。在表面粗糙度的测量中，利用轮廓仪测量表面粗糙度参数 R_a，该项被测参数的定义是在基本长度范围内，轮廓曲线上各点到中线距离的绝对值的算术平均值，即

$$R_a = \frac{1}{l} \int_0^l |y| \, dx$$

式中，l 为取样长度，大于 l 的值认为是波度信号或表面宏观形状误差信号。

为滤除该信号对 R_a 测量的影响,虽选中接触式电感转换放大原理的传感器,但在传感器的触端前需装一玻璃导头,其曲率中心运动的轨迹和工件的宏观轮廓相一致,从而可以机械的方式滤除波度或表面宏观形状误差,以有利于保证在取样长度内 R_a 值的测量精度。

2)在某些极限测量情况下,还要考虑测量条件的要求。如热轧钢直径的在线测量及浮法玻璃厚度的在线测量,测量的环境温度都远远超过了测量传感器的允许范围。所谓浮法玻璃生产工艺指的是当熔融玻璃液漂浮在 650℃ 锡槽内的金属锡液面上时,在重力、表面张力、黏度和拉引力的共同作用下,逐渐完成摊平、抛光、定形,并使玻璃带具有平衡厚度值。可见玻璃厚度的在线测量要将测厚传感器置于 650℃ 的锡槽上方,该处温度远远超过了测量传感器所允许的温度极限。因此,多采用基于激光三角法的计算机视觉检测技术,通过 CCD 摄像机采集玻璃厚度图像并送入计算机进行处理。为达到此目的,测量头要用循环冷却水和氮气气冷保护。

3)检测效率要求。检测效率是现代测控仪器的发展趋势,为了提高效率,显然首先要确定选择非接触式、光电感受方式来满足动态在线检测要求。如各种手机的固紧螺钉,直径和长度只有 2~3mm,需要检查螺杆是否弯曲、螺杆上是否有涂料、螺母的内六方孔是否标准等三项指标。对这样的检验分选仪器,目前可选用内嵌高速 RISC(Reduced Instruction Set Computing)内核的 FPGA(Field Programmable Gate Array,a programmable integrated circuit)作为主处理芯片的新一代摄像头,从而实现了快速图像法视觉检测,达到了一台仪器设备可每秒检测 5 只螺钉的速度。

4)精度要求。如对纳米精度和分辨力的测量,要首选激光外差干涉。

对超大量程或多维参数的测量,传感器的选择和设计都有许多关键技术需要考虑。关于这些方面的设计已有许多成熟的实例,可参阅有关书籍。

常用传感器的类型、特性及使用范围见表 4-1。

表 4-1 常用传感器的类型、特性及使用范围

类型	示值范围/mm	示值误差/μm	对环境要求	特 点	应用场合
机械式	不同类型,示值范围不同	1~10	对环境要求不严	分位置检测或数值检测两类接触式测量方式,使用方便、耐用	位置检测如三坐标开关测头,数值检测如各种测微仪及三坐标测微测头,广泛应用于车间及温控不严的实验室
光学式	不同类型,示值范围不同	微米或亚微米数量级	对环境要求高	感受方式上有接触式和非接触式,功能上分位置检测或数值检测,性能稳定,耐用	位置检测如万能工具显微镜的光学灵敏测头,数值检测如各种光学测微仪、光干涉显微镜,广泛应用于计量室或计量站
电感、互感式	±(0.001~30)	0.1mm 范围内为 ±(0.05~0.5)	对环境要求一般,抗干扰能力较好,要求有密封结构以防灰尘和油污	接触式测量,使用方便,信号可进行各种运算处理,或直接进行数字显示,或输入计算机存储	作高精度测微仪及在自动测量中应用
电容式	±(0.001~1)	0.1mm 范围内为 ±(0.05~0.5)	易受外界干扰,尤其对温度变化敏感,要求有密封结构以防灰尘和油污	非接触式测量,频率特性好,信号可进行各种运算处理,或直接进行数字显示,或输入计算机存储	动态测量应用较多,测量效率高,可测带磁工件或电缆芯偏心等特殊参数,多用于测量金属或塑料薄膜厚度

（续）

类型	示值范围/mm	示值误差/μm	对环境要求	特　点	应用场合
电触式	0.2~1	±(1~2)	对振动较敏感，一般应有密封结构	只能指示被测参数是否处于公差范围内，或是否达到某一定值；其结构与电路简单，反应速度快，测力大	一般用于自动分选与主动测量中
光电式	不同类型，示值范围不同，0.001mm 至数米	应用情况不同，示值误差不同，±(0.005~0.5)	由于半导体激光的应用及抗杂光干扰新技术的出现，改变了易受外界光影响的缺陷	精度高，适宜非接触测量，反应速度快，分位置检测或数值检测两类；易于数字化或与计算机接口	CCD 视觉检测、CCD 透射或反射外观尺寸检测等新技术，广泛应用于动态测量、快速尺寸或表面瑕疵的检测
气动式	±(0.02~0.25)	±0.04mm 范围内为 ±(0.2~1)	对环境要求低，对清洁条件要求较高	便于实现非接触测量，可进行各种运算；因气体惯性，反应速度慢；压缩空气要净化	各种气动测微仪，各种尺寸及形状的自动测量，特别是内孔、内表面、软材料工件等
射线式	0.005~300	$\pm\left(1+10^{-2}\right.$ $L/\text{mm})$ L—被测长度（单位为 mm）	受温度影响大	非接触测量	轧制板、带及镀层厚度的自动测量

光栅、磁栅、感应同步器、激光等现代传感器（也称几何量标准器）的类型、特性及使用范围见表 4-2 及表 4-3。

表 4-2　长度标准器的类型、特性及使用范围

类型	原理	量值个数	计值方法	精　度	特性及使用范围	备　注
量块	平行平面之间的距离	单值	绝对码	三等量块：±(0.10+2L/m)μm L—被测长度（单位为 m）	可用各种尺寸的量块任意选配，用于比较仪作相对测量基准或作为仪器校准用基准	量块尺寸与规格已标准化，通过端面研合来组成不同标准尺寸
线纹尺	线纹分度与光学机械细分	多值	绝对码	一级精度线纹尺：±(0.5+0.5L/m)μm L—被测长度（单位为 m）	与光学读数头配套使用，可采用光学机械细分法进行细分，广泛用于万能工具显微镜及光学测长仪中	①通常刻划间隔为 1mm；②有玻璃线纹尺和金属线纹尺；③金属尺线胀系数接近金属工件，因而温度对测量精度的影响较小
丝杠	螺旋传动	多值	增量码	高精度型：±(1~3) μm/m 一般精度型：±(3~10)μm/m	与步进或伺服电动机组合，可实现机动与自动控制，用于一般计量仪器及三坐标测量机	①丝杠精度可按需要，在加工中提高；②精密丝杠常选用梯形牙型

（续）

类型	原理	量值个数	计值方法	精　度	特性及使用范围	备　注
光栅尺	莫尔条纹	多值	增量码	高精度型：$\pm(0.1 \sim 1)$ $\mu m/m$ 一般精度型：$\pm(3 \sim 10)$ $\mu m/m$	与光栅头配套使用，利用莫尔条纹原理计数，对环境条件要求较高，采用整体封装来避免灰尘和油污的侵蚀，广泛用于长度计量仪器中，测量范围大，精度较高	①计量光栅有25、50、100线/mm 几种；②玻璃光栅比金属反射光栅信号强，便于调整，且线胀系数小；③光源发热要小
长度编码器	光电信号编码	多值	绝对码	$\pm(5 \sim 10)\mu m/m$	长度编码器较难制作，难以提高分辨力，用于要求有零位，有绝对值的绝对法测量中	长度编码器规格已经标准化
长感应同步器	电磁感应	多值	增量码	标准型：$\pm(1.5 \sim 5)$ $\mu m/250mm$ 窄型：$\pm(2.5 \sim 5)$ $\mu m/250mm$ 带型：$\pm 10\mu m/m$ 标准尺长 250mm	它由定尺与滑尺组成，结构简单、性能稳定、环境适应性强，便于自动测量与控制，有标准型、窄型、带型、重型等4种规格，精度略低于光栅尺，但动态测量的频响高，常用于车间及军用计量仪器与机床设备中	①标准尺长为250mm，需要时可接长，通过误差补偿可提高接长精度；②标准型用于计量仪器与机床、窄型可组装为盒式、带型用于大测量范围；③定尺与滑尺上绕组的节距 $W = 2mm$
磁尺	电磁效应	多值	增量码	精密型：$\pm(1 \sim 3)$ $\mu m/m$ 一般精度型：$\pm(3 \sim 10)$ $\mu m/m$	与磁头配套使用，磁尺制造成本低，仅需录磁，对环境条件要求较高，应妥善屏蔽，以防磁化，可用于计量仪器与机床，使用不广泛，适用于大量程、中等精度的场合	①尺子可制成线型（用于高精度测量）、带型（用于大量程测量）、同轴型（用于结构紧凑的小型测量装置中）；②可在磁尺安装到仪器主体上后进行录磁
容栅尺	电容效应	多值	增量码	用于数显卡尺中： 测量范围：$0 \sim 300mm$，示值误差：$\pm 0.02mm$ 测量范围：$900 \sim 1000mm$，示值误差：$\pm 0.07mm$	可测带磁工件，利用多对极板间电容的误差平均效应，其测量精度高、寿命长、稳定可靠，多见应用于数显卡尺中	①电极材料应能防腐，可采用镍铁类镀铬电极；②绝缘材料要有足够的机械强度，高的形状稳定性、良好的抗湿性能和小的线胀系数，常用石英、陶瓷、云母或工程塑料；③采用密封结构
激光干涉	光波干涉	多值	增量码	双频激光干涉仪在波长稳定性为 10^{-8} 时，测量范围 10～50m，测量不确定度可达 $1\mu m$	高精度，高分辨力，大的测量范围，对环境要求高，造价高，可用于计量室进行精密测量或作为检定用基准，也可根据车间条件，做大量程精密测量	①激光具有单色性好、亮度高、方向性好、波长稳定及相干长度长等优点，是理想的长度标准量；②对空气折射率进行修正，还可提高其测量精度

表 4-3　常用的角度标准器的类型、特性及使用范围

类型	原理	量值个数	计值方法	精　度	特性及使用范围	备　注
角度量块	两个平面研合组成准确角度	单值	绝对码	±10″	根据需要任意选配，可用于绝对或相对测量中	量块的尺寸和规格已经标准化，通过研合可组成需要的角度
多面棱体	角度样块	多值	绝对码	±(1″~5″)	棱体的角度经加工和检定达到规定的精度，可用来检定精密测角仪或对角度编码器进行角度标定	①棱体可分为 4、6、8、10、12、14、36、72 面等多种，棱体反射面基体材料为金属和玻璃两种；②也可制出奇数面棱体
度盘	线纹分度与光学机械细分	多值	绝对码	高精度：±(1″~10″)　一般精度：±(10″~20″)	与光学读数头配套使用，可采用光学机械细分法进行细分，广泛用于测角仪器中	①度盘直径一般在 φ120~φ300mm；②刻度间隔值为 1″或 20′；③度盘刻线应与主轴同心
多齿分度盘	多齿平均效应	多值	增量码	±(0.1″~0.25″)	可配置小角度测量仪进行细分，用于检定精密测角仪	①多齿分度盘的牙数一般为 1440 个，故每齿间隔值为 0.25°；②为了获得更小的分度值，可设计成差动式多齿分度盘
光栅盘	莫尔条纹		增量码	高精度：±(0.1″~2″)　一般精度：±(2″~10″)	精度高，便于细分与显示，易于实现动态、自动测量，可实现计算机数字控制，广泛用于角度测量与跟踪仪器中	①圆周刻划数为 250~64800 线/周；②多为玻璃光栅盘；③光栅头光源发热要小
圆编码器	光电信号编码	多值	绝对码	±(5″~15″)	可直接读出角度数，但圆码盘制作较难，多用于测角读数头中	规格已经标准化
圆感应同步器	电磁感应	多值	增量码	高精度：±(1″~3″)　一般精度：±(3″~10″)	同表 4-2 中的长感应同步器，动态测量的频响高，广泛用于角度测量与跟踪仪器中	①圆盘上绕组的角节有 30′、40′、1°、1°20′、2°等；②原盘直径大，绕组角节距小，精度亦高，反之精度低
磁盘	电磁效应	多值	增量码	±(1″~10″)	同表 4-2 中的磁尺，用于测角系统或测角读数头中	磁盘角节距为几到几十角分
容栅盘	电容效应	多值	增量码	高精度：±(1″~2″)　一般精度：±4″	同表 4-2 中的容栅尺，用于雷达测角系统中	同表 4-2
环形激光及激光测角器	光波干涉	多值	增量码	±(0.2″~0.5″)	高精度，高分辨力，对环境要求高，造价高，环形激光主要用于精密动态测角，激光测角器主要用于静态小角度测量仪中	同表 4-2

二、标准量及其细分方法的选用

(一) 标准量的分类及作用

检测与测量就是把被测量与标准量进行比较的过程。因此，为了实现测量，标准量是必不可少的。测量的精度首先取决于标准量的精度。

由于采用的测量方法不同，标准量与仪器的关系可分为两种状况：在采用绝对测量法中，标准量是作为仪器不可分割的一个组成部分，如万能工具显微镜中的标准尺、测力机中的砝码等。在采用相对测量法中，被测量是通过检测仪器与标准量相比较，由检测仪器读出两者的偏差值。虽然标准量不作为检测仪器结构中的一个组成部分，但这类检测仪器是经过标准量（如量块）的校准，所以在相对测量中能够准确地指示出被测量的偏差值。

归纳起来，标准量的作用有：①用来与被测件进行比较，实现测量；②用来校准仪器的示值或检定仪器的示值误差。

标准量根据标准器体现的标准量值个数，可分为单值与多值两种。量块与砝码等只体现单一的标准量值，称为单值标准量，而线纹尺、度盘等可体现不同的标准量值，故称为多值标准量。根据计算量值的方法，标准量又可分为绝对码与增量码两类。线纹尺、度盘、码盘都是绝对码标准量的例子。根据它们的起始和终止的位置，就可确定所对应的线位移或转角，而与测量的中间过程无关。光栅、激光干涉条纹等属于增量码标准量。

绝对码标准量的抗干扰能力优于增量码标准量，它不受停电、断线等意外故障以及测量中间过程的影响，并易于恢复测量。在自动测量、动态测量以及数字化仪器中，主要采用增量码式，它的优点是可按需要任意设置零位，这样可以不必通过两点的绝对坐标差去确定位移或转角。有的增量码标准量还设有绝对零位，例如，在量块干涉仪中，以白光零级干涉条纹作为光干涉标尺的绝对零位；在光栅尺的零位处增刻一些特殊码的条纹，使它在经过零位时发出零位信号。增量码标准量需从测量条件、屏蔽、电路等方面采取措施，以提高其抗干扰能力。

根据标准器自身的特性，标准量仍可分为实物标准量与自然标准量两类。自然标准量是以光波波长为标准的。

(二) 标准器的类型及特点

不同的被测量，如几何量、力学量、热工量、电磁量、时间标准量、光学量都有相应的标准器或标准物质，在这些标准量当中几何量最复杂，也最具代表性，下面以几何量标准器为例加以说明。

在几何量中，按被测参数，可分为长度标准量、角度标准量和复合参数标准量3种。

常用的长度标准器的类型、特性及使用范围见表4-2；常用的角度标准器的类型、特性及使用范围见表4-3。

几何量复合参数标准量是利用几种标准量组合成的标准运动方式以实现标准函数关系的标准量。对于函数参数也常采用一些标准件，如标准丝杠、标准凸轮、标准齿轮和标准蜗杆等作为工作标准。还应强调的是，在测控仪器中，许多标准器与传感器的工作原理是一致的，只是标准器的精度比相应的传感器高一些，在选择方法上两者是雷同的。

(三) 标准量的细分方法

为了获得适当大小的分度值和提高仪器的分辨力，常需要将标准量进行细分。细分的方法与所采用的标准量类型密切相关，可分为光学机械细分法与光电细分法两大类。

1. 光学机械细分法

标准量采用线纹尺、度盘等长度与角度的测量仪器大都采用光学机械细分法。光学机械细分法是依靠目镜分划板或微动机构实现细分量,由人眼瞄准读数。因此,光学机械细分法的精度直接与人眼的瞄准精度和分辨力有关。典型的光学机械细分法有:①直读法。它是利用显微镜将影像放大,采用单指标线或多指标线直接瞄准尾数,读出小数部分。例如,万能工具显微镜测角目镜的读数。②微动对零法。其基本原理是:当主标尺的刻线像没有正好对准读数指标时,通过微动机构移动主标尺刻线像或读数指标线,使它们对准,然后由微动机构读出尾数部分。只要微动机构具有足够的准确性,可以实现很高的细分数。其缺点是需经微动对零,比较麻烦。典型的微动对零法有两种形式:第一种是以测微螺杆式、阿基米德螺旋线式和楔块移动式所代表的读数指标移动式;第二种是以转动平板玻璃式、移动光楔式和移动补偿透镜式所代表的主标尺刻线像移动式。光学机械细分法的具体原理和设计可以参考有关书籍。

2. 光电细分法

(1) 光学倍程法 在干涉测量的迈克尔逊干涉仪中,由于光程的变化为工作台位移的2倍,因此干涉条纹变化一个周期,相当于光程变化一个波长 λ,而工作台位移只有 $\lambda/2$。这样,不经过其他方法细分,就可将分辨力提高一倍。因它是通过光学的方法使光程变化增大了一倍,故称为光学倍程法。

有的仪器专门利用光束多次反射的方法来增加光程倍数。图4-1中,光束1射到可动角隅棱镜 I 的 A 点,经反射至 B 点后沿2线射到固定角隅棱镜 II 的 C 点,经反射到 D 点后又沿3线射回棱镜 I 的 E 点,经 F、G、H、I、J 最后沿6线返回。这样当可动角隅棱镜移动 Δs,光程改变 $6\Delta s$。干涉条纹变化一个周期,对应于可动棱镜 I 移动 $\lambda/6$,相当于实现了六细分。

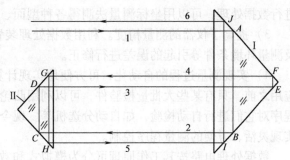

图4-1 光学倍程法原理

又如在影像式光栅系统中,主光栅与它自身像形成莫尔条纹,主光栅向前移动,光栅像向后移动。这样,主光栅移过一个栅距,莫尔条纹变化两个周期,实现了光学二细分。

除了光程的线位移倍程外,还可采用角位移倍程的方法。根据几何光学中的反射定律,可知在入射光束方向不变的条件下,当反向镜偏转 θ 角时,出射光束偏转 2θ,这一原理在自准直仪与光学计中得到了应用。在超级光学计中,还利用光多次反射来提高放大比。

光学倍程法是靠被测位移的成倍扩展,而不是在一个分度间隔内进行内插细分。它可用于细分数要求不高的场合或与其他细分方法配合使用。光线每反射一次,使光能有所损耗,杂散光和漫反射等因素引来的干扰也将增大。此外,由于某些活动机构倾侧等带来的误差也将随之增加。

(2) 电气细分法 电气细分法易于达到较高的细分数,可实现测量和数据的自动化,并能用于动态测量中。在以激光波长、光栅、感应同步器、磁栅等为标准量的仪器中,采用电气细分法。

常用的电气细分法可分为3类:①非调制信号细分法,它主要用于以光栅或激光为标准量的仪器中;②调制信号细分法,主要用于感应同步器、磁栅等标准量的细分中,也常用于光栅标准量的细分中;③相位细分法,主要用于光栅标准量的细分中。相位细分法与幅度细分相比，可得到更大的细分倍数。

此外，还有的用高阶次衍射光和粗细光栅相结合的方法来提高分辨力、计算机细分等，这里不再一一叙述。还应说明的是，仪器中标准量的细分方法与检测系统的细分方法是相似的，只是对象不同而已。

三、数据处理与显示装置的选取

（一）数据处理系统的功能、类型及其选择方法

测量与数据处理密切相关，这不仅是为了要得到测量的结果，同时也是为了及时地对仪器进行控制。因此数据处理装置日益成为精密仪器中不可缺少的组成部分，它的主要功能是：

1）进行快速数据处理。一些过去被认为数据处理十分繁琐的测量项目，利用计算机可在极短时间内自动完成。这已使得数据处理不再成为选择合适测量方案的障碍，如坐标变换、三点求圆、中心距计算等一系列的测量工作，能既快速又准确地完成，使复杂的测量工作大大地简化了。

2）扩大了仪器的使用范围，提高了仪器的通用性。例如，坐标测量机，由于用计算机进行数据处理，可以用坐标测量法测得各种型面、箱体、齿轮和形位误差等。

3）提高了仪器的测量精度。利用数据处理装置可对预先测得的标尺误差、导轨直线度及测量环境条件等引起的误差进行修正。

4）实现测量过程的自动化，可方便地实现计算机数字控制和程序控制。在计算机广泛应用之前，只有某些大批量检验件，可以利用凸轮或其他方法实现程序控制，即根据规定的程序对它们进行自动检验，如自动分选机等。现今，则可用计算机对各种不同批量的检验件实现灵活、方便的测量程序控制。

数据处理电路按其工作原理可分为模拟式和数字式两大类。前者可应用于简单的求和、求差电路，对数、指数运算电路，微分、积分电路，绝对值、峰值运算电路等。数字式计算电路按其运算原理可分为计数式和以逻辑代数为基础的运算电路两类。计数式运算电路的电路简单，但运算速度较慢。以逻辑代数为基础的电路运算速度快，抗干扰能力强，但电路较为复杂。详见《测控电路》一书的有关章节。

模拟式计算装置的主要优点是电路或装置简单，缺点是调节量（输入与输出信号变化范围）小，测量数据不易长期储存。

用通用电子计算机和单片机做计算装置有更多的优越性，它们具有结构简单、体积小、环境适应性强、操作方便、价格便宜、运算速度快、功能强等优点，其性能完全能满足一般测量任务的需要。选用时应视具体情况而定。

（二）显示系统的功能、类型及选择方法

为了将测量结果显示出来，显示部件是仪器不可缺少的组成部分。显示部件还可将测量结果去控制加工过程。广义地说，可将控制信号、分组信号看作为显示系统的一种功能。

在一台仪器中，选用什么样的显示部件，不但与测量目的及被测参数类型有关，也与测量原理、标准量的形式密切相关。常用的显示部件有：指示式、记录式、数字显示和打印式等。

1. 指示式显示部件

指示式显示部件是采用计数指标或指针在标尺上所示的位置读取示值。由于它使用方便、结构简单，故广泛应用于机、光、电、气原理的各种测量仪器仪表中。

目前，采用霓虹电光柱、发光二极管（LED）及液晶条图显示器（LCD）来显示电压值大小或观测连续变化的模拟量，这种用以表示测微器测量结果的方法已得到普遍的应用，它直观性强，指示清晰。

2. 记录式显示部件

记录式显示部件常用于各种连续变化参数的测量中，有时也用于序列参数（如齿轮周节）误差的记录中。它能保存测量结果，给测量数据的分析研究带来很大的方便。此外，它能比较容易地看出误差变化范围与规律。正因为如此，在一些数字式仪器中，将测得的数字量表示的误差，采用数模转换技术，由记录器画出误差曲线。它的缺点是因需要目测辨读，故存在人眼读数时的瞄准误差，且需辨读的时间长。

为了画出被测参数 y 随自变量 x 变化的曲线 $y = f(x)$，可以采取下面 3 种方案：

1）长记录器，又称直角坐标记录器，如图 4-2 所示。记录笔 2 由描迹装置 1 带动，随被测参数 y 的变化作 Y 向运动，记录纸 3 由走纸机构 4 带动做 X 向运动，它常用于自变量 x 单向、匀速变化的各种场合。

2）圆记录器，又称极坐标记录，如图 4-3 所示。它主要用于自变量 x 为转角 θ 函数的场合下，它同样要求 θ 匀速变化。圆记录纸 3 由走纸机构 4 带动绕定轴转动，记录笔 2 由描迹装置 1 带动做径向运动。圆记录器的主要优点是记录曲线的图形与实际误差方位具有对应性，并具有记录曲线的叠合性。利用多圈重复记录可以检查仪器示值的重复性。

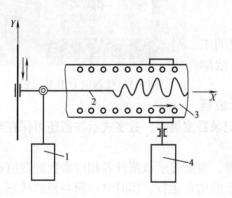

图 4-2　长记录器
1—描迹装置　2—记录笔
3—记录纸　4—走纸机构

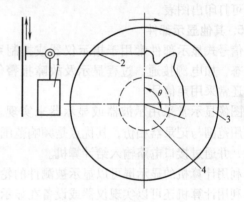

图 4-3　圆记录器
1—描迹装置　2—记录笔
3—圆记录纸　4—走纸机构

3）$X - Y$ 记录器，又称函数记录器，如图 4-4 所示。记录纸 3 不动，而记录笔 2 由相应描迹装置 4 与 1 带动同时做 X 与 Y 方向运动。$X - Y$ 记录器具有比长记录器更强的适应性，它可用于自变量 x 不随时间做匀速变化包括做可逆变化的场合，如记录铁磁材料的磁滞回线。它的缺点是结构比较复杂，X 方向运动部分的质量大，动态特性较差。

3. 数字式显示部件

传统的数字式显示部件有发光二极管（LED）、等离子体、荧光数码管、电致发光管等，它们都是自身发光的显示部件，应用中直接以数字形式显示测量结果。近年来，液晶显示器（LCD），如图 4-5 所示，以其体积小、重量轻、低电压、微功耗、寿命长、对比度大等突出的优点，被广泛应用于仪器仪表、计算器及终端显示等方面。LCD 显示器有段码显示器、字符式显示器及图形式显示器。段码显示器由多位字符构成一块数字式液晶显示片，类似七段数码管，它读数方便，示数客观，数字显示的位数多，可同时实现高分辨力与大显示范围。字符式显示器模块由 LCD 显示屏、驱动器及控制器组成，并具有一个与微机兼容的数据总线接口。它可显示 96 个 ASCII 字符和 92 个特殊字符，经过编程还可自定义 8 个字符，因此可显示中文。图形式显示器可直接与 8 位微处理器相连，可显示信号的波形或大量的汉字。数字式显示要用人眼读数或观测，故两次采样间隔时间不能太短，也不能自动保存测量结果。

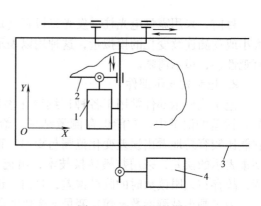

图 4-4　X－Y 记录器

1、4—描迹装置　2—记录笔　3—记录纸

4. 打印式显示部件

打印式显示部件是一种数字式记录部件。它与记录式显示部件的主要区别，一是数字量；二是它按一定节拍工作。它主要用于序列参数和坐标记录中，但也可用于连续变化参数的测量中。其不足之处是用于连续参数的记录时，它将参数离散化了。由于受打印速度的限制，往往采样点打印得不很密。由打印数据看误差变化规律，不如记录曲线醒目。但它可打印出图表。

5. 其他显示部件

信号式显示部件常用于指示仪器或控制系统的工作状态，如电源接通、过程显示及故障报警等。故障指标还常采用声信号。

图像显示常采用示波器或显示器来实现。示波

图 4-5　仪器用 LCD 显示器

器的应用范围与记录器相仿，其优点是频响范围比记录器宽得多，数字式示波器还可保存测量结果，并通过接口电路输入给计算机。

利用计算机的显示屏可以显示被测件的轮廓像，也能显示被测件各相应参数的数值和图表。利用计算机还可以实现仪器或设备在显示屏上的仿真运行，实时显示测与控的状态。这就为远距离监视与控制提供了条件。随着光盘录制技术的发展，计算机还可把一天运行的状态，包括产量、合格品数量、不合格品数量、故障率及故障的工位、测量结果、控制时序等一一记录在记录介质之中。

20 世纪 90 年代，触摸屏技术在工业及人民生活各领域获得广泛的应用。触摸屏是一种新型的计算机输入设备，它可以通过图符或文字实现对系统的操作、控制，直观地实现人机对话的交流；它也可显示仪器或系统的测与控状态，方便对仪器的监控。触摸屏的应用简化了计算机操作模式，降低了对操作人员专业知识的要求。

四、运动方式与控制方式的确定

运动方式对检测效率、驱动方式、控制方法和仪器的结构均有较大影响。仪器中的工作台或测头根据测量原理，需要运动到指定的地点进行测量或定位。就运动方式来看，主要有直线运动和回转运动两大类。直线运动必须要有保证运动精度的导轨，回转运动（或摆角运动）则要有精密轴系。就运动的过程来看，有连续运动和间歇运动，有匀速运动和变速运动，有粗动和微动等。不同运动方式对仪器精度影响不同，控制方法也不同。对间歇运动

来说，其运动过程为：起动—加速—减速—停位，检测系统是在停位时进行测量，因此属静态测量法。这种方式测量时避免了动态误差，但检测效率低，有停位误差。在设计其控制系统时，应根据运动过程拟定控制方法和编制控制软件。它的执行器件常选用步进电动机，因而使控制灵活，可点动，也可快速运动，停位时自动锁紧。对连续运动来说，检测系统是在运动过程中完成测量，因此无停位误差，但有动态误差。一般要求检测系统有较高频响，应根据运动速度和信号上限频率来选用检测系统的带宽。连续运动方式检测效率高，可减小温度漂移的影响，但控制较复杂。就测量精度来说，静态法一般比动态法高，如静态光电瞄准显微镜瞄准精度可达 $0.01\mu m$，而动态光电显微镜只能达到 $0.05\mu m$。

在超精测量中往往需要粗动和微动，在微动时瞄准采样，因此其运动方式多采用间歇式。而自动分选测量和在线测量则根据具体情况可采用连续方式，也可采用间歇运动方式，相应的驱动方式也略有不同。

在测控仪器中，控制方式有开环控制、半闭环控制和闭环控制。就控制精度来说，闭环控制精度高，但控制较复杂；而开环控制简单但精度较低（详见有关章节），就控制原理来看，有 PID 控制、模糊控制、优化控制、神经网络法控制等。选用什么样的控制原理也应在总体设计时确定。就控制手段来说，一般由计算机（通用机、专用机以及单片机）、控制软件、接口电路和执行元件组成。随着科技的快速发展，新器件不断涌现，如 PLC（Programmable Logic Controller，可编程序控制器）就是以微处理器为基础，综合了计算机技术和自动化技术而开发的新一代工业控制器。它的可靠性高，适应工业现场的高温、冲击和振动等恶劣环境的干扰，是执行现场自动控制的有效工具。有关内容可参见本书有关章节。

五、测控仪器的智能化设计与总线方式的选择

智能仪器能够实现自主信息获取、存储、共享、自主判断，其中计算机负责信号的处理、变换、计算、判断以及仪器测量过程的协调等，也可称为嵌入式系统。个人计算机（PC）与智能仪器的区别在于 PC 将与信号检测有关的硬件做成计算机标准部件并置于 PC 中。智能仪器主要包括微型计算机系统、测试功能系统以及通用接口总线三个部分。个人仪器需要将仪器插件/仪器卡插在 PC 的总线扩展槽，并配上通用接口与其他仪器连接，形成以 PC 扩展总线为核心的多功能仪器系统。采用 PC 和个人仪器互联的专用接口总线，包括 VXI、CAMAC、PXI 总线等。

智能仪器硬件设计主要包括信号输入/输出通道、主机电路、人机接口、通信接口等，其软件设计部分包括面向仪器面板按键和显示器的监控程序和面向通信接口的接口管理程序。智能仪器的信号输入通道主要是指被测信号的采集处理、A-D 转换与接口技术、多路模拟开关等，其输出通道包括模拟量（直流电流、直流电压）、数字量与开关量，D-A 转换及接口技术等。有关内容可参见本书有关章节。

测控仪器对被测对象的检测与控制是一个信息获取、存储、处理、控制、通信、显示及网络化的过程，各个设备之间和各个模块之间信息的传输由其内外部总线来完成。下面介绍仪器或系统的内外总线，以及按照仪器或系统的具体要求进行总线设计的方法。

1. 总线与总线标准

总线：是在模块和模块之间或设备与设备之间的一组进行互连和传输信息的信号线，信息包括指令、数据和地址。

总线标准：是指芯片之间、插板之间及系统之间，通过总线进行连接和传输信息时，应遵守的一些协议与规范，包括硬件和软件两个方面。

2. 总线的分类与采用总线设计方式的优点

总线有多种分类方法：

1）按连接对象可分为内总线和外总线，内总线主要用于连接插件与插件、CPU 与其支持电路等；而外总线主要用于连接系统与系统、主机与外设等。

2）按用途分为数据总线、地址总线、控制总线（包括时序及中断线）、电源线和地线、备用线。数据总线：双向三态逻辑，线宽表示了线数据传输的能力；地址总线：单向三态逻辑，线宽决定了系统的寻址能力；控制总线：就某根来说是单向或双向，控制总线最能体现总线特点，决定总线功能的强弱和适应性。

3）按传送方式分为并行总线与串行总线，并行总线多用于系统内部或与主机距离很近的外设；串行总线用于较远距离的信息传送，如两台主机之间的数据传送。目前常见的串行总线有 SPI、I^2C、USB、IEEE1394、RS-232、CAN 等；而并行总线相对来说种类要少，常见的如 IEEE488、ISA、PCI 等。

4）按照时钟信号是否独立，可以分为同步总线和异步总线。同步总线的时钟信号独立于数据，也就是说要用一根单独的线作为时钟信号线；而异步总线的时钟信号是从数据中提取出来的，通常利用数据信号的边沿作为时钟同步信号。

5）按总线的层次结构，可以分为：①CPU 总线：微机系统中速度最快的总线，主要在 CPU 内部，连接 CPU 内部部件，在 CPU 周围的小范围内也分布该总线，提供系统原始的控制和命令；②局部总线：在系统总线和 CPU 总线之间的一级总线，提供 CPU 和主板器件之间以及 CPU 到高速外设之间的快速信息通道；③系统总线：也称为 I/O 总线，是传统的通过总线扩展卡连接外部设备的总线，由于速度慢，其功能常被局部总线替代；④通信总线：也称为外部总线，是微机与微机、微机与外设之间进行通信的总线。

在工业控制微机系统中，总线是 CPU 模板、各功能模板和子系统等之间的公共部件（共用部件），它的物理结构是系统各部件间的多条公共连线，附属逻辑电路或特制的专用芯片。总线对系统的可靠性、实时性和吞吐量都有着决定性影响。

测控系统采用总线设计方式的优点有：

1）简化硬件和软件设计：规范化面向总线结构的硬件设计。各标准接口仅与总线打交道，在软件设计上不必考虑系统中其他接口或设备的工作状态及兼容性，故软件设计较为简单且易于调试，且通用性强。

2）系统扩充性能好：扩充规模时，仅需插同类插件。总线标准化不仅使系统设计灵活，而且扩充简单、快速可靠。

3）系统更新性好：系统可随芯片更新，而不影响其他插件。

3. 选用总线应考虑的问题

总线中每一条线都是经过严格定义的，因此总线标准就是测控系统的结构法规，任何厂商和用户都必须遵循这些法规。在系统开发时，应首先确定总线结构，然后再配置 CPU、存储器、外设和接口等。

通常，如何为测控仪器选择总线需要设计者弄清楚以下几个问题：

（1）经过该总线的数据量与传输率　总线的带宽指的是这条总线在单位时间内可以传输的数据总量，它等于总线位宽与工作频率的乘积。例如，对于 64 位、800MHz 的前端总线，它的数据传输率就等于 $64bit \times 800MHz \div 8$（Byte）= 6.4GB/s；32 位、33MHz PCI 总线的数据传输率就是 $32bit \times 33MHz \div 8$（Byte）= 132MB/s 等。总线的宽度或者位宽，指的是总线能同时传送数据的位数；总线频率（MHz 为单位），工作频率越高，传送速度越快。选择不同的总线，总带宽可以在多个设备之间共享，或只能专用于某些设备。例如，32 位 PCI 总线的理论带宽为 132MB/s，计算机中的所有 PCI 板卡共享带宽；千兆以太网提供 125MB/s 的带宽，子网或网络上的设备共享带宽；而提供专用带宽的总线，如 PCI Express 和 PXI Express，在每台设备上可提供最大数据吞吐量。总线带宽需要能够支持数据采集的速度，而且实际的系统带宽低于理论总线限制，实际带宽取决于系统中设备的数量以及额外的总线载荷。

（2）对单点 I/O 的要求　由于总线架构在软硬件中实现的不同方式，单点 I/O 的要求可能是选择总线的决定性因素。其中，总线延迟是 I/O 的响应时间，它是调用驱动软件函数和更新 I/O 实际硬件值之间的时间延迟，根据选择总线的不同，延迟可以从不足一微秒到几十毫秒；单点 I/O 应用的另一个重要因素是确定性，也就是衡量 I/O 能够按时完成测量的持续性，与 I/O 通信时，延迟相同的总线比有不同响应的总线确定性要强，实现闭环控制应用时，应该避免高延迟、确定性差的总线，如无线、以太网或 USB；软件在总线的延迟和确定性方面起着重要的作用，支持实时操作系统的总线和软件驱动提供了最佳的确定性，一般情况下，对于低延迟的单点 I/O 应用来说，PCI Express 和 PXI Express 等内部总线比 USB 或无线等外部总线更好。

（3）有无同步多个设备的需求　用于同步多个设备的最佳总线选件是专门为高性能同步和触发设计的具有开放式标准的 PXI 平台，包括 PXI 和 PXI Express，这为同一机箱内同步 I/O 模块以及多机箱同步提供了多种选件。

（4）系统对便携性的要求　便携性可能成为总线选择的首要考虑因素。例如，USB 和以太网等外部总线，因为其快速的硬件安装以及与笔记本电脑的兼容性，特别适用于便携式测控系统；总线供电的 USB 设备提供了更多的便利；使用无线数据传输总线也可提高便携性。

（5）计算终端与被测物体的距离　为了达到最佳的测量精度和信号完整性，应尽可能地将数据采集硬件靠近信号源，但这对于大型的分布式测量来说十分困难。若使用便携式计算平台，可将整个系统移近信号源；借助无线通信技术，可移除计算机和测量硬件之间的物理连接，且可以采取分布式测量。

（6）测控系统设计的通信方式选择　包括通用总线（连接芯片或器部件）、现场总线（连接智能现场设备的通信网络）及工业控制局域网和无线通信网（集散控制系统，完成远距离通信任务，实现计算机之间、基于各控制单元之间的通信）。

4. 总线通信控制方法

测控系统各模块之间以及计算机与 I/O 设备之间通过总线进行信息交换，控制方式一般分为同步与异步方式。同步方式的优点在于电路设计比较简单、完成一次传输的时间比较短，适合高速设备的数据传输；其缺点是，若测控系统中存在不同的数据传输速度模块或设备，系统的传输速度由最慢设备决定总线周期与时钟频率，使系统性能下降。异步方式也称为应答方式，其优点是能保证速度相差较大的两个模块或设备之间能进行可靠的信息交换，自动完成时间配合；其缺点在于控制方式比较复杂、时间较同步方式长、系统成本较高。

5. 测控系统与仪器常用总线

表 4-4 ~ 表 4-8 为常用的测控系统总线的一般特性比较，其中表 4-4 中理论最大数据传输速率基于以下的总线规范：PCI、PCI Express 2.0、PXI、PXI Express 1.0、USB 2.0、千兆以太网和 Wi-Fi 802.11g。

表4-4 数据采集总线的比对

总线	带宽	单点 I/O	多设备	便携性	分布式测量
PCI	132MB/s（32 位 共享） 528MB/s（64 位 共享）	良	良	良	良
PCI Express	500MB/s（X1 每通道单向） 8GB/s（X16 单向）	良	良	良	良
PXI	132MB/s（共享）	优	优	优	优
PXI Express	6GB/s（共享）	优	优	优	优
USB	60MB/s（2.0） 640MB/s（3.0）	优	良	优	优
以太网	125MB/s（共享，高速） 12.5MB/s（共享，快速） 1.25MB/s（共享，传统）	良	良	优	优
无线	6.75MB/s（每个802.11g 通道） 75MB/s（每个802.11n 通道） 128MB/s（每个802.11ae 通道） 180MB/s（每个802.11ax 通道）	良	良	优	优

表4-5 4种常用的串行通信总线

特性参数	RS－232	RS－485	USB	CAN
全称	Recommended Standard－232	Recommended Standard－485	Universal Serial Bus	Control Area Network
工作模式	单端发、单端收	双端发、双端收	全双工	全双工
传输线型	非平衡	平衡驱动器和差分接收器	差动，反向非归零（NRZI）编码	差动
设备数目	1 对	32 对	127	110
最大电缆长度	15m（2.56KB/s）	1200m（12.8KB/s）	低速 3m，高速5m	10000m（0.64KB/s）
传输介质	25 芯屏蔽线，最少可用 3 根	屏蔽双绞线	高速必须是双绞线；USB2.0 为 4 线，USB3.0为 8 线	双绞线、同轴电缆或光纤
最大速率	2.56KB/s	1.28MB/s（12m） 128KB/s（120m） 1.28KB/s(1200m)	187.5KB/s（3m），1.5MB/s（带屏蔽5m），USB2.0 可达60MB/s，USB3.0 规范速度可达 600MB/s	128KB/s（40m） 12.8KB/s（620m） 1.28KB/s（6.7km）

（续）

特性参数	RS-232	RS-485	USB	CAN
最大特点	实现简单；接口的信号电平值较高[±(3~15V)]，易损坏接口电路的芯片；与TTL电平不兼容，需电平转换电路；共地传输形式，易产生共模干扰	逻辑"1""0"分别以两线间的电压差为±(2~6)V表示；接口信号电平比RS-232-C低，不易损坏接口电路的芯片；与TTL电平兼容；抗共模干扰能力增强	方便使用、热插拔、性价比高、低成本、单一连接器、数据线直接供电、不直接消耗系统资源（内存、I/O地址空间、中断请求等）、多种传输方式、电源保护（自动挂起）	废除了传统的站地址编码，代之以对数据通信块进行编码，其容错能力和抗干扰能力强，传输安全性高。属于现场总线技术
主要使用场合及典型应用	外部设备和PC之间的通信	外部设备和PC之间的通信	中低速到高速设备，如扫描仪、鼠标、磁盘驱动器等	汽车，工业现场，比如发电厂监控、中央空调控制系统等

表4-6　其他串行通信总线

特性参数	IEEE1394	RS-423	RS-422
全称	FireWire	Recommended Standard-423	Recommended Standard-422
工作模式	DSLink编码	非平衡，单端发、双端收	差动，双端发、双端收
传输线型	电源：2，信号：4	地：1，信号：4	地：1，信号：4
设备数目	63	10	10
最大电缆长度	4.5m	1200m（1Kb/s）	1200m（90Kb/s）
传输介质	6芯电缆或POF（聚合体光纤）	双绞线	双绞线（共5根线）
最大速率	400Mb/s	100Kb/s（12m）	10Mb/s（12m）
最大特点	速度快，但成本高，实时性和高速性	双端非平衡接口，抗干扰能力强、传输速率高、传输距离远	平衡式多点接口，比RS-232更强的驱动能力；一主设备，从设备之间不能通信
主要使用场合及典型应用	处理音频和视频信号，信息家电和高速外设		

表4-7　常用的并行通信总线

特性参数	GPIB（IEEE488）	PCI	VXI
全称	General Purpose Interface Bus 通用接口总线	Peripheral Component Interconnect 外围组件互连	VMEBus extensions for Instrumentation VME总线扩展仪器
工作模式	并行比特、串行字节双向异步传输方式	有32位和64位之分，工作频率有33MHz和66MHz之分；PCI总线的地址总线与数据总线分时复用，时钟同步方式	地址宽度16、24、32、40或64位，数据线路宽度8、16、24、32、64位，系统可动态选择。异步数据传输方式

（续）

特性参数	GPIB（IEEE488）	PCI	VXI
传输线型	24 脚	120 脚（32 位）/184 脚（64 位）	96 脚
设备数目	15 台	10	256
最大电缆长度	20m	插槽	插槽
传输介质	24 芯屏蔽电缆		
最大速率	1MB/s	132MB/s（32 位）	40MB/s
特点	编程方便，便于扩展，测量精度高；可以用一条总线互相连接若干台装置，以组成一个自动测试系统。总线上传输的消息采用负逻辑，低电平（≤ +0.8V）为逻辑"1"，高电平（≥ +2.0V）为逻辑"0"；地址容量，单字节地址：31 个讲地址，31 个听地址；双字节地址：961 个讲地址，961 个听地址	高速，数据传输速率可高达 132MB/s；即插即用，PCI 板卡的硬件资源由微机根据其各自的要求统一分配；可靠，PCI 独立于处理器的中间缓冲器设计方式，增加了奇偶校验错（PERR）、系统错（SERR）、从设备结束（STOP）等控制信号及超时处理等可靠性措施；硬件上采用大容量、高速度的 CPLD 或 FP-GA 芯片实现 PCI 总线复杂的功能；自动配置与共享中断；扩展性好；多路复用	标准化、通用化、系列化、模块化；测试速度高、可靠性好、抗干扰能力强、良好的人机交互性能。不依赖于系统时钟；Unaligned Data 传输能力，误差纠正能力和自我诊断能力，用户可以定义 I/O 端口；其配有 21 个插卡插槽和多个背板
主要使用场合及典型应用	通用仪器总线，电器干扰轻微的实验室及生产测试环境	计算机标准总线	并行方式的内总线

表 4-8　基于仪器专用总线的测控系统

特性参数	CAMAC	VXI	PXI
全称	Computer Aided Measurement and Control	VMEbus extensions for Instrumentation	PCI extensions for Instrumentation
测控系统组成	基本机箱 + 并行分支多机箱系统 + 串行传输多机箱系统 + 多控制器系统	插件 + 主机架 + 连接器	PXI 机箱 + PXI 接口模块 + PXI 模拟仪器模块 + PXI 数字仪器模块 + PXI 开关模块 + 特种模块
定时和同步	有定义	有定义	有定义
设备数目	单个机箱可插入 23 个插件和一个机箱控制器，多机箱可通过分支总线或串行总线练成大型系统	一个主机架可插入 13 个插件，VXI 系统最多可包含 256 个插件	一个 PXI 支架上可插入 8 块插卡（系统模块 1 + 仪器模块 7），通过多系统扩展接口可星形或菊花链连接多个 PXI 机箱
标准软件框架	有定义	有定义	有定义
传输位宽	24	8，16，32	8，16，32，64

（续）

特性参数	CAMAC	VXI	PXI
模块化	是	是	是
最大速率	~1MB/s	40/80（VME64）MB/s	132MB/s（32位）/264MB/s（64位）
系统控制方式	通过总线转换模块可以和各种计算机相连；一台机箱和多个插入单元组成的装置能够连接到一台在线的计算机，多机箱装置可以通过并行或串行方式互相连接	通过接口转换模块，计算机原则上可以使用任何通信或仪器总线实现与VXI总线的信息交换，如GPIB、RS-232、USB、IEEE1394、LAN等。目前广泛采用的外计算机接口有以下几种：GPIB-VXI，VXI-MXI，1394-VXI	计算机通过MXI3或IEEE1394总线接口连接到PXI机箱作为总线模块控制器，经过扩展还可与GPIB仪器、其他PXI系统和VXI系统相连
特点	用于实现信息与数字之间的转换；具有简单的指令系统，可通过计算机进行指令操作；既能通过CAMAC系统的各种插件向电子仪器设备送出和接受电脉冲信号，又能借助CAMAC机箱控制器面向计算机实现数据与控制信息的交换	VXI基于VME总线，综合了计算机、GPIB、PC仪器、接口、VME总线和模块化结构技术，可组成一个或多个子系统，VXI总线支持即插即用、热机界面良好、资源利用率高、容易实现系统集成和缩短研制周期，便于升级和扩展，使用灵活	PXI基于PCI总线，已实现标准化、通用化、系列化、模块化；测试速度高、可靠性好、抗干扰能力强、良好的人机交互性能。不依赖于系统时钟，Unaligned Data传输能力、误差纠正能力和自我诊断能力，用户可以定义I/O端口；其配有21个插卡插槽和多个背板
主要使用场合及典型应用	组装式仪器接口系统，具有数据总线特性的组件化的标准仪器总线，用于交换在线连接的各种设备之间的数据和控制信息	VME总线在仪器领域的扩展，适应测量仪器从分离的台式和机架式结构发展为更紧凑的模块式结构的需要。主要用于满足高端自动化测试应用的需要	满足高性能电子测量仪器需要的模块化计算机控制仪器

　　还有一种重要的总线是现场总线，国际电工委员会（IEC）标准和现场总线基金会（FF）定义：现场总线（Fieldbus）是连接智能现场设备和自动化系统的数字式、双向传输、多分支结构的通信网络。现场总线用于过程自动化或制造自动化中，以实现智能化现场设备（如变送器、执行器、控制器）与高层设备（如主机、网关、人机接口设备）之间的互联，还用于全数字、串行、双向的通信系统，通过它可以实现跨网络的分布式控制。现场总线的详细分析可参阅控制与系统等有关书籍，其基本作用包括：

　　1）网络通信。现场总线作为一种数字式通信网络一直延伸到生产现场中的现场设备，使过去采用点到点式的模拟量信号传输或开关量信号的单向并行传输变为多点一线的双向串行数字式传输。

　　2）设备互联。现场设备是指位于生产现场的传感器、变送器和执行器等。这些现场设备可以通过现场总线直接在现场实现互联，相互交换信息。而在DCS系统中，现场设备之间是不能直接交换信息的。

3）互操作性现场设备种类繁多，一个制造商可能不能提供一个工业生产过程所需要的全部设备。另外，用户也不希望受制于某一个制造商。这样，就有可能在一个现场总线控制系统中，连接多个制造商生产的设备。所谓互操作性是指来自不同厂家的设备可以相互通信，并执行相应的功能；用户可以自由地选择设备，而这种选择独立于供应商、控制系统和通信协议；制造商具有增加新的、有用的功能的能力，而不需要专有协议和特殊定制驱动软件和升级软件。

4）分散功能块现场总线控制系统把功能块分散到现场仪表中执行，因此取消了传统的DCS系统中的过程控制站。例如，现场总线执行器除了具有一般执行器的功能之外，还可以运行PID控制功能块和输出特性补偿块，甚至还可以实现阀门特性自校验和阀门故障自诊断功能。

5）现场总线供电。现场总线除了传输信息，还可以为现场设备供电。总线供电不仅简化了系统的安装布线，而且还可以通过配套的安全栅实现本质安全系统，为现场总线控制系统在易燃易爆环境中的应用奠定了基础。

6）开放式互联网络现场总线既可以与同层网络互联，也可以与不同层网络互联。现场总线协议是一个完全开放的协议，不像DCS那样采用封闭的、专用的通信协议，而是采用公开化、标准化、规范化的通信协议。这就意味着来自不同厂家的现场总线设备，只要符合现场总线协议，就可以通过现场总线网络连接成系统，实现综合自动化。

典型现场总线特性见表4-9。

表4-9 典型现场总线特性

种类	FF 总线	Profibus 总线	LON 总线	CAN 总线
全称	Fundation Fieldbus 基金会现场总线	Process Fieldbus 过程现场总线	Local Operating Networks 局部操作网络总线	Control Area Network 控制区域网络总线
ISO/OSI 网络层次	物理层 数据链路层 应用层 另加用户层	物理层 数据链路层 应用层	物理层 数据链路层 网络层 传输层 会话层 表示层 应用层	物理层 数据链路层 应用层
介质访问控制方式	令牌加主从	支持多主站的令牌环	带预测的 P–P CSMA 技术	基于优先级的 CSMA 仲裁技术
通信介质	双绞线 同轴电缆 光纤 无线电	双绞线 RS–485 同轴电缆 光纤	双绞线 同轴电缆 光纤 电力线 无线 红外光波	双绞线 同轴电缆 光纤
最高通信速率	2.5Mb/s	9.6Kb/s~12Mb/s	300b/s~1.25Mb/s (130m)	1Mb/s
传输距离	1900m (31.25Kb/s) ~ 500m (2.5Mb/s)	100~1200m	2700m (78Kb/s) ~ 130m (1.25Mb/s)	40~500m

（续）

种类	FF 总线	Profibus 总线	LON 总线	CAN 总线
最大节点数	32/单段（可使用中继器扩展）	126	32000	110
网络拓扑结构	H1：点对点连接 总线型 菊花链形 树形	总线 环形 星形拓扑	自由 总线 环形 星形拓扑	总线型
工作方式	主从式同时，只能有一个 LAS	多主站 单主站	主从式、对等式、客户/服务式	多主
优先级	有	有	有	有
本质安全	是	是	是	是
应用范围	现场总线仪表，适用于过程设备的基层总线，执行机构等过程参数的监控，支持 PLC 设备	解决车间级通用性通信任务，各设备间的连接控制	由于智能神经元节点技术和电力载波技术，可广泛应用于电力系统和楼宇自动化	汽车内部的电子装置控制，大型仪表的数据采集和控制

第四节　测控仪器主要结构参数与技术指标的确定

在一台仪器（或一个部件）的总体设计阶段，除了上面讨论的问题以外，还要考虑其中的某些重要参数如何选取，以及有关环节的技术指标数据如何确定的问题。因为在许多场合下，仪器或部件的具体设计，是要在某些参数或技术指标的数据确定之后进行的。这些参数及数据，一般需要在理论分析或实验基础上加以确定，而不能无根据地随意选用。总的来说，仪器结构参数及技术指标的数值是根据仪器的功能、测量范围、精度要求、分辨力要求、误差补偿要求、使用要求和条件，以及有关标准规定等许多因素来确定的。下面列举几例来说明这一问题的考虑方法。

一、从精度要求出发来确定仪器参数——光学灵敏杠杆的杠杆比的确定

光学灵敏杠杆是工具显微镜等仪器上作瞄准用的一种附件。使用时，一般都是和工具显微镜的 3 倍物镜相配用，其原理如图 4-6 所示。双线分划板 5 上刻有双刻线。将灵敏杠杆装到工具显微镜物镜筒上后，双刻线由光源 6 照明，经反射镜 2 反射，被物镜 4 成像在主显微镜系统目镜的分划板平面上（图中未示出）。测量时，触球 7 与工件接触使测杆 1 围绕杠杆支点 3 微微摆动时，在目镜视场里，可观察到双线像的移动。用灵敏杠杆进行测孔瞄准时，瞄准工作过程是：移动工作台，使被测孔壁的一侧与杠杆触球相接触，一直到双线分划板 5 上的双刻线像对中主显微镜中分划板上的米字线为止，完成第一个读数。之后，移动工作台，使孔壁另一侧与触球接触，同样，到双刻线像对中米字线为止，完成第二个读数，经处理得到被测孔径。

在设计这个附件时，首先要求确定光学杠杆长度 l_1、机械杠杆长度 l_2 以及尺寸 l_3 的数值，然后才可以进行具体设计。对光学灵敏杠杆的主要要求是瞄准精度，现在就从瞄准精度出发，来确定上述参数。

如图 4-7 所示，设测球 o 点有 Δ 的位移，移至 o' 点。机械杠杆及反射镜随之摆过 θ 角，反射镜由位置 I 摆到位置 II。当反射镜在位置 I 时，设双刻线 a 对 I 的成像位置在光轴 oo 上的 a_1 点，而当反射镜在位置 II 时，双刻线 a 对 II 的成像位置在 a' 点，而 $a'c$ 对光轴的夹角为 2θ，a' 点离光轴的距离为 y，即 $y \approx 2l_1\theta$，$\theta = \Delta/l_2$，所以

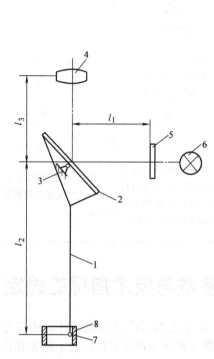

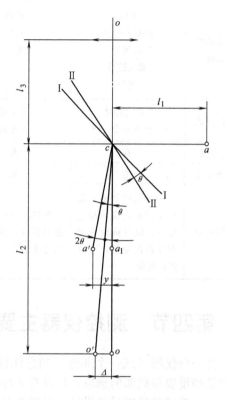

图 4-6　灵敏杠杆结构原理　　　　　图 4-7　灵敏杠杆的杠杆比计算
1—测杆　2—反射镜　3—杠杆支点　4—物镜
5—双线分划板　6—光源　7—触球　8—工件

$$y \approx \frac{2l_1\Delta}{l_2} \tag{4-1}$$

式中，Δ 值为以线值表示的瞄准误差。

双线对单线的瞄准，人眼直接的瞄准精度 α' 约为 $10''$，即 5×10^{-5} rad 左右。所以，仪器能够分辨的最小 y 值可由下式求得：

$$y_{\min} = \frac{250 \times 10^3 \alpha'}{\beta} = \frac{5 \times 10^{-5} \times 250 \times 10^3}{30} \mu m \approx 0.4 \mu m$$

式中，β 为显微镜的放大倍数，这里取 30。

相应的瞄准误差可由式（4-1）求得，即

$$\Delta = \frac{l_2 y_{\min}}{2l_1} = \frac{0.2l_2}{l_1} \tag{4-2}$$

由式（4-2）可见，瞄准误差 Δ 与机械杠杆长度 l_2 和光学杠杆长度 l_1 的比值有关。减小 l_2 或增大 l_1 均可减小瞄准误差。但是 l_2 不宜太短，因为长度变小，会降低附件的使用范围。另外，l_1 也不能太长，因为 $(l_1 + l_3)$ 距离就是主显微镜物镜的工作距离，对 3 倍物镜而言约为 80mm。加大 l_1 势必要减小 l_3，而 l_3 太小在结构布置上会带来困难；同时 l_1 太大，加上

光源及电缆线，会使灵敏杠杆这一部分伸出太长，体积太大，也会影响它的使用范围。所以，在一定的瞄准精度条件下，权衡各方，一般可以取 $l_1 = 40\text{mm}$ 左右，$l_2 = 70\text{mm}$ 左右，这时的瞄准误差为

$$\Delta = \frac{0.4 \times 70}{2 \times 40} \mu\text{m} = 0.35 \mu\text{m}$$

这个数值对于要求 $1\mu\text{m}$ 瞄准精度的灵敏杠杆来说是可以接受的。

上面的例子是从瞄准精度为主出发，同时也考虑了仪器的使用范围及其轮廓尺寸等各方面的因素来确定结构参数。

二、从测量范围要求出发确定仪器参数——小模数渐开线齿廓偏差检查仪结构参数的确定

仪器的工作原理如图 2-22 所示，仪器中各参数之间关系如图 4-8 所示。对于标准渐开线齿廓来说

$$\phi = \frac{\widehat{CD}}{R}$$

对于被测齿廓来说

$$\phi = \frac{\widehat{AB}}{r_0}$$

由式（2-40）可知

$$\frac{r_0}{R} = \frac{s}{L}$$

图 2-23c 所示为主动拖板（行程以 L 表示）、直尺和测量滑板（行程以 s 表示）的运动关系，由图可知

$$\tan\theta = \frac{r_0}{R} = \frac{s}{L} \tag{4-3}$$

该仪器设计要求的测量范围如下：①可测齿轮的最大外径 $D_e = 120\text{mm}$；②被测齿轮模数 $m = 0.2 \sim 1.0\text{mm}$，已知齿顶圆外径

$$D_e = m(Z + 2f_0) = D_f + 2mf_0$$

式中，D_f 为分度圆直径；f_0 为齿顶高系数，对标准齿 $f_0 = 1$，由此可求出最大被测齿轮的分度圆直径为

$D_f = D_e - 2mf_0 = (120 - 2 \times 0.2 \times 1)\text{mm} = 119.6\text{mm}$

最大被测齿轮的基圆直径为

$D_0 = D_f\cos20° = 119.6\text{mm} \times 0.940 = 112.387\text{mm}$

参阅图 2-22 和图 4-8 可确定仪器的几个主要结构参数：

1. 直尺 5 的摆角 θ 及基圆盘 2 的半径 R

为使仪器传动平稳可靠，直尺的摆角 θ 不宜过大，根据经验一般取 θ 不大于30°。由式（4-3）已知摆角 $\theta = \arctan(r_0/R)$，其中 $r_0 = (1/2)D_0 = 56.1936\text{mm}$，因此，仪器的基圆盘半径 R 不应小于 $R = r_0/\tan30° =$

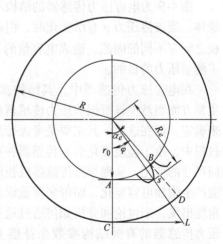

图 4-8 仪器各参数相互关系示意图

97.3mm，故取整数 $R = 100$mm。

2. 主拖板 3 的最大行程

$$L = R\tan\alpha_e = R\tan\left[\arccos\left(\frac{r_0}{R_e}\right)\right]$$

$$= R\tan\left[\arccos\left(\frac{mz\cos\alpha_0}{mz + 2mf_0}\right)\right] = R\tan\left[\arccos\left(\frac{z\cos\alpha_0}{z + 2f_0}\right)\right] \tag{4-4}$$

式中，α_e 为齿顶圆上的压力角；α_0 为分度圆上的压力角。

这里取 $f_0 = 1$，$\alpha_0 = 20°$，被测齿轮的齿数越多，式（4-4）中的 $\tan\alpha_e$ 越小。为了取最大的拖板行程，因此选最少齿数 $z = 8$。已知基圆盘半径 $R = 100$mm，由式（4-4）可计算出主拖板 3 的最大行程 $L = 100$mm $\times 0.877 = 87.7$mm，设计时取 89mm。

3. 测量拖板 8 的最大工作行程

由图 2-22 可知测量拖板 8 的最大工作行程 s 应大于被测齿廓的最大展开弧长 l，由图 4-8，可知 $l = r_0\tan\alpha_e$，由式（4-4）可得到

$$l = \frac{1}{2}D_0\tan\left[\arccos\left(\frac{z\cos\alpha_0}{z + 2f_0}\right)\right] = \frac{1}{2}mz\cos\alpha_0\tan\left[\arccos\left(\frac{z\cos\alpha_0}{z + 2f_0}\right)\right] \tag{4-5}$$

式（4-5）所反映的函数关系较为复杂，可以采用试算求极值的方法求得测量拖板的最大工作行程。

当 $m = 1$mm，$D_e = m(z + 2f_0) = 120$mm 时，$z = 118$

$$r_0 = \frac{1}{2}mz\cos\alpha_0 = \frac{1}{2} \times 118 \times 0.93969\text{mm} = 55.44\text{mm}$$

$$\tan\alpha_e = \tan\left(\arccos\frac{118 \times 0.93969}{118 + 2}\right) = 0.41375$$

$$l = r_0\tan\alpha_e = 22.939\text{mm}$$

当 $m = 0.2$mm，$D_e = m(z + 2f_0) = 120$mm 时，$z = 598$

$$l = r_0\tan\alpha_e = 21.030\text{mm}$$

通过试算，并留有一定余量，可取测量拖板 8 的最大工作行程 s 为 29mm。

三、从误差补偿要求来确定参数——电容压力传感器的结构参数确定

图 4-9 为电容压力传感器的结构示意图。图中膜片 1 与固定极板 2 构成电容器，3 为绝缘体。当被测压力 p 有所变化时，引起膜片 1 有不同的变形，从而使由 1 与 2 构成的电容极板之间有不同的间隙，造成电容量的变化，达到了测量压力的目的。

在电容压力传感器中，其结构参数的选择，主要方面当然应该根据该压力传感器的使用要求来确定。但在这里，其主要是考虑传感器在工作过程中，由于温度变化引起传感器各有关零件几何尺寸的变化，从而导致传感器极板间隙发生改变产生附加电容变化，而带来测量误差，从这一角度出发，来讨论和分析如何通过适当选择电容压力传感器的有关结构参数来补偿上述温度误差。现分析如下：

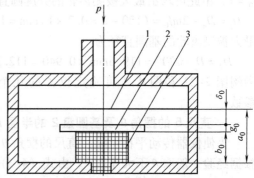

图 4-9 电容压力传感器的结构示意图

1—膜片 2—固定极板 3—绝缘体

设温度为 t_0 时，极板间间隙为 δ_0，固定极板厚为 g_0，绝缘件 3 厚为 b_0，膜片至绝缘底部之间的壳体高度为 a_0，则

$$\delta_0 = a_0 - b_0 - g_0 \tag{4-6}$$

当温度从 t_0 改变 Δt 时，各段尺寸均要变化，设其温度膨胀系数相应为 α_a、α_b、α_g，各段尺寸的变化最后导致间隙改变为 δ_t，则

$$\delta_t = a_0(1 + \alpha_a \Delta t) - b_0(1 + \alpha_b \Delta t) - g_0(1 + \alpha_g \Delta t)$$

因此，间隙的变化量为

$$\Delta \delta_t = \delta_t - \delta_0 = (a_0 \alpha_a - b_0 \alpha_b - g_0 \alpha_g) \Delta t$$

由于气隙改变引起电容相对变化，故温度变化造成电容压力传感器的测量误差为

$$\Delta_t = \frac{C_t - C_0}{C_0} = \frac{\delta_0 - \delta_t}{\delta_t} = \frac{-(a_0 \alpha_a - b_0 \alpha_b - g_0 \alpha_g) \Delta t}{\delta_0 + (a_0 \alpha_a - b_0 \alpha_b - g_0 \alpha_g) \Delta t} \tag{4-7}$$

式中，Δ_t 为温度变化引起的传感器测量误差；Δt 为温度变化量。

如欲消除温度误差，则应使式（4-7）的分子为零，即

$$a_0 \alpha_a - b_0 \alpha_b - g_0 \alpha_g = 0 \tag{4-8}$$

由式（4-6）有

$$a_0 = b_0 + \delta_0 + g_0 \tag{4-9}$$

所以，由式（4-8）、式（4-9）有

$$b_0(\alpha_a - \alpha_b) + g_0(\alpha_a - \alpha_g) + \delta_0 \alpha_a = 0 \tag{4-10}$$

由此可见，电容压力传感器的温度误差与组成电容器有关零件的几何尺寸及零件材料的线膨胀系数有关。但只要适当选择零件的几何尺寸及其材料，使其满足式（4-10），则温度变化对传感器误差的影响，理论上可以消除。需要说明，类似的通过结构参数及材料的选择与确定，以补偿温度误差的分析方法，在仪器设计中应用的例子是很多的，限于篇幅此处从略。

四、从仪器精度和分辨力要求出发确定仪器参数——光栅式刀具预调仪光电部分结构参数的选择

图 3-20 所示数控加工设备用刀具预调仪用于测量每把刀具的刀柄长度 L 和刀尖的旋转半径 R。显然刀具的轴向长度 L 及半径 R 的测量精度和分辨力要求决定了刀具预调仪的光电参数。

精密数控加工设备对刀具的测量精度要求为：轴向（长度 L）精度优于 0.010mm，半径方向（R）精度不低于 0.005mm。瞄准系统的分辨力不低于 $1\mu m$。

上述的精度和分辨力要求，将作为设计该仪器检测系统光电参数的依据。该仪器的检测系统包括光栅主坐标系 XOZ 及 CCD 摄像系统中的光敏面坐标系 $X'O'Z'$。光栅主坐标系的设计主要是选择光栅参数及其电路的电子细分倍数；CCD 光敏面坐标系的设计主要是选择光学成像倍率及像素细分分辨力。

1. 光栅参数及电子细分倍数

首先选择市场上广泛采用的 50 线/mm 光栅尺（栅距为 0.02mm）和读数头系统，因为 50 线/mm 的光栅属于经济刻划密度，应用中配以中等细分数（$n < 100$）的电路，完全能满足微米级分辨力的要求。

该类型光栅读数头一般采用 4 倍频直接细分原理。即在一个莫尔条纹的间隔（B）内平

均安放 4 个光电接收元件，从而在一个条纹的周期内获得 4 个相位差 90°的光栅信号，这 4 路信号为

$$u_1 = E\sin\frac{2\pi x}{W}$$

$$u_2 = E\sin\left(\frac{2\pi x}{W} - 90°\right)$$

$$u_3 = E\sin\left(\frac{2\pi x}{W} - 180°\right)$$

$$u_4 = E\sin\left(\frac{2\pi x}{W} - 270°\right)$$

式中，x 为工作台位移量；W 为光栅栅距；E 为信号电压幅值。

对于栅距为 0.02mm 的光栅，经 4 细分电路输出后，每个计数脉冲当量代表 0.005mm 的位移量。为了达到优于 1μm 的分辨力要求，后续电路还应进一步细分该信号。

电子细分的方法非常多，其中分相电阻桥法适合 10 ~ 60 细分倍数范围，而且在细分数为 10 ~ 20 范围内优点显著。由于直接细分使位移测量的分辨力已达 0.005mm，因此，电阻链再完成 10 细分，即可使位移测量的分辨力达到 0.0005mm，完全满足分辨力优于 1μm 的要求。电阻链分相信号和相位值为

$$u_{sc} = E\frac{\sqrt{R_1^2 + R_2^2}}{R_1 + R_2}\sin\left(\frac{2\pi x}{W} + \phi\right)$$

$$\phi = \arctan\frac{R_1}{R_2}$$

式中，R_1 和 R_2 为分相电阻桥电阻；ϕ 为电阻桥输出端得到的移相值。

图 4-10 为细分电阻桥原理图，图中在 u_1 和 u_2 之间接 10

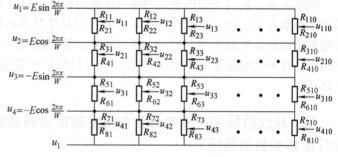

图 4-10 电阻链移相电路原理

个电位器，其阻值分别为 R_{11}/R_{21}，R_{12}/R_{22}，…，R_{110}/R_{210} 即可获得在 0°~ 90°的 10 个移相信号。为了获得 0°~360°的全部移相信号，则需采用如图所示的 u_1 ~ u_4 4 个信号源的组合，总体实现 4×10 细分。

2. 光学成像倍率及 CCD 光敏元像素细分分辨力

CCD 摄像系统可采用黑白色 MTV1881CB，其光敏元的像素为 795(H) × 596(V)，光敏面面积为 7.95mm × 6.45mm，相邻两像素间的距离为 10μm。如果摄像镜头的焦距为 75mm，刀尖成像倍率为 2 倍，这样，在光敏元上每个像素可分辨力 10μm/2 = 5μm，再用计算机进行亚像素细分法细分 10 倍，便可达到 0.5μm 的瞄准分辨力。

第五节　测控仪器的造型设计

造型设计也是总体设计中一个重要的问题，造型设计是与设备的功能、结构、材料、工艺、视觉感受与市场关系紧密相关的重要设计工作。造型设计也是具有实用功能的设计，造

型中所采用结构、材料和工艺要符合经济原则。造型设计还要使产品的外形、色彩和表面特征符合美学原则，以适应人们的时尚要求，并从式样、形态、风格、气氛上体现时代的特点。外形轮廓应给人以美的享受，使用户喜爱它，使操作者珍爱它，加倍保护它。下面主要从造型设计中如何依据科学技术原理和依据美学原则的两个方面进行探讨。

一、外形设计

（一）外形比例的选择

任何一台仪器设备都是由零部件组成，它们的组合必须匀称谐调，在尺寸上要符合一定的比例关系，这是达到符合美学原则的前提条件。零部件尺寸的比例关系并不是固定不变的，而是随着仪器功能的改进、技术条件的提高、人们审美观念的发展而变化。下面介绍几种造型设计中常用的几何形状的尺寸比例。

1. 整数比例

整数比例是以正方形为基础单元而派生的一种比例。一个单元正方形形成的比例为1:1，两个单元正方形组合构成的矩形比例为 1:2，由此可派生出 1:3、1:4 等多种矩形图形。利用这种整数比例进行设计的优点是容易按一定的韵律关系处理形体的配合，但其缺点是：由于边长之比为简单的整数关系，整体显得呆板。

2. 方均根比例

方均根比例是以正方形的一条边与此正方形对角线长所形成的矩形比例关系为基础，不断以其新产生的下一个矩形的对角线长为长边所形成的矩形比例系统。如图 4-11 所示的比例为

$$1:\sqrt{2}，1:\sqrt{3}，1:\sqrt{4}，1:\sqrt{5}$$

3. 黄金分割比例

黄金分割比例是古代几何学家认为最好的一种比例，它是把一直线分成两段，其分割后的长段与原直线之比，等于分割后的短段与长段之比，如图 4-12 所示。

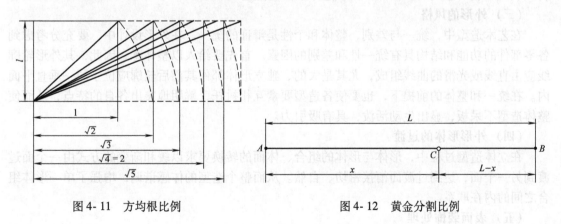

图 4-11 方均根比例　　　　　　　图 4-12 黄金分割比例

$$\frac{x}{L} = \frac{L-x}{x} \tag{4-11}$$

式中，L 为原直线段之长；x 为分割后长段之长；$L-x$ 为分割后的短段之长。

式（4-11）展开得

$$x^2 + Lx - L^2 = 0$$

解得

$$x = \frac{-L + \sqrt{L^2 + 4L^2}}{2} = \frac{\sqrt{5}-1}{2}L \approx 0.618L$$

由上式可见，按黄金分割比例所求得的分割点，实际上是数学中优选法的优选点。由于黄金分割比例具有独特的美感因素，以它为基础还可演变成其他形式的比例。

4. 中间值比例

构成中间值比例的 4 个比项中只有 3 个变数，即

$$a:b = b:c \text{ 或 } ac = b^2$$

此种比例为阿基米德命题：若 3 条线段的长度构成一定的比例，则由两个端值所构成的长方形面积与由中间值构成的正方形面积相等。

应用中间值比例的特点，可获得比例谐调的一系列矩形。能在形体间取得较好的比例和谐调美感。

（二）外形的均衡与稳定

均衡与稳定是自然界物体美感的基本规律，凡是美的形象必然给人以各部分形体间平衡、安定的视觉感。

（1）均衡　均衡是指仪器的整体各部分轻重对称，相对和谐。获得形体均衡的方法是以支承面的中点为对称轴线，使形体两边的重量大致相等，并以图形、色彩等视觉重量感来弥补实际较轻的一边，从而取得较好的视觉平衡，产生最强的静态美、条理美，但又产生心理上的庄重、严肃的感觉。对于测控仪器来说，还要注意面对操作人员的竖直平面上安装的组件、面板、装饰条及结构上的一些线条等对人视觉的均衡感安排，如果忽视这些造型要素，会造成整体的不均衡。

（2）稳定　对一台仪器而言，其下部应大而重，而上部小而轻，从而使仪器自身重心较低，给人以稳定感。除此之外，还有利用色彩对比的方法，增强下部色彩的浓度，以达到增加下部重量感的效果。这种方法用来最后调整仪器的稳定感非常方便。还可以利用不同材料及表面处理工艺达到形体间不同质感来获得稳定感。

（三）外形的风格

在艺术造型中，统一与差别，整体和个性是辩证的统一。在外形设计中，要充分考虑到各零部件的功能和结构具有统一性和差别的因素。首先要给人以整体感，因此，其外形轮廓线应由直线或光滑的曲线组成，尤其是大的、独立形体部件其前后轮廓应位于同一垂直平面内。在统一和整体的前提下，也要使各造型要素互相衬托，鲜明地突出各自的特点，从而使整体造型不呆板，显出生动活泼，具有吸引力。

（四）外形形体的过渡

在立体造型过程中，形体与形体的组合、体面的转换要求以缓和渐变的方式由一个面过渡到另一个面，达到过渡面衔接密切、自然。从而整个造型的体感谐调，增强了单一形体组合之间的内在联系。

（五）表面装饰处理

表面处理对产品外观质量有直接的影响。它不但可以弥补造型中的某些不足，而且外观的完美、色彩的谐调可以给人以舒畅愉快的感觉，有利于提高工作质量和效率。相反，如果外观色彩处理不当，不仅破坏了造型的完美，而且使人感到色彩纷乱、眩目，造成视觉疲劳，分散了操作者的注意力。

色彩的视觉感将给人们带来不同的心理变化。从这一角度出发，色彩具有强弱感、轻重感、远近感和冷暖感。色彩的选择与配制不应千篇一律，它与设备的品种、结构特点、使用

场合及人们的爱好与习惯有关。对于不同的国家有不同的流行色彩格调，要注意用户对色彩的偏爱，才能立于不败之地。

二、人机工程

所谓人机工程是指所设计的仪器设备要达到机器—人—环境的谐调统一，使仪器设备适合人的生理和心理要求，从而达到工作环境舒适安全、操作准确、省力、轻便，减轻劳动强度，提高工作效率的目的。人机工程包括以下几方面：

（1）人体尺度 在仪器总体设计时，应考虑操作人员的身高、体重等与人体有关的数据，以便达到上述要求。

（2）视角要求 仪器设备的显示和读数部件对人的视觉影响最大。例如，当操作人员需要监视多个仪表时，就要考虑各个仪表到眼睛的距离不等。以人眼在水平方向的视野为例，中心角10°以内为最佳区，是辨别物体的最清晰区域，其中1.5°～3°为特优区；中心角20°以内为瞬息区，可在较短时间内辨清物件；中心角30°以内为有效区，需集中注意力才能辨认物件；中心角120°以内为最大视区，如果头部不动去观看物件，一般是模糊不清。在垂直方向，水平线以上10°和水平线以下30°范围为良好视区；水平线以上60°和水平线以下70°范围为最大视区。因此，应把重要的仪表读数装置安排在视野中心角3°范围内，一般仪表安排在20°～40°范围内。而且读数装置的排列还要适应人的习惯，由左向右，由上向下；对圆排列，则以顺时针为序等。

（3）作用力要求 作用力要求指人在操作时，需使用的作用力的大小和作用点相对于操作者的位置。对于精密测控仪器而言，由于操作的对象是按钮，按动按钮无须很大的作用力，因此，按钮的位置需按视角要求的位置和操作者容易达到的位置来设计。

（4）工作环境和安全设计 工作环境应最大限度地减小噪声，工作的时序、操作的难易、故障的排除应有利于减轻操作者的精神紧张状况，尽量减轻人的体力和脑力消耗；在设计时，应有直接安全技术措施和间接安全技术措施。直接安全技术措施指已经充分考虑了可能出现的危险，考虑了可能出现的故障隐患，并已采取了措施，如设置了自动报警或自动停机等程序排除了人为发生误操作的可能性。再如机械运动中的限位装置、垂向动导轨的自锁装置等。所谓间接安全技术措施是指意外危险发生时，要采用一种或多种装置或措施来防护。

造型设计所涉及的内容很多，如产品的形态设计，产品的色彩设计，造型设计与结构、材料、工艺的关系，造型设计的技术方法及计算机辅助造型设计等，可参阅有关书籍。

思 考 题

1. 测控仪器设计任务分析的具体要求是什么？
2. 测控仪器创新的根本动力是什么？可以考虑在哪几个方面进行创新设计？
3. 选择几种传感器，说明其对原始信号的转换功能、感受方式及转换放大原理。
4. 万能工具显微镜的光学灵敏杠杆的杠杆比是如何确定的？
5. 测控仪器设计中对光栅参数及电子细分倍数是如何考虑的？
6. 造型设计的要点包括哪些项？
7. 对于智能仪器或装置来讲，开放性的关键问题是什么？
8. 测控仪器常用总线方式的特点是什么？
9. 测控仪器常用通信方式中，RS－232与RS－485的主要区别是什么？

第五章

精密机械系统的设计

在测控仪器中，精密机械系统起着举足轻重的作用，仪器精密机械系统的作用好比人的骨骼对人体的作用，它提供仪器各个组成部件的支撑和连接，它对保证仪器的稳定性、测量精度、定位精度和运动精度起着关键的作用。随着精密测量与控制技术的飞速发展，对测控仪器中的精密机械系统的功能和精度要求也越来越高。在一些超精密仪器中，如 EUV 光刻机对仪器基座的变形要控制在纳米量级，对工作台的定位精度和导向精度也要求达到几纳米，这对仪器的机械系统的要求非常高，同时还要求对机械运动部分进行实时控制和监测，能快速准确地到达空间任一指定的点、线和面，并能自动地采集数据和起动、停位，因此测控仪器中的精密机械系统必须与计算机、光学、电子技术密切相结合才能达到高精度、高效率和多功能的要求。

本章在对测控仪器常用各种机械系统分析的基础上，重点对系统精度和性能影响较大的机械结构进行研究，如基座、导轨、轴系及伺服系统、微位移机构和微动微调机构。

第一节　精密机械系统设计概述

仪器的机械系统是保证仪器精度的关键系统，机械系统承载着基准部件、光学部件、光电器件等，是实现精密仪器高精度的基础和保证，仪器的机械系统一旦加工制造、装配调试完成，很难进行后期更换和修理，机械系统的缺陷往往伴随着仪器寿命而终结，如果存在重大缺陷，将最终导致仪器研制失败。而且其对仪器精度的影响往往在后期的仪器测试时才能体现出来，所以设计仪器时必须重点关注精密机械系统的设计，在设计阶段充分利用现代的设计手段，对精密机械系统的结构、性能充分的分析优化，将基础打牢。因此仪器的机械系统在设计时要重点关注。仪器机械系统主要由支承件（基座、立柱、横梁、工作台）和运动执行结构（导轨、轴系、微位移工作台）等组成。在进行仪器机械系统设计时要充分考虑仪器工作稳定性、可靠性和精确性，同时考虑一定的经济性。

仪器的精密机械系统设计时重点考虑以下几个问题：

1）运行的精度保证：精密机械系统直接决定仪器的精度，设计时必须从精度分析的结果出发，控制并减小机械系统各组成部件产生的源误差。

2）结构形式：合理的机械机构对仪器实现功能和保证精度非常重要，作为一名仪器设计工程师必须具有独立设计仪器机械结构的能力，保证仪器设计的质量。

3）仪器的刚度和阻尼：仪器的机械系统经常起到支撑、运动及精密定位的功能，首先要满足刚度要求，同时也要考虑到阻尼作用。

4）材料选择：精密机械系统材料选择非常重要，对于仪器的机械系统选材来说，材料的强度、材料尺寸稳定性和温度稳定性、材料的加工性能、材料的阻尼以及材料的环境适应性都非常重要。

5）连接和固定：机械系统零件之间的连接和固定要可靠稳定，并能尽量减小仪器工作中的变形，包括力变形和温度变形，设计时要满足运动学原则和弹性平均原则。

第二节　仪器的支承件设计

仪器中的支承件包括基座、立柱、横梁、工作台等。它不仅起着连接和支承仪器的机、光、电等各部分零件和部件的作用，而且能保证仪器的工作精度。从组成仪器的各个环节来看，基座和立柱等支件直接和被测件相连，因此大多是测量链环节的一部分；从对仪器精度影响来看，基座和立柱的力变形和温度变形将直接影响测量精度。

本节针对支件的特点，从精度角度出发，重点研究基座和立柱等对仪器精度影响很大的支承件的设计要求和结构设计问题。

一、基座与立柱等支承件的结构特点和设计要求

仪器中的基座和立柱等支件具有如下特点：

（1）结构尺寸较大　它们是整台仪器的基础支件，不仅支承着仪器的机、光、电等各个零部件，而且还要支承被测件，因此不仅结构尺寸大，而且自身较重，同时还要承受外载荷，如被测件及工作台运动造成的质量转载及其他冲击载荷。尺寸较大还容易受热变形。

（2）结构比较复杂　由于各零部件要装在支件上，因此其上有很多加工的孔或支承面、定位面等，而且其加工精度和位置精度要求都较高。

根据以上特点，设计要求如下：

1. 具有足够的刚度，力变形要小

在仪器中，尤其是在一些重型仪器中，仪器和工件的全部重量及支件的自重都会引起力变形；被测件的质量转载会引起动载荷力变形。有时，其变形量是相当大的，甚至达到数微米至几十微米。对超精密测量仪器，如纳米级测量精度的仪器其基座纳米级的变形也是不允许的。因此要求基座和立柱必须具有足够高的刚度，同时要求受力后的弹性变形在允许范围内。为此，在仪器设计时，应满足变形最小原则并进行正确的刚度设计，避免大而笨的远远超出刚度要求的盲目设计。

刚度设计常采用的方法有模拟试验法（仿真试验）、量纲分析法和有限元分析法。用计算机进行有限元分析已有成熟的分析软件可借用。采用正确的结构设计也是保证支件刚度的重要手段。

2. 稳定性好，内应力变形小

由于基座和立柱等支件尺寸大、结构又比较复杂，故往往采用铸件。但是，铸件在浇注时由于各处冷却速度不均匀会产生内应力，而应力的释放又是渐进的，因而造成支件的缓慢变形。此外在基座等支件上用螺钉等紧固件固装其他零部件时的夹紧力也是不均匀的，并会引起夹紧变形和夹紧力的释放变形，从而也影响其稳定性。

为提高稳定性，对铸造的基座和立柱要进行时效处理，以消除内应力，减少应力变形。时效处理的方法有两种，即自然时效处理和人工时效处理。

（1）自然时效处理　将铸件毛坯或粗加工后的半成品放置于露天场所，经受风、雨、晒、冷、热等自然环境作用，使其内部应力逐渐释放和逐渐变形，待变形趋于稳定后再加工。自然

时效时间可根据支承件的尺寸大小、形状结构、铸造条件和最后精度要求的不同，选用几个月甚至数年。自然时效方法简单，效果较好，但周期长，积压资金影响快速推出产品。

（2）人工时效处理　最常用的是热处理法。将铸件平整地悬搁在烘板上，以便四周受热均匀。根据实际情况选择不同的温度变化速度，如开始时以 60℃/h 的温升速度加热至 530~550℃，保温 4~6h，然后随炉冷却，如图 5-1 所示。

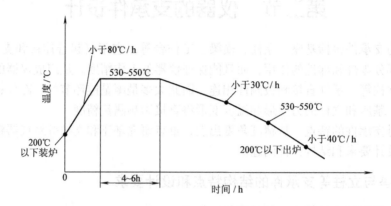

图 5-1　人工时效处理过程

为减小夹紧件夹紧力引起的变形，应尽量减少螺钉等紧固件的使用数量，可采用运动学原理定位法和弹性夹紧法等。

3. 热变形要小

对于尺寸较大，精度要求较高的仪器来说，热变形是造成误差的一个重要因素。如对于一个长度为 L、高度为 H 的矩形基座，当其上表面温度高于下底面时会产生上凸、下凹的形变，其最大凹凸量 δ 可用下式求得（见图 5-2）：

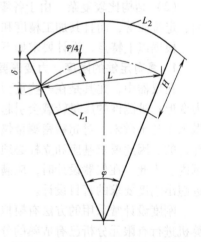

$$\delta = \frac{\varphi}{4} \frac{L}{2} = \frac{\varphi L}{8}$$

因温差造成基座上凸、下凹的弯曲变形角为 φ，由图可知

$$\varphi = \Delta L/H = L\alpha\Delta t/H$$

因而

$$\delta = \frac{\alpha\Delta tL^2}{8H} \qquad (5-1)$$

图 5-2　基座（床身）受热变形图

式中，$\Delta L = \alpha\Delta tL = \varphi H$ 为上、下表面因温差 Δt 而产生的长度变形量；α 为基座材料线膨胀系数，对于铸铁，$\alpha = 11.1 \times 10^{-6}$/℃。

设铸件长度 $L = 2000$mm，高 $H = 500$mm，温差 $\Delta t = 1$℃时

$$\delta = \frac{11.1 \times 10^{-6} \times 2000^2}{8 \times 500}\text{mm} = 0.011\text{mm}$$

由此可见，热变形造成的误差是很大的。从式（5-1）还可以看出，材料线胀系数不同，也有类似影响。

为减小热变形可采用如下措施：

（1）严格控制工作环境温度（恒温） 如果仪器工作在恒温室内可使 Δt 减小，从而减小热变形的影响。恒温时应注意以下两点：①恒温室应长时间恒温，不应上班时开恒温机，下班时关恒温机，因为这样会使体积较大的仪器各部件总处于温度不平稳状态，热变形也始终达不到稳定状态，从而影响仪器精度。②要合理设计恒温室，进气从侧面或地板处进入，从天花板排气，从而避免温度"梯度"现象造成热变形。

（2）控制仪器内的热源 仪器内的热源有照明灯、电动机、回转轴系和运动的导轨摩擦生热。减小的办法有：①采用冷光源照明或用光导纤维传光；②隔离热源和良好的散热；③运动件应充分润滑；④采用发热小和不发热的传动机构。

（3）采取温度补偿措施 可用结构设计补偿和计算机补偿等方法来补偿热变形误差。

4. 有良好的抗震性

在精密和超精密测量中，振动的影响是不容忽略的，它不仅造成整机晃动还可能造成零件与部件之间相互位置变动或者产生弯曲与扭转，从而对仪器的测量不确定度产生影响。当振源频率与构件固有频率产生共振时，甚至使仪器不能正常工作。如振动会使光学仪器影像晃动，或干涉带变动。因此不少精密仪器厂都对安装仪器的地基提出额定振幅要求，如三坐标测量机规定激振频率在 50Hz 以下，振幅不超过 $5\mu m$。

造成振动的振源可能在仪器外部或内部，外部振源有：机器、车辆、人员走动产生的振动；内部振源有回转运动零部件的不平衡，往复运动件的换向冲击，齿轮传动的轮齿撞击等。

在对仪器基座及支承件设计时，应考虑抗震性问题，常采用如下方法：

1）在满足刚性要求情况下，尽量减轻重量，以提高固有频率或增大阻尼，防止共振。

2）合理地进行结构设计，如合理地选择截面形状和尺寸，合理地布置肋板或隔板以提高静刚度，提高固有频率，避免产生共振。

3）减小内部振源的振动影响，如采用气体、液体静压导轨或轴系；对驱动电动机的振动加隔离措施；对运动件进行充分润滑以增加阻尼等。

4）采用减振或隔振设计，如弹簧隔振、橡胶隔振、气垫隔振等。

二、基座与立柱等支承件的设计要点

（一）刚度设计

由于基座等支承件尺寸大、承受载荷大且载荷有静载和动载，情况复杂，进行合理地刚度设计就是要使支承件具有足够的静刚度和动刚度，在满足刚度要求情况下尽量减轻重量，以减小重力变形和避免共振。

刚度设计常采用有限元分析法和仿真设计法。有限元分析法是用计算机技术与有限元分析相结合，对支承件的刚度进行计算的方法。仿真法分为模型仿真和计算机仿真。模型仿真是将仪器实物按比例缩小尺寸制成模型，利用模型模拟实物进行实验，如进行刚度试验和热变形试验等。计算机仿真，是将设计的参数用计算机仿真，并模拟实物进行虚拟加载，研究其静刚度和动刚度。

（1）有限元分析法 此分析法是一种将数学、力学与计算机技术相结合的对支承件刚度和动特性进行分析的一种方法。它的基本思想是把一个支承件（整体）离散成若干个有限元，如三角形单元、矩形平面单元、具有内部节点的任意四边形平面单元等，各个单元之间相互连接的点称为节点，而各个节点都承受着节点载荷。对各个节点根据平衡条件列出位移方程、形变与节点位移关系方程、节点力与节点位移方程，从而列出单元刚度矩阵。它表示使节点产生单位位移时,在对应节点上需要施加的节点力的大小,它决定于该单元的形状、尺寸、在坐标平面上的方位和弹性常数,而和单元位置无关。获得平面单面刚度矩阵后还应把它转换为空间的单元刚度矩阵,再把求出的各个空间单元刚度矩阵的局部坐标转换成整个支承件的总体坐标,把各单元在局部坐标中的单元刚度矩阵转换为在总体坐标中的单元刚度矩阵,即得到支承的总刚度矩阵,解此总刚度矩阵就可求得支承件总体受力后各个节点的位移。

同样,用有限元法还可对支承件动态性能进行分析,如自由振动计算和强迫振动计算等。

(2) 仿真设计法 由于基座和支架等支承件结构形状复杂,可采用模型仿真,虽然花费些物力和时间,但得出的结果与实际比较接近。

所谓模型仿真,就是将基座等实物根据相似准则按比例缩小制成模型,利用模型来做仿真试验,如刚度试验、抗震性与热变形试验等。

相似准则可以用微分方程式法和量纲分析法来确定。在已知某一物理现象的方程式时,可以用微分方程式法确定相似判据,当研究的现象不能写出数学方程式,而只知道方程中所包含的量纲时,只能用量纲分析法。

下面以梁的弯曲变形模型试验中相似判据的确定方法为例,来说明微分方程式法在相似判据确定中的应用。

梁的弯曲变形方程为

$$\frac{d^2\delta}{dl^2} = -\frac{M}{EI} \tag{5-2}$$

式中,δ 为沿弯曲挠度方向的坐标;l 为沿梁长度方向的坐标;E 为材料的弹性模量;I 为梁的截面惯性矩;M 为弯矩。

以下标 1 代表实物,下标 2 代表模型,则有

$$\frac{d^2\delta}{dl_1^2} = -\frac{M_1}{E_1 I_1} \tag{5-3}$$

$$\frac{d^2\delta}{dl_2^2} = -\frac{M_2}{E_2 I_2} \tag{5-4}$$

令 δ、l、M、E、I 的相似系数分别为 C_δ、C_l、C_M、C_E、C_I,则 $\delta_1 = C_\delta \delta_2$,$l_1 = C_l l_2$,$M_1 = C_M M_2$,$E_1 = C_E E_2$,$I_1 = C_I I_2$,又因为

$$\frac{d^2\delta_1}{dl_1^2} = -\frac{C_\delta d^2\delta_2}{C_l^2 dl_2^2}$$

可得

$$\frac{C_\delta}{C_l^2}\frac{d^2\delta_2}{dl_2^2} = -\frac{C_M}{C_E C_I}\frac{M_2}{E_2 I_2} \tag{5-5}$$

将式 (5-5) 除以式 (5-4),可得

$$\frac{C_\delta}{C_l^2} = \frac{C_M}{C_E C_I} \tag{5-6}$$

因为 $M = Pl$,故在模型载荷 P_2 与实物载荷相似条件下,有

$$C_P = \frac{P_1}{P_2}$$

因而有

$$C_M = C_P C_l \qquad (5\text{-}7)$$

又因为梁的截面惯性矩与梁尺寸的 4 次方成比例,所以有

$$C_I = C_l^4 \qquad (5\text{-}8)$$

将式 (5-7)、式 (5-8) 代入式 (5-6),可得

$$\frac{C_\delta}{C_l^2} = \frac{C_P C_l}{C_E C_l^4} \qquad (5\text{-}9)$$

则相似条件为

$$\frac{C_E C_\delta C_l}{C_P} = 1 \qquad (5\text{-}10)$$

相似判据为

$$\frac{E\delta l}{P} = K \qquad (5\text{-}11)$$

量纲分析法是通过对量纲的分析来确定相似判据。如研究基座的抗震性,影响振动的物理量有:长度 l、位移 s、密度 ρ、弹性模量 E、泊桑比 μ、阻尼比 ξ、激振力 P、振动频率 ω 等,可写成

$$f(l,s,\rho,E,\mu,\xi,P,\omega) = 0 \qquad (5\text{-}12)$$

分析上述物理量,选取几个独立的物理量作为基本量,如长度 l、密度 ρ、弹性模量 E,其他 5 个物理量分别用这 3 个基本量来表示,分析它们之间的量纲,可以得到 5 个无量纲的关系式,进而得到所求的相似判据。

相似判据确定后,用相似准则来指导制作模型和做仿真试验。

模型制作要考虑尺寸相似,材料及其弹性变形相似。常用材料有钢、铝、有机玻璃等。在选择材料时应考虑其加工的工艺性,以及有良好的物理、力学性能和低的弹性模量,以便获得应力与应变的线性关系和大的变形量,以保证测量精度。

在做仿真试验时,应考虑力学和动力学相似以及边界条件相似,如支承与夹紧方式、支承点与夹紧数目、受力状况、受力点与测试点的位置、激振与拾振情况都与实物一致等。同时还要注意正确选择测量仪器和测量方法,以保证必要的测量精度。

(二)基座与支承件的结构设计

(1)正确选择截面形状与外形结构 仪器中的基座与支承件由其自重和其他零部件的质量作用以及载荷作用会产生压缩变形或弯曲、扭曲变形,根据材料力学可知:构件受压时变形量与截面积大小有关;受弯、扭时,变形量与截面形状有关。由同样质量的材料制成不同截面形状,其刚度有较大差别。表 5-1 列出了在截面积大小相同的情况下,不同截面形状的惯性矩。

从表 5-1 可以看出实心形状的惯性矩小于同一截面积空心截面形状的惯性矩,而同一截面积情况下空心截面的刚度大于实心截面,因此可以用减小壁厚加大轮廓尺寸的办法提高支承件的刚度。圆形空心截面能提高抗扭刚度,而长方形空心截面对提高长边方向的抗弯刚度效果十分明显。

基座的外形结构一般采用矩形、船形及圆形。矩形外形可用于大、中、小型仪器;而船形外形基座是根据简单梁强度理论设计,因此不管外载荷作用于何位置,基座弹性变形均为常数。圆形外形是为了造型的需要和仪器工作要求而制作的。

表 5-1　横截面积相同时不同断面形状惯性矩的比较

断面形状	实心圆形	实心方形	空心圆形	空心方形	空心矩形
图例	$\phi 113$	100 × 100	$\phi 160$ / $\phi 113$	142 × 142 (100 × 100 内)	85, 200, 235, 50
抗弯惯性矩（相对值）	1	1.04	3.03	3.21	7.33
抗扭惯性矩（相对值）	1	0.88	2.9	1.27	0.82

（2）合理地选择和布置加强肋增加刚度　合理地布置加强肋可以有效地增大刚度，其效果比增加壁厚更明显。

加强肋有肋板和肋条两种。精度要求较高的仪器其基座都布置肋板以提高其刚度，减小变形量。肋条一般布置在基座或支承件的局部，以便增加局部的刚度，如在基座上有导轨时，可在导轨下方布置肋条。肋的布置形状有许多种，如图 5-3 所示。其中图 a、图 e、图 c 都是纵横交错的矩形结构，图 a 一般用于自重和载荷不大的场合；图 e 与图 c 相比，图 e 的结构更合理，不仅是受力状况好，而且肋条交叉处金属聚集较少，内应力小。图 d 与图 b 为三角形肋，不仅刚度较好，工艺也较简单。图 f、图 g、图 h 则铸造工艺比较复杂，而且铸造泥芯很多，但刚度很好。

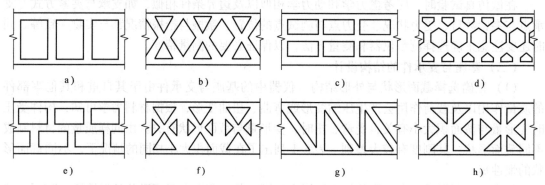

图 5-3　肋的布置形式

肋条可采用直肋或人字形肋，如图 5-4 所示。

（3）正确的结构布局，减小力变形　基座与支承件尺寸大，且常有动载荷（工作台与被测件）移动，因此在结构布局上应考虑遵守力变形最小原则，如光电光波比长仪的双层基座三点松弛支承的结构形式和 1m 激光测长机的测量镜与参考镜固定位置的方式。有时还可采用反变形结构和补偿力变形结构，如悬臂式三坐标测量机的悬臂与横架的结构补偿设计。

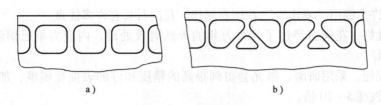

图 5-4　肋条的形状
a) 直肋　b) 人字形肋

（4）良好的结构工艺性，减小应力变形　在保证刚度的前提下，应尽量减小铸件的质量，不仅可减小劳动量和金属消耗，还可减小应力变形。铸件的厚度要均匀，过渡处应有均匀过渡的光滑圆角，以防冷却时产生缩孔、疏松、裂纹和变形等缺陷。表 5-2 给出了铸铁件基座壁厚、肋板厚与肋条厚的参考数据。

（5）合理地选择材料　通常要求基座及支承件的材料具有较高的强度和刚度、耐磨性以及良好的铸造、焊接以及机械加工的工艺性。常用材料有铸铁、钢板、花岗石等。铸铁材料常用灰口铸铁 HT150、HT200、HT250，其抗拉强度 σ_b 大小分别为 150MPa、200MPa 和 250MPa。灰口铸铁成本低，并有良好的减振和减磨作用，良好的流动性和切削加工性能，但塑性较差。当要求抗拉强度和弯曲强度更高时，可采用球墨铸铁 QT40-17 和 QT42-10，其中 40 和 42 分别表示材料的抗拉强度 $\sigma_b \geqslant 400MPa$ 和 $\sigma_b \geqslant 420MPa$，而 17 和 10 表示伸长率不小于 17% 和 10%。为消除铸件的内应力、稳定尺寸、改善加工性能、提高耐磨性，可对铸件进行热处理。消除内应力可用应力退火热处理，即铸造开箱后立即转入 100～200℃ 炉中，随炉缓慢升温至 500～600℃，再经 4～8h 保温，再缓慢冷却。当铸件基座表面有导轨时，应对导轨面进行高频淬火或接触电热表面淬火，提高其硬度和耐磨性。若用球墨铸铁，为消除内应力可用与 HT 铸铁相似的应力退火。为提高其强度、硬度和耐磨性，可用等温淬火，即加热到 860～900℃ 适当保温后，迅速转至 250～300℃ 的等温盐浴中，等温处理 30～90min，再取出进行空冷。等温淬火后其强度极限可达 1200～1500MPa，硬度 38～50HRC。

表 5-2　基座与支承件的壁厚、肋板厚、肋条厚

质量/kg	外形尺寸/mm	壁厚/mm	肋板厚/mm	肋条厚/mm
<5	300	7	6	5
6～10	500	8	7	5
11～60	750	10	8	6
61～100	1250	12	10	8
110～500	1700	14	12	8
510～800	2500	16	14	10
810～1200	3000	18	16	12

尺寸较小的基座或支架也可用钢板焊接而成，常用钢板材料为 Q215、Q235 和 Q255，其抗拉强度 σ_b 分别为 215MPa、235MPa 和 255MPa。焊接支承件的抗拉、拉弯能力受焊缝质量及焊接热影响区影响，产生一定的残余内应力，并还可能造成未焊透、气泡、夹杂、焊接裂缝等缺陷，从而使支承件承载能力降低或产生形变。因此采用钢板焊接时必须尽力改善焊接性能。

近年来，国内外采用花岗石制造基座、支承件日益普遍，我国制造的三坐标测量机等大

中型仪器基座许多都用"泰山青"花岗石制作。花岗石具有许多优点：

1）稳定性好，花岗石经过了几百万年的天然时效处理，内应力早已消除，几乎不变形，稳定性极好。

2）加工简便，采用研磨、抛光会得到很高的精度和好的表面粗糙度，加工工艺简便，其耐磨性比铸铁高 5~10 倍。

3）温度稳定性好，导热系数和线膨胀系数均很小，在室内温度缓慢变化情况下，产生的变形比钢小得多，约为铸铁的 1/2。

4）吸振性好，内阻尼系数比钢大 15 倍。

5）不导电，不磁化，抗电磁影响性能好。

6）维护保养方便，能抵抗酸碱气体和溶液腐蚀，不用涂任何防锈油脂。

7）价格便宜。但其脆性大，不能承受大的冲击、撞击和敲打。

（三）基座与支撑件的抗震性设计

随着科技的发展，对仪器精度要求越来越高，而来自于外界环境引入的振动直接影响仪器的精度，例如，作为半导体工业核心装备的光刻机，其加工精度已达到纳米级，在传统仪器无须考虑的微振动因素将对光刻机等超精密仪器正常运行产生致命的影响。所以对超高精密仪器来说，如何有效地隔离环境的微振动，是保证高精度仪器的关键问题之一。一个系统的固有频率主要取决于系统的质量和刚度，一个简单的单自由度振动系统固有频率与其刚度成正比，与其质量成反比，理论分析及大量实验数据表明，固有频率是决定隔振系统的核心因素。为了降低系统的初始固有频率，考虑减小系统的刚度，但同时要保证具有大的承载力。传统的隔振普遍由被动机构实现，包括质量—弹簧—阻尼器，但传统的隔振系统受弹性部件、材料特性和结构制约，结构刚度很难进一步降低，隔振系统的固有频率很难突破1Hz，针对这一难题，国内外很多研究机构和企业研制了各种系统，如采用主动隔振手段，尽量地减小系统的刚度，甚至采用主动负刚度的结构设计，目前好的隔振系统固有频率已实现小于 1Hz 的结果。

第三节 仪器的导轨及设计

一、导轨的功用与分类

在测控仪器中，导轨部件应用十分广泛。导轨部件由运动导轨（动导轨）和支承导轨（静导轨）组成。动导轨上有工作台或拖板（滑板）、头架、尾座及其他夹持部件、测量装置等。静导轨一般与仪器基座、立柱、横梁等支承件连接在一起或者做成一体。在测控仪器中凡是传递直线运动，几乎都需要导轨部件，同时还要精确地保证运动精度及与有关部件的相互位置精度。此外导轨部件还要可靠地承受外加载荷，保持运动的稳定性和灵活性。

导轨种类很多，按导轨面间摩擦性质可分为：

（1）滑动摩擦导轨　其两导轨面间直接接触，形成滑动摩擦。

（2）滚动导轨　其动、静导轨面间有滚动体，形成滚动摩擦。

（3）静压导轨　其两导轨面间有压力油或压缩空气，由静压力使动导轨浮起形成液体或气体摩擦。

（4）弹性摩擦导轨　利用材料弹性变形，使运动件做精密微小位移。这种导轨仅有弹性材料内分子间的内摩擦。

二、导轨部件设计的基本要求

由于导轨的基本功能是传递精密直线运动，因此导向精度是其最重要的要求，运动的平稳性和灵活性以及导轨的刚度，导轨的寿命和良好的工艺性也是导轨设计必须考虑的重要内容。

（一）导向精度

导向精度是指动导轨运动轨迹的准确度。对于直线运动导轨，其导向精度是指动导轨沿给定方向做直线运动的准确程度。因此对一副导轨来说其直线度是非常重要的精度指标，它取决于导轨面的几何精度、接触精度、导轨和基座的刚度、导轨油膜刚度及导轨与基座的热变形等。

（1）导轨的几何精度　导轨的几何精度包括导轨在垂直平面内与水平面内的直线度，导轨面间的平行度和导轨间的垂直度。

导轨在垂直平面与水平面内的直线度，如图 5-5a、b 所示。理想的导轨，在各个截面 A—A 连线都应是一条直线，但由于制造有误差，致使实际轮廓线偏离理想直线。按直线度评定准则，可得到导轨在全长范围内，在垂直和水平面内的直线度误差 Δ。

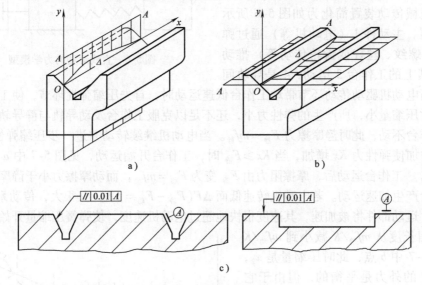

图 5-5　导轨的几何精度
a）垂直面内的直线度　b）水平面内的直线度　c）导轨面间的平行度

导轨面间平行度误差，会造成滑板与动导轨一起运动时发生"扭曲"，从而造成滑板运动时产生扭摆。

对于平面二维测量和平面内定位，还要求两个垂直方向上导轨之间有较高的垂直度精度。如万能工具显微镜要求其 X 向运动（纵向）与 Y 向运动（横向）垂直度误差在 0.003mm/100mm 以内，对于三维测量与定位还要求 X、Y、Z 的 3 个方向垂直度精度。如 UMM500 型三坐标测量机要求 3 个坐标方向导轨运动的直角差小于等于 1″。

（2）导轨的接触精度　在动导轨与静导轨接触部位，由于微观的不平度，造成实际接触面积只是理论接触面积的一部分，从而造成接触变形，在导轨运行一段时间后，由于接触变形和磨损而产生动导轨及滑架扭摆。

通常对于精密滑动导轨和滚动导轨，要求在全长的接触应达到 80%，在全宽上达到 70%；对于刮研表面，用着色法检验时，每 25mm×25mm 面积内，接触点数不少于 20 个。

　　减小导轨表面粗糙度值可以有效地提高接触精度，通常滑动导轨的动导轨要求 Ra 在 $0.8\sim0.2\mu m$ 范围内，静导轨的表面粗糙度 Ra 在 $0.4\sim0.1\mu m$ 范围内。对于滚动导轨，滚动表面的粗糙度 $Ra\leqslant0.2\mu m$。

　　实际上二维空间和三维空间内的某点，因导轨引起的误差是很复杂的。对平面坐标测量系统来说，其误差有：单坐标方向的水平面内和垂直面内直线度误差；还有每个方向的扭摆误差，分别为摆动误差、俯仰误差和偏转误差；此外还有单轴方向导轨的平行度误差及两副导轨间的垂直度误差共 13 项。

（二）导轨运动的平稳性

　　导轨运动的不平稳现象，主要出现在其低速运动时，导轨运动的驱动指令是均匀的，而与动导轨相连的工作台却出现一慢一快，一跳一停的现象，称为"爬行"。显然"爬行"现象不仅影响工作台运动的平稳性，同时也影响工作台的定位精度。

　　"爬行"是一个复杂的现象，其主要原因有：①导轨间的静、动摩擦系数差值较大；②动摩擦系数随速度变化；③系统刚度差。为进一步分析"爬行"现象可将带有导轨、工作台的机械传动装置简化为如图 5-6 所示的力学模型。主动件 1（电动机等）通过弹性环节 2（螺纹、丝杠或齿轮传动等）推动动导轨及其上的工作台 3 运动，4 是导轨间

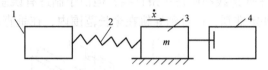

图 5-6　直线运动的力学模型

的阻尼。当电动机驱动传动环节带动工作台低速运动时，首先压缩弹性环节，使工作台 3 受力。开始时压缩量小，所产生的弹性力小，还不足以克服工作台及动导轨与静导轨之间的摩擦力，工作台不动，此时静摩擦力 $F_{静}=mf_{静}$。当电动机继续转动并进一步压缩弹性环节时，压缩量 x 增加使弹性力 Kx 增加，当 $Kx\geqslant F_{静}$ 时，工作台开始运动，见图 5-7 中 a 点，此时压缩量为 x_1。工作台运动后，摩擦阻力由 $F_{静}$ 变为 $F_{动}=mf_{动}$，而动摩擦力小于静摩擦力，从而使工作台产生加速运动。若电动机转速低而 $\Delta F(F_{静}-F_{动}=\Delta F)$ 又很大，传动系统刚度 K 又较低时，运动部件将被加速，其速度很快地超过电动机速度，使弹簧压缩量开始减小。当

弹簧的压缩长度从 $mf_{静}/K$ 减小到 $mf_{动}/K$ 时到达图 5-7 中 b 点，此时压缩量是 x_2，运动部件受的外力是平衡的，但由于它本身的惯性使它继续运动到 c 点，然后停止下来。电动机又开始压缩弹性环节，当压缩量又达到 x_1 时到达 a' 点，然后又使工作台 3 加速……从而出现周期性重复"爬行"现象。

　　从上述分析可以看出，"爬行"是

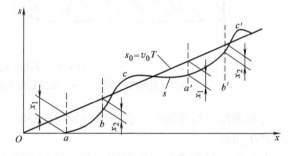

图 5-7　爬行现象的力学模型

一个摩擦自激振动问题，其驱动力为 $K(x_0+vt-x)$，惯性力为 $m\ddot{x}$，动摩擦力 F_d 和阻尼力 F_n，并且有

$$K(x_0+vt-x)=m\ddot{x}+F_d+F_n \tag{5-13}$$

其中动摩擦力 F_d 在低速范围内是随速度增加而降低的，为分析方便，将其近似地分解为恒定分量 F 和随速度增加而降低的分量 $-r_1\dot{x}$，故 $F_d=F-r_1\dot{x}$。而阻尼力 $F_n=F-r_2\dot{x}$，这样式（5-13）可写成

$$K(x_0 + vt - x) = m\ddot{x} + (F - r_1\dot{x}) + r_2\dot{x} \tag{5-14}$$

式中，v、x 分别为工作台移动速度和位移；x_0 为工作台开始移动前瞬间弹性环节压缩量；K 为弹性环节刚度；r_2 为阻尼系数；m 为运动部件的质量。

式（5-14）还可写成

$$m\ddot{x} + (r_1 - r_2)\dot{x} + Kx = Kx_0 - F + Kvt$$

因 $Kx_0 = F_0$（开始移动前的瞬间静摩擦力），令 $F_0 - F = \Delta F$，则

$$m\ddot{x} + (r_1 - r_2)\dot{x} + Kx = Kx_0 - F + Kvt \tag{5-15}$$

解式（5-15），其通解为 $\ddot{x} + \dfrac{r_1 - r_2}{m}\dot{x} + \dfrac{K}{m} = 0$ 的解。

令

$$\frac{r_1 - r_2}{m} = 2\delta, \frac{K}{m} = \omega_0^2, \delta = \xi\omega_0$$

式中，ω_0 为系统固有角频率；ξ 为阻尼比。

解式（5-15），并利用边界条件 $t=0$ 时，$\dot{x}=0$，$\ddot{x}=\dfrac{\Delta F}{m}$，可求出

$$\dot{x} = v\left\{1 - e^{\xi\omega_0 t}\left[\cos\omega_0 t + (\xi - A)\sin\omega_0 t\right]\right\} \tag{5-16}$$

式中，A 为运动均匀性系数，可以解出

$$A = \frac{\Delta F}{v\sqrt{Km}} \tag{5-17}$$

由式（5-16）可以看出，移动速度包含恒定分量和振动分量，而阻尼系数和均匀性系数 A 是振动分量的主要变量。如果出现振动分量极值大于恒定分量，运动将出现停顿，即出现爬行现象。因此不发生爬行的条件是

$$e^{\xi\omega_0 t}\left[\cos\omega_0 t + (\xi - A)\sin\omega_0 t\right] < 1 \tag{5-18}$$

临界条件为

$$e^{\xi\omega_0 t}\left[\cos\omega_0 t + (\xi - A)\sin\omega_0 t\right] = 1 \tag{5-19}$$

此时的临界系数 A 称为临界均匀性系数 A_c，可解得

$$A_c \approx \sqrt{4\pi\xi} = \sqrt{2\pi(r_1 - r_2)/\sqrt{Km}} \tag{5-20}$$

由式（5-17）和式（5-20）可得临界速度 v_c

$$v_c = \Delta F / \sqrt{4\pi\xi mK} \tag{5-21}$$

要减小爬行，应使临界速度降低，即应减小动摩擦力与静摩擦力之差 ΔF，增加系统阻尼和增加弹性环节刚度。由于气体和液体静压导轨的动、静摩擦系数之差几乎为零，因此该类导轨可认为无爬行。而滚动导轨虽然其 $\Delta F > 0$，但远比滑动摩擦导轨小，故爬行也较小。此外，当运动部分润滑较好时也可使爬行减小。

（三）刚度要求

导轨受力会产生变形，其中有自重变形、局部变形和接触变形。

自重变形是作用在导轨上零部件的质量造成的。如图 5-8 所示的三坐标测量机横梁导轨，因自重和测头质

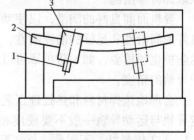

图 5-8　导轨自重变形
1—测头　2—横梁　3—箱体

量引起弯曲变形。减少的办法有：①采用刚度设计，如有限元法；②结构设计，如设计加强肋；③补偿措施，如用螺钉或其他方法反变形。

局部变形发生在载荷集中的地方，如立柱与导轨接触部分。

接触变形是由于微观不平度造成实际接触面积仅是名义接触面积的很小一部分，如图5-9所示。

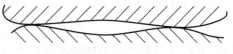

图 5-9　接触变形

接触变形 $\delta = p/K_j$，当压强 p 很小时，而接触变形 δ 大，则接触刚度 K_j 比较小；当压强加大时，又有一些新的接触点产生，从而使刚度 K_j 增大。压强 p 与变形 δ 之间成非线性关系，如图5-10所示。

为了减少接触变形，可以采用预加载荷的办法增加接触刚度，对于固定不动的接触面，预加载荷一般大于活动件及其上的部件的重力与外载荷的和；对于活动的接触面，预加载荷一般等于活动件及其上工件等的重力和。

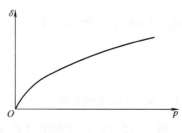

图 5-10　压强 p 与变形 δ 之间的关系

对于名义接触面积为 $100 \sim 150 \mathrm{cm}^2$ 且配合较好的表面，钢和铸铁的接触变形可按下面经验公式估算：

$$\delta = c\sqrt{p} \tag{5-22}$$

式中，c 为与粗糙度有关的系数，对于精刮导轨面和磨削导轨面为 $0.47 \sim 0.62$，研磨表面为 0.22；p 为接触面间的平均压强（MPa）。

（四）耐磨性要求

导轨应耐磨，以提高其使用寿命。因为动导轨面均匀磨损后，会使导轨精度下降。导轨的耐磨性与摩擦性质、导轨材料、加工工艺方法及受力情况有关。气体摩擦导轨、液体摩擦导轨和弹性摩擦导轨几乎不磨损；滑动导轨与滚动导轨相比因滚动摩擦系数远小于滑动摩擦系数，因此滚动摩擦导轨不仅运动灵活，寿命也较长。对滑动摩擦导轨，其耐磨性与导轨面间比压有关。导轨面的比压 p_s 是指导轨单位面积上承受载荷的能力

$$p_s = \frac{W}{S} = \frac{W}{BL} \tag{5-23}$$

式中，W 为载荷（N）；S 为承载面积（cm^2）；B 为导轨面宽度（cm）；L 为动导轨长度（cm）。

对于大、中型仪器导轨面允许比压最大值为 $0.07\mathrm{MPa}$，平均比压约为 $0.04\mathrm{MPa}$。由式（5-23）可以看出，增大导轨面宽度 B，可以减少比压 p_s。若还不能满足要求时，应采取卸荷等措施。

导轨面间良好的润滑，以使动静导轨之间形成油膜，可以改善磨损状况。润滑油应具有良好的润滑性和足够的油膜刚性，温度变化时黏性变化要小，不腐蚀机体，杂质要少。导轨的防护也很重要，如加防护罩可以防止灰尘和污物进入导轨，有利于延长导轨使用寿命和保护导轨的精度。

合理地选择材料和热处理工艺是提高导轨耐磨性的重要途径。为了提高导轨耐磨性，固定导轨与运动导轨一般不要硬度相同，据有关资料报道，固定导轨硬度比运动导轨硬度高 $1.1 \sim 1.2$ 倍最好。不同导轨材料配合，有利于提高导轨的寿命。

常用以下不同硬度材料配合：

铸铁—铸铁导轨；

铸铁—淬硬铸铁导轨；

铸铁—淬硬钢导轨；

铜合金—钢导轨；

塑料导轨（聚四氟乙烯）—铸铁导轨，有较好的抗震性和耐磨性，且温度适应性广（－200～＋280℃），摩擦系数小。

长导轨很难各处均匀磨损。不均匀的磨损会影响精度，因此长导轨应采用耐磨和硬度高的材料。导轨经过热处理后，耐磨性明显提高。常用的热处理方法有电接触表面淬火、中频淬火以及高频淬火等。

电接触表面淬火是采用大电流、低电压，通过滚轮接触导轨面，使表面形成封闭的花纹。淬火后，硬度可达到50HRC以上，淬火变形小，淬火深度为0.2～0.3mm，无须再进行加工，耐磨性提高1～2倍。这种方法简单，成本低，变形小。

高频淬火，HT200～HT400铸铁淬火后硬度可达48～53HRC，淬深1.2～2.5mm，淬火后要再进行磨削加工。一般高频淬火后，耐磨性提高2倍以上。这种方法，生产效率高，质量稳定，适于中小型机械生产。

淬硬钢制成的"镶钢导轨"耐磨性比铸铁导轨高5～10倍。40Cr、T8、T10、GCr15钢淬火后硬度达800～1000HV，20Cr、20CrMnTi渗碳淬火后硬度达56～62HRC，淬硬深度大于1.5mm。

38CrMnAl钢经过氮化处理硬度达800～1000HV，淬硬深度大于0.5mm。

镶钢导轨的工艺过程比较复杂，成本较高，多用于滚珠导轨。这类导轨紧固后可能产生变形，为了保证必要的几何精度，最好在紧固后再进行刮磨修正。

在精加工后的导轨面上涂一层磷酸盐润滑薄膜，耐磨性可提高3倍，摩擦系数减小30%～50%，并能改善导轨面的微观几何形状。在25mm/min的进给速度下，工作台不会出现爬行现象。

镶塑料导轨具有摩擦系数小、耐磨性好、工艺简单、成本低等优点。对于润滑不良或无法润滑的垂直导轨以及要求重复定位精度高，微进给移动无爬行现象的情况下采用此种导轨最为适当。

塑料导轨的材料多为聚四氟乙烯导轨，如图5-11所示。它由三层结构组成，表面层1是含铅的聚四氟乙烯层，其厚为0.025mm，中间层2是烧结的多孔青铜颗粒，底层3是钢板。导轨板厚为1.5～3mm。其线膨胀系数与钢相同，用环氧树脂与机座导轨黏结，不会有脱层现象，且成本低。摩擦系数为0.04～0.06，动静摩擦系数极相近。

合理地选择加工方法也可以提高导轨的耐磨性。图5-12为不同加工方法对导轨耐磨性影响图。

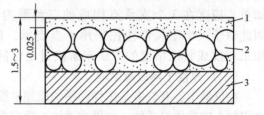

图 5-11　塑料导轨板结构图

1—聚四氟乙烯层　2—青铜颗粒　3—钢板

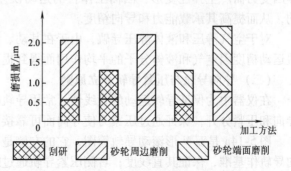

图 5-12　不同加工方法对导轨耐磨性影响图

当运动导轨与固定导轨面均采用刮研的配合面及动导轨面用砂轮端面磨削，静导轨面采用刮研时的配合面，其磨损转小。磨损达到一定程度后，磨损速度与加工方法无关。

三、导轨设计应遵守的原理和准则

（一）运动学原理

导轨设计时应首先保证导向精度，而运动件，如滑架、工作台等都装在动导轨上，因而导轨的方向精度是十分重要的。为了保证导向精度，在导轨设计时应遵守运动学原理。运动学原理是把动导轨视为有确定运动的刚体，设计是不允许有多余的自由度和多余的约束，即只保留确定运动方向的自由度。刚体运动有6个自由度，即沿 X、Y、Z 轴移动和绕 X、Y、Z 轴的转动。对于直线运动导轨，必须限制其绕 X、Y、Z 轴的转动和沿另两个轴的移动，只保留一个自由度，以使运动只沿这一方向运动。图 5-13a 是 V 形与平面导轨的组合，它限制了绕 X、Y、Z

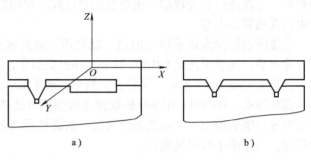

图 5-13　两导轨组合
a）V 形与平面导轨组合　b）双 V 形导轨组合

轴的转动和沿 X、Z 方向的移动。图 5-13b 是双 V 形导轨组合，显然，双 V 形导轨克服了单 V 形导轨不能限制绕 Y 轴转动的缺陷；但同时左右两 V 形导轨均保留了沿 Y 轴的移动，若其运动方向平行度不好，则会产生"卡死"现象，因此需要提高加工精度来解决过定位问题。

对于承受重力的支承导轨，则应符合3点定位的运动学原则，这时的支承是最稳的。但是动导轨在支承导轨上运动时，应保证动导轨及其上的工作台滑架始终保持平稳状态，即重心应落在3个支承点构成的三角形内。此三角形越小其不稳定的可能性就越大。因此对于大中型仪器往往采用4点支承，这时必定产生过定位，在仪器中常采用提高加工精度或装配精度的方法来解决过定位问题。

（二）弹性平均效应原理

在仪器中，有许多是按弹性平均原理来设计导轨的。如滚动导轨，是在动导轨与静导轨之间加上滚动体组成的。如果滚动体个数很多，如支承滚动体远多于3个，导向滚动体远多于2个，那么这些滚动体尺寸不可能完全一致，当导轨装配施加预载荷时，少数偏大的滚动体因受力而产生弹性变形，因而工作台的运动误差，将因导轨副的弹性平均效应而得到平均，从而提高其承载能力和导向精度。

对于空气静压和液体静压导轨，由于在其动、静导轨之间充满压缩空气或液压油，其导轨运动精度因空气和液体分子的平均作用而得到提高。

（三）导向导轨与压紧导轨分立原则

在仪器中为保证导轨运动的直线性，常用导轨的一面作为导向面，另一面作压紧面，即导向和压紧分开，保证通过压紧力使导向面可靠接触，保证导向精度。

图 5-14a 是双 V 形滚动导轨简图，它的左侧是导向导轨，右侧是压紧导轨。装配时用导向导轨作基准，保证其直线度；右侧压紧导轨通过螺钉调节（2个或3个）来施压，并可在一定程度上纠正运动的直线度。图 5-14b 是万能工具显微镜所用的导轨布置图。其横向由 3

个横向滚动轴承 3 支承并作垂直平面内导向。横向水平方向导向是由横向导向导轨 10 的导向面与横向导向滚动轴承 12（2 个）来保证。纵向支承由 4 个纵向支承滚动轴承 6（图中仅画出 2 个）及相应的导轨来实现，同时保证垂直平面内的导向精度；纵向水平面内的导向由纵向导向导轨 8（2 根）的导向面与纵向导向滚动轴承 9 来保证。滚动轴承 1 和 7 分别为横向和纵向的压紧轴承。由于导向面与压紧面分立，所以有利于保证导向精度，同时又给装调及加工带来方便。

四、滑动摩擦导轨及设计

滑动导轨是支承件和运动件直接接触的导轨。优点是结构简单、制造容易、接触刚度大；缺点是摩擦阻力大、磨损快，动、静摩擦系数差别大，低速度时，易产生爬行。

（一）滑动摩擦导轨的截面形状

滑动导轨一般都由支承面和导向面组成。对于平导轨，其支承面和导向面是分开的；对于燕尾形导轨和 V 形导轨，其支承面和导向面是不分开的，它们同时起着支承和导向的作用。由支承面和导向面组成的导轨截面形状有 4 种，即矩形、V 形、圆柱形及燕尾形，它们的截面形状及其特点见表 5-3。

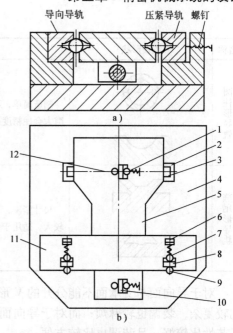

图 5-14　导轨布置图
a) 双 V 形导轨导向与压紧　b) 万工显导轨布置图
1—横向压紧轴承　2—横向支承导轨　3—横向支承滚动轴承　4—基座　5—横向滑架　6—纵向支承滚动轴承　7—纵向压紧轴承　8—纵向导向导轨　9—纵向导向滚动轴承　10—横向导向导轨　11—纵向滑架　12—横向导向滚动轴承

表 5-3　导轨的截面形状及其特点

名称	截面形状	特点及其应用
V 形导轨		导向精度随顶角 α 的大小而异。α 愈小导向精度愈高。顶角一般取 90°。两侧面磨损后，能自动补偿间隙。凸形导轨有利于排除污物，但不易保存油液。凹形导轨则相反。水平与垂直两方向误差互相影响使制造与检修困难。适用于中、大型仪器导轨
矩形导轨		导向精度低于 V 形导轨，刚度高，加工、检修方便。水平和垂直两方向导轨的误差不会相互影响，可分别设计。承载能力大，新制的导轨精度可以很高，但磨损后不能自动补偿，需用镶条调节。大、中、小型仪器导轨均可采用，一般用在载荷大、刚度高的场合

（续）

名称	截面形状	特点及其应用
圆柱形导轨		制造简单，可达到精密配合，对温度变化比较敏感，间隙小很容易卡住；间隙大会使精度下降。磨损后不易调整间隙。适用于小型仪器的立柱等地方
燕尾形导轨		尺寸紧凑，调整间隙方便，能承受倾覆力矩。但制造、检修较复杂，摩擦力较大。适用于受力小、层次较多、尺寸紧凑、速度低的部件

对于导向面与支承面不能分开的 V 形和燕尾形导轨，其工艺一般比较复杂，装调也较麻烦；而对于导向面与支承面分开的导轨，加工工艺性比较好，且装调也比较方便。

根据导轨设计的运动学原理，如果只采用单根导轨的话，只有燕尾形导轨没有多余自由度，其余 3 种截面的单根导轨都有一个多余转角自由度，即在垂直于导轨平面内有转角，而且抵抗颠覆力矩能力差，导轨易变形，因此常用的滑动导轨都由两条导轨组合而成。

（二）滑动摩擦导轨的组合形式及其特点

常用的导轨组合形式有以下几种：

（1）V 形和平面组合导轨　如图 5-15 所示，这种导轨保持了 V 形导轨的导向性好、平导轨制造简单、刚性好等优点，且避免了由于热变形所引起的配合状况的变化，应用较为广泛。缺点是导轨磨损不均匀，一般是 V 形导轨比平导轨磨损快，且牵引力的位置不在两导轨的中间。

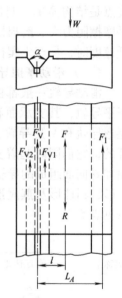

图 5-15　三角形和平面组合导轨

采用这种导轨组合时，由于 V 形导轨和平导轨的摩擦力不相等，故必须合理安排牵引力的位置，使导轨的摩擦力组成的合力 R 与牵引力 F 在同一直线上，否则就会产生力矩，造成 V 形导轨对角接触，影响运动件的导向精度。

设两导轨中心线的距离为 L_A，工作台等总重力 W 作用在两导轨中间，摩擦阻力的合力 R 与 V 形导轨的距离为 l，摩擦系数为 f，则平导轨摩擦力为

$$F_1 = \frac{1}{2}Wf$$

V 形导轨摩擦力为

$$F_V = \frac{Wf}{2\sin\dfrac{\alpha}{2}} \qquad (F_V \approx F_{V1} + F_{V2} = 2F_{V1})$$

因 $F_V l = F_1(L_A - l)$，所以

$$l = \frac{L_A}{\left(\sin\frac{\alpha}{2}\right)^{-1} + 1} \qquad (5-24)$$

从式（5-24）可知，合力的位置与 V 形导轨半角大小有关。当半角 $\alpha/2 = 30°$、$45°$、$60°$时，$l = 0.33L_A$、$0.414L_A$、$0.46L_A$，只有 $\alpha = 180°$时，$l = L_A/2$，即两个导轨都是平导轨，合力的位置才能在两导轨的中间，与工作台等总重力在同一直线上。求出的合力位置，就是牵引力布置的位置。

（2）双 V 形组合导轨（见图 5-13b） 两条 V 形导轨，能同时起着支承和导向作用，并能承受一定倾侧力矩；磨损较均匀，使用寿命长；能采用同时研磨两条导轨的基准研具，并能翻转自研；工作台亦能在机身导轨上翻转自检，驱动力的位置可对称地放在两导轨中间。这种导轨加工、检验和维修都比较困难，是过定位，需要较高的技术及精密的基准研具进行精研，机身导轨与工作台导轨的热变形量不同时，很难保证良好的接触，适于作精密仪器的导轨。

（3）双矩形组合导轨 见图 5-16，闭式双矩形导轨的承载面 1 与导向面 2 都是平面，因而制造和检验比 V 形和燕尾形导轨容易，承载能力大。辅助导轨面 3 用压板调节间隙；导向面 2 用镶条调节间隙，如图 5-16a 所示。它的导向面是在两对导轨的外侧，距离较大，受热膨胀时的变形量较大，所以要在侧面留有足够的间隙，因此影响导向精度。适用于承载较大的普通精度的设备。

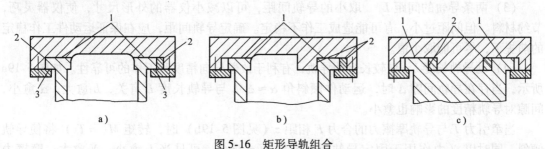

图 5-16 矩形导轨组合
1—承载面 2—导向面

图 5-16b 的导向面 2 是在两条导轨某一边的内外侧，由于导轨之间的距离较小，故热膨胀时的变形也小，间隙也可相应减少，因而导向精度稍好，较图 5-16a 型式组合应用得更为广泛。但要注意当牵引力安排不当时，会使工作台倾斜，甚至卡住。

图 5-16c 的导向面是在平导轨的两内侧，导向面的距离较小，加工测量方便，可取较小的间隙，导向精度较高。

采用对称组合（见图 5-16c）可以避免由于牵引力与导向中心不重合而引起的偏转。

（4）燕尾组合导轨 由于燕尾导轨符合运动学原理，理论上它只需一根导轨即可，但考虑到导轨间隙调节及磨损后的调节，故还应加一根镶条，如图 5-17 所示。

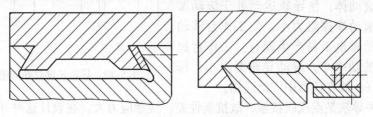

图 5-17 燕尾组合导轨

（5）双圆柱导轨　如图 5-18 所示，圆柱导轨工艺性好，导向精度不高，对温度变化敏感。为防止倾覆和旋转而做成双圆柱形式，它适用于只承受轴向力的场合。在对旋转和倾覆影响要求不高时，也可用单根圆柱加防转的措施来解决，如加导向键等。

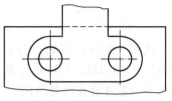

图 5-18　双圆柱导轨

（三）导轨主要尺寸的确定

（1）导轨面宽度 B　导轨面宽度与导轨的承载能力有关，在导轨长度相同的情况下，宽度 B 愈大，运动件承载力也愈大。

已知载荷 W 并选择出合理的压强 p，由式（5-23），导轨宽度即可求出

$$B = \frac{W}{pL} \tag{5-25}$$

式中，L 为动导轨长度。

（2）V 形导轨角度　V 形导轨角度以采用 90°为宜，因为刮研这种导轨的方形研具刚性好，制造和使用方便，能进行自检，用它来刮研可保证 90°角，有很高的精度。

小于 90°角可以提高导向性，但磨损会使精度急剧降低。过小还会使工作台移动时有楔紧作用，增大摩擦阻力。大于 90°角，能减少压强，但导向性较差。

（3）两条导轨的间距 L_A　取小的导轨间距，可以减小仪器的外形尺寸，使仪器灵巧，节约材料。但间距过小，有可能造成工作不稳定。确定导轨间距，应在保证运动件工作稳定的前提下，尽可能取小值。

（4）动导轨长度 L　取较长运动导轨，有利于改善导向精度和工作的可靠性。如图 5-19a 所示，当存在导轨间隙 Δ 时，运动件倾斜角 $\alpha \approx \Delta/L$ 与导轨长度 L 有关，L 愈大，α 愈小，间隙对导轨精度的影响也愈小。

当牵引力 T 与导轨摩擦力的合力 F 相距 z（见图 5-19b）时，转矩 $M(=Tx)$ 将使导轨倾斜，同时以 N 力作用于固定导轨上，此时 $N=Tx/L$。可见当 L 愈小，N 愈大，摩擦力 $F=Nf$（f 为摩擦系数）也愈大。若不考虑运动件的质量所产生的摩擦阻力，当 $x \geqslant L/(2f)$ 时，运动件将自锁，无法前进。

由此可见，取较长导轨比较有利，但过长则使工作台庞大而笨重。根据经验取 $L=(1.2 \sim 1.8)L_A$。固定件导轨长度决定于运动件导轨长度和它的行程。

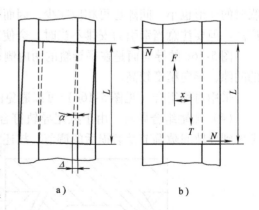

a)　　　　　　　b)

图 5-19　导轨长度对导向精度的影响

五、滚动摩擦导轨及设计

滚动摩擦导轨是在两导轨面之间放入滚珠、滚柱、滚针等滚动体，使导轨运动处于滚动摩擦状态。由于滚动摩擦阻力小，使工作台移动灵敏，低速移动时也不易产生爬行。工作台起动和运行消耗的功率小，滚动导轨磨损小，保持精度持久性好，故在仪器中广泛应用。

但是，这种导轨是点或线接触，故抗震性差，接触应力大。在设计这种导轨时，对导轨的直线度和滚动体的尺寸精度要求高。导轨对脏物比较敏感，要很好的防护，其结构比滑动

导轨复杂，制造困难，成本高。

（一）滚动导轨的结构形式及其特点

滚动导轨按不同的滚动体可分为滚珠导轨、滚柱导轨、滚针导轨和滚动轴承导轨等。

1. 滚珠导轨

（1）双 V 形滚珠导轨（见图 5-20a） 它运动灵敏度较高，能承受不大的倾覆力矩。这种导轨的 V 形角一般取 90°。V 形角小（如采用 75°）可以提高导向精度，但增大了导轨面受的力，对寿命不利。对导轨 V 形角 $2\theta_1$ 与 $2\theta_2$ 的差值要求不严，工艺性比较好，但是这种导轨承载能力较小，而且易压出沟槽，使导轨表面因疲劳削落而损坏。因此，这种导轨适用于载荷不大，行程较小，而运动灵敏度要求比较高的地方。为提高其承载能力，可将 V 形导轨面做成小圆弧形，如图 5-20b 所示。

（2）双圆弧滚珠导轨 在计量光学仪器中（如小型工具显微镜、投影仪等）使用双圆弧导轨（见图 5-20c）的很多，它的滚珠半径 R_1 和滚道半径 R_2 比较接近（$R_1/R_2 = 0.90 \sim 0.95$），接触角度 θ 一般取 45°，导轨和滚珠的接触面积较大，接触点应力较小，变形也较小，承载能力强、寿命长。但是，摩擦力比 V 形滚珠导轨大，双圆弧导轨的形状复杂，制造比较困难，所以不易达到高精度。

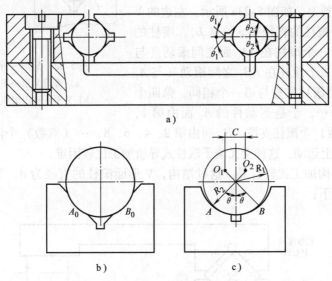

图 5-20 V 形滚珠导轨

a）常用双 V 形滚珠导轨 b）V 形小圆弧导轨 c）双圆弧导轨

（3）4 圆柱棒滚道的滚珠导轨 这种导轨由 4 根耐磨的圆柱棒和滚珠组成，如图 5-21 所示。滑板直线运动时，滚珠在圆柱棒间滚动。由于圆柱棒很容易加工到较高的精度，安装圆柱棒的导轨座，经过仔细的刮研，也容易保证两圆柱棒安装后的平行度。因此，这种导轨的运动精度和运动的灵活性都比较高，而且圆柱磨损后，只需将其转过一个角度，仍能保持导轨的原始精度，维修极为方便。它的主要缺点是承载能力不大，故多适用于较轻

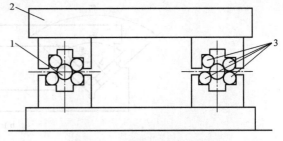

图 5-21 4 圆柱棒滚珠导轨

1—滚珠 2—滑板 3—圆柱棒

巧的仪器上（如掩膜检查显微镜工作台）。

（4）V形—平面滚珠导轨 以上3种滚珠导轨，在运动学上均为过定位，在图5-22所示的结构中，一边导轨用V形，另一边是平面，这样既保证了确定运动，又没有过定位，加工和装配都方便。缺点是左右两排滚珠中心运动速度 $v_n > v_m$，如图5-22b所示，若用一个隔离架把这两排滚珠联系起来，就会产生强迫的运动。因此，左右导轨的隔离架分开为好。万能工具显微镜19JA就采用了V形—平面滚珠导轨。由于可以以磨代研，因而大大提高了生产效率。

2. 滚柱（针）导轨

（1）V形滚柱导轨 这种导轨的承载能力比较大，耐磨性能好，对导轨面的局部缺陷不敏感，但V形角 φ_1 与 φ_2 差值要求较严，灵活性不如滚珠导轨，因此多用在重型仪器上。如图5-23a所示，左边的V形槽里排满滚柱（滚柱的直径 $D >$ 长度 L），滚柱的轴线互相交错，第一个滚柱在 AA_1 面之间滚动（与 B_1 面不接触），第二个滚柱在 BB_1 之间滚动（与 A_1 面不接触），第三个滚柱位置与第一个相同，第四个又和第二个相同……，于是运动件的 A_1 面由第1，

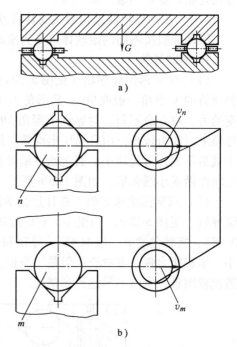

图5-22 V形—平面滚珠导轨
a）常用V形—平面滚珠导轨
b）V形—平面滚珠导轨运动分析

3，5，7，…（单数）个滚柱支撑，B_1 面由第2，4，6，8，…（双数）个滚柱支撑。右边的滚柱则在平面导轨上运动。这种交叉滚子滚柱式导轨加工比较困难。

图5-23b的结构加工比较容易。这种结构，V形面滚柱的直径为 d，平面滚柱的直径为 d_1，二者的关系如下：

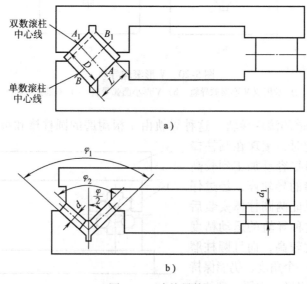

图5-23 滚柱导轨
a）交叉滚柱导轨 b）V形—平面滚柱导轨

$$d = d_1 \cos \frac{\varphi}{2} \tag{5-26}$$

式中，φ 是 V 形导轨的 V 形角。

在取出滚柱时，上下导轨正好可以相互研配，所以加工比较方便。

滚柱结构有空心和实心的两种，空心滚柱在载荷作用下有微小的弹性变形，可减少导轨和滚柱尺寸差对工作台运动直线度的影响，我国生产的 GGB-1 型光电光波比长仪就是采用长为 30mm、外径 18mm 的空心滚柱。图 5-24 是其工作台导轨结构简图。为使导轨能在任何需要的位置上稳定地定位，在工作台内装有阻尼装置。用弹簧 1 将阻尼块 2 压在两条辅助面上，这种导轨的技术要求很高。基座导轨直线度为 0.005mm/1000mm 及 0.01mm/全长；工作台导轨的直线度和平行度均为 0.005mm/全长。

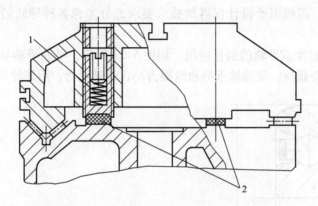

图 5-24 光电光波比长仪工作台导轨结构简图
1—弹簧 2—阻尼块

滚针的尺寸比滚柱小，结构更紧凑。在同样长的导轨上，滚针排列比滚柱密集，承载能力更大，对导轨的局部缺陷更不敏感，适用于受载大且结构紧凑的仪器上。

（2）平面滚动导轨（滚珠或滚柱） 如图 5-25 所示，其主要优点是形状简单，加工比较容易。左右两条导轨用铬钨锰（CrWMn）钢淬火后加工而成，上表面起支承作用，侧面起导向作用，左面使用聚四氟乙烯触头导向。聚四氟乙烯摩擦力小而且耐磨。右面轴承靠弹簧的力量压紧在导轨上，使左面触头与导轨可靠地保持接触。

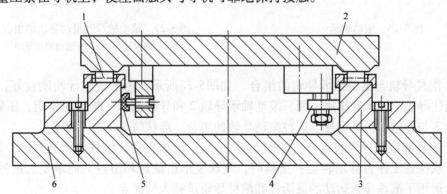

图 5-25 平面滚动导轨
1—滚柱 2—上动板 3—导轨 4—压紧轴承 5—导向触头 6—下动板

导轨的工作表面用研磨平板精研，表面粗糙度 $Ra = 0.025\mu m$，平直度误差不超过 $0.5\mu m$，滚动件采用 $\phi 6mm$ 的滚柱，分 4 组安装，每组 3 个。滚柱经过严格挑选，直径互差不超过 $0.2\mu m$。导轨直线度误差在垂直和水平面内，都不超过 $1.5''$。

（3）滚动轴承导轨　滚动轴承不仅起着滚动体的作用，而且本身就是一种导轨。它的主要特点是摩擦力矩小，运动灵活，承载能力大，调整方便，故用于大型仪器上，如万能工具显微镜、三坐标测量机及测长仪等。

用作导轨的滚动轴承与轴承厂供应的标准滚动轴承有所不同，其外环旋转、内环固定，外环既作承载又作导向。所以外环不仅比标准滚动轴承厚，而且精度高，如万能工具显微镜和三坐标测量机用的滚动轴承的径向跳动要求在 $0.5 \sim 1\mu m$ 范围（见图 5-26）。

（二）滚动摩擦导轨的组合应用

在实际应用时，需根据所设计仪器的技术要求充分考虑各种导轨的特点，合理地进行组合。

（1）滚动与滑动摩擦导轨的组合应用　如图 5-27 所示，平面滑动导轨 1 接触面大，刚性好，用于承受主要载荷。滚动轴承导轨摩擦力小，运动灵活，用作导向。

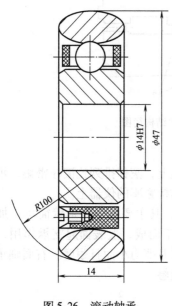

图 5-26　滚动轴承

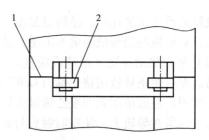

图 5-27　滚动轴承和滑动导轨的组合
1—平面滑动导轨　2—滚动轴承导轨

（2）滚柱导轨与滚动轴承导轨的组合　如图 5-28 所示，由于滚柱导轨刚性好，这里采用 4 条滚柱导轨 1 起承载作用，两只滚动轴承导轨 2 和导向轴承 3 起导向作用，压紧轴承 4 保证轴承 3 与导轨 2 可靠接触。这种滚动导轨的组合，形状简单，加工容易。

（3）滚柱和滚珠导轨的组合　如图 5-29 所示。滚珠直径比滚柱稍大数微米，轻载时，由滚珠承载保证工作台移动轻便；重载时，滚珠变形由滚珠和滚柱共同承受。这种组合导轨，灵活运用了滚珠导轨运动的灵活性和滚柱导轨承载大的优点。

（4）长圆柱轴与 V 形导轨组合　如图 5-30 所示。长圆柱 1 与工作台 2 固定在一起，它代替工作台的 V 形导轨。由于圆柱加工方便，对 φ 角精度要求不高，可在轻载部件中使用。

其他组合形式还有很多，在此不一一列举。

（三）滚动导轨的结构尺寸

（1）运动导轨的长度 L_d　若要求在行程范围内保持导轨接触刚度不变，则需要运动导轨在移动时始终与滚动体相接触。但滚动体保持架的移动速度只是动导轨移动速度的一半，因此保持架的长度 L_B 为

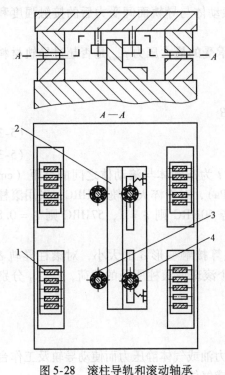

图 5-28　滚柱导轨和滚动轴承
导轨的组合
1—滚柱导轨　2—滚动轴承导轨　3—导向轴承
4—压紧轴承

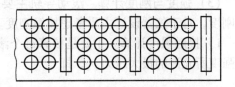

图 5-29　滚柱与滚珠导轨组合导轨的组合

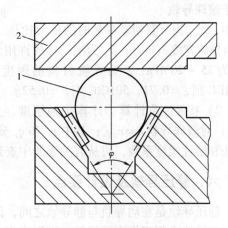

图 5-30　长圆柱轴与 V 形
导轨组合
1—长圆柱　2—工作台

$$L_B = L_d + \frac{l}{2}$$

因而

$$L_d = L_B - \frac{l}{2} \tag{5-27}$$

式中，l 为动导轨的行程长度。

若对导轨刚度的均匀性要求不高，则可适当缩小长度。

（2）滚动体的尺寸和数量　因为承载能力与滚动体的数量 z 和滚动体直径 d^2 成正比，所以为了提高接触刚度，增大直径比增加数目更为有利。此外，滚动体的直径越大，滚动摩擦系数越小，滚动导轨的摩擦阻力也越小。一般规定最小直径为 $6 \sim 8\mathrm{mm}$。

滚动体的数量也要选择适当，数量过少则导轨的制造误差将明显地影响导轨的位置精度。

实验表明，可用下列各式确定滚动体数目的最大值：

对于滚柱

$$z_柱 \leqslant \frac{W}{4l} \tag{5-28}$$

对于滚珠

$$z_珠 \leqslant \frac{W}{9.5\sqrt{d}}$$
(5-29)

式中，W 为每一导轨所承受的运动件的重力及承载力（N）；l 为滚柱长度（mm）；d 为滚珠直径（mm）。

（3）强度与刚度计算　滚动导轨主要是计算滚动体与导轨面间受力后的接触强度和接触刚度，对于仪器设计主要考虑接触刚度。

1）接触强度计算。主要是核算每个滚动体所承受的最大压力 p_{max} 是否超过导轨材料接触强度所允许的最大压力 p_a，即

$$p_{max} < p_a$$

而
$$p_{max} = p_{smax}tB$$

对于滚柱导轨
$$p_a = \sigma_k dl\xi$$
(5-30)

对于滚珠导轨
$$p_a = \sigma_k d^2\xi$$
(5-31)

式中，p_{smax} 为计算滑动导轨时的最大比压（MPa）；t 为滚动体与滚动体之间的节距（cm）；B 为导轨宽度（cm）；σ_k 为滚动体的许用应力（MPa），对于淬火导轨 60HRC，采用滚柱时 σ_k 为 15～20MPa；ξ 为导轨材料的硬度系数，若 60HRC 则 $\xi = 1$，57HRC 则 $\xi = 0.85$，55HRC 则 $\xi = 0.71$，50HRC 则 $\xi = 0.52$。

2）接触刚度计算。计算接触刚度，主要是核算接触变形 δ 的大小，对滚柱导轨 $\delta = c_1 p_c$；对滚珠导轨 $\delta = c_2 q_c$；其中 p_c 和 q_c 分别为一个滚珠或滚柱所受的载荷，c_1、c_2 分别为滚珠和滚柱柔度系数，可从有关手册中查到。

六、静压导轨及设计要点

静压导轨是在动导轨与静导轨之间，因液体压力油或气体静压力而使动导轨及工作台浮起，两导轨之间工作面不接触，而形成完全的液体或气体摩擦。

根据导轨面间产生静压力的介质不同而分为液体静压导轨和空气静压导轨。

静压导轨的特点是

1）静压导轨的导轨面间摩擦是液体分子摩擦或气体分子摩擦，因而摩擦系数极低（0.0005），故没有爬行，不产生磨损，寿命长，驱动功率小。

2）精度高。静压导轨是根据弹性平均原理设计的，因液体或气体分子的弹性平均作用而使导轨运动精度提高。

3）导轨的承载能力较大，刚度好。液体静压导轨因压力油黏性远大于气体静压导轨的空气黏度，因而液体静压导轨刚性好于气体静压导轨。

4）导轨工作面充满压力油或压缩空气，而有吸振作用，抗震性好。

静压导轨的缺点是结构复杂，调整费事，成本较高，需要一套严格过滤的供油或供气设备。

（一）液体静压导轨

液体静压导轨在导轨上有油腔，当压力油引入后，动导轨和工作台浮起，在导轨面间形成一层极薄的油膜，且油膜厚度基本上保持恒定不变，使导轨具有高的运动精度。

液体静压导轨按导轨形式分为开式和闭式，按导轨形状分为矩形、圆形、三角形等。

（1）开式液体静压导轨工作原理　图 5-31 是开式液体静压导轨工作原理图。它由动导轨 1、静导轨 2、节流器 3、精滤油器 4、液压泵 5、溢流阀 6、滤油器 7 和油箱 8 组成。液压泵 5 起动后，油液从滤油器 7 吸入，溢流阀 6 调节进油压力为 p_s，压力油经精滤油器 4 过滤

后，经节流器 3 压力降到 p_{r0}，然后流入动导轨的油腔。动导轨及其上的工作台自重为 W_0，当油腔充满压力油后将动导轨及工作台浮起，形成一原始间隙 h_0，从而在动、静导轨间形成有一定厚度的油膜。压力油从油腔流出，经过间隙 h_0，由回油槽流回到油腔8。

当外载荷变化时（变化 ΔW），则 ΔW 使导轨 h_0 改变，若外载荷增加，则间隙减小，即 $h < h_0$，从而使回油阻力增大，使油腔内的油压 p_r 升高，即 $p_r > p_{r0}$，以抵抗间隙的减少，当油腔内增加的压力 $(p_r - p_{r0})A_0 n = \Delta W$ 时，处于新的平衡状态（式中 A_0 是有效承载面积，n 为油腔数）。

油腔压力能随外载荷改变的关键在于节流器的节流作用。若节流器处的油阻为 R_{th}，导轨油腔处的油阻为 R_{sl}，则根据流量连续定理有

$$Q = \frac{p_s}{R_{th} + R_{sl}} \text{和} Q = \frac{p_r}{R_{sl}}$$

从而可求得

$$p_r = \frac{p_s}{1 + R_{th}/R_{sl}} = \frac{R_{sl}p_s}{R_{sl} + R_{th}} \tag{5-32}$$

当间隙 h 减小时，将引起 R_{sl} 的增大，从而 p_r 增大来抵抗载荷的变化，保持油腔处油膜的恒定。

闭式液体静压导轨工作原理与开式相似，所不同的是它具有上下油腔，靠其压力差产生平衡外负载的作用。

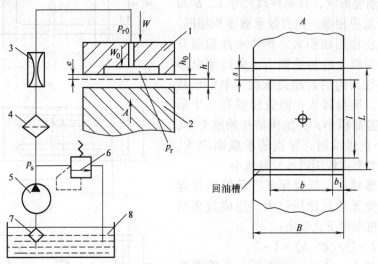

图 5-31　开式液体静压导轨工作原理图
1—动导轨　2—静导轨　3—节流器　4—精滤油器　5—液压泵
6—溢流阀　7—滤油器　8—油箱

（2）液体静压导轨的结构及主要技术参数　图 5-32 是开式和闭式液体静压导轨的结构原理图。

开式液体静压导轨的特点是：①能较好地承受垂直载荷，对偏载引起的倾覆力矩承受能力较差；②结构简单，便于加工和调整；③节流器常采用毛细管式和单面薄膜反馈式。

闭式液体静压导轨的特点是：①承受载荷能力强，对偏载也能较好地承受；②运动精度比开式的好，动态性能也较好；③结构比较复杂，加工和装调比较麻烦；④节流器采用毛细

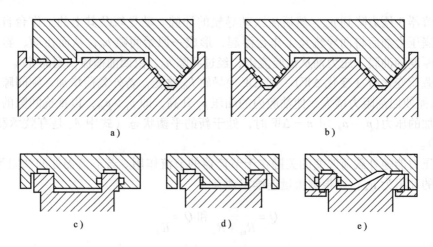

图 5-32　开式和闭式液体静压导轨结构原理图

a) 开式平面—V 形导轨　b) 开式双 V 形导轨　c) 闭式导轨在机身一条导轨两侧
d) 闭式导轨在机身两导轨内侧　e) 闭式导轨在机身两条导轨上下和一条导轨两侧

管式或双面薄膜反馈式。

1) 油腔结构及尺寸：液体静压导轨多采用图 5-33 所示的矩形、直槽形和工字槽形油腔。不论采用哪种油腔形状，只需导轨尺寸 L、B 和油腔尺寸 l、b 对应相等，则有效承载面积相同。矩形油腔的油压作用面积大，导轨未浮起前开始供油时，具有较大的初始推力。突然断电停止供油时主要靠周边的封油边承载，单位承载面上的比压大，磨损较大；而直槽形和工字形油腔较矩形油腔面积小，开始供油初始推力小，突然断电而停止供油时，导轨的承载面积大，比压较小，因而磨损较矩形油腔导轨小。

选择油腔形状时，既要保证有足够的浮起推力，又要避免无油时比压过大，造成过多的磨损。其尺寸可参考下式确定：

$$(L-l)/(B-b) = 1 \sim 2$$

封油面宽度 $b_1 = (B-b)/2$ 是一个重要参数，若 b_1 过小，而导轨精度又差，则难以建立起油腔压力；若 b_1 太大，则会减小油腔有效承载面积和承载能力，一般取 15～40mm，导轨宽度越宽则取大值。

油腔的数量取决于导轨长度、载荷分布情况和支承部件的刚度，一般直线运动导轨，每条不得少于两个油腔。运动导轨长度在 2m 以下

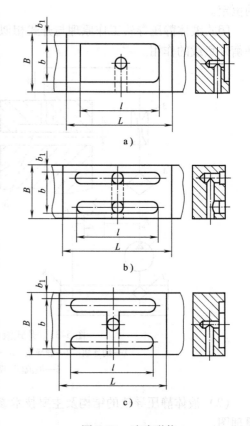

图 5-33　油腔形状

a) 矩形油腔　b) 直槽形油腔　c) 工字槽形油腔

时，可在运动导轨长度内取 2～4 个油腔。当动导轨长度大于 2m 时，油腔间距可取 0.5～1m。载荷分布均匀，仪器设备刚度又较好时，油腔长度可取大值，油腔数量也可少些。一

般情况下，直线运动导轨，油腔开在运动件上。固定导轨的长度应保证动导轨移动时油腔不露出，使油腔能建立正常压力。对于回转运动的静压导轨，其油腔一般开在固定导轨上。

根据载荷分布的不均匀情况，可在同一条导轨面上采用不同截面积的油腔，即承受较大载荷时可用较大面积的油腔，反之应采用较小面积油腔。

2）导轨间隙及导轨的技术要求：导轨间隙即油膜厚度 h_0。h_0 越大，则流量越大；刚度越小，导轨容易出现漂移。导轨间隙小，则流量小，刚度也大，运动平稳性好。但是，导轨间隙受到导轨的几何精度、表面粗糙度、零部件刚度和节流器最小节流尺寸限制，所以导轨间隙又不能取得太小。

经实验，空载时的导轨间隙 h_0 一般取 $0.01 \sim 0.03$mm，大型仪器设备 h_0 可取 $0.03 \sim 0.08$mm。动导轨全长的直线度和平行度，一般要求在 $(1/3 \sim 1/4)h_0$ 之间，导轨的变形也应控制在该尺寸范围内。

导轨材料一般采用铸铁。设计时导轨平均比压（指导轨油腔内没有压力油时）可按下面数值选用：在运动速度较高时，中型直线运动导轨平均许用比压 p_s 为 0.4MPa，大型直线运动导轨，p_s 为 $0.2 \sim 1.5$MPa。

（3）节流器 节流器分为固定式节流器和可变式节流器两大类：

1）固定式节流器：节流器的液阻不随油腔压力变化而变化的，称为固定节流器，常用有小孔节流器和毛细管节流器。

小孔节流器，如图 5-34 所示，通常要求节流器小孔径 $d_0 \leqslant 0.45$mm。节流小孔长 $l_0 = 1 \sim 3$mm。材料用黄铜或 45 钢。

毛细管式节流器，如图 5-35 所示，毛细管式节流器的特点是 $l_0 \gg d_0$，一般 $l_0/d_0 > 20$。$d_0 \geqslant 0.55$mm。若毛细管内壁是直的，称为直通式；若内壁开有螺旋槽，称为螺旋槽式。液体静压导轨上应用螺旋槽式毛细管节流器较多，它可通过调节毛细管长度 l_0，得到不同的节流比，以保证静压导轨工作在最佳状态。

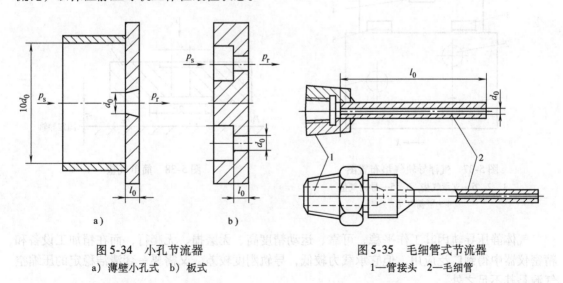

图 5-34　小孔节流器　　　　　　　图 5-35　毛细管式节流器
a）薄壁小孔式　b）板式　　　　　1—管接头　2—毛细管

2）可变式节流器：可变式节流器有滑阀反馈式和双面薄膜反馈式，而后者应用较多。图 5-36 是其结构原理图，压力油由 C 引入，由 A、B 流出。由铜片或弹簧钢片做成的薄膜 D 和 E 将节流区分为上、下两部分，节流作用由孔 C 端面与薄膜之间间隙 h_{01} 和 h_{02} 来保证。因薄膜有弹性，当其两边压力不等时会产生变形，因而 h_{01} 或 h_{02} 随之改变，使两边出油压力不同，而起到调节作用。薄膜厚度一般为 0.8 ~ 2mm，平面度和两表面平行度不大于 0.01mm，$R_a \leq$ 0.4μm；节流间隙 h_0，即 $h_{01} + h_{02}$ 约 0.04mm 左右。

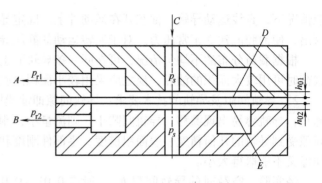

图 5-36　双面薄膜反馈式节流器

固定式节流器虽然简单，但刚度低于可变节流器，一般固定式节流器多用于中、小型精密仪器，而可变式节流器多用于载荷变化较大的大型仪器。

（二）空气静压导轨

（1）空气静压导轨工作原理　空气静压导轨在导轨上有气垫，当压缩空气引入后，由于压缩空气的静压力而使动导轨及工作台浮起，图 5-37 是三坐标测量机 X 向导轨的气垫布置图。支承气垫 1、2、6 起支承作用，并保证垂向直线度；导向气垫 3、5 保证 X 向运动直线度；而平衡气垫 4 起平衡和预载荷作用。

一个简单的气垫，如图 5-38 所示，经过过滤和稳压后的压缩空气具有 p_s 压力，它进入直径为 d 的节流孔再进入气室（直径为 $2a$），压力降至 p_r，然后进入气垫平面与固定导轨面间的间隙 h 中，沿径向流入大气，压力变为大气压 p_0。p_r 的大小与节流孔 d 及 h 有关，间隙 h 越小，则压力越大。气垫面上圆环形截面影响承载力大小，而和介质黏度无关。当负载增加为 $W + \Delta W$ 时，间隙由 h 减小到 h'，使气室压力 p_r 增加至 p_r'，在节流孔中产生压力差 $p_r' - p_r = \Delta p$，同时气垫上平均压力也增大，产生与 ΔW 相反的作用力，而保持动导轨的平衡。

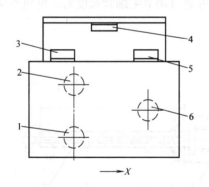

图 5-37　气浮导轨气垫布置图
1、2、6—支承气垫　3、5—导向气垫
4—平衡气垫

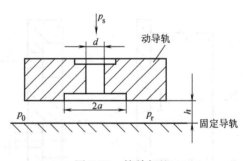

图 5-38　简单气垫

气体静压导轨因其工作平稳、可靠、运动精度高、无磨损、无爬行，而在精加工设备和精密仪器中得到广泛应用。但它承载力较低，导轨刚度较差，又需要一套清洁稳定的压缩空气源是其不足之处。

（2）结构形式及其特点　空气静压导轨，一般有如图 5-39 所示的 4 种形式：

1）闭式平面导轨型：如图 5-39a 所示，导轨精度高，刚性大，承载能力也大，最适于作精密机械的长行程导轨。经过研磨，使导轨面的精度和导轨与工作台之间的间隙达到所需要的数值。

2）闭式圆柱或矩形导轨型：如图5-39b所示，结构简单，零件的精度可由机械加工保证。随着工作台的移动，导向圆轴可能产生挠度，故不适用做长导轨，可用于高精度、高稳定性的短行程工作台的导轨。

3）开式重量平衡型：如图5-39c所示，这是工作台重量（包括负载）与空气静压相平衡保持一定间隙的一种形式，其结构简单、零件加工也比较容易。但刚度小，承载能力低，可用于负载变动小的精密仪器和测量仪器。

4）开式真空吸附平衡型：如图5-39d所示，其结构与重量平衡型相同。由真空泵的真空压力来限制工作台的浮起量，因此，可以减少工作台浮起间隙量，甚至可以减少到1μm，故可提高刚度。常在微细加工设备中应用。如250CC型图形发生器X向导轨，就是用气垫中心真空吸附加载的，在气垫外环有气浮平衡以保持间隙。

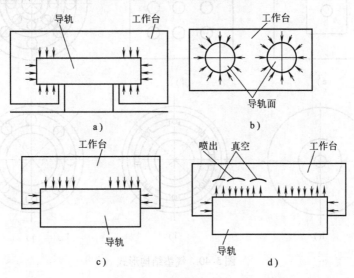

图5-39 气浮导轨的形式

（3）提高气浮导轨性能的方法　为提高空气静压导轨的刚度和承载能力，可采用以下几种方法：

1）结构上采用闭式导轨：闭式导轨的工作面由两个相对安装的止推轴承构成，它的刚度一般为单面导轨的两倍，呈线性承载特性，稳定性好，运动精度高。

2）增加供气压力：增加供气压力可提高气膜的刚度。

3）减小浮起间隙，加大封闭力：在一定范围内气浮导轨的刚度随气膜厚度的减小而增大。

4）载荷补偿：在导轨内或供气回路中，安装载荷补偿机构，使气浮导轨在载荷发生变化时，浮起量变化很小，从而使刚度增大。

5）提高阻尼力增加刚度：如采用粉末冶金多孔材料节流器，用大面积微孔节流代替小孔节流，使静压导轨刚度提高；采用气、液双向润滑液，因润滑面含有油层，而增加滑动阻尼，使导轨运动方向的刚度增加；采用半气浮导轨，使导轨面有部分接触，保持恒定的库伦摩擦力，又有适当的阻力，提高了承载力和刚度。

（4）气体静压导轨的气垫结构及节流形式　气浮导轨的气垫结构形式较多，如图5-40所示。图a～f为方形气垫，图g～j为圆形气垫。按进气孔数量分为单孔和多孔两种。单节流孔气垫结构简单，耗气量少，但角刚度差；多节流孔型则刚度较好，如图i为单排双沟槽气垫，具有较大的角刚度和承载力，但耗气量大。

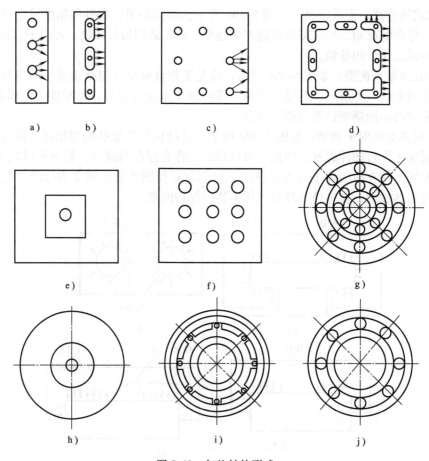

图 5-40　气垫结构形式

在气浮导轨中进行压力调节也是用节流器，但它形式简单，一般做成孔型，称为节流孔，它分为环形节流孔和简单节流孔两类，如图 5-41 所示。

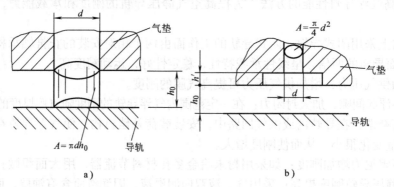

图 5-41　节流孔
a）环形节流孔　b）简单节流孔

环形节流孔一般取 $d \geqslant 0.1\mathrm{mm}$，而 $h_0 \leqslant 0.02\mathrm{mm}$，这种节流形式最简单，但承载能力较低；简单节流孔有一深为 h' 的气腔，其承载能力比环形节流孔式高 30%，通常取 $h_0 \leqslant 0.02\mathrm{mm}$，$d$ 为 $0.1 \sim 0.2\mathrm{mm}$，$h' \geqslant d/4$。

160

第五章 精密机械系统的设计 ◄◄◄

（5）气浮导轨间隙 h 与刚度 K_{ri} 对于一个支承气垫或总的支承气垫，其刚度为

$$K_{ri} = \frac{-dW}{dh} \tag{5-33}$$

式中，W 为承载能力；负号表示随着载荷的增加，间隙 h 在减小。

若稳压后的压缩空气气压为 p_s，气室气压为 p_r，大气压为 p_0，则定义表压比为

$$K_g = \frac{p_r - p_0}{p_s - p_0}$$

对于中央进气孔的单孔气垫，实验得出 K_g 与间隙 h 之间关系如图 5-42 所示。在 K_g^* 为 0.69 时刚度最大，对应的 $h^* = 0.025\text{mm}$。在线性工作段

$$K_{ri} = \frac{-dK_g}{dh} = -\frac{0.98}{h} \tag{5-34}$$

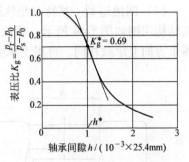

图 5-42 表压比随间隙变化曲线

对于单沟槽多孔环形沟的圆形气垫，其最大刚度在 K_g 为 0.63 处，对应的导轨间隙 h 约为 0.03mm。

七、设计导轨时选择的要点

（一）导轨形式的选择

在设计仪器时，其导轨形式的选择是非常重要的一个环节，导轨的选择不仅决定了仪器的精度指标是否达到设计要求，同时也决定了仪器的成本高低；选择导轨形式时，要考虑的因素很多，如导向精度、运动平稳性、承载能力（刚度）、耐磨性、使用环境、安装形式、各向静力矩、运动速度、行程大小、成本等因素。由于每种形式的导轨各有其特点，所以在选择时要综合考虑。表 5-4 为各种导轨的比对（特殊加工除外）。

表 5-4 各种导轨的比对

特性\导轨名称	导向精度	运动平稳性	承载能力	耐磨性	使用环境	成本
滑动导轨	较高	较好	大	差	要求不高	低
滚动导轨	高	较好	较低	较好	要求较高	较高
液体静压导轨	高	好	较大	好	要求高	高
空气静压导轨	高	好	较低	好	要求高	高

（二）标准导轨的选用

随着工业产品规模化、标准化的发展，目前世界上有很多公司都生产标准化的各种用途的导轨，并使之规模化来降低成本。而在仪器设计时应尽量采用标准化的导轨，来满足设计的需求，使仪器产品的成本降低并使仪器的生产周期缩短，提高产品的市场竞争力。

当前，市场上导轨产品很多，主要有 THK 公司、NB 公司、HIWIN 公司、SBC 公司、SNK 公司等品牌的产品。这些品牌的导轨产品主要有直线运动导轨、交叉滚子导轨等，下面以 THK 公司生产的标准滚动直线导轨为例进行介绍。

滚动直线导轨主要分为标准滚珠导轨和圆柱导轨。

1. 标准滚珠导轨

标准滚珠导轨的商业产品有两滚道型和四滚道型。

（1）两滚道型（双边单列）　其特点是轨道各有一列承载滚珠（见图5-43），结构轻、薄、短小，且调整方便，可以承受上、下、左、右的载荷及不大的力矩，可用于医疗仪器设备、机器人设备等。图中 A 为标准参数，也有厂家将滚珠间距 B 作为标准参数，参数已标准化，按照需求进行选取。

（2）四滚道型　其特点是轨道两侧各有互成一定角度（45°，60°等）的两列承载滚珠，其结构简图如图5-44所示，可以承载垂直向上、下、左右的载荷，如轨道两侧成45°角，则各个方向上承载相同，可用于承受冲击及重载场合，应用广泛。

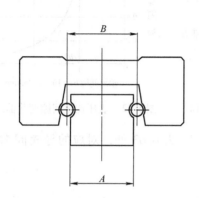

图 5-43　两滚道型导轨结构简图

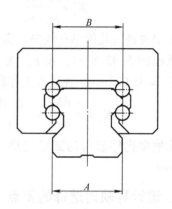

图 5-44　四滚道型导轨结构简图

THK 公司生产的典型的标准直线导轨（LM）包括 RSR 系列、SR 系列、HSR 系列等。

RSR 系列导轨结构如图5-45所示，钢球沿着导轨与滑块上被精密研磨加工过的 2 列滚动沟槽上进行滚动，再通过装在滑块上的端盖板使各列球进行循环运动，装有动导轨的滑块被设计成既省空间又具有足够的刚性，同时与滚珠相组合，在各方向都能得到高刚性，经久耐用，并能得到出色的直线运动。

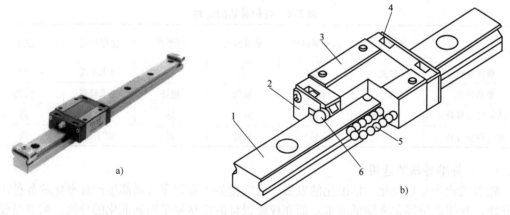

图 5-45　LM 导轨 RSR 系列

a）RSR 系列导轨　b）RSR 系列导轨的构造图

1—静导轨　2—末端密封垫片　3—滑块　4—端盖板　5—滚珠　6—润滑螺纹接头

图5-46 为 LM 导轨的 SR（高刚性径向型）系列，特点是小体积径向负荷能力大。该系列导轨滚珠在被精密研磨加工过的 4 列滚动沟槽上进行滚动，再通过装在滑块上的端盖板使各列滚珠进行循环运动。因为滚珠被保持板保持，即使将滑块从静导轨上取下来，滚珠也不会脱落。该系列导轨是端面高度低且小体积的形式，因在径向方向滚珠的接触角成90°，故

最适合于使用在水平导向上。该系列导轨能获得稳定的高精度且轻快、低噪声的直线运动，用途广泛。

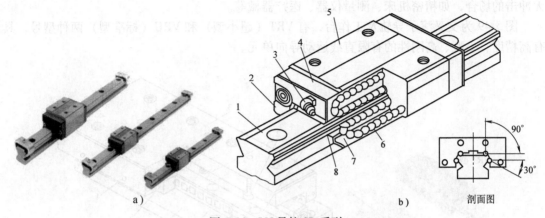

图 5-46　LM 导轨 SR 系列

a) SR 系列导轨　b) SR 系列导轨的构造图

1—静导轨　2—末端密封垫片　3—润滑螺纹接头　4—端盖板　5—滑块
6—滚珠　7—保持架　8—侧面密封垫片

图 5-47 为 LM 导轨 HSR（等负荷型）系列，其特点与 LM 导轨 SR 系列相同。该系列导轨的各球列被设计成 45°的接触角，无论何种姿态使用都可以，并且因施加均等的预压，从而能维持较低的摩擦系数，可以获得稳定的高精度直线运动。

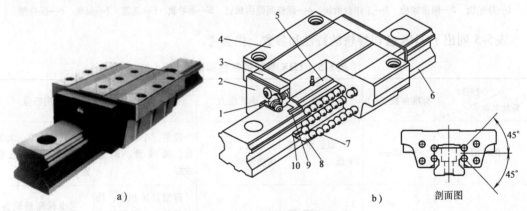

图 5-47　LM 导轨 HSR 系列

a) HSR 系列导轨　b) HSR 系列导轨的构造图

1—润滑螺纹接头　2—末端密封垫片　3—端盖板　4—滑块　5—保持架
6—LM 静导轨　7—滚珠　8—保持架　9—内部密封垫片　10—侧面密封垫片

上述标准滚珠导轨在长度小于 1000mm 的直线度误差分为普通级（小于 20μm）、高级（H）（小于 15μm）、精密级（P）（小于 8μm）、超精密级（SP）（小于 4μm）和超超精密级（UP）（小于 2μm）。

2. 交叉圆柱滚子 V 形直线导轨

交叉圆柱滚子 V 形直线导轨示意图如图 5-48 所示，精密滚柱通过滚柱保持器保持互相直交的组合在专用轨道上

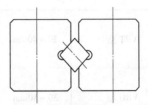

图 5-48　交叉圆柱滚子 V 形直线
导轨示意图

的90°V形沟槽滚动面运行，导轨系统能承受4个方向的负荷，因能向交叉导轨施加预压，从而能获得无间隙且高刚性、动作轻快的滑动机构。适用于轻、重载荷，无间隙，运动平稳无冲击的场合，如精密机床、测量仪器、医疗器械等。

图5-49为交叉滚子导轨及工作台，有VRT（超小型）和VRU（标准型）两种型号，具有高精度、小型、高刚性的有限直线运动导向单元。

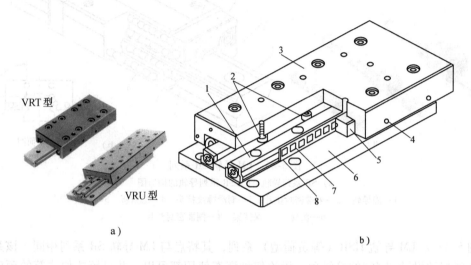

a)   b)

图 5-49 交叉滚子导轨及工作台

a) 交叉滚子导轨工作台 b) 交叉滚子导轨工作台结构示意图

1—静导轨 2—限位螺栓 3—工作台滑块 4—调整间隙用螺钉 5—动导轨 6—基座 7—滚珠 8—保持架

表5-5列出了THK公司导轨的特性和参数，供参考。

表5-5 THK 导轨的特性和参数

特性 导轨名称	标准参数（A）	精度	承载能力	特点	使用场合
RSR 型	3 ~ 42mm	P 级、SP 级、UP 级	一般，四方向均能负荷	轻量、小型化寿命长、低噪音、高速性好	电子显微镜、光学工作台、IC 制造装置、医疗仪器等
SR 型	15 ~ 144mm	P 级、SP 级、UP 级	径向载荷大	薄型且体积小，径向载荷大，运行精度高，具有吸收安装误差的能力	三坐标测量设备、超精密工作台、半导体制造装置等
HSR 型	15 ~ 144mm	P 级、SP 级、UP 级	承载能力高，四方向均能负荷	两滚道型，重负荷高刚性，已成标准化	加工中心、各种机床、液晶制造设备等
VRT 型	20 ~ 40mm	P 级、SP 级	承载能力高，四方向均能负荷，能承受一定弯矩	尺寸小，安装简便，容许载荷大，高耐腐蚀性	各种测量仪器和精密机器等
VRU 型	30 ~ 80mm	P 级、SP 级	承载能力高，四方向均能负荷，能承受一定弯矩	安装简便，容许载荷大	各种测量仪器和精密机器等

第四节 主轴系统及设计

在测控仪器中，由于运动的需要，可能有多个转轴，其中对仪器精度影响最大的转轴，常称为主轴。主轴系统由主轴、轴承及安装在主轴上的传动件或分度元件组成。

凡作回转运动的仪器中都必须有主轴系统。因此主轴系统是测控仪器或精密机械的关键部件。

在测控仪器中主轴系统的作用是作精密旋转运动，分度运动或进行精密分度、测角等。

一、主轴系统设计的基本要求

主轴系统设计的主要要求是主轴在一定载荷下具有一定的回转精度，同时还要求有一定的刚度和热稳定性。

（一）主轴回转精度

主轴回转精度是主轴系统设计的关键。主轴回转精度是指该主轴轴系的转角误差与误差运动的大小。

国际机械生产技术研究协会（CIRP）发表的"关于回转轴性能和误差运动测定"文件中统一了回转轴线的术语和定义，对轴系回转精度测试起了积极推进作用。

（1）回转轴线 它是一条某指定物体绕其旋转的线段。此线段与该指定物体一起运动，并相对于轴线平均线呈现出轴向的、径向的和倾角运动。

（2）轴线平均线 它是一条相对地固定在指定的不转动物体上的参考线段，恰好固定在回转轴线的平均位置上。

（3）轴系的误差运动 在规定的轴向和径向位置上，以及规定的方向上，指定的旋转物体相对轴线平均线的位置变化。故此回转轴的误差运动就是指回转轴线相对于轴线平均线的位置变动。它是在指定的方向上（径向与轴向），指定的位置、指定的转速和外力作用下进行测定。

轴系的误差运动分为径向误差运动与轴向误差运动及倾角误差运动和端面误差运动。

径向误差运动，亦称径向运动，它是倾角运动和纯径向运动在任何轴向位置处之和，径向误差运动与径向跳动的概念是不同的。径向跳动的测量值，除含有主轴的径向误差运动外，还包含有偏心量和圆度误差。

轴向误差运动，亦称轴向运动，它是回转轴线与轴线平均线保持重合，并相对于后者作轴向运动。

倾角误差运动，亦称倾角运动，它是回转轴线在轴向运动和纯径向运动所在的平面内，相对于轴线平均线所做的倾角运动。

端面误差运动，亦称端面运动，它是在与轴线平均线相距为 R 处的轴向误差运动。端面误差运动与端面跳动的概念也不完全相同，在端面跳动的测量结果中，除含有轴系的端面误差运动外，还包含有端面与轴线的垂直度及端面的平面度的影响。

由上述定义可以看出回转轴线在回转体中不同瞬时的相对位置是变化的，为了得到一个确切的概念，可以用瞬心法和平动中心法来分析。根据回转轴线的瞬心定义法，可以认为：垂直于主轴截面且回转速度为零的那条直线为回转轴线，它与主轴的几何中心不同，主轴回转后才有回转中心，且回转中心与几何中心不一定重合。

主轴系统回转误差（误差运动）的评定方法是以圆图像求中心的方法作为评定中心，

其概念与圆度测量的4种评定中心是一致的，即最小区域中心、最小二乘中心、最大内接圆中心和最小外切圆中心。

为了符合常规习惯，建议以回转精度来代替轴系的误差运动值来表达轴系精度。如轴系径向回转精度即为轴系径向误差运动值。

对于一个具体的轴系而言，规定要测哪几种回转精度，要视轴系的使用要求而定。如测角仪和圆度仪主要是径向回转精度，而陀螺仪表的轴系主要是倾角误差，因它是角传感器，对纯径向和纯轴向误差是不敏感的。

造成主轴回转误差的主要原因是主轴和轴承加工的尺寸误差、形状误差及主轴和轴承的装配误差；此外，主轴系统的刚度及润滑与阻尼现象也会引起误差。

对于滑动轴系，它由主轴和轴套组成，它的径向误差主要由主轴和轴套之间的间隙（轴承间隙）所引起。由于偏心的存在（若间隙为 Δ，偏心为 e，则 $e=\Delta/2$），主轴回转中心不再是 O 点，而是在以 e 为半径的圆周上，如图 5-50 所示。

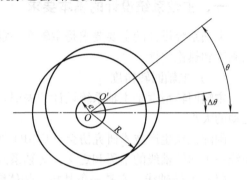

图 5-50　轴系偏心

当主轴转过 θ 角时，回转中心由 O 变为 O'，这时带来的回转误差

$$\Delta\theta = \frac{e\sin\theta}{R} \qquad (5\text{-}35)$$

式中，R 为主轴上安装度盘的刻划半径；e 为主轴在轴套中的回转偏心。

通常把滑动轴系中，由于主轴与轴套有安装间隙而造成主轴中心的变动称为主轴晃动，晃动量的大小与 e 有关，e 越小表明加工精度和装配精度高，主轴晃动也越小，但温度变化时会产生卡死现象；为减小 $\Delta\theta$ 还应选择测量方位，当晃动方向与测量点方位夹角 $\theta = 0°$ 和 180°时，误差最小。选用较大的度盘半径 R，也可使 $\Delta\theta$ 减小，但又使轴系体积加大。减小因晃动引起的回转精度降低对圆分度测量精度的影响最有效的方法是采用平均读数法，即用对径读数的误差平均原理来消除偏心 e 对圆分度测量的影响。

如果在滑动轴系中，在主轴和轴套之间充满润滑油，则主轴回转误差规律与前述不同，这时轴系每转动两周出现误差运动重复一次的现象，称为双周晃动误差，而式（5-35）的误差形式是一次谐波。滑动轴承的双周晃动误差是由油膜"滚动"引起的。当轴系旋转时，轴系内的油膜分散成许多大小不等的油团，大的有数百平方毫米，小的只有几平方毫米。主轴旋转时，这些油团都变成沿圆周方向的狭窄长条，主轴旋转越快，油团变得越细长，每个油团都是且转且滚，在滚转过程中，大油团边缘部分常常撕裂开来，分裂出许多小油团，如图 5-51 所示。但从统计看来，总存在一个较大的油团，该油团与轴套接触部分速度为 0，与主轴接触部分速度为 v，油团中心位置速度为 $v/2$，因此主轴转一圈时，油团平均移动半圈，主轴转两周，误差运动重复一次。这

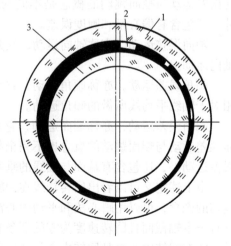

图 5-51　滑动轴承中的油膜
1—轴套　2—油团　3—主轴

样主轴受油膜推动，被迫作周期为720°的误差运动，油膜刚度越大，其推力可使质量达数十千克的主轴作双周晃动。

滑动轴承的双周误差，一般为几百微米到百分之几微米，其大小与轴和轴套间隙、润滑油种类、轴系转动的速度及轴承结构形式等因素有关。轴与轴套间隙越小，双周误差也越小。对于圆柱形和圆锥形轴承，润滑油黏度大则双周误差也越大，常用钟表油作润滑剂。在主轴运动速度方面，低速旋转双周误差大，间歇运动比连续运动误差大，因此转速稍快的连续运动，双周误差小。因此滑动轴承有最佳转速范围，而且要起动若干转后再开始工作。圆锥轴系的双周晃动比圆柱轴系小，而 V 形轴系很少有双周晃动现象。

双周晃动误差不仅有径向误差运动，也会造成倾角误差运动，原因是轴系上、下两段轴承油膜厚度方向不可能完全一致。滑动轴系在空间运动轨迹大致为单叶旋转双曲面。

滚动轴承轴系的误差运动与滑动轴系不同，因为滚动轴系由主轴、轴套和介于二者之间的滚动体组成，而且是过盈装配做纯滚动运动。由于轴承内孔、主轴及滚动体形状误差，特别是滚动体有尺寸差，形成了滚动轴系的误差运动。若轴套固定，主轴旋转，则会产生主轴轴心线位移，称为主轴"漂移"。

如图 5-52 所示，主轴回转时滚珠自转和公转，滚珠中心的线速度是主轴转动线速度的一半，若主轴轴颈转一周距离为 $s_1 = 2\pi R_1$，则滚珠中心 O_1 运动距离为 $s' = \pi R_1$，半径为 $O'O_1$ 的周长 $s_{O'O_1} = 2\pi(R_1 + r)$，滚珠相对主轴中心移动角度 θ 为

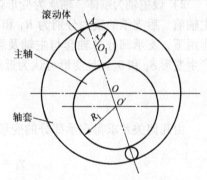

图 5-52　滚动轴承主轴漂移

$$\theta = \frac{360° s'}{s_{O'O_1}} = \frac{360° \pi R_1}{2\pi(R_1 + r)}$$

若主轴轴颈为 $R_1 = 12\text{mm}$，滚珠半径 $r = 3\text{mm}$，则主轴转 1 周时，滚珠中心转过角度 $\theta = (180° \times 12) / (12 + 3) = 144°$。若主轴转动 N 周，误差运动出现一个周期，可以算出在上述参数情况下主轴转过 5 周时，滚珠回到原位。即主轴回转 1、2、3、4、5 周时，滚珠中心相对主轴中心转过 144°、288°、432°、576°、720°，即主轴转 5 周，滚珠绕主轴公转两周后，回到原来位置，误差运动周期为 5 周重复。这种误差运动多周重复的现象是滚动轴承的误差特点，至于是几周重复，与轴系选择的参数有关，一般为双周重复或多周重复。

为减小滚动轴系的主轴"漂移"，可采用如下办法：

1）严格控制主轴、滚动体、轴套的尺寸误差和形状误差，尤其应尽量减小滚动体的尺寸一致性误差。

2）采用误差平均原理，用平均读数法尽量减小主轴"漂移"带来的读数误差。

（二）主轴系统的刚度

主轴刚度是指主轴某处在外力 F（或转矩 M）作用下与主轴在该处的位移量 y（或转角 θ）之比，即刚度 $K = F/y$，其倒数 y/F 称为柔度。用转角表示时，刚度 $K_\theta = M/\theta$。主轴刚度有轴向刚度和径向刚度之分。

主轴系统刚度不好，会使主轴系统产生弹性变形而直接带来回转误差和测量误差，因此必须对影响主轴系统刚度的误差因素进行分析研究。主轴系统的刚度是主轴、轴承和支承座刚度的综合反应，当主轴的支承情况如图 5-53a 所示时，可按下述几种情况来分析：

1）设轴承为刚体，主轴为变形体，则主轴前端挠度（见图 5-53b）为

$$y_1 = \frac{Fa^3}{3EJ_1}\left(\frac{J_1}{J_2} + \frac{l}{a}\right) \quad (5\text{-}36)$$

式中，y_1 为主轴前端挠度（cm）；F 为主轴端径向载荷（N）；l 为主轴两支承跨距（cm）；a 为主轴悬伸长度（cm）；E 为主轴材料的弹性模量（N/cm²）；J_1 为主轴两支承间横截面惯性矩（cm⁴）；J_2 为主轴前端悬伸部分横截面惯性矩（cm⁴）。

$$J_1 = \frac{\pi(D_1^4 - d^4)}{64} \quad (5\text{-}37)$$

$$J_2 = \frac{\pi(D^4 - d^4)}{64} \quad (5\text{-}38)$$

式中，D_1 为主轴两支承间的平均直径（cm）；D 为主轴悬伸部分的平均直径（cm）；d 为主轴孔的平均直径（cm）。

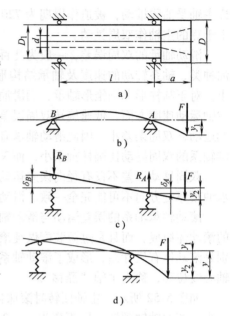

图 5-53 主轴挠度

2）设主轴为刚体，轴承为变形体（见图 5-53c），主轴前、后支承的反力分别为 R_A 和 R_B。在支承反力作用下，支承部分（轴套与主轴及箱体孔的配合面）产生变形 δ_A 和 δ_B。且变形可认为近似符合线性关系，则前后支承径向刚度为

$$K_A = \frac{R_A}{\delta_A} \qquad K_B = \frac{R_B}{\delta_B} \quad (5\text{-}39)$$

由几何关系求得支承部分的变形量为

$$y_2 = \frac{F}{K_A}\left[\left(1 + \frac{K_A}{K_B}\right)\frac{a^2}{l^2} + \frac{2a}{l} + 1\right] \quad (5\text{-}40)$$

3）主轴系统总挠度。将 y_1 和 y_2 相加，即为主轴端部的总挠度（见图 5-53d）

$$y = y_1 + y_2 = \frac{Fa^3}{3EJ_1}\left(\frac{J_1}{J_2} + \frac{l}{a}\right) + \frac{F}{K_A}\left[\left(1 + \frac{K_A}{K_B}\right)\frac{a^2}{l^2} + \frac{2a}{l} + 1\right] \quad (5\text{-}41)$$

由式中的 y_1 和 y_2 两项可画出柔度 y_1/F 与 l/a 变化曲线以及柔度 y_2/F 与 l/a 之间变化曲线，如图 5-54 所示。图中曲线 1 是主轴本身变形而引起的主轴柔度 y_1/F，它随 l/a 的增加而增加，即柔度越大刚度越小。图中曲线 2 是轴承和支承座的变形而引起的主轴柔度，y_2/F 随 l/a 的增加而减小，即柔度越小刚度越大。所以，两支承跨距的大小，对主轴系统的刚度影响很大。

由图 5-54 可见，能找到一个使主轴前端总挠度为最小，即刚度最大的两支承跨距 l_0。

确定合理的两支承跨距较为简便的方法是求 y 的极小值。令 $\mathrm{d}y/\mathrm{d}l = 0$，经整理后得

$$l_0^3 - \frac{6EJ_1 l}{K_A a} - \frac{6EJ_1}{K_A}\left(1 + \frac{K_A}{K_B}\right) = 0 \quad (5\text{-}42)$$

式（5-42）是三次代数方程，只存在唯一的正实

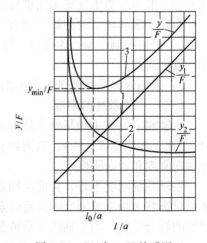

图 5-54 l/a 与 y/F 关系图

根，但求解比较麻烦。因此，可用计算线图来解决。设

$$\eta = \frac{EJ_1}{K_A a^3} \tag{5-43}$$

式中，η 是一个无量纲的量，它与主轴材料、两支承间主轴横截面惯性矩、前支承径向刚性及主轴悬伸长度有关。

将 η 及最佳的跨距 l_0 代入式（5-43）后解得

$$\eta = \left(\frac{l_0}{a}\right)^3 \frac{1}{6\left(\dfrac{l_0}{a} + \dfrac{K_A}{K_B} + 1\right)} \tag{5-44}$$

由式（5-44）可看出，η 是比值 l_0/a 及 K_A/K_B 的函数。用 K_A/K_B 作为参变量，l_0/a 作为变量作出 η 的计算线图，如图 5-55 所示。轴承刚度 K_A、K_B 可查表或计算出来。主轴结构尺寸及材料确定后便可算出 η。由图 5-55 可查出比值 l_0/a。

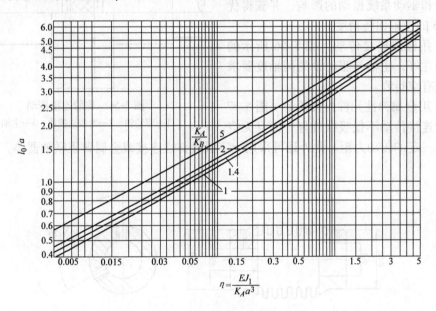

图 5-55　主轴最佳跨距计算线图

由上面分析可知，提高主轴刚性的措施有如下几个方面：

1）加大主轴直径：加大主轴直径可以提高主轴刚性，但主轴上的零件也相应加大，导致机构庞大。因此，增大直径是有限的。

为便于轴上零件的装配，主轴做成阶梯形的，常取后轴颈的直径 $D_1 = (0.7 \sim 0.85) D$。

另外，上面讨论的是当主轴端部只有外力 F 作用下的变形量，实际上还应考虑主轴的驱动方式、润滑条件及轴承结构形状等因素。所以计算出的两支承跨距 l_0 仅是参考值，应用时需根据实际情况进行修正或根据经验 $l_0/D_1 = 2.5 \sim 4.5$ 粗选。

对于一些精密仪器，通常主轴前端轴径 D 是取主轴内锥孔大端直径的 $1.5 \sim 2$ 倍。

2）合理选择支承跨距：缩短支承跨距可以提高主轴的刚性，但对轴承刚性会有影响，所以必须合理地进行选择。

3）缩短主轴悬伸长度：缩短主轴悬伸长度可以提高主轴系统刚性和固有频率，而且也

能减小顶尖处的振摆，一般取 $a/l_0 = 1/4 \sim 1/2$。

4）提高轴承刚度：实验得出，由轴承本身变形引起的挠度占主轴前端总挠度的 30% ~ 50%。对于滑动轴承，选取黏度大的油液，减小轴承间隙；对于滚动轴承，采取预加载荷使它产生变形，都可提高轴承的刚度。

（三）主轴系统的振动

主轴系统的振动，会影响主轴回转精度和主轴轴承的寿命，还会因产生噪声而影响工作环境。

影响主轴系统振动的因素很多，如带轮传动时的单向受力、电动机轴与主轴连接方式不好、主轴上零件存在不平衡质量等。

对于高精度的轴系，由于带轮内的滚动轴承的径向振摆，将传到主轴上去，因此，不能采用刚性连接的带轮传动。一般采用弹性元件以力偶的方式传递。这样可避免主轴单向受力和驱动系统振动的影响，并获得优于 $0.5\mu m$ 的主轴回转精度。

（1）用橡胶连接传动　图 5-56 所示的传动吸振性好，主轴与驱动轴的同轴度要求不高，但有空行程。

（2）用金属弹性元件连接传动　图 5-57 的波纹管连接传动不仅吸振性好，而且无空行程，有一定的传动力矩。此外还可采用十字板簧弹性连接或金属薄膜联轴器等。

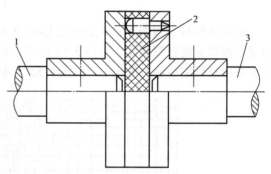

图 5-56　橡胶连接传动
1—驱动轴　2—橡胶连接块　3—主轴

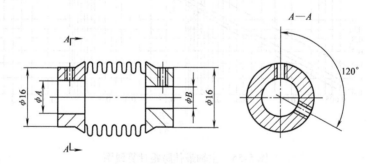

图 5-57　波纹管连接传动

（3）用直流电动机直接传动　精密仪器的主轴也可由转速可调的直流电动机或力矩电动机直接带动。因减小了产生振动的中间环节，同时电动机转子与定子是非刚性接触，所以振动很小，而且主轴旋转平衡。如高精度圆度仪的主轴回转精度可达 $0.05\mu m$。

（四）主轴系统的热稳定性

主轴系统的热稳定性是指主轴系统的回转精度对温度的敏感性。当环境温度变化或传动件摩擦升温会使主轴回转轴线位置发生变化，从而影响主轴的回转精度。与此同时，轴承等元件会因温度而改变已调好的间隙和润滑状况，影响轴承正常工作，严重时会产生"抱轴"现象。

为提高主轴系统热稳定性可采取如下措施：

（1）正确选择和设计轴系　普通滑动轴系，包括圆柱形轴承和圆锥形轴承的滑动摩擦轴系，对温度很敏感，当轴承间隙小到 $0.2 \sim 0.5\mu m$ 时，温度控制不当会产生抱轴。而滚动摩擦轴系和静压滑动摩擦轴系，抵御温度变化能力较好。

（2）合理选择推力支承位置　为使主轴系统有足够的轴向精度，推力支承位置的选择很重要。图5-58a将推力支承装在后径向轴承的两侧，轴向载荷由后轴承承受，但受热后主轴向前伸长，影响轴向精度。因此这种布局不适用于轴向精度要求高的轴系。图5-58b推力支承装在前后径向支承外侧，这种布局装配方便，但主轴受热伸长，会引起轴向间隙增大，适用于短轴情况。图5-58c推力支承装在前径向轴承两侧，避免了主轴受热向前伸长对轴向精度的影响，且轴向刚度较高，但使主轴悬伸部分增加。图5-58d将推力支承装在前径向轴承内侧，完全克服了上述缺点，所以使用这种布置的仪器轴系较多。

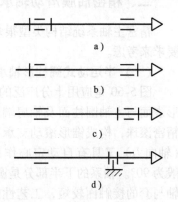

（3）减小热源影响　如将电动机或液压系统及光源等热源放到仪器外面加以隔热；采用冷光源照明减小热源；采用充分润滑或冷却措施减小摩擦生热的影响等。

图5-58　主轴推力轴承布置

（4）采用热补偿措施　如通过加过渡套筒，选择合适材料加以补偿等。

（五）合理地设计结构，减小力变形

主轴和轴承结构设计应合理，装配、调试及更换要方便。主轴设计应避免奇形怪状，而产生应力变形；主轴上的紧固件应尽量少，以减小夹紧应力产生的变形，必要时应设计成凸肩。图5-59a是无凸肩结构，其螺钉夹紧应力变形，将影响主轴的轴承间隙。而图5-59b用一个轴肩和主轴关键部件（球轴承）隔开，连接螺钉拧在带肩胛的轴肩部位，应力变形将不引起球轴承变形。

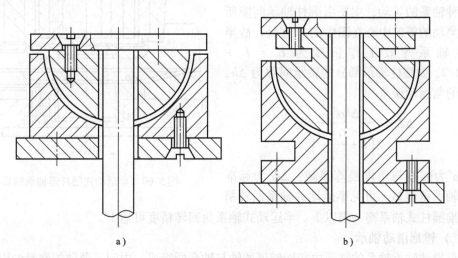

图5-59　带轴肩的主轴结构

（六）主轴系统的寿命

为了长时间保持主轴的回转精度，主轴系统应具有足够的耐磨性。通常静压和动压轴系由于无摩擦、无磨损，寿命很长；滚动摩擦轴系由于摩擦系数小于普通滑动摩擦轴系而寿命较长；普通滑动摩擦轴系的耐磨性取决于轴颈和轴套的工作面，而滚动摩擦轴系的耐磨性取决于滚动轴承。

为了提高耐磨性，除了选取耐磨材料外，还应进行合理的热处理，如高频淬火、氮化处理等。对于滚动摩擦轴系和普通滑动摩擦轴系还应选择合适的润滑油，充分润滑。

二、精密油膜滑动轴承轴系结构及设计

精密主轴系统结构类型很多，不同的结构适用于不同的场合，因此在选用时应根据设计要求来考虑。

（一）半运动式圆柱形轴承轴系

图 5-60 是应用十分广泛的经纬仪轴系的典型结构。轴套固定不动，轴旋转。轴套的锥形表面与主轴圆柱面及轴肩端面之间，有一圈精密滚珠，构成锥形滚动支承，由它承受重量（轴向力）又具有自动定心作用，锥面顶角一般为 90°。轴系的下半部分是圆柱形滑动轴承，轴与套的接触面较短，工艺性好。这种轴系与柱状圆柱形轴系相比，回转精度更高，而且运动灵活，对温度不太敏感，寿命也较长。因此许多国产和瑞士、德国生产的经纬仪都采用这种轴系。

为保证轴系的回转精度，要求轴套锥面的顶点与下端圆柱轴承的轴套孔中心线应重合，重合精度应优于 1μm。锥面形状误差要小，上轴承的主轴圆柱面与其轴肩应垂直，滚珠尺寸的形状误差和尺寸一致性应在 0.5μm 以内。

这种轴系的晃动，主要由圆柱轴承间隙所引起，晃动的等效中心在图中的 O 点处，故半运动式轴系等效工作长度为 $L' = L + (D+d)/2$，如圆柱轴承部分的轴承间隙为 Δh，则引起的角运动误差

$$\Delta\phi = \frac{\Delta h \rho''}{2\left(L + \dfrac{D+d}{2}\right)}$$

式中，ρ'' 为弧度与角度换算系数；$\Delta\phi$ 为标准圆柱式轴系角误差。可见半运动式轴系回转精度比标准圆柱式轴系高一倍以上。半运动式轴系角回转精度可达 1″。

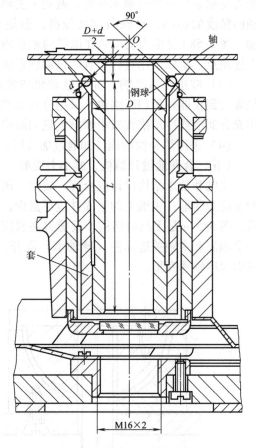

图 5-60 半运动式圆柱形轴承轴系

（二）锥形滑动轴承

锥形滑动轴承轴系的轴承由相同锥度的轴与轴套所组成，中间靠薄薄的润滑油隔开。在零件加工精度不太高的情况下，通过轴和轴套的"对研"，可以得到很高的吻合精度，而且便于修理。轴与轴套的间隙可以通过调节机构来改变，所以在温度变化或使用磨损后，可以调整工作间隙。这种锥形轴承轴系曾广泛应用于经纬仪和圆刻机，但目前经纬仪轴系绝大部分已被半运动式柱形轴承轴系所代替。OFD 圆刻机轴系仍采用锥形轴承，其结构如图 5-61a 所示。

该轴系的基本结构参数是圆锥角 α，一般选用 2α 为 4° ~ 15°。α 角越小则正压力 N 越大，如图 5-61b 所示，有 $N = F/(2\sin\alpha)$，式中 F 为仪器上部重力。当 $2\alpha = 4$° 时，$N = 14F$。由于正压力大，所以摩擦力也大。为承受轴向力，OFD 圆刻机轴系下端用一圈滚珠支承，

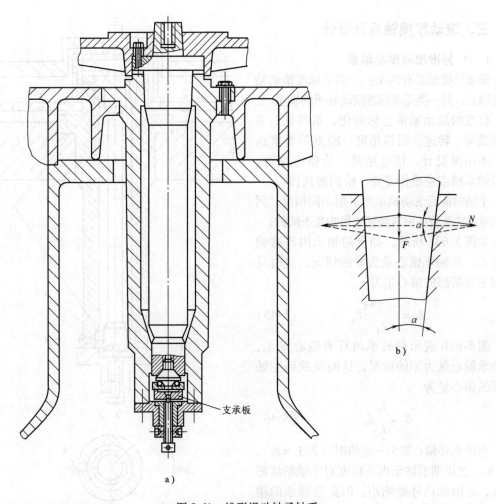

图 5-61 锥形滑动轴承轴系

滚珠直径 $\phi 7mm$，一周 6 个，中心有一个较大滚珠（$\phi 10mm$），它承受大部分重力，从而减小了轴套的压力。调节中间的大滚珠轴向位置可以调节轴系工作间隙。磨损后修理方便，间隙可调，回转精度较高（可达 $0.2\mu m$）是该轴系的特点。

锥形轴承轴系连续的润滑油膜会形成油团，造成双周晃动误差。若轴承间隙为 Δh，则圆锥形滑动轴系可能引起的角误差 $\Delta\phi = \Delta h\rho''\cos\alpha/L$，式中 L 为上、下轴承间的距离。

（三）V 形弧滑动轴承轴系

为消除双周晃动误差，可采用 V 形弧滑动轴承轴系，如图 5-62 所示，轴套 3 内压入上、下各一个衬套 2。衬套 2 按一定角度开槽，留出三段圆弧。其中与螺钉 4 正对的圆弧起压块作用，调节螺钉 4 可使该段弧微量变形压向主轴 1，精细调整此弧位置，使它和主轴正好轻微接触。另两段圆弧的圆柱面形成一个 V 形块，V 形的刚好与螺钉 4 方向相一致。主轴在这三段圆柱面中转动，由于上、下每个 V 形滑动轴系有 3 个圆柱面浸在润滑油液中，因而使双周晃动的油团无法沿圆周运动而被破坏。该轴系在主轴轴颈和轴套内表面灌满油液，又无双周晃动产生，油膜厚度均匀，从而使主轴回转精度比圆锥形滑动轴系有较大提高，可达 $\pm 0.035\mu m$。已成功地应用在度盘检查仪、码盘光电检验仪、圆分度光电检验仪和圆刻划机等低恒速转动仪器上。

三、滚动摩擦轴系及设计

（一）标准滚动轴承轴系

滚动摩擦轴系有两类：一类是标准滚动轴承的轴系；另一类是非标准滚动轴承的轴系。

标准的滚动轴承已标准化、系列化，可根据载荷、转速、回转精度、刚度等要求选用，不用再设计。精度越高，价格也越贵，所以轴承精度应根据需要，恰当地选择。

主轴的前后滚动轴承可采用不同精度，因它们对主轴系统的回转精度的影响是不同的。

如图 5-63a 所示，如果前轴承内环有偏心量 δ_a，后轴承偏心量为零的情况，这时反映到主轴端部的偏心量为

$$\delta_1 = \frac{L_1 + L_2}{L_1}\delta_a \tag{5-45}$$

图 5-63b 表示后轴承内环有偏心量 δ_b，前轴承偏心量为零的情况，这时反映到主轴端部的偏心量为

$$\delta_2 = \frac{L_2}{L_1}\delta_b \tag{5-46}$$

当轴承环偏心量为一定值时（即 $\delta_a = \delta_b$），$\delta_1 > \delta_2$。这说明前轴承内环精度对主轴精度影响大，后轴承内环影响小。因此后轴承的精度可以选择得低些，通常比前轴承的精度可低一级。

在测控仪器中，由于主轴尺寸和回转精度要求高，采用标准滚动轴承轴系不能满足要求时，要自行设计非标准滚动轴承轴系，它包括单列和密珠两种。

（二）单列滚动轴承轴系

单列滚动轴承轴系的上下轴承的滚珠按单列排放，结构简单，制造安装维修方便，又具有较高的回转精度（可达 $0.1\mu m$），因而在小型、低速轻载仪器中获广泛应用。

图 5-64 所示是渐开线齿廓检查仪主轴系统结构图，它有如下特点：

1）径向精度由基圆盘 1 的内孔、主轴

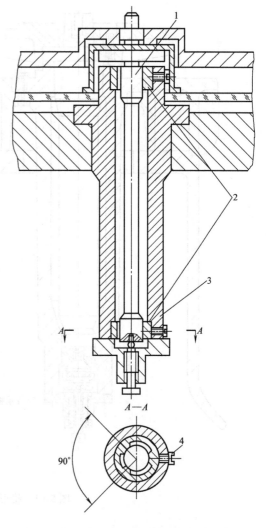

图 5-62　刻划机 V 形弧滑动轴承轴系
1—主轴　2—衬套　3—轴套　4—螺钉

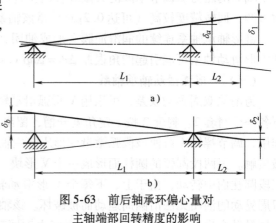

图 5-63　前后轴承环偏心量对
主轴端部回转精度的影响

2 的外圆及二列单排的滚珠 6 保证；轴向精度由基圆盘的端面 A、主轴轴肩端面 B 及介于两者之间滚珠 7 保证；结构简单，装调方便，精度较高。

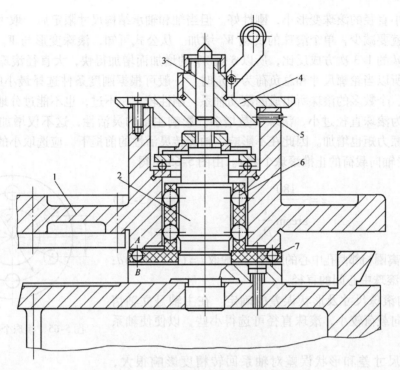

图 5-64　渐开线齿廓检查仪主轴系统

2）顶尖 3 与主轴分成两体，用 4 个小螺钉 5 可以方便地调节顶尖座 4，使顶尖与主轴回转中心重合。

对于单列滚动轴承轴系，其主要参数可按下述方法确定：

1）承受轴向载荷的止推轴承滚珠直径 d 的确定

$$d = \sqrt{\frac{W_k}{9.8[P]}} \qquad (5-47)$$

式中，$[P]$ 为滚珠材料许用负荷强度；W_k 为计算负荷，可用下式计算：

$$W_k = W_0 a_1 a_2 a_3 \qquad (5-48)$$

式中，a_1 为负荷情况系数，静载荷取 1，轻微冲击力取 1.2，中等冲击力取 1.3 ~ 1.8，大冲击力及变动载荷取 1.8 ~ 2.5；a_2 为工作时间系数，轴承工作时间为 1000h 取 1，2500h 取 1.32，5000h 取 1.62，10000h 取 2；a_3 为座圈转动系数，内圈转动取 1，外圈转动取 1 ~ 1.4；W_0 为每个滚珠的承载能力，可用下式计算：

$$W_0 = W/(zk) \qquad (5-49)$$

式中，W 为最大轴向载荷；z 为滚珠个数；k 为承载系数，考虑到轴向承载时轴肩端面与中心线不垂直时，估计有 80% 滚珠承受载荷而取 0.8。

根据强度计算的结果，选取标准的滚珠直径（参阅《光学仪器设计手册》）。再根据变形验算滚珠的变形量，由材料力学可求得滚珠直径方向的变形量为

$$\delta = 2 \times 0.76^3 \sqrt{\frac{2W_0^2}{d}\left(\frac{1}{E_1} + \frac{1}{E_2}\right)^2} \qquad (5-50)$$

式中，E_1、E_2 分别为滚珠和滚珠接触面的材料弹性模量。

由式（5-49）和式（5-50）可以看出，当轴向总载荷 W 和滚珠个数 z 一定时，取大直

径的滚珠比小直径的滚珠变形小，刚性好。但当轴和轴承结构尺寸限定后，取大的滚珠直径时滚珠个数就要减少，单个滚珠的负载 W_0 增加。从公式可知，滚珠变形与 W_0 的 2/3 次方成正比，与 d 的 1/3 次方成反比，所以 δ 随 W_0 的增加而增加得快，大直径滚珠变形反而比小直径大。所以当轮廓尺寸和总负荷为一定时，一般可根据刚度条件选择最小的滚珠直径，这种直径小、个数多的滚珠所组成的滚动轴系，刚性较大。不过，也不能过分地减少滚珠直径尺寸，因为滚珠直径过小，滚珠个数增多，影响主轴的灵活性，这不仅增加加工和装配量，而且摩擦力矩也增加。因此在不影响主轴旋转灵活性的前提下，应选取小的滚珠直径。

2）承受轴向载荷的止推滚珠个数 z。由图 5-65 可得

$$z = \frac{180°}{\arcsin \dfrac{t}{D_0}} \qquad (5\text{-}51)$$

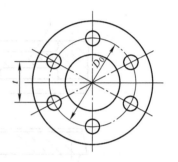

式中，t 为隔离圈相邻两孔中心的距离，一般取 $t = (1.2 \sim 1.5)d$；D_0 为隔离圈滚珠中心间的直径。

3）径向滚珠尺寸及形状误差的确定。在主轴是立轴情况下，受径向载荷较小，滚珠直径可选得小些，以便使轴系结构更紧凑。

图 5-65　滚珠个数计算图

滚珠的尺寸差和形状误差对轴系回转精度影响很大，图 5-66 为轴系最不利情况下，轴心线有倾角时的影响图，当滚珠形状误差为 Δ 时，顶尖的径向跳动由图可得

$$e = \frac{\Delta\left(\dfrac{l}{2} + a\right)}{l} \qquad (5\text{-}52)$$

式中，l 为上、下两列径向轴承平均间距；a 为主轴悬伸长度（顶尖至上径向轴承间距）。

若滚珠尺寸一致性误差和形状误差均为 $0.2\,\mu m$，二列径向轴承间距 $l = 2a$，那么可求得此时 $e = 0.2\,\mu m$。若将滚珠精化到 $0.1\,\mu m$，那么顶尖处的跳动量仅为 $0.1\,\mu m$。

径向轴承的一列内滚珠的个数 z 可按下式确定：

$$z = 2^m N \qquad (5\text{-}53)$$

式中，N 为棱圆度的波峰数；m 为指数，可根据径向载荷、材料负荷强度、驱动力矩等选择，可取 1，2，3，…正整数，如三棱形状轴，单列可排列成 6、12、24 个滚珠。

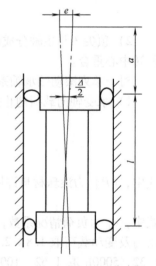

图 5-66　滚珠形状误差对
主轴回转精度的影响

（三）密珠轴承轴系

1. 密珠轴承轴系的特点及结构

密珠轴承轴系是仪器中常用的轴系结构，它由主轴、轴套和密集于两者之间的具有过盈配合的滚珠所组成。滚珠的密集分布与过盈配合，有助于减小各组成件制造误差对轴系精度的影响，从而使轴系回转精度有所提高。密集的滚珠近似于多头螺旋线排列，每个滚珠公转时沿着自己的滚道滚动，互不重复，减小了滚动磨损，使轴承的精度得以长期保持。滚珠的过盈相当于预加载荷，通过微量的弹性变形起着消除间隙，减小几何形状误差影响的作用，密集的滚珠与过盈配合共同作用结果，均化了轴套、主轴和滚珠尺寸误差和形状误差，提高

了轴系回转精度。其径向回转精度可达到 0.1μm 左右。这种轴系成本较低且使用方便、寿命长、精度也较高。但承载能力不大，适用于轻载、低速小型仪器中。

图 5-67 是一种测试台的密珠轴承结构图，径向滚珠共 108 粒，呈多头螺旋线排列，主轴直径 60mm，滚珠直径 6.35mm，径向总的尺寸过盈量为 3~5μm，径向滚珠隔离圈的下端用一圈小滚珠托起，以保证回转精度并减小隔离圈的摩擦力矩。

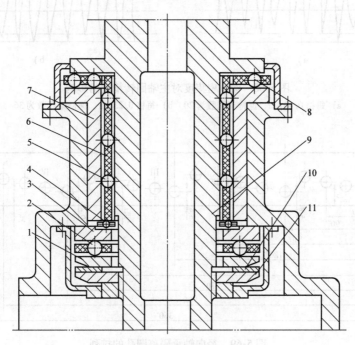

图 5-67 密珠轴承结构

1、3—止推板 2、8—端面止推滚珠 4—小滚珠 5—径向滚珠
6—隔离圈 7—轴套 9—主轴 10—弹簧片 11—压帽

端面每一端有 48 粒 6.35mm 的端面止推滚珠，按圆弧线排列，轴向总的尺寸过盈量为 5~7μm，端面滚珠隔离圈亦有柱销支托，以防止附加的摩擦力矩。端面密珠下止推板的下方有薄弹簧钢片，通过压帽调整轴向预紧力。轴系的测试数据为：主轴轴颈圆度 0.1μm，圆柱度 0.6μm，轴套孔圆度 0.4μm，圆柱度 1.6μm，垂直度 1.6μm，滚珠球面度小于 0.4μm，尺寸差小于 0.4μm，装配后轴承径向回转精度为 0.26μm，用特 7 号精密仪表脂润滑，摩擦力矩为 0.27N·m。

2. 密珠轴承设计要点

（1）滚珠的密集度 适当提高滚珠密集度，即增加滚珠数量，可以使主轴的"漂移"有所改善。如光栅式齿轮单啮仪的轴系，当主轴上、下轴颈各放一排滚珠时，主轴径向"漂移"的情况如图 5-68a 所示。改用三排滚珠后，主轴回转中心的"漂移"显著减小（见图 5-68b）。所以，提高滚珠的密集度是有好处的。但过多的增加不仅使结构尺寸增大，而且摩擦力矩随之增大，影响主轴运动的灵活性。一般根据受力情况按式（5-47）、式（5-49）计算，再考虑结构的可能性和过盈量确定滚珠数量。

（2）滚珠的排列方式 排列方式必须满足每个滚珠的滚道互不重叠，并在直径方向上滚珠的配置成对称的原则。如 1″数字式光栅分度头径向轴承，装滚珠的保持架圆柱面上的 20 个孔（见图 5-69），分布在 4 个象限内按螺旋线排列，两孔中心夹角 α = 360°/20 = 18°。如

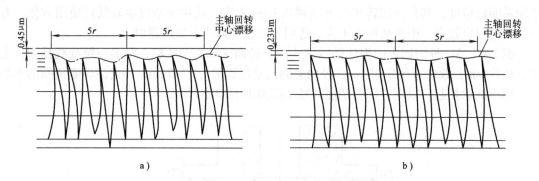

图 5-68 滚珠密集度对主轴回转精度的影响

a) 每格 $0.45\mu m$、保持架孔数为 20 b) 每格 $0.23\mu m$、保持架孔数为 36

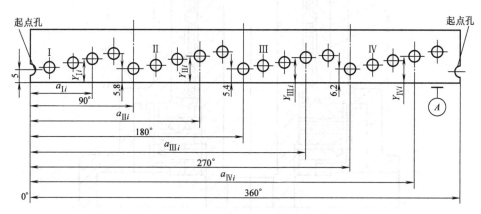

图 5-69 径向轴承隔离圆孔的排列

果取相邻滚珠滚道间距离为 $0.4mm$，而且每个象限滚道间距为 $4 \times 0.4mm = 1.6mm$，端部距离常数 $l = 5mm$，则各象限孔的中心坐标计算如下：

第 I 象限
$$j = 0 \begin{cases} \alpha_{Ii} = \beta j + \alpha i \\ Y_{Ii} = (l + j\Delta) + ki \end{cases}$$

式中，$i = 0, 1, 2, \cdots, m$，m 为一条螺旋线上的孔个数减 1，若隔离圈圆柱面上共 N 个孔，螺旋线头数为 η，则 $m = (N/\eta) - 1 = 4$；$j = 0, 1, 2, \cdots, (\eta - 1)$；相邻螺旋线第一孔间夹角 $\beta = 360°/\eta = 90°$；α_{Ii} 为第 I 象限各孔中心角坐标值；Y_{Ii} 为第 I 象限各孔中心距端部的轴向线坐标值。

同理第 II 象限
$$j = 1 \begin{cases} \alpha_{IIi} = \beta j + \alpha i = 90° + 18°i \\ Y_{IIi} = [l + (j + i)\Delta] + ki = 5.8 + 1.6i \end{cases}$$

同理第 III 象限
$$j = 2 \begin{cases} \alpha_{IIIi} = \beta j + \alpha i = 180° + 18°i \\ Y_{IIIi} = [l + (j - i)\Delta] + ki = 5.4 + 1.6i \end{cases}$$

同理第 IV 象限
$$j = 3 \begin{cases} \alpha_{IVi} = \beta j + \alpha i = 270° + 18°i \\ Y_{IVi} = [l + (j + i)\Delta] + ki = 6.2 + 1.6i \end{cases}$$

其中 $j = 1$、$j = 2$ 中 Y_{IIi}、Y_{IIIi} 的计算公式与 Y_{Ii} 的计算公式相比略有调整，其目的是为使直径两对称滚珠的轴向位置差尽可能小，从而保证工作对称性。

止推轴承隔离圈孔排列分为单排和多排两种。图5-70是二排排列，共48个孔，每个孔的位置按自起点 α，则 $\alpha=360°/24=15°$，取间距的 Δ 值为0.3mm，则每个象限内每排滚珠间距增量系数 K 为：$K=\Delta\times4=1.2mm$。各象限孔的中心坐标可按下式求得：

第 I 象限
$$\alpha_{Ii}=0°+15°i$$
$$R_{Ii}=27.5+1.2i$$

第 II 象限
$$\alpha_{IIi}=90°+15°i$$
$$R_{IIi}=28.1+1.2i$$

第 III 象限
$$\alpha_{IIIi}=180°+15°i$$
$$R_{IIIi}=27.8+1.2i$$

第 IV 象限
$$\alpha_{IVi}=270°+15°i$$
$$R_{IVi}=28.4+1.2i$$

式中，$i=0$，1，2，3，4，5。

同理第二排孔：

第 I 象限
$$\alpha'_{Ii}=7°30'+15°i$$
$$R'_{Ii}=34.7+1.2i$$

第 II 象限
$$\alpha'_{IIi}=97°30'+15°i$$
$$R'_{IIi}=35.3+1.2i$$

第 III 象限
$$\alpha'_{IIIi}=187°30'+15°i$$
$$R'_{IIIi}=35+1.2i$$

第 IV 象限
$$\alpha'_{IVi}=277°30'+15°i$$
$$R'_{IVi}=35.6+1.2i$$

（3）过盈量的确定　过盈量的选择是密珠轴承设计中的重要问题，过盈量能补偿轴承零件的加工误差，提高轴系的回转精度和刚度。过盈量与轴和套的尺寸、零件的加工误差、轴承承受的载荷等因素有关。过盈量过小则不能消除轴承间隙，回转精度和刚度均下降；过盈量太大，则摩擦力矩增大，轴系转动的灵活性降低，主轴、轴套、滚珠的磨损加快，还容易引起轴、套和滚珠的塑性变形，破坏原有几何形状的正确性，同样会引起回转精度下降。当接触应力超过滚珠材料的许用应力时，装配时很容易把滚珠压碎。过盈量是靠零件尺寸保证的，一般先研好孔，选好滚珠后，再配磨轴，控制轴的尺寸来保证过盈量，称为总过盈量 Δ，即

$$\Delta=D_2-(D_1+2d) \tag{5-54}$$

式中，D_2 为轴套内孔直径；D_1 为轴直径；d 为滚珠直径。

过盈量又为滚珠与轴的接触变形和滚珠与套的接触变形之和，即

$$\Delta=2(\delta_1+\delta_2)=4\delta \tag{5-55}$$

式中，δ_1 为单颗滚珠与轴的接触变形；δ_2 为单颗滚珠与套的接触变形，当两者接触变形相同时，则 $\delta_1=\delta_2=\delta$，总的过盈量一般取 $1.5\sim12\mu m$，水平状态使用的轴承过盈量应比轴线垂直状态使用的轴承过盈量大些，选过盈量时还应考虑配磨轴时的温度影响，以及测量轴、孔、滚珠直径时测量误差的影响。

变形量 δ 的计算公式

对于径向轴承
$$\delta=1.23\left(\frac{P^2}{E^2}\frac{R+r}{Rr}\right) \tag{5-56}$$

式中，P 为单颗滚珠所受的正压力；E 为弹性模量，如轴承钢 $E=2.1\times10^{11}Pa$；R 为轴或套的半径；r 为滚珠半径。

对端面轴承
$$\delta=1.23\left(\frac{P^2}{E^2r}\right)^{1/3} \tag{5-57}$$

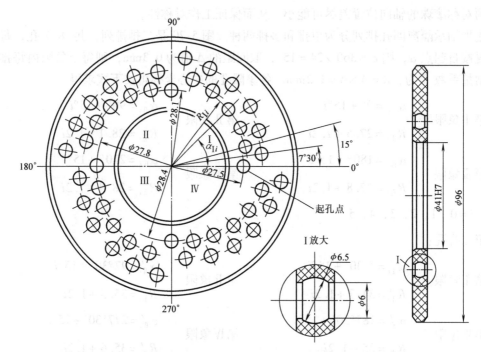

图 5-70 止推轴承隔离圈孔的排列

四、气体静压轴承轴系结构及设计

气体静压轴承是以一定恒压的净化空气充满轴承套与轴之间，并以其为润滑介质构成的轴承。由于空气黏性极小，因此几乎没有摩擦力矩，旋转灵活，正常工作中不磨损机件，工作中不用维修调整，具有可以在特殊环境下使用的优点。由于气膜对轴承零件的加工误差有平均作用，构成轴系后的回转精度可比轴承副零件精度有很大提高。目前空气静压轴承的回转精度已高达 $0.01\mu m$，因此常用作为高精度仪器的轴承。其缺点是需要无油、无水、无尘的气源，即需有较复杂的辅助设备，因此使用成本高，而且轴承的刚度一般不如机械轴承，采取了提高刚度的技术措施后，也常用在精密机床的轴系中。

（一）空气静压轴承轴系的典型结构

（1）圆柱形空气静压轴承轴系　由气体润滑轴承构成的圆柱形空气静压轴系结构简单，回转精度高，工艺性好，因此应用比较普遍。圆柱形空气静压轴系常用平面止推型，按轴的长度和止推面直径的比例，可分为长型轴系和短型轴系。现以图 5-71 所示短型轴系为例，介绍圆柱形空气静压轴承轴系的结构特点和技术性能指标。

轴承套 4、气浮轴 7、上止推板 8、下止推板 12 等主要零件用 4Cr13 马氏体不锈钢制成，经过淬火和时效，具有一定的硬度、较好的抗腐蚀性能和稳定性。轴承套的轴向有两排径向节流孔，上下止推板还各有一圈轴向止推节流孔，每圈节流孔数均为 12 个。节流孔直径均为 $\phi 0.15mm$。轴与轴承套内孔配合的单边径向间隙、上下止推板与轴承套端面配合的单边端面间隙均为 0.012mm。节流孔采用宝石轴承结构，选用手表上的成品宝石轴承，装配时先把宝石轴承压合在铜套上，再把镶好宝石轴承的铜套装于空气轴承套，节流孔端面要低于孔壁 0.02～0.04mm。轴系上有 3 个基面，A 面用于安装分度或基准元件，B 面用于连接传动机构，C 面为轴承安装面，8 个衬套 10 的端面经精密研磨在同一平面上，用以支承并固

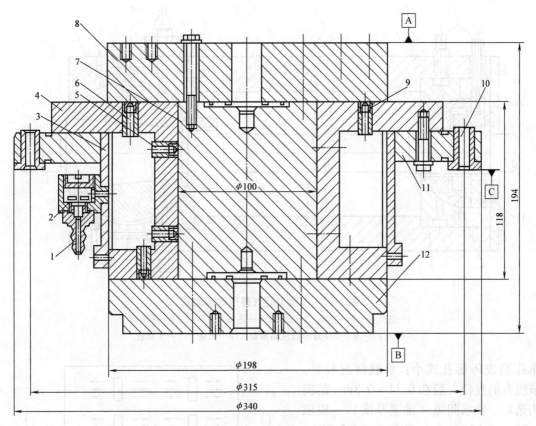

图 5-71 圆柱形空气静压轴承轴系

1—进气嘴 2—过滤片 3—外罩 4—轴承套 5—径向节流孔 6—轴向节流孔
7—气浮轴 8—上止推板 9—宝石轴承 10—衬套 11—连接板 12—下止推板

定轴承。

该轴承实测径向回转精度为 0.012μm（系统误差），轴向刚度优于 200N/μm，径向刚度优于 40N/μm，轴向承载能力为 1000N，供气压力为 3×10^6Pa。

（2）圆球与圆柱混合型空气静压轴承轴系 获得美国专利的混合型空气静压轴承轴系如图 5-72 所示。主轴 2 的右端固定着直径为 70mm，长 60mm 的凸球 3，具有一定压力的气体从凹半球 5、6 的 12 个 φ0.3mm 的气孔进入轴承间隙，间隙为 0.012mm；主轴左端是长 27mm，直径为 22mm 的圆柱轴承。气体同样通过 12 个气孔进入轴承间隙，间隙为 0.018mm；为使左右两端轴易于对中，特将圆柱轴承置于凸半球形圆柱轴承套 9 的孔内，当气体进入凹半球 8 的气孔时即可进行对中调整，对中后停止供气，此时在压簧 10 的作用下，凹球面与凸球面直接接触固定。轴系的轴向刚度为 81.3N/μm，径向刚度为 24.5N/μm。当主轴转速为 200r/min 和 500r/min 时，包括基准球误差在内的轴系回转精度为 0.031μm 和 0.038μm。

（二）结构参数

气体静压轴系的结构参数与气体静压导轨基本相同。节流器常用简单型小孔节流器和环形孔式节流器。环形孔式节流器可直接钻孔做成，工艺简单，但其节流面积随气膜厚度 h_0（间隙）而改变，其节流调压作用不如简单型节流孔。在气体静压轴系中还有采用如图 5-73 所示的沟槽式节流器，这种节流器扩散损失（指气体在节流孔出口周围散开的现象）较简

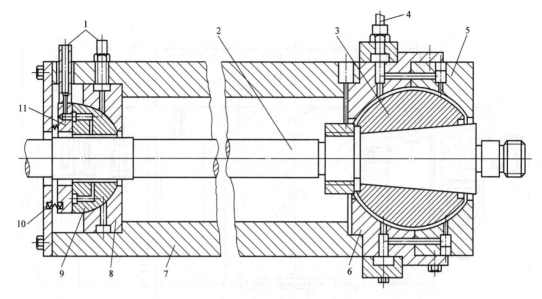

图 5-72　混合型空气静压轴承轴系

1—进气孔　2—主轴　3—凸球　4—进气口　5、6、8—凹半球

7—轴套　9—凸半球形圆柱轴承套　10—压簧　11—支承板

单孔型或环形孔式小：承载情况较好。节流孔的直径一般在 0.14～0.3mm 范围内选取。轴承间隙（油膜厚度）一般取 0.01～0.03mm，大多数取在 0.01～0.018mm 范围内。气垫（气腔）直径可取 $\phi 4 \sim \phi 5$mm，气腔深 0.14～0.2mm。球或圆柱轴套和轴颈的形状误差在 0.2～0.4μm 以内。

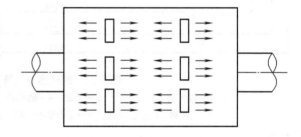

图 5-73　沟槽式节流器

有关气体流量、气腔压力、承载能力和轴承支承刚度的计算，请参阅有关文献。

五、液体静压轴承轴系及设计

液体静压轴承轴系是由压力油将轴系浮起进行工作的轴承。它有如下特点：

1）在液体压力油作用下将主轴浮起，在轴和轴套之间形成油膜，因此形成液体摩擦，摩擦力极小，几乎无磨损，寿命长，转动灵活，消耗功率少。

2）与气体静压轴系相比刚度更高，承载能力大，因此常用于大型或重型仪器上，在机床上应用比较广泛。

3）回转精度较高，径向误差运动可达 0.05μm。由于油液分子的平均作用，使轴系回转精度可高于零件加工精度。

4）抗震性好于气体静压轴承。

5）需要一套高质量的供油系统，由于油温变化后会造成回转中心热漂移，因而还需油温控制系统配套使用。因此不仅系统复杂化而且成本也较高。

液体静压轴承的工作原理与液体静压导轨基本相同，如图 5-74 所示，它在一个轴承面内开有 4 个对称油腔，每个油腔之间被宽度为 b_2，深度为 Z_2 的轴向回油槽隔开，轴套与主轴间间隙为 h_0。

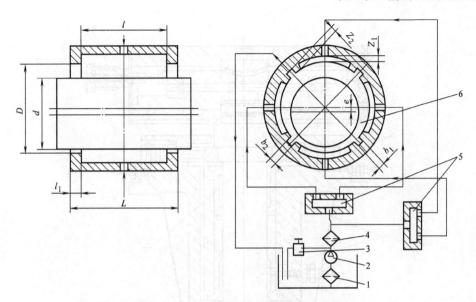

图 5-74 圆度仪用液体静压轴承轴系原理图
1—滤油网 2—液压泵 3—溢流阀 4—精滤油器 5—节流器 6—轴承

从液压泵打出的油液，经溢流阀之后，压力调节为 p_s，再经 4 个节流器进入 4 个油腔，油腔中的压力油将主轴浮起，油液经轴承间隙及回油槽回至油池。

由于轴承间隙 h_0 很小，形成很大的油阻，使油腔中保持静压力 p_r。当主轴上有负载时，在径向力作用下，下间隙由 h_0 变为 h_d，若 $h_d < h_0$，下油腔油阻增加；上油腔间隙由 h_0 变为 h_u，则 $h_u > h_0$，上油腔油阻减小，从而使 p_{ru} 减小，下油腔压力 p_{rd} 增加以反抗外载荷，于是便产生一个与载荷方向相反的压力差 $\Delta p = p_{rd} - p_{ru}$，来支承载荷 W，从而维持轴系的平衡。

图 5-75 是北京机电研究院研制的圆度仪用液体静压轴承轴系。主轴 7 和内套 2 构成径向静压轴承，油腔做在内套 2 上。3 为轴向液压轴承。调节螺钉 6，调心台 5 和倾斜调整螺钉 4 可调整工件与主轴的同心。回转运动步进电动机 8 通过减速器 1 和弹性联轴将运动传递给主轴。

工作台直径 400mm，液压泵工作压力 15×10^5Pa，可测工件重力 1000N，允许偏载 40mm，径向回转精度 0.1μm，轴向回转精度 0.04μm。

液体静压轴承的主要参数（参见图 5-74）如下：

（1）油腔形式和数量 常用矩形等深油腔、矩形圆弧油腔和槽式油腔。油腔的数量一般为 4 个（在一个截面内），在轴承内径 D 小于 40mm 时可用 3 油腔，重载时可用 6 油腔。

（2）轴承内径 D 一般根据轴颈 d 来确定，而轴颈 d 是根据主轴工作时的强度、刚度及结构因素来确定。静压轴承要在一定限度内增大 d，以提高轴承的承载能力和油膜刚度。D 不能选得过大，虽然承载力 W 正比于 D^2，但摩擦力正比于 D^4，因此过大的 D 会造成温升严重。

（3）轴承的长度 L 一般推荐 $L = (0.8 \sim 1.2)D$，最大 $L \leqslant 1.5D$。L 增大，承载能力增加，承载面积也增加，使油膜刚度提高，但会使磨损功耗和温升增加。

（4）轴向封油面宽度 l_1 和周向封油边宽度 b_1 若 $D \approx 200$mm 时，推荐 $l_1 = b_1 = 0.1D$，对于没有轴向回油槽的轴承，可取 $l_1 = 0.1D$，$b_1 = D/n$（n 为油腔数）。

（5）主轴和轴承配合直径间隙 $2h_0$ 推荐在 $D < 50$mm 时，$2h_0 = (0.0006 \sim 0.01)D$；$D$

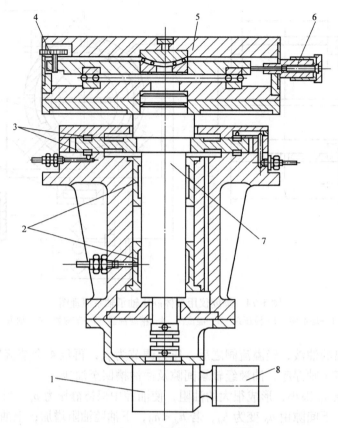

图 5-75 圆度仪用液体静压轴承轴系
1—减速器 2—内套 3—轴向液压轴承 4—倾斜调整螺钉
5—调心台 6—调节螺钉 7—主轴 8—步进电动机

为 50 ~ 100mm 时, $2h_0 = (0.0005 ~ 0.0008) D$; D 为 100 ~ 200mm 时, $2h_0 = (0.0004 ~ 0.0007) D$。$h_0$ 越小, 油膜刚度大, 承载力增加, 但对主轴和轴承加工精度要求高, 节流孔尺寸也小, 易堵塞。h_0 的公差范围 $\Delta h_0 = (1/10 ~ 1/7) h_0$。

(6) 油腔深度 Z_1 推荐 $Z_1 = (30 ~ 60) h_0$。

(7) 轴承跨距 l l 一般取 $(4 ~ 6) D$。

(8) 回油槽深度 Z_2 和宽度 b_2 回油槽要保证回油畅通, 不影响油阻。另外要使回油槽中充满并具有微小压力, 以防主轴高速旋转时将空气从回油槽带进油腔中, 使油腔内工作压力不正常。回油槽尺寸推荐值按表 5-6 选择。

表 5-6   回油槽尺寸

D/mm	40 ~ 60	70 ~ 100	110 ~ 150	160 ~ 200
b_2/mm	3	4	5	6
Z_2/mm	0.6	0.8	1.0	1.2

(9) 轴与轴承的几何形状误差   几何形状误差包括圆度、圆柱度和同轴度, 一般推荐形状误差 $\Delta x \leqslant (1/10 ~ 1/5) h_0$。

(10) 轴承材料   一般情况下用灰口铸铁 HT200 ~ HT400, 也可采用铸造黄铜 ZHMn58 - 2 - 2 或铸造青铜 ZQSn6 - 6 - 3。对于主轴可采用淬火钢; 推力轴承环材料一般用

40 或 45 钢，硬度为 40HRC。

六、液体动压轴承轴系

液体动压轴承轴系有如下特点：

1）回转精度高，径向误差运动可达 0.025μm。

2）承载能力较大，这种轴系的承载能力是在主轴旋转后产生的，即主轴旋转时有较大承载能力。

3）刚性较好。

4）动态情况下无磨损，寿命长。

5）制造、使用和维修都比较方便，结构比液体静压简单，不需要液压泵站。

6）起动时主轴和轴承是刚性接触，有磨损，低速大载荷油膜难以建立。

7）主轴只能向油楔减小方向转动，不能反转。

（一）工作原理

图 5-76 所示是三油楔动压轴承原理图，由于主轴和轴承相对运动，使两者之间的润滑油形成油楔。转动时油楔从宽到窄而产生油动压，油动压的升高而将主轴浮起，避免主轴与轴套直接接触。当主轴相对轴承转动速度不同时，油膜厚度改变，对轴提供不同的力，用以支承负载。而当主轴相对轴套转速为 0 时，则油动压为 0，此时主轴与轴承为刚性接触，即为静止状态。

（二）动压轴承获得液体摩擦的条件

将动压轴承的一个油楔展开，见图 5-77。平板 A 相当于轴瓦，B 相当于轴颈，B 以速度 v_0 由油楔大的方向（h_1）向油楔小的方向（h_2）运动，把润滑油从 h_1 带向 h_2 而产生油动压。在油楔中取一个微体积 $dxdydz$，作用于微体积上的力有压力 p 和剪切力 τ，单位面积上的作用力为

$$p_1 = pdzdy, p_2 = (p + \Delta p)dzdy$$
$$T_2 = \tau dzdx, T_1 = (\tau + \Delta \tau)dzdx$$

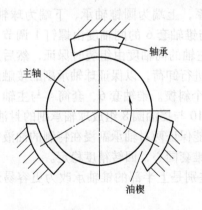

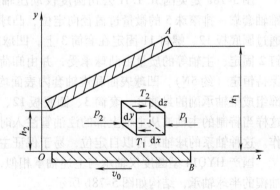

图 5-76 三油楔动压轴承工作原理图 　　　 图 5-77 油楔计算图

力平衡方程在 X 方向的投影，有 $p_2 + T_2 = p_1 + T_1$，所以 $\Delta pdzdy = \Delta\tau dzdx$，写成微分方程形式

$$\frac{dp}{dx} = \frac{d\tau}{dy}$$

因 $\tau = -\nu \dfrac{\mathrm{d}v}{\mathrm{d}y}$

故有

$$\frac{\mathrm{d}p}{\mathrm{d}x} = \frac{\mathrm{d}\tau}{\mathrm{d}y} = -\nu\frac{\mathrm{d}^2v}{\mathrm{d}y^2} \tag{5-58}$$

式中，ν 为油的黏度；$\mathrm{d}v/\mathrm{d}y$ 为沿厚度方向（y 向）的速度梯度。

如果主轴与轴套之间没有斜楔，则 $h_1 = h_2$，单位时间内流入流量与流出流量相等，$\mathrm{d}v/\mathrm{d}y$ 为常数，$\mathrm{d}^2v/\mathrm{d}y^2 = 0$，则 $\mathrm{d}p/\mathrm{d}x = 0$，即油压是常数，油在 x 方向任一截面的压力均与入口处相等，不能承受外载荷。

如果轴和轴套间有斜楔，并且 $h_1 > h_2$，轴颈沿间隙减小方向转动，则根据流量连续定理，入口速度低于出口速度，而速度 $v = A(\mathrm{d}p/\mathrm{d}x)$，因而入口处 $(\mathrm{d}p/\mathrm{d}x) < 0$，出口处 $(\mathrm{d}p/\mathrm{d}x) > 0$，在 $(\mathrm{d}p/\mathrm{d}x) = 0$ 处压力最大。油膜对运动件的浮力是各个截面压力的总和，当它大于载荷 W 时，轴浮起，因此只要有了斜楔，并向斜楔减小方向转动时，就会建立起 $\mathrm{d}p/\mathrm{d}x$，产生油动压。

如果轴颈不动，则油液不动，$\mathrm{d}v/\mathrm{d}y = 0$，$\mathrm{d}p/\mathrm{d}x =$ 常数，即油压沿 x 方向不变化，不产生油动压。

根据式（5-58）可知，润滑油的黏性系数 ν 对 $\mathrm{d}p/\mathrm{d}x$ 有影响，一般来说，ν 越大，则油动压越大，油膜刚度也越大。

由此可以得出动压轴承获得油动压的条件是：

1）在结构上，轴承必须有斜楔。主轴只有向斜楔减小方向转动时，才会产生油动压，若主轴转动速度高，则油膜加厚。因此为保证主轴有高的回转精度，转速应均匀。不允许向斜楔增大方向转动，这时没有油动压，主轴与轴承刚性接触，而产生磨损。

2）轴系在转动之前必须加有一定黏度的润滑油，进行充分润滑。润滑油不能随便代替，必须用圆度仪主轴专用油。

（三）动压轴承轴系的结构

图 5-78a 是英国 R. T. H 公司圆度仪动压轴承轴系，上端为圆锥轴承、下端为球轴承。锥轴套靠一排滚珠 5 的微量过盈径向定位，凸球 10 与锥轴套 6 的同轴度由螺钉 1 调节，并通过圆底板 12、螺钉 11 固定在套筒 3 上，凹球 9 与主轴的同轴度由组装时保证，然后用螺钉 2 固定，主轴等的质量由凸球承受，并由卸荷拉簧进行卸荷，以保证球轴承副的接触压力保持恒定（约 5N），凹球表面和锥轴套内表面均有 3 个斜楔。锥轴套 6、套筒 4 与主轴 7 上部组成锥轴承副的封油区，套筒 3、圆底板 12、凸球 10 与挡油圈 8 组成球轴承副的封油区。这样当特制的主轴油从主轴上部的注油管注入时，就能保证两对轴承副浸在特制的油液中工作。这种轴系的球轴承可以自定位，易于保证主轴与锥套同心，回转精度稳定。

国产 HYQ14 型圆度仪轴承与上述轴承相似，其差别是上半部的锥轴承改为更容易形成油楔的半球轴承，结构如图 5-78b 所示。

七、设计时轴系选择要点

仪器中的轴系是仪器的关键部件之一。轴系类型的选择是非常重要的一个环节，轴系的选择不仅决定了仪器的测量精度指标是否能达到设计要求，同时也决定了仪器的成本高低；选择轴系类型时，要考虑的因素很多，如回转精度、转动灵活性、承载能力（刚度）、寿命、结构工艺性、使用环境、成本等因素。由于各种类型轴系各有其特点，所以在选择时要

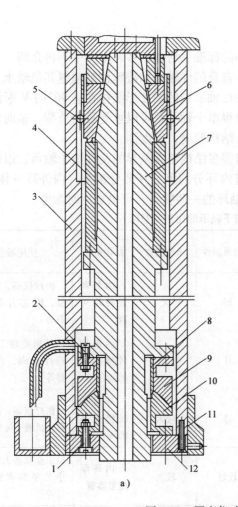
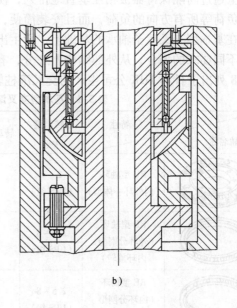

图 5-78 圆度仪动压轴承轴系结构

1、2、11—螺钉 3、4—套筒 5—滚珠 6—锥轴套 7—主轴 8—挡油圈 9—凹球 10—凸球 12—圆底板

综合考虑。各种轴系的对比见表 5-7。

表 5-7 各种轴系的对比

导轨名称	特性	回转精度/μm（径向误差运动）	转动灵活性	承载能力	耐磨性	使用环境	成 本
滑动轴系	圆柱滑动轴系	2~10	较差	大	差	要求较低	低
	圆锥滑动轴系	0.2					
滚动轴系	标准滚动轴承轴系	0.5	较好	较大	较好	要求较高	较高
	单列非标准滚动轴承轴系	0.2					
	密珠轴系	0.1					
液体静压轴系		0.05	好	大	好	要求高	高
气体静压轴系		0.01~0.02	好	较差	好	要求高	较高
动压轴系		0.025	好	较大	好	要求高	高

　　常用的精密轴系中轴承是轴系的核心部件，轴承要承受轴向力和径向力，同时要保证较高的回转精度。目前有些轴系用轴承已经标准化，设计时选择使用，会大大缩短仪器制造周

期，节约成本。

市场上最多的是各种标准滚珠轴承，选用的标准手册也很多，本文中不再介绍。

在各种标准轴承中，交叉滚子轴承因为其自身的优越性和特殊性都超越其他轴承，所以交叉滚子轴承目前被广泛使用，尤其是交叉滚柱轴承中的圆柱形滚柱在呈 90° 的 V 形沟槽滚动面上通过间隔保持器被相互垂直地排列，使得单个轴承就可以承受径向负荷、轴向负荷及力矩负荷等所有方向的负荷，而且安装简便，结构紧凑，刚度高。

在基本型交叉滚子轴承的基础上，衍生出很多结构略有差异的交叉滚子轴承，以便于使用于不同要求的场合，从外部结构上来分，有内环分割型、外环分割型、内外环一体型等。表 5-8 列出了日本 THK 公司生产的交叉滚柱轴环的一些特点，可供选用时参考。

表 5-8　基本型交叉滚子轴承的比对（THK）

导轨名称	特性	回转精度/μm	转动灵活性	承载能力	结构特点	使用场合
	RU 型轴环（内外环一体型）	2~4（UPS 级）	好	大	内外圈旋转均可以	医疗仪器，测量仪器，IC 芯片制造设备等
	RB 型轴环（外环分割型、内环旋转）	2.5~8（UPS 级）	好	大	内圈旋转精度高的场合	精密旋转工作台，医疗仪器，测量仪器等
	RE 型轴环（内环分割型、外环旋转）	2.5~8（UPS 级）	好	较大	外圈旋转精度高的场合	医疗仪器，测量仪器，机械手转台
	RA 型轴环	13~30	较好	较大	内环厚度紧凑型	工业机器人和机械手关节部和旋转部位等

回转精度要求达到亚微米或更高精度的轴系，一般都由设计者根据设计要求自行设计和制作。

第五节　伺服机械系统设计

在进行点、线、面或空间曲面测量和精密定位时，精密机械系统需要作各种运动，如直线运动、回转运动、曲线运动、空间运动等。这些运动需要驱动装置、传动装置和控制装置构成一个伺服系统来达到各种精密运动的目的。运动的控制往往要用计算机来完成。

一、伺服系统的分类

按控制特点分为点位控制和连续控制系统。

点位控制系统是指控制点与点之间位置，而对运动轨迹没有严格规定，如精密定位工作台的定位。

连续控制系统则是用控制装置连续控制两个轴或多个轴同时连续运动、实现平面或空间曲面内的精密定位。该系统较点位控制系统复杂，成本也高。

按控制技术分为开环伺服系统和闭环伺服系统：

（1）开环伺服系统　图 5-79 是开环伺服系统原理图。由控制装置发出的指令脉冲作用于电动机的驱动电路，它控制驱动电动机通过机械传动装置带动工作台运动。如果驱动电动机采用步进电动机，则可通过指令脉冲控制步进电动机点动或连续运动，步进电动机的瞬态响应可达（2000～3000）步/s。开环系统的运动速度上限受电动机驱动频率和机械传动装置减速比限制。步进电动机可锁紧在任何位置上。

图 5-79　开环伺服系统原理图

开环伺服系统适用于对运动速度和定位精度要求不高的场合。

（2）闭环伺服系统　图 5-80 是闭环伺服系统的工作原理图。这个系统与开环系统相比，增加了检测装置，可以随时测出工作台的实际位移，并将测得值反馈到控制装置中与指令信号进行比较，用比较后的差值进行控制。因此闭环伺服系统可以校正传动链内的电气装置、机械刚度、间隙、摩擦、制造水平等形成的各种误差，达到精确定位的目的。

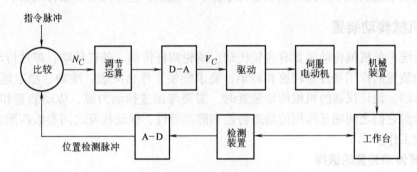

图 5-80　闭环伺服系统工作原理图

闭环伺服系统按反馈和比较方式不同分为脉冲比较式、幅度比较式、相位比较式等。以脉冲比较式为例（参见图 5-80），指令脉冲与位置检测脉冲在比较环节进行脉冲数比较（用计数器将指令脉冲与反馈的检测脉冲做可逆计数）输出数字量 N_C^+ 或 N_C^-，然后经过 D/A 转换变成模拟的电压量信号 V_C，此控制信号经驱动器进行功率放大，推动伺服电动机运动，再经机械减速装置带动工作台移动。工作台的位置由检测装置检测出来，再经 A－D 变成数字量与指令脉冲进行比较。若指令脉冲数为 10 个，检测脉冲数为 0，则 N_C^+ 为 10 个脉冲，它变成相应的电压信号去驱动伺服电动机并进而带动工作台运动，当位置检测装置检测到 10 个脉冲时，N_C^+ 为 0，工作台停止运动。

由上述原理可以看出，闭环伺服系统实质上是一个自动调节系统。系统的响应特性，如超调量、起调时间、调整时间、动态偏移误差和动态重复性误差等是反馈系统品质的重要参量，而稳态响应误差，如幅值误差、相位误差等是影响系统精度的重要指标。

检测装置的精度是影响闭环伺服系统精度的主要因素。常用的检测装置有：激光干涉仪、光栅系统、感应同步器、CCD 摄像系统等。

闭环伺服系统环节多，如果调节不当会引起振荡，影响系统工作稳定性，此外系统复杂，制造、装配、调节都比较麻烦。

如果检测装置检测的是机械装置位移，则称为半闭环伺服。环节比闭环短，工作稳定性也较好些。

二、伺服驱动装置

在伺服系统中驱动装置用来驱动机械装置运动。常用的驱动装置有步进电动机、直流电动机、同步电动机、测速电动机和压电陶瓷驱动器。

步进电动机是一种特殊运行方式的同步电动机，它用电脉冲控制，每输入一个脉冲，电动机就移进一步，其位移量与电脉冲成正比，可以改变脉冲频率在很大范围内调节转速，可以点动，也可以连续动，可正转也可反转，停机时有自锁能力，它的步距角和转速不受电压波动和负载变化的影响，也不受环境影响，仅与脉冲频率有关。步距误差不累积，一般在15′以内。步进电动机运行时会出现超调或振荡，要注意低频时振动对工作台运动的影响，突然起动时有滞后。

直流电动机运动平稳，改变驱动电压可以改变转速，也能换向，控制方便，驱动平稳，噪声小，但不能自锁，控制精度不如步进电动机。同步电动机一般用于同步控制的场合。

压电陶瓷驱动是近年来应用越来越广泛的驱动器。它分辨力高，可达纳米级，控制简单，但驱动功率范围较小。此外该驱动无摩擦、不发热，但有滞后和漂移现象。

三、机械传动装置

伺服系统中的机械传动装置有齿轮传动、蜗轮蜗杆传动、丝杠传动、弹性传动、摩擦传动等。传动装置的作用是传递转速和转矩，要求能使工作台灵敏、准确、稳定地跟踪指令，实现精确移动。设计仪器的机械传动装置时，需要考虑选择动力源、传动装置和连接机构，并且需要考虑它们之间相互作用的动态特性和静态特性，保证相互之间参数匹配，保证仪器稳定可靠地工作。

1. 机械传动装置的选择

仪器中的运动，常见的是直线运动和圆周运动，下面介绍的伺服控制装置也主要是这两种运动方式的控制。

（1）直线运动传递　直线运动是仪器中常见的一种运动形式，目前有很多机构可以将旋转运动转化为直线运动，仪器中常用的直线运动形式有齿轮齿条传动、摩擦传动、丝杆螺母传动、弹性传动、直线电动机传动等。直线运动典型的装置，如伺服电动机与滚珠丝杠组成，电动机通过滚珠丝杠将旋转运动转化为直线运动带动。将步进电动机与齿轮传动、蜗轮蜗杆传动或丝杠传动相结合，可以达到微米甚至亚微米级的分辨力，当要求位移传动分辨力更高时，由于这几种传动具有摩擦，有间隙和空程及爬行，很难达到要求。当要求分辨力达到 $0.1 \sim 0.01\mu m$ 量级时可采用摩擦传动和弹性传动；而当要求纳米级的位移分辨力时，常采用压电陶瓷驱动与弹性传动相结合，如压电陶瓷驱动与柔性铰链传动相组合等。目前直线电动机技术应用也越来越广，直线电动机直接将电能转化为直线运动的机械能，没有中间传动环节，与传统的旋转电动机相比具有结构简单、噪声低、响应速度快等优点。

对于直线运动机构设计来说，其运行时会引起传动源误差，这些源误差主要包括元件自身的形位误差，元件的安装误差，传动元件的间隙和传动过程中的磨损及迟滞引起的误差等。设计这些机构时，可参考相关的机械设计资料要求和设计要点。

（2）圆周运动　仪器中常用的圆周运动形式有直驱电动机驱动、电动机带轮传动、电动机齿轮传动机构等结构形式，对于高精度仪器，为防止带轮内的滚动轴承的径向偏摆传达到主轴上去，一般不采用刚性连接的带轮传动，可以直接选用旋转电动机与转轴连接来实现。仪器中的精密轴系是一种常见的圆周运动结构，目前常选用直驱电动机驱动，将电动机的转子直接与轴连接，实现圆周运动。

2. 机械传动装置设计时应考虑的几个问题

影响传动装置静态特性的主要因素是刚度，而影响动态特性的因素主要是系统固有频率和阻尼。

（1）机械传动装置的减速比　在伺服控制系统中，要求输入指令驱使工作台从某一速度变到另一速度时，电动机应能提供最大加速度，即要求工作台迅速响应指令。因此设计时应尽量使加速度达到最大值，即存在最佳转速比。

对于一级减速系统，在忽略摩擦时最佳转速比 i_m 为

$$i_m = \sqrt{I_L / I_M} \tag{5-59}$$

式中，I_M 为驱动轴转动惯量；I_L 为输出轴转动惯量。

最大角加速度为

$$\dot{\omega}_m = \frac{M_m}{2\sqrt{I_M I_L}} \tag{5-60}$$

式中，M_m 为电动机轴上的最大转矩。

机械传动的级数取一级较好，因为级数增加会使传动间隙加大，阻尼也加大，刚度和效率降低。

（2）机械传动装置的动力设计　动力系统要能提供足够的力矩和功率，以使工作台能跟随指令运动。

动力平衡方程为

$$M_m \geqslant M_j + M_f + M_L \tag{5-61}$$

式中，M_j 为电动机轴加速力矩；M_f 为摩擦力矩；M_L 为载荷力矩。

（3）刚度计算　由于机械传动装置中存在着摩擦和各个零部件都会有一定柔性，因而在输入指令开始驱动工作台时，由于传动环节的弹性变形，将导致工作台不能立即跟随指令移动，从而造成一定的失动量，影响定位精度。而当工作台低速运行时，由于传动环节的摩擦及刚度又会造成爬行而使运动不均匀，同时刚度还影响固有频率。

伺服刚度 K_s 是指电动机轴的刚度。伺服系统无负载时，对电动机轴施加反向负载力矩，则电动机轴停止位置发生变化，取消负载力矩则电动机输出轴又恢复到初始零位，若此转角为 θ 角，那么伺服刚度为

$$K_s = \frac{360 M_m}{2\pi\theta} \tag{5-62}$$

式中，M_m 为电动机轴上的最大力矩。

失动量计算：失动量 Δr 可用下式计算：

$$\Delta r = F / K_\varepsilon = F K_s K_e / (K_s + K_e) \tag{5-63}$$

式中，F 为负荷力；K_ε 为机械传统系统总刚度。K_e 为机械传动装置的纵向刚度，它包括轴承、轴承座刚度、传动元件刚度。

固有频率 ω

$$\omega = \sqrt{K_e / m} \tag{5-64}$$

式中，m 为工作台部件的质量。

四、伺服系统的精度

伺服系统的精度是指伺服系统带动工作台运动，到达点、线、面和空间位置的准确度。对于开环伺服系统，构成系统的各个环节的误差，都会影响伺服精度，它包括：伺服电

动机运行误差，如用步进电动机时，步进电动机的步距角误差；机械传动系统的机械传动误差，如齿轮传动的齿廓偏差、齿距累积偏差、反向转动时齿轮侧隙造成失动等；螺旋副传动的螺距误差、传动间隙、螺旋副的刚度；导轨的直线度误差等。

对于闭环伺服系统，它由控制环节和反馈环节组成，由于反馈环节中有检测装置，由检测值与指令值相比较，其差值去控制工作台运动，因而控制环节的电气误差和机械误差可以得到一定的校正，但是控制环节中小于一个控制脉冲的误差是无法校正的，如调节运算误差、D－A转换误差、步进电动机的步距角误差、机械装置的灵敏限误差等。对于反馈环节其误差源主要有位置检测装置的检测误差、A－D转换的量化误差等。

五、伺服系统的误差校正

只着眼于机构本身的加工精度来提高伺服系统的精度是比较困难的，采用误差校正技术提高工作台的位移精度是一个较好的方法。对于闭环伺服系统来说，由于有位置检测装置存在，已经校正了大部分驱动与控制系统误差，因此误差校正技术主要用于开环伺服系统。目前用于伺服误差校正主要有两种方法：一是用机械电子技术的硬件校正法；二是用微机技术进行误差校正。

机械电子法误差校正主要用于补偿工作台反向运动时的死区（约数微米），对补偿电路的要求是：①能方便地控制脉冲数，如具有预置功能等；②能判别运动方向，在反向运动时能发出补偿指令；③补偿脉冲不影响主控脉冲正常运行。图5-81是反向死区补偿电路的框图。

当工作台从 X_+ 方向变为 X_- 方向时，由方向判别发出补偿方向脉冲 X_-，此脉冲经整形后送到补偿控制电路并控制 X 向补偿脉冲的输出，同时它还送到伺服控制而使伺服主脉冲停止。补偿脉冲由脉冲发生器产生，经计数、译码由拨码开关发出预置脉冲信号送到补偿控制，待方向信号到来时，补偿脉冲输出。

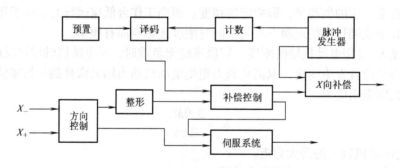

图5-81 反向死区补偿电路框图

20世纪80年代以来，由于微型计算机技术发展十分迅速，用计算机进行误差校正的技术应用越来越多。用微机进行误差校正具有灵活、快速、方便和功能强等许多优点。

图5-82是单一通道计算机误差校正框图。计算机将指令的理论值 I 和按给定的误差仿真数学模型计算出来的误差值 ΔI 进行比较，用 $I \pm \Delta I$ 去驱动伺服装置控制

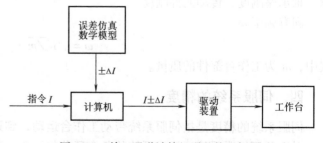

图5-82 单一通道计算机误差校正框图

工作台移动；在补偿死区时，Δl 即为校正死区的误差补偿信号。

图 5-83 是双通道微机误差校正原理图。控制工作台运动的指令脉冲通过主电动机和机械传动装置带动工作台运动。由误差仿真数学模型获得的误差补偿数据通过微机接口向校正电动机发出校正脉冲，从而使转台获得附加运动，实现误差校正。校正电动机的输出经过 1:90 的蜗轮蜗杆减速，因而脉冲当量比指令脉冲小许多倍，从而可得到微细校正。图中的零位装置用来校正死区。

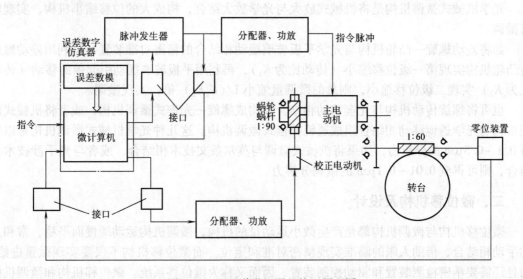

图 5-83　双通道微机误差校正原理图

由上述分析可以看出，误差校正的关键是获得误差补偿的数学模型。为建立误差仿真数学模型首先需要精确测定工作台运动的有限位移值，然后利用实测点阵进行数学仿真，如用线性拟合法、傅里叶分析法、多项式拟合法等，用获得的仿真数学模型编制软件，由计算机发出补偿脉冲指令。

第六节　微调与微位移机构及设计

一、微调机构

微动微调机构是精密仪器中广泛使用的一种机构，主要目的是使仪器中的某一部件在较小的范围内进行缓慢而平稳地微量移动（角位移或线位移），或将其调整到所需要的精确位置的一种结构。例如，光学仪器中的显微镜的调焦；精密机械加工中微进给机构；精密仪器读数装置或基准件的对零等。

对微调微动机构的基本要求如下：

1）结构简单同时保证较大的传动比。

2）微动调节的灵敏度高。

3）传动机构调整灵活，无空程。

4）工作可靠，调整好位置能够锁紧。

5）工艺性好，操作方便。

微动微调机构主要分为如下两大类：

（一）机械传动式微调机构

机械传动式微调机构是利用机械传动能产生大的传动比这一特点来制作的，如螺旋传动微调机构、凸轮传动微调机构、杠杆传动微调机构、斜面传动微调机构、摩擦传动的微调机构等。在实际微调机构中，也常采用上述几种机械传动的组合实现较大传动比的位移缩小，如螺旋传动与斜面传动组合等，可以达到微米或亚微米级的微调量。

（二）光学机械传动式微调机构

光学机械式微调机构是将机械式放大与光学放大结合，构成大的位移缩小机构，实现精密微调。

如将差动螺旋—凸轮机构与光学平板玻璃摆动相结合的精密对准装置，是利用差动螺旋与凸轮机构实现第一级位移缩小（传动比为 K_1），再利用平板玻璃摆动引起像的移动（传动比为 K_2）实现二级位移缩小，则总的微调量缩小 $1/(K_1K_2)$ 倍，实现微调。

也可将螺旋传动机构与光楔移动相结合，构成螺旋—光楔式微调机构；或者将机械式微调机构与光学透镜移动相结合组成透镜补偿式微调机构。这几种光学机械式微调机构可以获得 $0.1 \sim 0.5\mu m$ 的分辨力，如果将机械式微调与莫尔条文技术相结合，或者与光干涉技术相结合，则可得到 $0.01 \sim 0.1\mu m$ 的微调分辨力。

二、微位移机构及设计

微位移机构与微调机构都是产生微小运动量的机构，微调机构运动缓慢而平稳，常和人的手动相结合，借助人眼的瞄准实现精密对准和定位。而微位移机构不仅要实现微量进给，而且还需要精密检测装置和驱动控制装置，因而又称为微位移系统。微位移机构和微调机构相比更强调的是给出精确的位移量和精密定位。微位移系统实现了自动进给微位移量，完全排除了人为干预，所以可以获得更精确的微位移值。

近年来微位移技术随着电子技术、宇航技术、生物技术的发展而得到迅速发展，如用金刚石车刀直接切削大型天文望远镜的抛物面反射镜，要求表面几何精度达到十分之一光波长，形状误差小于 $0.05\mu m$。超大规模集成电路芯片的线宽达到 $0.1 \sim 0.2\mu m$。要达到这样高的精度，除了要有精度高的机械装置（导轨、轴系及驱动装置）和检测装置外，还要用微位移技术实现微进给、精密定位。

微位移技术是一行程小、分辨力和精度都很高的技术，其精度要达到亚微米和纳米级。

在工程上往往要求大行程高精度定位，为了解决这个问题可以把大行程与微位移技术相结合，即形成粗、细结合的精密机械系统，获得了很好的效果。

通常把应用微位移技术的系统称为微系统，它由微位移机构、精密检测装置和控制装置三部分组成。本节主要讨论微位移机构及其驱动的原理及设计问题。

（一）常用的微位移机构

（1）柔性支承—压电器件驱动的微位移机构　这种机构是目前应用比较广泛的微位移机构，它用压电器件驱动，用柔性支承实现微移动，如图 5-84 所示。需要微移动柔性支承的工作台被安装在柔性支承上；压电器件在电压驱动下可精密伸长与缩短，并推动柔性支承与工作台一起位移。由于柔性支承无间隙、无摩擦、不发热，而压电驱动精度高、无噪声、不受温度和电磁场影响、

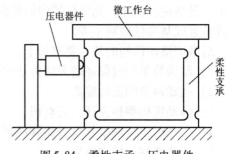

图 5-84　柔性支承—压电器件
驱动的微位移机构

体积小、不老化，因而很容易实现 $0.1 \sim 0.001\mu m$ 的微位移。但行程较小，一般为几十微米。它的出现，开创了纳米微位移时代。

（2）平行片簧导轨—压电器件驱动的微位移机构　图 5-85 是其原理图，它采用压电器件驱动、平行片簧支承。微工作台用平行片簧导向，无间隙，无摩擦。当驱动力作用于片簧上时，弹簧片产生弹性变形，其变形量即为工作台的微位移。这种微位移机构可以达到 $0.01\mu m$ 的位移分辨力，方法简便，精度高，是常用的微位移机构。

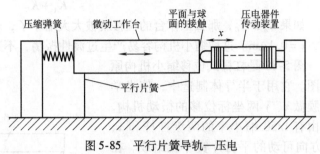

图 5-85　平行片簧导轨—压电器件驱动的微位移机构

（3）滚动导轨—压电器件驱动　图 5-86 是用滚动导轨的微工作台原理图。滚动导轨是精密仪器中常用的导轨形式，它具有运动灵活、行程大、结构较简单、精度较高等优点。但它有摩擦存在，尤其在低速运动时会有爬行现象产生。用压电器件驱动，是为了提高位移分辨力。这种组合的微动工作台，易于实现大行程及微位移的结合。

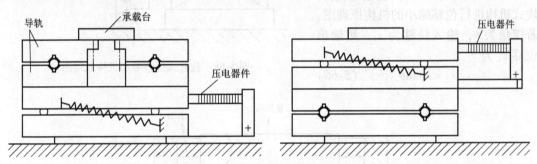

图 5-86　滚动导轨微工作台原理图

（4）平行片簧导轨—步进电动机及机械式位移缩小机构驱动　这种微位移机构用平行片簧导轨，无间隙、无摩擦。驱动采用步进电动机，控制灵活而又方便。为获得微位移，需将步进电动机的输出用机械式位移机构缩小，如用精密螺旋传动、弹性传动、齿轮传动、楔块传动等。图 5-87 是步进电动机与弹性缩小机构的组合。这种微动机构利用两个弹簧刚度比进行位

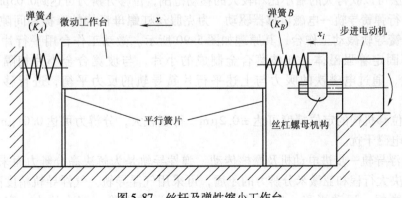

图 5-87　丝杆及弹性缩小工作台

移缩小。设两个弹簧 A、B 刚度分别为 K_A 和 K_B，微动台位移为 x，输入位移为 x_i，则

$$x = x_i \frac{K_B}{K_A + K_B} \tag{5-65}$$

如果 $K_A \geqslant K_B$，那么工作台的位移就被大大缩小了，若 $K_A : K_B = 99:1$，那么当 $x_i = 10\,\mu m$ 时，$x = 0.1\,\mu m$。这种缩小机构容易产生过渡性振荡，不适于动态工作。

图 5-88 是杠杆式位移缩小机构原理图。它用于半导体制造中，使光学掩膜做 x、y 两坐标位移的微动机构，它由有 1/50 缩小率的两级杠杆和 x、y 方向可动的平行片簧导轨组成。在 $\pm 50\,\mu m$ 范围内，得到 $0.05\,\mu m$ 的定位分辨力和 $\pm 0.5\,\mu m$ 的定位精度。这种机构虽然可用多级杠杆缩小位移，但其定位精度受末级杠杆回转精度影响较大。

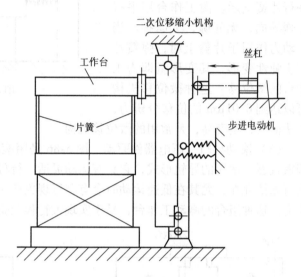

图 5-88　杠杆式位移缩小机构原理图

图 5-89 是利用具有微小角度的楔块式机构进行位移缩小的机构原理图，若楔角为 θ，输入位移为 x_i，则输出位移 x_o 为

$$x_o = x_i \tan\theta \tag{5-66}$$

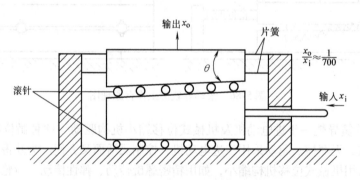

图 5-89　楔块式位移缩小机构原理图

这种方法可以获得大的缩小比和较大的移动范围，位移分辨力可达到 $0.05\,\mu m$。

（5）平行弹簧导轨—电磁位移器驱动　为克服丝杠螺母机构的摩擦和间隙，可采用电磁驱动的弹簧导轨微动工作台，其原理如图 5-90 所示。微动工作台用平行片簧导向，在工作台端部固定着强磁体，如坡莫合金制成的小片，与坡莫合金小片相隔适当的间隙装有电磁铁，通过电磁铁的吸力与上述平行片簧导轨的反力平衡，进行移动工作台的定位。

这种微位移机构的定位精度可达 $\pm 0.2\,\mu m$，行程较大，分辨力可达 $0.01\,\mu m$，但有发热现象和易受电磁干扰。

（6）气浮导轨—步进电动机及摩擦传动　弹性导轨是为解决高分辨力而采用的，但行程小。为解决大行程和亚微米分辨力的矛盾，可采用气浮导轨。气浮导轨精度高，极灵敏，无摩擦，无磨损，运动平稳。摩擦传动无振动，运动平稳，缩小比大，定位精度可达

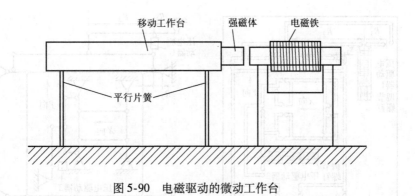

图 5-90 电磁驱动的微动工作台

±0.1μm。图 5-91 是用于分步重复照相
机上的气浮导轨—步进电动机及静摩擦
传动工作台。

图 5-92 是宽范围 $X-Y$ 双向微位移工
作台。工作台体为整体结构，如图 5-92a
所示，采用弹性柔性铰链结构实现工作台
的位移。

以上 6 种微位移机构是应用比较广
泛的几种。如果在其支承上放上工作
台，就构成了一维的微位移工作台。当
前，宇航技术和生物技术发展十分迅
速，往往要求二维的整体结构和微小微
位移工作台，图 5-92 就是这种 $X-Y$ 双
向微位移工作台，它采用柔性铰链结构
实现工作台的微位移，使用两个压电驱

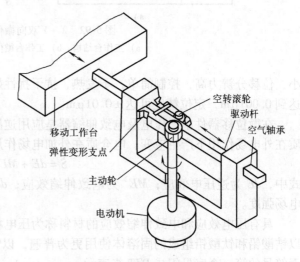

图 5-91 气浮导轨—步进电动机
及静摩擦传动工作台

动器分别做 X 和 Y 向的驱动。为提高工作台的刚性和位移精度，采用了 4 支承式对称结构，
并通过二级杠杆放大，将输入位移放大。$X-Y$ 双向工作台的 X、Y，双向微位移部分，互相
垂直地设计在同一整体结构平面内，其中 X 向微位移部分，刚性地嵌套在 Y 向微位移部分
工作台之内，即内层为 X 向工作台，外层为 Y 向工作台。每层工作台均由 4 个柔性铰链支
承，分别由独立的两个压电驱动器，通过二级杠杆放大机构驱动，可以实现无爬行、无蠕
动、无转角的大范围移动。经实测，X 向和 Y 向位移的相互干扰小于 2%。

图 5-92b 是工作台微位移放大驱动原理示意图，压电传感器经二级杠杆放大驱动工作
台，第一级放大比为 $(R_1+R_2)/R_1$，第二级放大比为 $(R_3+R_4)/R_3$。第二级放大杠杆对称
地作用在 4 支承移动工作台两侧，这一方面保证了微位移工作台的刚度，同时保证微位移工
作台做直线微位移而无转角。

从图 5-92 中可以看出，X、Y 向微位移部分结构相似，图 5-92b 中压电驱动器 1 为 Y 向驱
动，其驱动位移通过 R_1 与 R_2 杠杆比传至 R_3 与 R_4 杠杆，使整个柔性铰链产生沿 Y 向的微位
移。图 5-92b 中压电传感器 2 为 X 向驱动，其驱动工作原理同 Y 向。移动范围为 50 ~ 100μm。

（二）微驱动器件

1. 压电及电致伸缩驱动器

压电器件和电致伸缩器件是目前应用比较广泛的新型微位移器件，它结构紧凑，体积

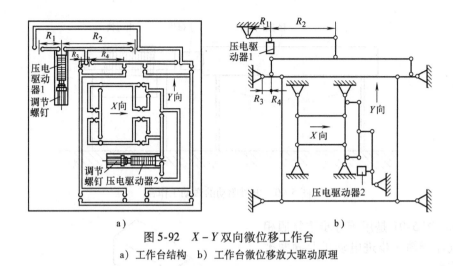

图 5-92 X–Y 双向微位移工作台

a）工作台结构　b）工作台微位移放大驱动原理

小，位移分辨力高，控制简单，不发热，抗干扰性好，因而是理想的微位移器件，分辨力可达到 $0.001\mu m$，定位精度可达 $\pm 0.01\mu m$。

在微位移器件中，压电及电致伸缩器是应用逆压电效应或电致伸缩效应工作的，即电介质在外电场作用下产生应变。电介质在外加电场作用下的应变与电场的关系为

$$S = dE + ME^2 \tag{5-67}$$

式中，dE 为逆压电效应；ME^2 为电致伸缩效应；d 为压电系数；M 为电致伸缩系数；E 为电场强度。

具有压电效应和电致伸缩效应的材料称为压电材料。常用压电材料是压电陶瓷，尤其是以锆酸铅和钛酸铅组成的固溶体使用更为普遍，以 Pb（铅）、Zr（锆）、Ti（钛）这 3 种元素符号的第一个字母组成 PZT 来表示。

逆压电效应仅在无对称中心晶体中才有，而电致伸缩效应则所有压电材料都有。

利用逆压电效应工作的电介质材料称为压电晶体，如 PZT；而利用电致伸缩效应工作的电介质材料称为电致伸缩材料，如 PMN（铌镁酸铅）和 La：PZT。

在一般的压电材料中，电致伸缩系数比压电系数大，在自然状态没有电的极化现象。需进行人工极化（先在 120℃ 以上施加直流电场，然后冷却到 120℃ 以下）使压电材料保持极化状态，即一面带正电，一面带负电。这种现象和铁磁性物质只能在居里温度以下被磁化是相似的规律，因此把压电物质也称为"铁电物质"。把压电陶瓷材料称为铁电材料。

（1）压电器件　压电微位移器件是用逆压电效应工作的，广泛用于激光稳频、精密工作台微移动、精密加工微进给及微调等。对压电器件要求其具有压电灵敏度高、行程大、线性好、稳定性好和重复性好等。

压电器件的主要缺点是变形量小，当无电致伸缩效应时

$$S = dE \quad 即 \quad d = \frac{S}{E} = \frac{\Delta l}{l}\frac{b}{U} \tag{5-68}$$

式中，U 为施加于压电器件上的电压；b 为压电陶瓷厚度；l、Δl 分别为压电陶瓷长度和长度方向变形量，即

$$\Delta l = \frac{l}{b}dU \tag{5-69}$$

由式（5-69）可以看出，增大压电陶瓷所用方向的长度，减少压电陶瓷厚度，增大外加电

压，选用压电系数大的材料，可以增大应变。通常 d_{33} 要比 d_{31} 大 3 倍，因此应该用极化方向的变形来驱动。也可用多个压电器件组成压电堆，采用并联接法，总变形量 $\Delta L = n\Delta l$。

（2）电致伸缩器件　压电器件应变较小，为获得需要的驱动量常要施加较高的电压，一般大于 800V。电致伸缩器件可以用相对较低的电压获得较大的位移驱动，如施加 100～500V 的电压，获得几十微米的应变量。我国于 20 世纪 80 年代研制了 La：PZT 电致伸缩器 WTD – 1 型和 WTD – T 型，工作电压 0～500V，位移行程可达 40μm，承载几十千克，分辨力可达纳米级，重复性和复现性都很好，不发热，不老化。电致伸缩器件是一种容性器件，电容量约为 2μF，变形量为 $S = MU_C^2$，U_C 为外加电压。电致伸缩器件与压电器件一样，都有滞后效应，如图 5-93 所示。此外还有漂移现象，漂移量一般小于应变范围的 15%。电致伸缩微位移器件的位移特性如图 5-93 所示。

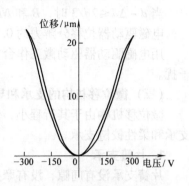

图 5-93　电致伸缩微位移器件的位移特性

2. 电磁驱动器

电磁驱动器是用电磁力来驱动微工作台。微工作台可用平行片簧导轨导向，也可用金属丝悬挂导向。原理如图 5-94 所示。通过改变电磁铁线圈的电流来控制电磁铁的吸引力，克服弹簧的作用力，达到控制工作台微位移的目的。

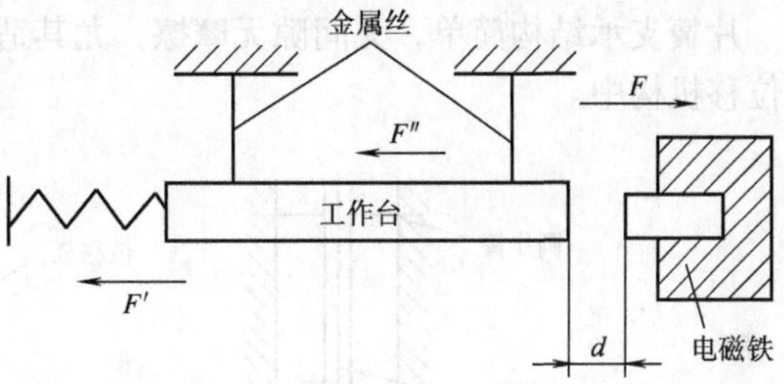

当电磁铁吸力为 F 时，工作台位移为 Δd，这时弹簧拉力为 F'，吊丝拉力的水平分力为 F''，平衡时

$$F = F' + F'' \tag{5-70}$$

电磁力

图 5-94　电磁驱动器驱动原理图

$$F = \frac{B^2 S}{2\mu} \tag{5-71}$$

式中，B 为电磁场磁通密度；μ 为磁导率；S 为磁极面积。

弹簧拉力

$$F' = K\Delta d$$

式中，K 为弹簧刚度；Δd 为工作台的移动距离。

当 $F'' \ll F'$ 时，有

$$\frac{B^2 S}{2\mu} = K\Delta d \tag{5-72}$$

故

$$\Delta d = \frac{B^2 S}{2\mu K}$$

可见工作台移动距离与磁通密度 B 的平方成正比，通过改变流过电磁铁线圈中的电流可以改变磁通密度达到控制位移的目的。当磁性材料磁导率 μ 比气隙磁导率 μ_0 大很多时，可得到工作台位移 Δd 与励磁电流 I 的关系为

$$\Delta d = \frac{S\mu (NI)^2}{2d'^2 K} \tag{5-73}$$

式中，I 为励磁电流；N 为绕在电磁铁上线圈匝数；d' 为气隙长度。

可见工作台移动距离与电流和线圈匝数的平方成正比。

当 $d - \Delta d \leqslant 2d/3$ 时，B 和 NI 近似为线性关系。

电磁驱动器位移分辨力约 $0.1\mu m$，最大初始间隙 $800\mu m$ 左右，线性范围为 $\pm 100\mu m$。

用电磁驱动器驱动微工作台方法简单，驱动范围大，但线圈通电流后易发热，易受电磁干扰。

（三）微位移机构的支承和导轨

微位移机构由于其行程小，位移分辨力高，要求其支承无间隙、无摩擦，因而常用片簧支承和柔性铰链支承。

1. 片簧支承

片簧支承没有间隙，没有摩擦，运动灵活，可以获得较高的运动精度。其主要支承形式如图 5-95 所示，其中图 5-95a 为中心位移式片簧支承，其中两片平行的片簧是圆形的，上面开了两个大半圆形的环形孔，变形时其中心位置不变。两个相同的圆形平行片簧的中间固定着微位移移动杆，微位移时变形均匀，运动灵活，无转角运动。图 5-95b 是平行式片簧支承，它的运动学原理相当于平行的四铰链连杆，推动连杆位移杆可实现小范围的近似直线运动。

片簧支承结构简单，无间隙无摩擦，尤其适合微位移范围小并且空间尺寸无严格要求的微位移机构中。

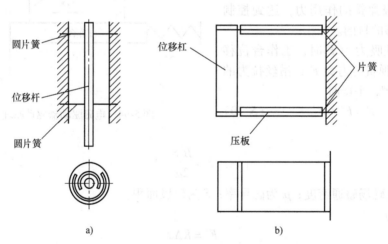

图 5-95　片簧支承结构原理图

a) 中心位移式片簧支承　b) 平行式片簧支承

2. 柔性铰链

20 世纪 60 年代前后，由于宇航和航空等技术发展的需要，对实现小范围内偏转的支承，不仅提出了高分辨力的要求，而且对其尺寸和体积提出了微型化的要求。人们在经过对各类型弹性支承的实验探索后，才逐步开发出体积小、无机械摩擦、无间隙的柔性铰链。随后，柔性铰链立即被广泛地用于陀螺仪、加速仪、精密天平、导弹控制喷嘴形波导管天线等仪器仪表中，并获得了前所未有的高精度和稳定性。如日本工业技术院计量研究所，利用柔性铰链原理研制的角度微调装置，在 $3'$ 的角度范围内，达到了 10^{-7}（°）的稳定分辨力。近年来，柔性铰链又在精密微位移工作台中得到了实用，开创了工作台进入纳米级的新时代。

柔性铰链用于绕轴作复杂运动的有限角位移，它的特点是：无机械摩擦、无间隙、运动灵敏度高。柔性铰链有很多种结构，最普通的形式是绕一个轴弹性弯曲，这种弹性变形是可逆的。

（1）柔性铰链的类型

1）单轴柔性铰链：如图5-96所示，截面形状有圆形和矩形两种。

2）双轴柔性铰链：双轴柔性铰链是由两个互成90°的单轴柔性铰链组成的，如图5-97所示，对于大部分应用，这种设计的缺点是两个轴没有交叉，具有交叉轴的最简单的双轴柔性铰链是把颈部做成圆杆形，如图5-97b所示，这种设计简单且加工容易，但它的截面面积比较小，因此纵向强度弱。需要垂直交叉和沿纵向轴高强度的双轴柔性铰链，可采用图5-98的结构。

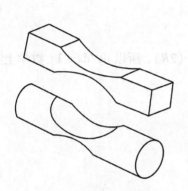

图 5-96 单轴柔性铰链

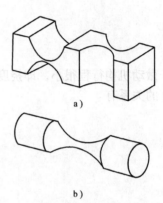

图 5-97 双轴柔性铰链
a）交叉型　b）圆杆形

（2）柔性铰链设计　对微位移机构的柔性铰链进行分析，发现它有两个明显的特点：①位移量小，一般为几十微米至几百微米；②结构参数的铰链厚度最薄处 t 与铰链切割半径 R 之间，一般情况下取 $t \geq R$。根据这两个特点可导出简化的设计方案。柔性铰链转角刚度的计算简图如图5-99所示。对于柔性铰链来说，希望沿 X 轴轴向刚度及绕 Y 轴转角刚度要大；而沿 Y 轴方向的位移及绕 Z 轴的转角变形要大。柔性铰链的转角变形和沿 Y 轴的挠度可认为是多个微段变形累加的结果。设第 i 个微段产生转角为 $\Delta\theta_i$，其挠度为 Δy_i，那么整个柔性铰链的转角和挠度为

$$\theta = \sum_{i=1}^{n} \Delta\theta_i \qquad y = \sum_{i=1}^{n} \Delta y_i$$

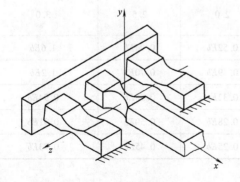

图 5-98 垂直交叉双轴柔性铰链

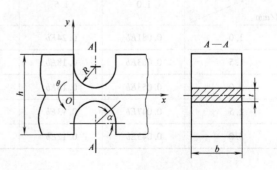

图 5-99 转角刚度计算图

在研究微段变形时，可以认为微段是长度为 Δx 的等截面矩形梁，并且作用于微段侧面的弯矩也相同。这样，根据材料力学可得柔性铰链中性面曲率半径公式为

$$\frac{1}{\rho} = \frac{M_z(x)}{EJ(x)}$$

式中，$J(x)$ 为截面对中心轴的惯性矩；E 为材料的弹性模量；$M_z(x)$ 为作用于微段 Δx 上的弯矩。

因为 $t \geqslant R$，即 t 与 R 相近，故可以认为作用于柔性铰链上的弯矩 $M_z(x)$ 是常数。

曲率半径与坐标 x, y 的关系为

$$\frac{1}{\rho} = \frac{\dfrac{\mathrm{d}^2 y}{\mathrm{d}x^2}}{\left[1 + \left(\dfrac{\mathrm{d}y}{\mathrm{d}x}\right)^2\right]^{3/2}} \tag{5-74}$$

由于微动机构行程很小，即挠度 $\ll$ 柔性铰链全长（$2R$），所以 $\mathrm{d}y/\mathrm{d}x \leqslant 1$，数学上某点曲率与坐标的关系有

$$\frac{1}{\rho} \approx \frac{\mathrm{d}^2 y}{\mathrm{d}x^2}$$

因而有

$$\frac{1}{\rho} \approx \frac{\mathrm{d}^2 y}{\mathrm{d}x^2} = \frac{M_z(x)}{EJ(x)} \tag{5-75}$$

而绕 Z 轴转角变形 θ 很小，即 $\tan\theta \approx \theta$，因 $\mathrm{d}y/\mathrm{d}x = \tan\theta$，所以 $\theta \approx \mathrm{d}y/\mathrm{d}x$，这样

$$\theta = \frac{\mathrm{d}y}{\mathrm{d}x} = \int \frac{\mathrm{d}^2 y}{\mathrm{d}x^2}\mathrm{d}x = \int \frac{M_z(x)}{EJ(x)}\mathrm{d}x \tag{5-76}$$

将坐标 (x, y) 变换成极坐标系 (R, α)，可得柔性铰链转角公式

$$\theta = \int_0^\pi \frac{12MR\sin\alpha}{Eb(2R + t - 2R\sin\alpha)}\mathrm{d}\alpha \tag{5-77}$$

式中，b 为柔性铰链厚度。

用龙贝格（Romberg）积分法对上式积分，可求得不同的 R、t 时柔性铰链转角刚度 M/θ 的值，见表5-9。实验表明，当 $t \leqslant 0.1h$ 时，表中所列理论计算结果与实际测量结果的误差 $\leqslant 1\%$。用表5-9设计柔性铰链时可大大简化设计。

表5-9　柔性铰链转角刚度　　　　　　（单位：mm·kg/rad）

R/mm ＼ t/mm	1.0	1.5	2.0	2.5	3.0
1.0	0.081Eb	0.24Eb	0.52Eb	0.94Eb	1.6Eb
1.5	0.063Eb	0.18Eb	0.39Eb	0.70Eb	1.2Eb
2.0	0.053Eb	0.15Eb	0.32Eb	0.58Eb	0.94Eb
2.5	0.047Eb	0.13Eb	0.28Eb	0.50Eb	0.91Eb
3.0	0.043Eb	0.12Eb	0.25Eb	0.45Eb	0.73Eb

（四）微位移机构设计要点

（1）设计要求

1）微位移机构的支承或导轨副应无机械摩擦、无间隙。

2）具有高的位移分辨力及高的定位精度和重复性精度。

3）具有高的几何精度，移动时直线度误差要小，即颠摆、扭摆、滚摆误差小，运动稳定性好。

4）微位移机构应具有较高的固有频率，以确保具有良好的动态特性和抗干扰能力。

5）最好采用直接驱动，即无传动环节，这不仅刚性好，固有频率高，而且减少了误差环节。

6）系统响应速度要快，便于控制。

（2）微位移机构（系统）设计中的几个问题

1）导轨形式的选择：在微位移范围内，要求工作台有较高的位移分辨力，又要求响应特性好。因此要求导轨副导向精度高，导轨副间的摩擦力及摩擦力变化要小。滑动摩擦导轨摩擦力不是常数，动、静摩擦系数差较大，有爬行现象，运动均匀性不好。滚动摩擦导轨虽然摩擦力较小，但由于滚动体的尺寸一致性误差、滚动体与导轨的形状误差会使滚动体与导轨面间产生相对滑动，使摩擦力在较大范围内变动，即动、静摩擦力也有一定差别，也有爬行现象产生，但运动灵活性好于滑动导轨。

弹性导轨，包括平行片簧导轨和柔性支承导轨，它们无机械摩擦，无磨损，动、静摩擦系数差很小，几乎无爬行，又无间隙，不发热，可达到很高的分辨力，是微位移系统中常用的导轨形式。但它们行程小，只适合用于微位移。

在移动需要大行程，分辨力达到亚微米的情况下，可用空气静压导轨，这种导轨导向精度高，无机械摩擦、无磨损、无爬行，又具有减震作用，但成本较高。

在要求既要大行程，又要高精度微位移情况下，可采用粗、细位移相结合的方法。大行程时用步进电动机以机械减速机构推动工作台在空气静压导轨上运动，而微位移时用压电器件推动工作台以弹性导轨导向运动。

2）微位移系统的驱动：驱动可采用如下方法：

① 电动机驱动与机械位移缩小装置（杠杆传动、齿轮传动、丝杠传动、楔块传动、摩擦传动）相结合，这是一种常规方法，但结构复杂、体积大、定位精度低于 $0.1\mu m$。适于大行程，中等精度微位移场合。

② 电磁式机构较简单，但伴随发热，易受电磁干扰，难以达到高精度，一般为 $0.1\mu m$ 左右，行程较大，可达数百微米。

③ 压电和电致伸缩器驱动不存在发热问题，稳定性和重复性都很好，分辨力可达纳米级，微位移机构的定位精度可达 $0.01\mu m$。但行程小，一般为几十微米。

3）微位移系统的控制：微位移系统的控制有开环控制和闭环控制，并配有适当的误差校正和速度校正系统。对于闭环控制还要有精密检测装置。用微机进行控制具有速度快、准确、灵活、便于实现与整机的统一控制等优点，是目前发展的主要方向。

思 考 题

1. 基座与支承件设计基本要求是什么？
2. 何谓导轨的导向精度？导轨设计有哪些要求？举出 4 种以上的导轨组合，并说明其特点。
3. 气体静压导轨有哪些类型？各有何特点？提高其刚度和承载能力有哪些方法？
4. 什么是主轴的回转精度？主轴系统设计的基本要求是什么？
5. 提高主轴系统的刚度有几种方法？

6. 密珠轴系有何特点？密珠轴系的设计要点有哪些？

7. 液体动压滑动轴系获得液体摩擦的条件是什么？使用它时应注意些什么？

8. 气体静压轴系的主要结构参数如何选取？

9. 什么是微位移技术？

10. 柔性铰链有何特点？设计的主要参数有哪些？

11. 采用柔性铰链的微动工作台与其他方案相比有何优点？

12. 微驱动技术有哪些方法？

13. 试述压电效应和电致伸缩效应在机理上有何不同？

14. 试总结各种微位移机构的原理及特点。

第六章

测量仪器电路设计

电路系统是测控仪器的重要组成部分，它担负着信息的传递以及对目标进行控制的重要任务。20 世纪 70 年代以后，随着微电子技术的飞速发展，传统的测量技术和控制技术不仅在量的方面，同时在质的方面，都发生了根本性的改变。随着光机电一体化和测控一体化的不断进步，测控仪器正朝着智能化、多维化、多功能和高度集成的方向发展。新原理、新技术、新产品的不断涌现，使得测控仪器中电路系统的内容更加丰富多彩，同时更新速度也日益加快。

本章从总体设计出发，仅就测控仪器的电路系统设计的一般性和共性问题予以介绍。具体的电路设计内容，可参考其他相关资料。

第一节　电路系统概述

一、电路系统的作用

在整个测控仪器中，电路系统的作用主要是对传感器的输出信号进行采集和处理，按照测控系统的功能与要求进行相应的运算并将测量结果进行显示，或者输出控制信号，使得执行器执行相应的动作。因此，电路与软件系统担负着信息流的传递、加工（处理）和控制的重要任务，是感知信息、处理信息、输出指令、操纵机构和元器件的工具，也是信息处理的平台和载体。测控仪器的许多功能，都必须经过电路与软件系统的参与才能完成。因此，电路系统在整个测控仪器中起着承上启下的作用，该系统的好与坏、可靠与否、寿命长短，都直接影响整个仪器的工作。

一方面，由于传感器的输出信号一般很微弱，还可能伴随着各种噪声，需要用电路将它放大，并与软件系统一起剔除噪声、选取有用信号，还要按照测量与控制功能的要求，进行演算、处理与变换，最终输出能控制执行机构动作的信号。另一方面，电路系统输出的信号必须满足各种各样的执行器对控制信号的形式、功率、带宽、耦合方式等方面的要求。因此，电路系统的内容是非常丰富的。

在整个测控系统中，电路和软件也是最灵活的部分，它具有设计灵活、易于移植、便于分割、升级迅速、改动方便等突出特点，适于各种使用场合的要求。设计者常常可以根据不同的传感器与执行器的特性，以及测控仪器的功能要求，设计出多种多样的电路系统形式，以期达到不同的目的。

二、电路系统的组成

一般而言，一个完整的测控仪器的电路系统由测量电路、中央处理电路、控制电路、显示操作电路和电源电路等部分组成，如图 6-1 所示。

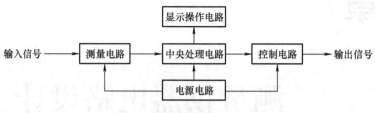

图 6-1　测控仪器电路系统的组成

1. 测量电路

测量电路是信息流的输入通道，其作用是将传感器输出的测量信号进行调理、转换等。只有经过测量电路系统的适当处理，才能将传感器输出的有用信号、无用信号以及代表不同信息的各种信号分开，将微弱的有用信号放大，鉴别被测信号的微小变化，将模拟信号转换成数字信号等，以便供给后续的中央处理电路处理。

测量电路的形式很多，如各种放大电路、调制解调电路、滤波电路、阻抗变换电路、电平转换电路、模数转换（A/D）电路、频率—电压转换电路、傅里叶变换电路等。

2. 控制电路

控制电路是信息流的输出通道，其作用是根据中央处理电路发出的命令，对被控参数进行控制。其中控制电路接收来自中央处理电路的控制指令，并对控制信号进行放大、转换、隔离、驱动，最后输出的信号作用于执行器上，由执行器直接对被控参数实施控制。

控制电路的形式也比较丰富，如各种电压放大电路、电流放大电路、功率放大电路、驱动与隔离电路、数模（D/A）转换电路、电压—电流转换电路、遥控电路等。

3. 中央处理电路

中央处理电路同时连接着测量电路和控制电路以及显示电路，即连接着信息流的输入通道和输出通道，因此它是整个电路系统的中心。中央处理电路的作用是对测量电路系统送来的信号进行运算、处理和判断，并对测量结果进行显示、存储、打印等，然后按照测控仪器的功能要求，向控制电路系统发出控制命令，并通过控制电路和执行器对被控参数进行控制。

常规的中央处理电路主要由各种逻辑电路来实现，比较复杂，实现难度较大。随着计算机技术的普遍应用，测控仪器逐渐采用计算机来实现各种处理功能，进而构成智能测控仪器（具体内容可参考第八章）。

4. 显示操作电路

一方面，对于具有人机交互功能的测控仪器，常常需要实时显示测量与控制结果，以及测量仪器的各种必要参数，便于仪器使用者观测，此时，测控仪器需要相应的显示电路。另一方面，测控仪器也需要操作者设置相关参数、改变工作状态等动作，以便达到更适宜的工作状态。此时，测控仪器需要相应的操作电路。

5. 电源电路

一方面，对于上述的各个电路单元，都必须有电源提供相应的能源，方能正常工作。另一方面，电源为各个电路单元提供电平基准（地电平），为测量信号和控制信号提供参考电平等。因此，电源电路是测控仪器必不可缺的重要环节，电源环节的质量好坏直接影响整个系统的性能和可靠性。而这一点常常被设计者忽略，造成测控系统失败。因此，必须给予足够重视。

在实际的测控仪器中，上述的电路单元并不是都具备的，具体形式差异较大。

三、电路系统的设计准则

随着微电子技术和计算机技术的飞速发展和广泛应用，对电路系统的设计要求越来越严格，也越来越规范。电路系统的设计，除应遵守测控系统总体设计原则外，还应考虑系统本身的特点，具体可以遵循以下准则：

1. 总线化准则

在以计算机为核心的测控仪器中，总线（Bus）是构成系统的重要组成部分。总线是芯片与芯片、模板与模板、系统与系统、系统与对象之间信息传递的通道，是中央处理电路与测量电路和控制电路的桥梁和纽带。采用标准化的通用总线，可大大简化系统的软硬件设计，使系统结构清晰明了，易于扩充和升级，兼容性强，可互换和通用。因此总线化准则是电路系统设计的首选原则。

测控系统的总线一般为外部总线，是用于连接系统与系统之间交换信息与数据的通信总线，所以也称通信总线。外部总线根据传送数据的形式又分为并行总线和串行总线。

在并行外部总线中，最具代表性的为 GP‑IB 通用接口总线。GP‑IB 总线是字节串行、位并行总线，具有一些非常卓越的特点：①基于 GP‑IB 总线的仪器既可单独使用又可组成系统，仪器之间仅用专用导线互连，方便、灵活、费用低；②兼容性好，适用于各类可编程控制仪器；③可进行数据的双向、异步、互锁传送；④广泛兼容不同速度的仪器，任何两台仪器可直接传送数据而不必经过控制器。目前在个人计算机（PC）上均可选配 GP‑IB 接口插件板以及相应的 GP‑IB 控制软件，使用方便。目前 GP‑IB 总线广泛用于仪器仪表、计算机外设等，国内外一般带有计算机的仪器均具备 GP‑IB 总线接口。在串行总线中最具代表性的是 RS‑232、RS‑422 和 RS‑485 总线、可即插即用的 USB 总线等。

随着虚拟技术的不断发展，一种新型仪器总线——VXI 总线逐渐被人们所重视和广泛采用。VXI 总线是 VME 总线在仪器方面的扩展，是继 GP‑IB 总线后，为适应测量仪器从分立的台式和机架式结构发展为更为紧凑的模块式结构的需要而提出的。VXI 总线允许用户将不同厂家的模块用于同一个系统的机箱内，硬件结构逐渐归一化、标准化，而仪器的功能主要由软件决定和改变。VXI 总线为用户提供了极大的灵活性或自主性，仪器的面板也可以是由软件来操作的图形显示器等，即所谓的软面板。

2. 模块化准则

采用模块化设计准则，就是将整个电路与软件系统分割成几个功能相对独立，而又相互联系的模块。模块化设计准则既可以用于硬件设计，也可以用于软件设计。例如，可以将测控仪器分为主控电路、输入通道、输出通道、人机联系部件、通信接口、电源和软件等模块。软件系统又可分为数据采集、数据变换、数据处理、数据存储、显示打印、通信传输、故障诊断等功能模块。在协调好各个模块之间的关系之后，各个模块可以分别独立进行设计、调试和修改，最后将所有模块合在一起调试成功。

模块化设计思想的引入，使得传统的流水线式的设计模式得以突破，使复杂的工作得以简化。采用模块化设计后，可以将研制任务分解，多人分工负责，分别独立设计、独立调试，从而加快设计和调试进度，缩短周期。而且采用模块化设计的电路系统易于维护、修改和扩充，单独的模块还可移植到其他系统之中，可移植性强。

3. 电磁兼容性准则

电磁兼容性（Electromagnetic Compatibility，EMC）是指设备或系统在其电磁环境中符合要求运行并不对其环境中的任何设备产生无法忍受的电磁骚扰的能力。因此，EMC 包括两方面的要求：一方面是指设备在正常运行过程中对所在环境产生的电磁骚扰（Electromagnetic Disturbance）不能超过一定的限值；另一方面是指设备对所在环境中存在的电磁骚扰具有一定程度的抗扰度，即电磁敏感度（Electromagnetic Susceptibility，EMS）。

随着测控系统使用更低信号电压，数字芯片的时钟频率也迅速增高，电磁兼容性问题变得越来越重要。因此，电磁兼容性准则是保证整个测控仪器系统可靠工作的主要环节。

国际上对于电子、电器、工业设备产品的抗扰性测试日渐重视，且趋向整合以 IEC（International Electrotechnical Commission）国际规则为测试标准。因此可以参考 IEC 标准来设计电路系统。

第二节　测控电路设计要求

测控仪器对电路系统的要求主要包括精度、频率、响应、可靠性、经济性、体积等几个方面，这也是电路系统设计的主要依据之一。

一、系统精度要求

在电路系统中，影响系统精度的因素主要有以下几方面。

1. 信噪比

由于在测量信号和控制信号中不可避免地存在各种干扰、噪声和一些无用信号，由此导致信号中不仅有反映被测参数情况的测量信号，而且还含有各种噪声信号和其他无用信号。对于测量电路系统，这将导致测量结果的失真和错误，从而降低测量准确性，甚至测量信号完全被噪声淹没，很难进行有效测量。特别是当传感器的输出信号很微弱时，对测量电路的抗干扰能力的要求就应更高。在控制电路系统中，各种干扰的影响随电路形式的不同而有所变化。对于模拟式控制电路，抗干扰能力差将导致控制准确性的降低；而对于数字式控制电路，抗干扰能力低将有可能产生误动作。因此，对控制电路的抗干扰要求应较测量电路更严、更高。

因此，提高电路系统的抗干扰能力将直接影响仪器测量和控制的稳定性和可靠性。衡量系统抗干扰能力的技术指标，一般采用有用信号强度与噪声信号强度之间的比率来表示，称其为信号噪声比，简称信噪比（Signal to Noise Ratio），通常以 S/N 或 SNR 表示，单位为分贝（dB）。信噪比 S/N 越高，表示噪声越小，测控系统的抗干扰能力越强。例如，视觉测控系统采用的摄像机给出的图像是感光元件 CCD 或 CMOS 产生的电信号经过电路处理之后得到的，其信噪比的典型值为 45~55dB，而且一般是在自动增益控制（AGC）关闭时的值；若为 50dB，则图像有少量噪声，但图像质量良好；若为 60dB，则图像质量优良，不出现噪声。

选用不同的传感器和电子元器件以及不同的电路，对信噪比的影响较大。为此，在系统设计初始阶段，必须对测量信号和控制信号的信噪比予以足够的重视，并从系统工作的原理、信号处理方法、元器件选择等多方面采取措施，尽可能提高信噪比。特别是在环境比较复杂的工业生产现场，更应给予高度重视。软件方面也可以采用数字滤波等方法进一步提高信噪比。

2. 分辨力

测控系统的分辨力主要取决于传感器，其次是测控电路。对于电路系统而言，分辨力的高低常常受量程的影响。在放大器的动态工作范围相同的情况，量程越大，分辨力就越低；反之，分辨力越高，量程就越小。因此在很多场合，量程和分辨力是两个相互矛盾而又相互制约的指标。对于测量电路系统，当这两个指标无法同时满足时，通常采用量程自动切换技术来解决这一矛盾。例如，对于常用的 A/D 转换电路，在量程一定的前提下，其分辨力取决于 A/D 转换器的位数，分辨力为 $1/2^n$（n 为位数）。

3. 线性度

通常情况下，测控系统的实际静态特性输出是一条曲线而并非直线，传感器和测控电路也是如此。

从原理上讲，测量电路系统的输入与输出可以是非线性的，在充分补偿的情况下对仪器的精度没有影响。但是在实际测控仪器设计过程中，非线性的存在将对测控仪器产生明显的影响，具体包括：①非线性的标尺和刻度盘难以制作和读数；②在系统换档时需要重新标定；③信号容易失真；④当进行模/数、数/模转换时不易保证精度；⑤当进行反馈控制时，控制方法和算法不易实现等。

测控仪器系统的非线性主要是由传感器、测量电路或控制电路的非线性引起并共同作用的。对于测控电路而言，在信号变换过程中常常产生非线性误差。例如，对于某些采用二极管的解调或检波电路，从原理上就存在非线性，它由检波二极管本身的非线性引起。随着被测量值的大小不同，其非线性的程度也大不相同。因此，选择适当的测量电路形式，选取合适的测量段，均可以显著减小非线性误差。特别地，由于电路的相对灵活性，可以通过适当设计或增加补偿和校正环节，大幅度降低非线性误差。对于控制电路系统，情况也是如此。

另外，如果电路的静态工作点安排不合理，动态工作范围过小，也将产生非线性误差。例如，对于晶体管的静态工作点，无论是靠近截止区还是靠近饱和区，都将产生非线性失真。因此，合理选择静态工作点和动态工作范围，将有利于减小非线性误差的影响。

此外，很多电子元器件本身均存在非线性，如 A/D 转换器、D/A 转换器、运算放大器等，都是需要注意的环节。

近年来，随着测控仪器自动化和智能化程度的不断提高，利用计算机软件进行非线性校正的技术正获得越来越广泛的应用。这种"以软代硬"的方法具有成本低、灵活性好、易于改动等优点。

4. 灵敏度

测控电路的灵敏度是指在稳态工作情况下输出量变化 Δy 对输入量变化 Δx 的比值。它是输出-输入特性曲线的斜率。如果输出和输入之间为线性关系，则灵敏度 S 是一个常数；否则，它将随输入量的变化而变化。对于测控电路而言，输出量与输入量常常是同一种量（如同为电压或电流），量纲相同，此时灵敏度可简单地理解为放大倍数。

一般情况下，灵敏度与系统的量程及分辨力是相互关联的指标，需要统筹考虑。提高灵敏度，可以提高分辨力，从而得到较高的测量精度。但灵敏度愈高，测量范围愈窄，稳定性也往往愈差。

5. 量化误差

在现代测控电路系统中，经常采用各种数字电路以及模/数和数/模转换电路。对于测量电路，当输入量的变化小于数字电路的一个最小数字所对应的被测量值的一个最低有效值（1LSB）时，测控系统的输出将没有变化，这一误差称为量化误差。例如，采用 8 位 A/D 转换电路时，数字系统所能分辨的最小值为输入量最大值的 $1/2^8 = 1/256$，这就是模/数、数/模转换电路的分辨力。当输入信号的变化量小于此值的一半时，电路系统的输出信号没有变化，这就是电路系统的量化误差。

对于模拟电路系统，为了减小量化误差，一方面可以提高模拟电路的放大倍数，提高测量电路的分辨力，降低量化误差（当然，这是以降低量程、减小动态范围为代价的）；另一方面可以提高数字电路的位数，减小量化误差的数值，如将 A/D 电路的位数增加到 12 位、

16位或者更高（其成本也相应提高）。此外，可以在模拟电路部分增加细分电路，提高分辨力，以此来减小量化误差。

6. 稳定性（漂移）

对于测量电路而言，稳定性不好，则测试结果不可信。对于控制电路而言，漂移将产生系统误动作，有可能产生危害性事故。因此，稳定性（漂移）是电路系统乃至整个仪器的一个重要技术指标。

测控电路的稳定性主要体现在零点稳定性、放大倍数（灵敏度）稳定性、线性度稳定性、输入输出阻抗稳定性等几个方面。稳定性（漂移）的形式一般分为时间稳定性（时间漂移）和温度稳定性（温度漂移）两种。

时间稳定性是指测控系统在不同时间段内特性的稳定程度。从表现特点上看，时间稳定性一般可分为短期稳定性和长期稳定性两种。短期稳定性主要包括表现为测量值或控制值的重复性，它主要受信号的信噪比、电路内部噪声、连接件的接触可靠性、电源电压的瞬间波动、外界电磁场的干扰等因素的影响。长期稳定性表现为测量值或控制值在一个相对较长的时期内发生渐变，它主要受电路元器件的温度特性及老化、接插件的弹性疲劳、氧化、环境参数的漂移等因素的影响。

为了提高电路系统的时间稳定性，可采取多种措施，例如，通过提高信号的信噪比、增强系统抗干扰能力、选用低噪声元器件、采用误差平均法等来提高仪器系统的短期稳定性；采用低漂移元器件、对元器件进行老化处理、采用对温度变化不敏感的元器件、系统提前预热等提高仪器系统的长期稳定性。

温度漂移是最为普遍又最难掌握的参数。温度漂移将导致被测量和被控量的渐变，同时使电路元器件的特性参数发生变化，使静态工作点偏离原始位置，从而使得测量值和控制值产生偏差。例如，电路中的阻容器件在温度发生变化时，其阻抗也随之改变，从而使系统参数发生变化。

为了减小温漂带来的影响，主要采取以下措施：①采用低温漂、经过老化处理的元器件；②合理安排仪器内部和周围附近的热源，采用隔热和散热等措施，最大限度地降低温度变化量；③采用深度负反馈和差分运算方法，对温漂的影响进行补偿和修正；④在仪器内部增加自动稳零、自动调零和自动校准电路；⑤对仪器的使用环境提出要求，如要求恒温或提前预热等。

7. 输入与输出阻抗

电路系统对输入阻抗和输出阻抗的要求随采用传感器和控制器的不同而有所不同。对于测量电路而言，有的传感器（如压电传感器）输出阻抗很大，可达 $10^8\Omega$ 以上，这就要求测量电路具有很高的输入阻抗。为此，在电路的输入级常采用高输入阻抗的场效应晶体管，采用自举电路或电荷放大器等。但并不是所有情况下都要求输入端有高输入阻抗，如电流源就要求测量电路具有较低的输入阻抗。输入阻抗越高，输入端的噪声也越大。通常要求输入阻抗与传感器的输出阻抗相匹配，从而使得输出信噪比达到最大值。

同样，对于控制电路的输出阻抗要求，也应当与控制器的输入阻抗相匹配。

二、动态特性要求

1. 频率特性

这里所讲的频率特性是指在动态测试情况下，输出信号幅度随输入信号频率的变化而变化的特性，即幅频特性和相频特性。

由于被测对象与被控对象的不同，对电路的频率特性的要求也各不相同。从被测和被控参数的范围来看，低端从 0Hz 的直流开始，高端可至 10^{10} Hz。例如，一些高频振动和高速回转轴系的高次谐波达 1500 次以上，信号的带宽可达 10^7 Hz 以上。在采用信号调制的情况下，载波频率比信号频率至少还要高一个数量级。

从对频率特性的要求来看，有的仪器要求频带宽，以便使不同频率的信号具有相同的灵敏度且不失真；有的仪器要求有选频特性，只让载波频率和由于调制信号的加入而产生的边频信号通过，从而提高抗干扰能力；有的仪器又要求具有抑制一定频率信号的能力。总之，仪器电路要求在很大一个频率范围内有选通一定频率范围内的信号、抑制另一频率范围信号的完善性能。因此，一般的测控仪器对电路系统都有一定的频率特性要求。对于视听设备，在通频带内衰减几个分贝一般也是允许的。但对于测控仪器而言，电路系统的频率特性不好，将产生动态测量或控制误差，即使是在信号频率范围内衰减 1% 往往也是不允许的。对于应抑制的信号，情况也是类似的。

随着科学技术的发展和进步，对于快速变化的过程进行动态测控的要求越来越多，越来越高。在对多参数进行巡回检测和监控的情况下，巡回点数越多，越要提高采样速度。特别是对于动态测控系统，则要求具有更高的采样速度和反应速度，此时电路系统的频率响应成为主要的制约因素。一些可以静态测量的参数，为了提高效率和精度，也常采用动态测量方法，这就要求电路系统具有足够快的响应速度。

2. 响应速度

对于整个测控系统而言，电路系统的响应速度是十分重要的环节。

对于测量电路和控制电路，响应速度主要是指电子电路对输入信号的阶跃响应特性。大家知道，各类复杂的电子电路无一例外都存在电感、电容或具有相当功能的储能元件，即使没有采用现成的电感线圈或电容，导线自身就是一个电感，而导线与导线之间、导线与地之间便可以组成电容——这就是通常所说的杂散电容或分布电容。不管是哪种类型的电容、电感，都会对信号起着阻滞作用从而消耗信号能量，并可能产生一定的滞后、过冲、振荡等现象。这对测控过程是不利的，应注意避免。对于电子电路响应速度，决定因素在于电路设计，而且主要是由高频放大部分元件的特性决定。而高频电路的设计是比较困难的部分，成本也比普通电路要高很多。

对于这种处理电路而言，响应速度主要是指数据传输率，即带宽（Bandwidth）。如内存带宽、总线带宽、网络带宽等，大都是以"字节/秒"为单位。总线的带宽指的是这条总线在单位时间内可以传输的数据总量，它等于总线位宽与工作频率的乘积。例如，对于 PCI 总线，总线位宽为 32 位，工作频率为 33MHz，因此 PCI 总线的数据传输率就是 $32 \times 33 \div 8 = 133$MB/s。

在考虑测控系统的响应速度时，应注意各个环节的速度匹配问题。应当全面衡量传感器、测量电路、计算机系统、控制电路、执行器等各个环节的响应速度，力求基本一致和匹配。避免出现某一环节速度过低和过高的极端情况。

三、可靠性要求

可靠性设计，是指在产品设计过程中，为消除产品的潜在缺陷和薄弱环节，防止故障发生，以确保满足规定的固有可靠性要求所采取的技术活动。可靠性设计是可靠性工程的重要组成部分，是实现产品固有可靠性要求的最关键的环节。可靠性设计是系统总体工程设计的重要组成部分，可靠性设计的优劣对产品的固有可靠性产生重大的影响。

四、经济性要求

测控仪器系统的经济性，是指在性能最优的情况下尽量降低成本，追求性价比的最大化。不经济就是对资金、精力、资源乃至生命的浪费。

电路系统经济性的考虑，是指系统的设计在满足要求的基础上，应尽最大可能地降低成本，即整个系统的精度不必追求最高，只要能够满足要求就行。因为系统的成本与精度之间呈几何级数关系，随着精度的不断提高，成本增加的速度远远超过精度的提高速度。一味地追求高精度是不明智的，也是不科学的，更是不经济的。因此，确定适宜的、合理的目标精度是非常重要的，这就是所谓的"经济精度"。经济性设计的尺度，必须以满足精度和可靠性为前提。片面追求经济性而牺牲精度或可靠性，是绝对不可取的。

提高电路系统经济性的具体措施有：硬件设备的选材应基于保证性能、降低价格的原则，进行合理的设计，在考虑初期投入的同时还必须考虑日后系统的运营和维护费用。软件系统尽可能自主开发，便于长期维护和升级，也可以保证软件系统的经济性。与此同时，在电路系统中应注意硬件与软件的配比和平衡，应灵活运用"以软代硬"或"以硬代软"的方法，寻求开发时间、经济性与性能的折衷，决定硬件与软件的比重。

五、小型化要求

随着科学技术的发展，以航天航空、医疗器械等为代表的诸多领域对测控仪器的大小、质量有了特殊的要求，从而也促使测控仪器进一步向小型化和微型化方向发展。

实现测控仪器电路系统的小型化和微型化，就是以尽可能高的集成度来设计和实现测控电路系统，以便可以采用大量的超大规模集成（VLSI）的新器件、表面安装技术（SMT）、多层线路板印刷、圆片规模集成（WSI）和多芯片模块（MCM）等新工艺，以及充分发挥CAD、CAM、CAPP、CAT等计算机辅助手段，使多媒体、人机交互、模糊控制、人工神经元网络等新技术在现代测控仪器中得到了广泛应用，实现测控仪器的小型化和微型化。

测控电路系统的微型化的典型例子就是"片上系统"。片上系统（System-on-Chip，SoC）指的是在单个芯片上集成一个完整的系统，对所有或部分必要的电子电路进行包分组的技术。所谓完整的系统一般包括中央处理器（CPU）、存储器以及外围电路等。例如，声音检测仪器的片上系统是在单个芯片上为所有用户提供包括音频接收端、模数转换器（ADC）、微处理器、必要的存储器以及输入输出逻辑控制等设备。

第三节　测控电路设计方法

一、测量电路设计

测量电路是连接传感器与中央处理电路的纽带，是获取被测信号不可或缺的环节，是信息输入通道。与此同时，测量电路性能的好坏直接影响测控仪器的测量精度和可靠性。因此说，测量电路与传感器同等重要。

1. 测量电路的作用及组成

从信息流的角度来看，被测目标的信息经过传感器以某种确定规律转变为电信号，送入测量电路。测量电路对电信号进行处理，并转变为数字量，然后送入后续中央处理单元的计算机进行处理。

对于不同的测控仪器，所采用的传感器不同，测控仪器的功能则不同，因而对测量电路的要求也不同，致使测量电路的形式与功能千差万别。概括地讲，测量电路包含以下三个方面的作用：

（1）信号调理 对传感器输出的信号进行调理，如放大、检波、滤波、阻抗匹配、隔离、调制、解调、整形、细分、辨向等，以期改善信号质量、达到测量精度要求。信号调理电路的形式和要求主要取决于传感器，不同的传感器需要配用不同的信号调理电路。

（2）信号转换 对信号进行参数或形式的转换，如阻抗—电压转换、电压—电流转换、电压—频率转换、模拟—数字转换、脉冲—数字转换等，以便满足后续电路处理和计算机系统的要求。信号转换电路的形式与要求主要取决于传感器的输出以及后续环节的特性。

不同形式的传感器，其后续测量电路的组成形式差异较大。

对于输出模拟信号的传感器而言，如图 6-2 所示，放大电路（尤其前置放大器）和滤波电路一般是必需的；对于需要交流激励信号的传感器而言，还需振荡器、调制解调器及检波器等。

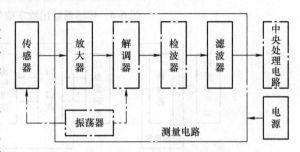

图 6-2 传感器输出模拟信号测量电路框图

以电阻应变式传感器的测量电路为例，如图 6-3 所示：对于电桥直流供电的情形，4 个电阻应变片接入测量电桥（此时为直流电桥，如图 6-3a 所示），电桥输出的直流电压信号经过放大器后，便可输出与被测信号成正比的直流电压信号。对于电桥交流供电的情形，4 个电阻应变片接入测量电桥（此时为交流电桥，如图 6-3b 所示），电桥由振荡器提高交变信号及能量，电桥输出的交流电压信号需经过放大、检波和滤波之后，才能转变为与被测信号成正比的直流电压信号。

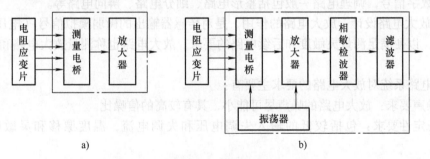

a)   b)

图 6-3 电阻应变式传感器测量电路框图

a）直流电桥 b）交流电桥

对于输出数字信号的传感器，锁存器一般是必需的，如图 6-4 所示。对于传感器输出数字信号与后续电路的电平不匹配（如 TTL 信号与 CMOS 信号等）的场合，还需电平转换电路。在传感器输出正弦波或其他非方波信号的场合，有时还需放大器和整形电路将传感器的输出信号转变为方波，有时无须整形而直接进行处理。在传感器输出连续脉冲的场合，还需辨向电路判断被测量变化的方向，同时需要计数器进行脉冲计数。为了进一步提高分辨力和精度，还常常采用细分电路进一步提高测控系统的分辨力。

以编码器的测量电路为例，如图 6-5 所示：对于绝对式编码器，输出的是多位并行电平信号，因此可以直接连接锁存器进行采样，如图 6-5a 所示；而对于增量式编码器，三个输出信号 A-A′、B-B′ 和 Z-Z′ 需分别接入差分放大器，然后进行辨向和细分，再送入高速可逆计数器，最后连接锁存器进行采样，如图 6-5b 所示。

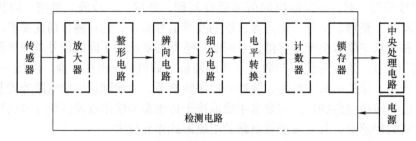

图 6-4 传感器输出数字信号测量电路框图

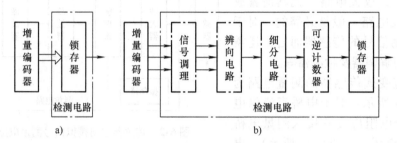

图 6-5 增量式编码器测量电路框图
a）绝对编码器 b）增量编码器

2. 信号调理电路设计

对于模拟信号，调理电路一般包括放大电路（含阻抗匹配）、滤波电路、调制解调电路等。对于数字信号，调理电路一般包括整形电路、细分电路、辨向电路等。

（1）放大电路设计 放大电路的作用，是对传感器输出的微弱模拟信号（电压或电流）进行放大，以便满足测量灵敏度和后续电路的要求。放大电路也称测量放大电路和仪器放大电路。

测量电路系统对放大电路的要求主要有：

1）噪声要求：放大电路的噪声尽可能小，具有较高的信噪比。

2）稳定性要求：包括较低的输入失调电压和失调电流，温度漂移和灵敏度漂移要小等。

3）阻抗要求：放大电路的输入阻抗应与传感器的输出阻抗相匹配。

4）增益要求：放大电路具有一定的放大倍数，以满足测量灵敏度和分辨力的要求。同时要求放大电路的增益稳定，以免降低测量精度。

5）速度要求：放大电路具有足够的带宽和转换速率，以满足采样速率的要求。

放大电路的形式众多，分类方法不一，具体见表6-1。

表 6-1 放大电路分类方法

分类方法	具体形式
按用途分类	电压放大器、电流放大器、功率放大器、电荷放大器、阻抗变换器
按信号形式分类	直流放大电路和交流放大电路
按信号相位关系分类	同相放大电路和反相放大电路
按器件分类	晶体管放大器、场效应晶体管放大器、集成运算放大器……
按工作频段分类	直流放大器、音频放大器、射频放大器、视频放大器……
按工作状态分类	甲类放大器、乙类放大器、甲乙类放大器、丙类放大器

放大电路的设计方法主要取决于传感器输出信号的形式和后续电路（中央处理电路或控制电路）的输入要求。当传感器和后续电路确定之后，可参照一般的放大电路设计方法选用合适的放大电路。建议优先选用集成运算放大器。除此之外，测量电路放大器的设计还要注意以下几方面的问题：

1）阻抗匹配：有时，传感器的输出阻抗很高，例如，压电式传感器，必须配接高输入阻抗的放大器。可以采用跟随器电路，如图 6-6 所示是一种交流信号同相跟随电路。若 $R_2 = R_3$，则有 $u_o = u_i$，即输出电压与输入电压基本相等。由于运算放大器具有很大的输入阻抗和很小的输出阻抗，从而减小了向输入环节索取电流，提高了输入阻抗。

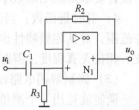

图 6-6 交流信号同相跟随电路

2）漂移：当传感器输出为模拟直流信号时，一般采用直流放大电路。此时，放大器的漂移不可避免，并成为影响测量精度和稳定性的重要因素之一。因此，在选用集成运算放大器时应优先考虑低温漂或具有自动稳零功能的放大器。在所有放大器中，斩波放大器能提供较低的偏置电压和较低的随温度变化的偏置电压漂移，因此是很好的选择。常用的低漂移运放有 ADI 公司生产的 AD8538（失调电压漂移仅为 $0.01\mu V/℃$）、TI 公司生产的 OPA333（失调电压为 $2\mu V$、失调电压漂移为 $0.02\mu V/℃$）等。

3）增益：在传感器的输出信号幅度和后续电路输入要求确定的条件下，放大电路的增益直接影响测量的分辨力和量程，而且常常是相互矛盾的。增益越高，测量分辨力越高，但量程越小；反之，增益越低，分辨力下降，但量程增大。因此，放大器增益的选择和确定应权衡量程与分辨力两方面的因素。当二者不能同时满足时，可以考虑采用量程切换的方法。

4）带宽问题：对于动态测量，在考虑增益问题的同时，还必须考虑带宽问题。一个放大器的增益与带宽的乘积，即"增益带宽积"（Gain Bandwidth Product，GBP）是恒定不变的。增益越高，可用的带宽就越窄；反之，若想获得更宽的带宽，就只能降低增益。例如，假设一个放大器的 GBP 号称 1G，如果它的增益为 2V/V，那么带宽为 $1G \div 2 = 500M$；如果它的增益为 4V/V，那么带宽为 $1G \div 4 = 250M$。以此类推。

（2）滤波电路设计　滤波电路的作用，是通过对传感器输出的模拟信号进行通频带的选择，最终滤除各种噪声信号，或者分离各种不同性质的信号。因此，滤波电路也称为滤波器，或称信号分离电路。

按照信号处理形式的不同，滤波器分为模拟滤波器和数字滤波器，分别对模拟信号和数字信号进行处理。若按照滤波电路对信号的处理方式划分，滤波器又可分为低通滤波器、高通滤波器、带通滤波器和带阻滤波器。按照滤波器的过渡特性划分，可分为巴特沃思滤波器、切比雪夫滤波器、椭圆函数滤波器等。按照滤波器传递函数的微分方程阶数划分，滤波器可分为一阶、二阶和高阶滤波器。按照滤波电路有无电源来分，滤波器又可分为有源滤波器和无源滤波器。按照构成滤波电路的主要元器件来分，滤波器又可分为 RC 滤波器、LC 滤波器、机械滤波器、晶体滤波器等。

滤波电路的设计主要考虑以下几个方面：

1）特征频率与带宽：特征频率为通带与过渡带边界点的频率，在该点信号增益下降到一个人为规定的下限。特征频率可以理解为滤波器允许或阻止信号通过的最低或最高频率值，该最高频率值与最低频率值之差称为滤波器的通频带或带宽。

2）增益与衰耗：增益是指低通、高通或带通滤波电路通带的增益；衰耗用于带阻滤波电路，衰耗定义为增益的倒数。

3）阻尼系数与品质因数：阻尼系数是表征滤波器对角频率为中心频率信号的阻尼作用，是滤波器中表示能量衰耗的一项指标。阻尼系数的倒数称为品质因数，是评价带通与带阻滤波器频率选择特性的一个重要指标，在很多情况下中心频率与固有频率相等。对滤波器的设计要求是阻尼系数小或品质因数高。

4）群时延函数：当滤波器幅频特性满足设计要求时，为保证输出信号失真度不超过允许范围，对其相频特性也应提出一定要求。在滤波器设计中，常用群时延函数评价信号经滤波后相位失真程度。群时延函数越接近常数，信号相位失真越小。

（3）调制解调电路设计

调制就是用一个测量信号（称为调制信号）去控制另一个作为载体的信号（称为载波信号），让后者的某一特征参数按前者变化。解调就是从已经调制的信号中去除载波信号，提取反映被测量值的测量信号。因此，调制与解调是一对反概念和反过程。

调制是给测量信号赋予一定新的特征，使之与噪声和干扰信号显著区别开来，从而便于将测量信号从含有噪声的信号中分离出来。因此，调制与解调是测控电路的一项重要任务。

在测控系统中常以一个高频正弦信号作为载波信号。一个正弦信号有幅值、频率、相位三个参数，因此可以用测量信号对这三个参数进行调制，分别称为调幅、调频和调相。有时可以用脉冲信号作载波信号，用测量信号对脉冲信号的不同特征参数进行调制，其中最常用的是对脉冲的宽度进行调制，称为脉冲调宽。

下面以调幅为例进行简单介绍。

调幅过程就是用被测信号 x 去控制高频载波信号的幅值。常用的是线性调幅，即让调幅信号的幅值按调制信号 x 的线性函数变化。输出的调幅信号如图 6-7 所示，一般表达式写为

$$u_s = (U_m + kx)\cos\omega_c \qquad (6-1)$$

式中，U_m 为载波信号的幅值；k 为幅值线性调制的比例系数；ω_c 为载波信号的角频率。

由于幅度调制是让已调信号的幅值随调制信号的幅值变化，因此调幅信号的包络线形状与调制信号是一致的，只要能检出调幅信号的包络线，就能实现解调。这种解调方法称为包络检波，如图 6-8 所示。由图可见，只要从图 a 所示的调幅信号中截去它的下半部，即可获得图 b 所示半波检波后的信号（经全波检波或截去它的上半部也可）。再经低通滤波，滤除高频载波信号，即可获得所需调制信号，实现解调。因此，包络检波是建立在整流原理的基础之上的。

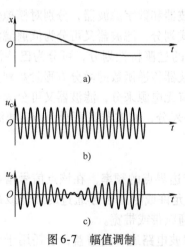

图 6-7　幅值调制

a）调制信号　b）载波信号　c）调幅信号

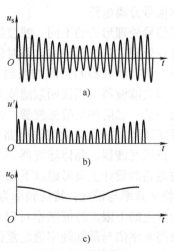

图 6-8　包络检波

a）调幅信号　b）半波检波　c）原始信号

图 6-9 为采用二极管和晶体管组成的基本包络检波电路。

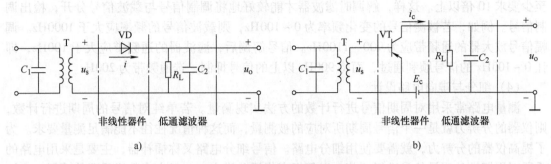

非线性器件　　低通滤波器

a)

非线性器件　　低通滤波器

b)

图 6-9　基本的包络检波电路

a) 二极管检波电路　b) 晶体管检波电路

由于二极管 VD 和晶体管 VT 都有一定死区电压，即二极管的正向压降、晶体管的发射结电压超过一定值时才导通，它们的特性也是一条曲线。二极管 VD 和晶体管 VT 的特性偏离理想特性会给检波带来误差。为了提高检波精度，常需采用精密检波电路，又称为线性检波电路。图 6-10a、b 分别为采用运算放大器构成的半波、全波精密检波电路，其波形如图 6-10c 所示。

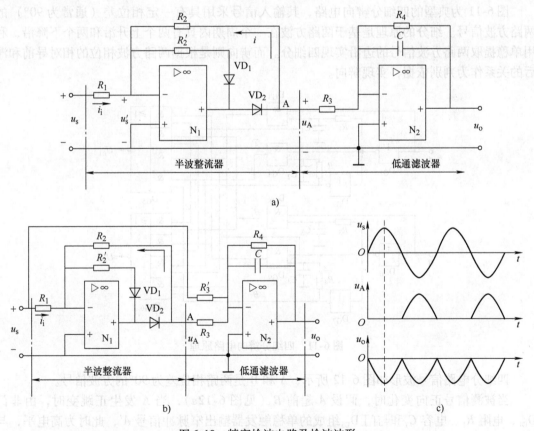

半波整流器　　　　　　　　　　　　　低通滤波器

a)

半波整流器　　　　　低通滤波器

b)

c)

图 6-10　精密检波电路及检波波形

a) 半波精密检波电路　b) 全波精密检波电路　c) 检波波形

为了正确进行信号调制，必须要求载波信号的频率远远高于被测信号的变化频率，通常至少要求 10 倍以上。这样，解调时滤波器才能较好地将调制信号与载波信号分开，检出调制信号。例如，若被测信号的变化频率为 0～100Hz，则载波信号的频率应大于 1000Hz。调幅信号放大器的通频带应为 900～1100Hz。信号解调后，滤波器的通频带应大于 100Hz，即让 0～100Hz 的信号顺利通过，而将 900Hz 以上的信号抑制，选通频带为 200Hz。

（4）细分与辨向电路设计

测量电路常采用对周期信号进行计数的方法实现测量。若单纯对信号的周期进行计数，则仪器的分辨力就是一个信号周期所对应的被测量，而这种情况往往不能满足测量要求。为了提高仪器的分辨力，就需要使用细分电路。信号细分电路又称插补器，主要是采用电路的手段对周期性的测量信号进行插值，以便提高仪器分辨力。一般大多数增量码传感器允许被测量在正、反两个方向变化，因此在进行计数和细分电路设计的时候，需要同时考虑被测量变化方向（即辨向）的问题。因此，细分与辨向常常是需要综合来考虑的。

细分的基本原理是：根据周期性测量信号的波形、振幅或者相位的变化规律，在一个周期内进行插值，从而获得优于一个信号周期的更高的分辨力。按工作原理划分，可分为直传式细分和平衡补偿式细分；按所处理的信号划分，可分为调制信号细分和非调制信号细分。其中，直传式细分系统由于没有反馈比较过程，电路结构简单、响应速度快，有着广泛的应用。

图 6-11 为典型的四细分辨向电路，其输入信号采用具有一定相位差（通常为 90°）的两路方波信号。细分的原理是基于两路方波在一个周期内具有两个上升沿和两个下降沿，利用单稳提取两路方波信号的边沿实现四细分。而辨向则是根据两路方波相位的相对导前和滞后的关系作为判别依据，实现辨向。

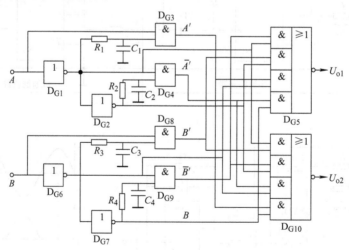

图 6-11　四细分辨向电路原理

四细分电路信号波形如图 6-12 所示，A 和 B 是两路相位差为 90°的方波信号。

当被测信号正向变化时，假设 A 超前 B（见图 6-12a），当 A 发生正跳变时，由非门 D_{G1}、电阻 R_1、电容 C_1 和与门 D_{G3} 组成的单稳触发器输出窄脉冲信号 A'，此时为高电平，与或非门 D_{G5} 有计数脉冲输出 U_{o1}，由于 B 为低电平，与或非门 D_{G10} 无计数脉冲输出。当 B 发生正跳变时，由非门 D_{G6}、电阻 R_3、电容 C_3 和与门 D_{G8} 组成的单稳触发器输出窄脉冲信号 B'，此时 A 为高电平，D_{G5} 有计数脉冲输出 U_{o1}，D_{G10} 仍无计数脉冲输出。当 A 发生负跳变时，由非门 D_{G2}、电阻 R_2、电容 C_2 和与门 D_{G4} 组成的单稳触发器输出窄脉冲信号 $\overline{A'}$，此时 B 为高电平，与或非门 D_{G5} 有计数脉冲输出 U_{o1}，D_{G10} 无计数脉冲输出。当 B 发生负跳变时，由非门 D_{G7}、电阻 R_4、电容 C_4 和与门 D_{G9} 组成的单稳触发器输出窄脉冲信号 $\overline{B'}$，此时为高电平，D_{G5} 有计数脉冲输出 U_{o1}，D_{G10} 无计数脉冲输出。这样，在正向运动时，D_{G5} 在一个信号周期内依次输出 A'、B'、$\overline{A'}$、$\overline{B'}$ 四个计数脉冲，实现了四细分。

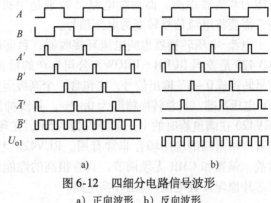

a)　　　　　　　b)

图 6-12　四细分电路信号波形

a) 正向波形　b) 反向波形

当被测信号反向变化时，如图 6-12b 所示，由于 A、B 的相位关系发生变化，B 超前 A，与上述原理相同，这时 D_{G10} 在一个信号周期内依次输出 B'、A'、$\overline{B'}$、$\overline{A'}$ 四个计数脉冲，同样实现了四细分。D_{G5}、D_{G10} 随运动方向的改变交替输出脉冲，输出信号 U_{o1}、U_{o2} 可直接送入可逆计数集成电路（如 74LS193），实现辨向计数。

3. 信号转换电路设计

不同的传感器以及不同后续处理环节，需要采用不同的信号转换电路形式。一般而言，模拟信号常常需要阻抗-电压转换、电流-电压转换、相位-电压转换、模拟-数字转换等电路，数字信号一般需要频率-电压转换、脉冲-数字转换、电平转换等电路。

（1）阻抗-电压转换电路设计　顾名思义，阻抗-电压转换电路的作用就是将传感器输出的阻抗变化转变为电压变化。典型传感器包括电阻应变式传感器、压阻式传感器、电感式传感器等。

实现阻抗-电压转换的典型电路就是测量电桥，如图 6-13 所示。一般采用等臂电桥形式，即四个桥臂 R_1、R_2、R_3 和 R_4 为四个相同的传感器（或是传感器的四个敏感元件）。在初始状态（平衡状态）下，四个桥臂的阻抗相等，$R_1 = R_2 = R_3 = R_4 = R$，则输出信号 U_o 为零。在工作状态下，四个传感器（敏感元件）的阻抗分别产生变化 ΔR_1、ΔR_2、ΔR_3 和 ΔR_4。假设激励源为 U，可以近似推导出此时的输出信号为

$$\Delta U_o = \frac{U}{4}\left(\frac{\Delta R_1}{R_1} - \frac{\Delta R_2}{R_2} + \frac{\Delta R_3}{R_3} - \frac{\Delta R_4}{R_4}\right) \tag{6-2}$$

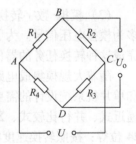

图 6-13　测量电桥

为了减小电桥的非线性，提高测量精度，减小温度和电源电压波动带来的影响，常常将四个传感器布置成差动形式，即保证 $\Delta R_1 = -\Delta R_2 = \Delta R_3 = -\Delta R_4 = \Delta R$，此时输出信号则为

$$\Delta U_o = U\frac{\Delta R}{R} \tag{6-3}$$

（2）电流-电压转换电路设计　一般输出电压信号的传感器抗干扰能力较差，有时输出的直流电压上还会叠加交流成分的信号，从而使控制系统产生误判，导致误动作，严重时还会损坏设备。特别是在信号需要远距离长线传输时，信号衰减严重。对于使用环境中电网干扰较大的场合，电压输出型传感器的使用也受到了限制。因此，有许多传感器输出的电压信号被转换为电流输出（电流输出的范围常用的有 0 ~ 20mA 及 4 ~ 20mA 两种），以提高抗干

扰能力和传输距离。而后续电路（特别是中央处理电路）一般只能处理电压信号。因此，经常需要将电流信号转变为电压信号。

电流-电压转换器也叫电流环接收器，目前已有集成电路成品，典型产品有 RCV420 等。RCV420 是美国 BURR－BROWN 公司生产的精密电流环接收器芯片，用于将 4～20mA 输入信号转换成 0～5V 输出信号，它包含一个高级运算放大器、一个片内精密电阻网络和一个精密 10V 电压基准。其总转换精度为 0.1%，共模抑制比 CMR 达 86dB，共模输入范围达 ±40V。RCV420 在满量程时的电压下降仅为 1.5V，在环路中串有其他仪表负载，或者在对变送器电压有严格限制的应用场合非常有用。RCV420 无须其他外围器件辅助，就能实现诸多功能。增益、偏置和 CMR 无须调节，具有很高的性能价格比。图 6-14 是 RCV420 电流－电压变送器芯片原理及其电流-电压转换电路。

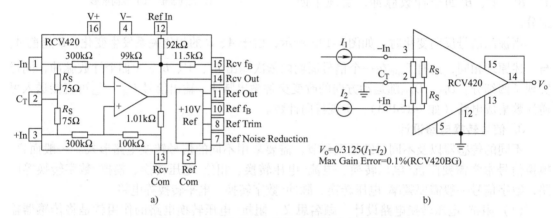

图 6-14 基于 RCV420 的差动电流-电压转换电路

a）原理与管脚图 b）电流-电压转换电路

（3）模拟-数字转换电路设计 在大多数场合下，被测量都是模拟量，传感器的输出也多为模拟电压信号。为了适应后续的计算机处理，必须将模拟量转换成一定位数的数字量。完成这种转换任务的器件就是模拟-数字转换器，简称 A/D 转换器。

随着大规模集成电路的迅速发展，目前已经生产出各式各样的 A/D 器件，以满足微机和单片机系统设计的需要。按照模拟/数字转换的原理，A/D 转换器可分为双积分式、逐次逼近式、并行比较式、Σ－Δ式等；按照转换器的位数，可分为 8 位、10 位、12 位、16 位、24 位等；按照转换速度的高低，又可分为低速和高速两种。双积分式 A/D 转换器转换精度高，抗干扰性能好，价格便宜，但转换速度慢，用于速度要求不高的场合，常用器件有 ADC－EK8B、ADC－EK10B 等。逐次逼近式 A/D 转换器速度快、精度较高，使用较多，常用器件有 ADC0809、AD574 等。并行比较式 A/D 转换器速度快，但分辨率不高，常用器件有 AD9012、AD9022。Σ－Δ式 A/D 转换器具有位数高、速度快、串行输出的特点，常用器件有 AD7705、AD7714、ADC1213 等。有些 A/D 转换器内部还带有可编程放大器、多路开关或三态输出锁存器等。例如，8 位 A/D 转换器 ADC0809 内部含有 8 通道多路开关；12 位 A/D 转换器 AD363 不但有 16 通道（或双 8 通道）多路开关，而且还有放大器和采样保持器。还有专门供数字显示用，可直接输出 BCD 码的 A/D 转换器，如 AD7555 等。

A/D 转换电路主要应考虑以下技术因素：

1）A/D 转换器的位数：位数是影响 A/D 转换器分辨率和精度的主要指标，特别是对于精密测量系统尤为关键。一般说来，位数越多，分辨率越高，量化误差就越小。因此，A/D

转换器的相对精度也常用最低有效值的位数 LSB 来表示，即 $1LSB = $ 满刻度值$/2^n$。

2）线性误差：线性误差是指 A/D 转换器在满量程内的输入和输出之间的比例关系不是完全的线性而产生的误差，主要是由 A/D 转换器的转换函数的非线性引起的，一般可达 $10^{-6} \sim 10^{-4}$ 数量级。在实际的 A/D 转换电路设计中，主要根据量化误差和线性误差能否满足要求来选择。在需要的时候，可以预先进行标定，在转换过程中给予实时修正。

3）转换时间：转换时间是指 A/D 转换器完成一次转换所需的时间，是从模拟量输入至数字量输出所经历的时间。在产品资料中给出的这一指标，一般都是最长转换时间的典型值。普通 A/D 转换器的转换时间均在微秒级，高速 A/D 转换器的转换时间则在纳秒级。

4）基准电源稳定度：当基准电源电压变化时，将使 A/D 转换器的基准电压发生变化，从而使输出数字量发生变化。这种变化的实质，相当于输入模拟信号有变化，从而产生误差。通常 A/D 转换器对电源变化的稳定度是用相当于同样变化的输入值的百分数来表示。例如，电源稳定度为 $0.05\%/(1\% U_i)$ 时，其含义是电源电压变化为 1% 时，相当于引入 0.05% 的模拟量输入值的变化。值得一提的是：对于外源型传感器，其输出信号常会受到传感器供电电源波动的影响而产生变化。此时可采用传感器的供电电源作为 A/D 转换器的基准电源，传感器供电电源的波动对最终测量结果不会产生影响，如图 6-15 所示。

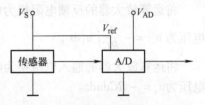

图 6-15　外源型传感器的 A/D 转换电路基准电源连接方法

二、中央处理电路设计

在测控仪器系统中，中央处理电路属于信息处理单元。中央处理电路的作用是对测量电路系统送来的信号进行运算和处理，然后按照仪器的功能要求，向控制电路系统发出控制命令，并通过控制电路和执行器对被控参数进行控制。它同时连接着测量电路和控制电路，即连接着信息流的输入通道和输出通道，因此它是整个电路系统的中心，同时也是整个测控仪器的神经中枢。

传统的中央处理电路主要是由电子电路构成，功能较少，主要是简单的运算电路、特征值检测电路、补偿电路等。

1. 运算电路

运算电路的作用是对传感器输出的模拟信号按照一定的数学规律进行适当的计算，从而获得需要的输出值。在运算电路中，通常以输入电压为自变量，以输出电压为函数。当输入电压变化时，输出电压将按一定的数学规律变化，即输出电压反映了对输入电压某种运算的结果。这些数学运算包括比例运算、加减运算、乘除运算、乘方开方运算、对数和指数运算、微分积分运算、PID 运算以及特征值运算等。

运算电路通常由各种集成放大电路组成，集成运算放大电路由此得名。由于集成运放的输出电压按一定的数学规律随输入电压变化，因此集成运放必须工作在线性工作区。需要注意的是，在运算电路中，无论是输入电压还是输出电压，一般均是对仪器"地"而言。

图 6-16 为基于运算放大器的反相比例运算电路，其中电阻 R 引入反相输入信号 u_i，电阻 R_f 引入深度负反馈，使运放工作于线性区。根据同相和反相输入端皆为虚地很容易推出 $u_+ = u_- = 0V$，放大比 $A = u_o/u_i = -R_f/R$。若 $R_f = R$，则 $A = -1$，即为反相器。

如果在运算放大器的反相输入端同时接入多个输入信号，则构成反相求和（加法）运算电路，如图 6-17 所示。分析此电路时可运用节点电压法得到输出电压 $u_o = -R_f(u_{i1}/R_1 +$

$u_{i2}/R_2 + u_{i3}/R_3$）。若 $R_1 = R_2 = R_3 = R$，则有 $u_o = -(u_{i1} + u_{i2} + u_{i3})$。

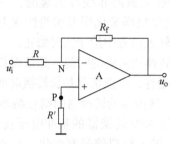

图 6-16　反相比例运算电路

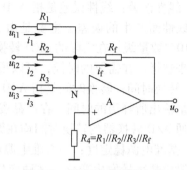

图 6-17　反相求和运算电路

将运算放大器的反馈电阻换为电容，则可以构成积分电路。如图 6-18 所示，此时输出电压为 $u_o = -\dfrac{1}{RC}\displaystyle\int u_1 dt$。

将运算放大器的输入电阻换为电容，则可以构成微分电路。如图 6-19 所示，此时输出电压为 $u_o = -RC\dfrac{du}{dt}$。

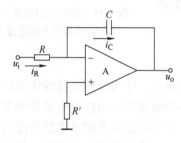

图 6-18　积分电路

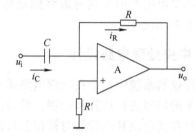

图 6-19　微分电路

2. 特征值检测电路

特征值检测电路主要用于交流信号的特征值检测，包括峰值检测、有效值检测等。

峰值检测器是用来检测交流电压峰值的电路，最简单的峰值检测器依据半波整流原理构成电路。如图 6-20 所示，交流电源在正半周的一段时间内，通过二极管对电容充电，使电容上的电压逐渐趋近于峰值电压。只要 R、C 值足够大，可以认为其输出的直流电压数值上接近于交流电压的峰值。

为了避免负载输入电阻的影响，可进一步在简单峰值检测电路的输出端加一级跟随器（高输入阻抗）作为隔离级，如图 6-21 所示。

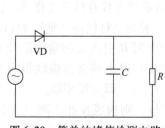

图 6-20　简单的峰值检测电路

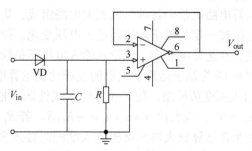

图 6-21　改进的峰值检测电路

　　工程上常用的有效值检测是把任意波形且较宽频率范围内的交流电压转换为与其有效值相等的直流电压，由于需求广泛，目前已有多种集成电路芯片可以实现有效值检测，常见型号有 AD536、AD736、AD737、AD637、LT1088、LTC1966 等。用真有效值转换器完全不需要同步，只需把交流电压调整在真有效值转换器的额定输入范围之内，然后测量其输出的直流电压即可。

　　AD637 是一个高精度单片真有效值转换器，如图 6-22 所示，可以计算各种复杂波形的真有效值，使用简单，调整方便，稳定时间短，读数准确。实际应用中唯一的外部调整元件为平均电容 C_{AV}，它影响到输出稳定时间、低频测量精度、输出波纹大小。该芯片有 DIP14、

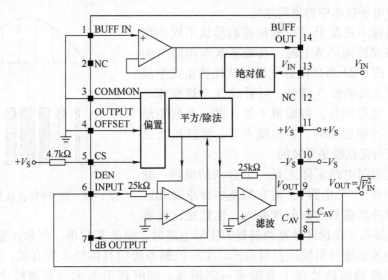

图 6-22　有效值检测芯片 AD637

SOIC16 两种封装形式。AD637 的技术指标为：电源电压 $\pm 3 \sim \pm 15V$，在电源电压为 ± 15 时最大输入信号有效值范围 $0 \sim 7V$，测量精度有效值（$\pm 0.5\% + 1$）mV，测量带宽 600 kHz $\sim$ 8MHz，建立时间 115ms/$\mu F C_{AV}$。

　　计算机技术的迅速发展使得传统的测控仪器发生了根本性变革，即采用计算机为测控仪器的控制中心，逐渐代替传统测控仪器的部分常规电子线路，从而成为新一代的智能化测控仪器。这部分内容详见第八章。

三、控制电路设计

1. 控制电路的作用与组成

　　控制电路是测控系统的输出通道，由中央处理电路发出的控制指令必须经过控制电路才能转变为控制信号，驱动执行机构产生相应的动作。因此，控制电路是连接中央处理电路与执行机构的桥梁，控制电路性能好坏直接影响测控仪器的控制精度和可靠性。

　　从信息流的角度来看，控制电路也起着信息承前启后的作用，控制电路与执行机构同等重要并且相互关联，在系统设计时必须统筹考虑。

　　对于不同的测控仪器，控制参数不同，执行机构不同，所采用的控制方法不同，因而对控制电路的要求也不同，致使控制电路的形式与功能差别较大。概括地讲，控制电路包含以下三个方面的作用：①信号转换：将计算机发出的指令（数字信号）转换为适当形式的电信号，如电压、电流、脉冲等；②放大驱动：将电信号的功率进行放大，使得电信号具有足

够的能量来驱动执行机构动作；③信号隔离：将转换电路与驱动电路之间的电联系切断，从而保护控制电路。

2. 信号转换电路设计

脉冲宽度调制（Pulse Width Modulation，PWM）技术，是利用半导体功率晶体管或晶闸管等开关器件的导通和关断，把直流电压变成电压脉冲列，控制电压脉冲的宽度或周期以达到变压目的，或者控制电压脉冲宽度和脉冲列的周期以达到变压变频目的的一种变换电路。PWM控制技术在逆变电路中应用最广，目前中小功率的逆变电路绝大部分是PWM型，PWM控制技术正是有赖于在逆变电路中的应用，才确定了它在电力电子技术中的重要地位。

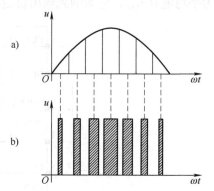

脉宽调制技术是基于"冲量相等而形状不同的窄脉冲加在具有惯性的环节上时，其效果基本相同"的原理工作的。图6-23为采用脉宽调制波代替正弦半波的示意图，将正弦半波 N 等分，可看成 N 个彼此相连的脉冲序列，宽度相等，但幅值不等。用一系列矩形脉冲代替，脉冲幅度相同，但宽度不等，宽度按正弦规律变化，它与正弦波是等效的。

脉冲宽度调制电路实际上是一个自动的电压—脉宽变换器（亦称V/W电路）。对它的基本要求是死区要小，调宽脉冲的前后沿的斜率要大，也就是比较器

图6-23 用PWM波代替正弦半波

的灵敏度要足够高。在设计脉宽调制器的实际电路时，应使其简单、可靠，且不受外界干扰。比较器的灵敏度与系统的控制模式、实际控制系统的具体要求等有关，应综合考虑，否则在整个系统的线路处理上会带来一定困难。同时还需考虑与功率转换电路的耦合问题。

基本的脉宽调制控制电路包括电压—脉宽变换器和开关式功率放大器两部分，如图6-24所示。运算放大器N工作在开环状态，实现把连续电压信号变成脉冲电压信号。二极管VD在晶体管VT关断时为感性负载 R_L 提供释放电感储能形成续流回路。N的反相端输入三个信号：一个是锯齿波或三角波调制信号 u_p，其频率是主电路所需的开关调制频率，一般为 $1\sim4\ kHz$；另一个是控制电压 u_k，其极性与大

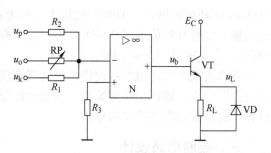

图6-24 脉宽调制电路组成

小随时可变；第三个是负偏置电压 u_o，u_o 的作用是在 $u_k=0$ 时通过RP的调节使比较器的输出电压 u_b 为宽度相等的正负方波，如图6-25a所示。当控制电压 $u_k>0$ 时，锯齿波过零的时间提前，结果在输出端得到正半波比负半波窄的调制方波，如图6-25b所示；当 $u_k<0$ 时，锯齿波过零的时间后移，结果在输出端得到正半波比负半波宽的调制方波，如图6-25c所示。若锯齿波的线性良好，则输出正向脉冲的占空比为

$$\frac{\tau}{T}=\frac{1}{2}\left(1-\frac{u_k}{u_{km}}\right) \tag{6-4}$$

式中，u_{km} 为控制信号 u_k 的最大值。

PWM信号加到主控电路开关管VT的基极时，在负载 R_L 两端产生相似的电压波形 u_L。

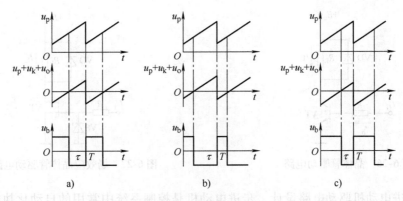

图 6-25　脉宽调制原理

显然，通过 PWM 控制改变开关管在一个开关周期 T 内的导通时间 τ 的长短，就可实现对 R_L 两端平均电压 u_L 大小的控制。

除了采用锯齿脉冲之外，脉宽调制器也常用三角波发生器代替锯齿波脉冲源。此外，还可采用数字式脉宽调制器改变脉冲序列的占空比 τ/T，此时控制信号是数字，其值确定脉冲的宽度。数字式脉宽调制器一般采用软件方式来实现，即通过执行软件延时循环程序交替改变端口某个二进制位输出逻辑状态来产生脉宽调制信号，设置不同的延时时间得到不同的占空比。其优点是简单、灵活、节省硬件，但是也存在明显的缺点：需要占用 CPU 更多处理时间，对微处理机的速度要求很高，不利于控制。因此，多数情况下建议采用硬件电路自动产生 PWM 信号，不占用 CPU 处理的时间。

3. 驱动电路设计

由于被控对象和控制参数不同，采用的执行机构不同，使得驱动电路千差万别，各不相同。因此，驱动电路的设计主要取决于执行机构和控制参数。以下仅介绍常用执行机构和驱动器的驱动电路。

（1）功率开关驱动电路设计　功率开关是较为常见的执行机构，如继电器、电磁阀、电磁铁、加热器的导通与切断，直流电动机起动与停止等。按照电路中所采用的功率器件类型分类，常见的有晶体管驱动电路、场效应晶体管驱动电路和晶闸管驱动电路等。按照电路所驱动的负载类型分类，常见的有电阻性负载驱动电路和电感性负载驱动电路等。按照电路所控制的负载电源类型分类，常见的有直流电源负载驱动电路和交流电源负载驱动电路等。

当负载所需电流不大时，常采用晶体管驱动电路，如图 6-26 所示。晶体管驱动电路的设计要点，是要保证晶体管工作于饱和区，因此需要合理确定 U_i、R 与 VT 的电流放大系数 β 值之间的数值关系，充分满足 $I_b > I_L/\beta$，可确保 VT 导通时工作于饱和区，以降低晶体管的导通电阻及减小功耗。

为了进一步降低驱动功率，可以采用场效应晶体管驱动电路，如图 6-27 所示。场效应晶体管大多为绝缘栅型，亦称 MOS 场效应晶体管。功率场效应晶体管在制造中多采用 V 沟槽工艺，简称为 VMOS 场效应晶体管。其改进型则称为 TMOS 场效应晶体管。用于功率驱动电路的场效应晶体管称为功率场效应晶体管。功率场效应晶体管是电压控制器件，具有很高的输入阻抗，所需的驱动功率很小，对驱动电路要求较低。功率场效应晶体管具有较高的开启阈值电压，有较高的噪声容限和抗干扰能力。

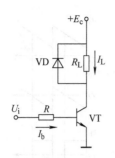

图 6-26 晶体管驱动电路

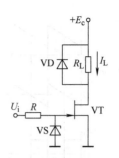

图 6-27 场效应晶体管驱动电路

（2）步进电动机驱动电路设计 步进电动机是控制系统中常用的自动化执行元件，它可在开环条件下十分方便地将数字系统的脉冲数转变成与其相对应的角位移或线位移，且运转速度只与驱动信号的频率有关，而与负载大小无关，因而得到广泛应用。

步进电动机驱动电路主要由环形分配器和功率放大器两部分组成，如图 6-28 所示。环行分配器亦称脉冲分配电路，它用来对输入的步进脉冲进行逻辑变换，产生给定工作方式所需的各相脉冲序列信号，从而在步进方向信号控制下使得步进电动机按照一定规律运行。脉冲分配电路可用

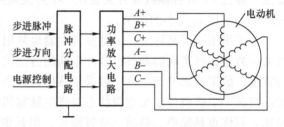

图 6-28 步进电动机驱动电路组成

数字电路组合、软件序列分配、专门单片集成元件、GAL 器件等构成。功率放大电路对脉冲分配电路输出信号进行放大，产生使电动机旋转所需的励磁电流，驱动电动机运转。电源控制信号用来在必要时使各相电流为零，以达到降低功耗等目的。

功率放大电路的特性对步进电动机的性能有明显影响。功率放大电路有单电压、双电压、斩波稳流、步距细分等类型。单电压式驱动电路（见图 6-29a）简单易行，但冲击大，驱动电流不稳。斩波稳流式驱动电路（见图 6-29b）采用双电压工作，通过闭环控制实现驱动电流的稳定输出，保证驱动负载的稳定。

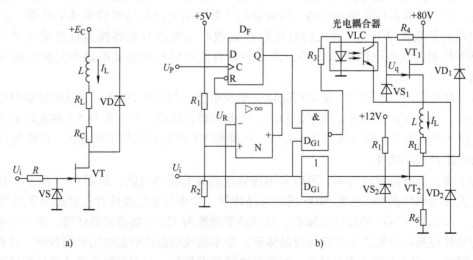

a)

b)

图 6-29 功率放大电路

a) 单电压式 b) 斩波稳流式

4. 信号隔离电路设计

光电耦合器是极为常用的隔离器件，其结构和工作原理如图 6-30 所示。图中 u_i 为来自外部设备的开关量，u_o 为光电耦合器的输出电平，R_1 为保护光电耦合器的限流电阻。当输入值 u_i 超过一定电平值时，流经发光二极管的电流足以使发光二极管发光（一般至少需要10mA），则光电耦合器内的晶体管导通，输出为高电平（同电源 V_{CC}）。当输入值 u_i 低于一定电平值时，流经发光二极管的电流不足以使发光二极管发光，则光电耦合器内的晶体管截止，输出 u_o 为低电平（同地电平）。可以看出，光电隔离的输入回路与输出回路之间没有电气联系，也没有共地，因此输入回路与输出回路完全隔离。同时光电耦合器的输入回路和输出回路之间可以承受上千伏的高压，不会击穿器件。因此

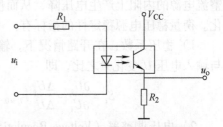

图 6-30　开关量的光电耦合隔离

当外部设备出现故障时，不会损坏控制电路和计算机系统。从而避免了共阻抗耦合干扰信号的产生。因此，采用光电耦合器的输入隔离电路具有很好的适用性，特别适合驱动一些高压器件和设备，有效保护测控系统的安全。

四、电源设计

电源是整个测控系统的能量来源，是测控仪器电路系统的基准，对仪器系统的性能和可靠性具有直接的影响。因此，电源系统的设计在整个测控仪器的设计中占有非常特殊的地位，也常是容易忽视的环节。所以，必须对电源系统的设计给予足够重视，在系统设计的开始阶段就应进行电源的设计与选择，而不是在整个系统的设计即将完成时才考虑电源，以免拖延系统的开发时间，增加系统成本。

1. 对电源的要求

不同的电气系统，对电源的要求不尽相同。对于大部分的测控仪器而言，除个别环节采用电流源之外，绝大多数环节都采用电压源。对电源的要求主要有以下几个方面：

（1）输入参数　对于一个电源系统，必须要明确输入的形式（直流还是交流）和数值（大小和范围）。以交流输入为例，常用的输入电压规格有 110V、220V、380V 等。在选择输入电压规格时应明确系统将会用到的地区。在美国、日本等市电为 AC110V 的国家，可以选择 110V 交流输入的电源；而在国内或欧洲等市电为 AC220V 的国家，可以选择 220V 交流输入，也可以选择具有通用电压输入功能的电源。与此同时，还需注意电压的频率，一般有 50Hz 和 60Hz 两种。

在选定输入电压规格后，应明确输入电压范围，一般来讲为额定输入电压的 ±20%。此外，应注意电源功率（或输入电流）的大小。电源的功率不是越大越好，关键在于电源总体性能和质量，选择时应留有一定的余量。

（2）输出参数　输出电压：这是基本的输出参数。稳压电源一般均给出输出电压的标称值及其波动范围，如额定输出电压的 ±1%。输出路数：一个完整的测控仪器系统具有多个电路系统或环节，因此常常要求电源具有多路输出，而且各路输出之间往往需要相互隔离和独立。输出电流：电流的大小代表了功率的强弱，是表征电源负载能力的主要指标。输出电流的大小应按照后续电路的实际需要考虑，并留有一定余量。

（3）稳定度　作为电路系统的基准，如果电源输出电压的稳定性不好，必然导致测控系统精度下降，甚至出现错误判断和动作。在极端情况下，电压太低则系统无法工作，电压

太高会烧坏系统。因此，测控仪器系统一般均采用稳压电源，而稳定度是首要的技术指标。

稳压电源组成原理如图 6-31 所示，引起电源输出电压 U_o 变化的原因，是输入电压 U_i 的变化和流经负载 R_L 的输出电流 I_o 的变化。其中，负载电流 I_o 的变化会在整流电源的内阻上产生电压降，从而使输入电压发生变化。衡量稳压电源稳定性的指标有：

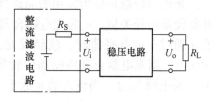

图 6-31　稳压电源组成原理

1）稳压系数：在开路情况下，输出电压 U_o 变化量与输入电压 U_i 变化量之比，即

$$S_r = \frac{\partial U_o}{\partial U_i} \approx \frac{\Delta U_o}{\Delta U_i}\Big|_{I_o=0} \qquad (6\text{-}5)$$

2）电压调整率（Voltage Regulation）：在负载不变的条件下，输入电压变化时电源维持输出电压不变的能力。一般采用在开路情况下，当输入电压相对变化为 $\Delta U_i/U_i = \pm 10\%$ 时，输出电压变化量与输入电压变化量之比表示电压调整率，即

$$S_V = \frac{1}{U_o}\frac{\Delta U_o}{\Delta U_i}\Big|_{I_o=0,\Delta U_i/U_i=\pm 10\%} \times 100\% \qquad (6\text{-}6)$$

3）负载调整率（Load Regulation）：定义为输入电压不变而输出电流从零（空载）变化到最大额定值（满载）时，输出电压的相对变化值，因此也称为电流调整率，用百分比表示为

$$S_i = \frac{\Delta U_o}{U_o}\Big|_{\Delta U_i=0,I_o=0\sim max} \times 100\% \qquad (6\text{-}7)$$

4）纹波抑制比：理想的直流稳压电源输出的应是纯净的直流电，没有任何交流成分。但是实际的稳压电源均不同程度地存在交流成分，称之为纹波。纹波过大，会对电路芯片造成不良影响。纹波抑制比是指输入纹波峰值 U_{ipp} 与输出纹波峰值 U_{opp} 之比的分贝数，即

$$S_{rip} = 20\lg\frac{U_{ipp}}{U_{opp}} \qquad (6\text{-}8)$$

有时也可采用纹波系数，即纹波电压与输出电压的百分比，来描述纹波的大小。

（4）可靠性　影响电源工作可靠性的因素较多，同其他电气产品相类似，主要有工作温度、环境湿度、散热方式等。

1）工作温度。在电源规定的温度范围内工作，可以保证电源的各项技术指标，如果超出允许的温度范围，可能会引起电源的某些指标不能达到要求，甚至引起电源的寿命缩短乃至损坏。根据环境温度的适应性，可将电源分为若干级别：航天级为 -55 ~ +85℃，军用级为 -40 ~ +55℃，工业级为 -25 ~ +50℃，商用级为 0 ~ +50℃。当需要电源在超出规定温度上限工作时，建议降额使用。

2）环境湿度。在规定的湿度范围内，可以保证电源的技术指标。如果超出允许的湿度范围，有可能达不到规定的技术指标，甚至导致产品的永久性损坏。一般电源的工作相对湿度范围可为 20% ~30%（无凝露），储存湿度范围为 10% ~90%（无凝露）。

3）散热方式。电源在工作时会消耗一部分能量而发热，因此必须考虑散热问题。一般可采用散热片、风冷或者电源整体散热方式。

（5）体积　随着电子技术和应用的迅速发展，稳压电源在性能上更加安全可靠，在功能不断增强的同时，体积日趋小型化。特别是对于一些特殊场合（如便携式测控仪器、狭小空间等），对小型甚至微型电源的要求越来越多。

需要补充说明的是：鉴于目前产品化的电源日益增多、技术日趋成熟，应用电源的场所逐渐广泛，因此电源的安全与质量认证显得尤为重要。为了确保电源使用中的可靠性和安全性，每个国家或地区都会根据各自不同的地理状况和电网环境制定不同的安全标准。通过的认证规格越多，电源的质量和安全性越高。现在电源的安全认证标准主要有 FCC、UL、CLS、CS 和 CCEE 认证等。其中，中国电工产品安全认证委员会（CCEE）是我国唯一的电工产品安全认证机构。CCEE 认证（又称为长城认证）是电工产品的强制性认证标准，凡是在我国市场上销售的电子产品都必须被强制通过这一认证，在选购电源产品时应充分考虑这一点。

2. 常用电源

在测控仪器系统中可用的电源种类较多，主要有电池、DC‐DC 变换器、直流稳压电源、交流稳压电源等。此外，电池可以提供非常纯净的直流信号源（其波纹极小），可用于精密测量的各种场合。

（1）电池　电池作为最为简单的电源形式，主要应用于低功耗的便携式测控仪器中，或用于若干记忆电路单元保存时间、数据等信息。此外，电池可以提供非常纯净的直流信号源（其纹波极小），可用于精密测量的各种场合。

电池种类繁多，依发电原理不同可将电池分为化学电池、物理电池与生物电池三大类。其中化学电池又分为一次化学电池、可充电电池和燃料电池。一次性化学电池主要有锌锰电池（又称酸性电池、碳性电池或干电池）、碱锰电池（亦称碱性电池）、氧化银电池（简称银电池）、锂电池（锂碘电池）等，可充电电池主要有镍镉电池、镍氢电池、锂离子电池、锂高分子电池、铅酸蓄电池（习惯称为电瓶）等。物理电池包括太阳能电池、热电池、压电池等。适于在测量仪器中使用的电池有以下几种：

1）锌锰电池：锌锰电池是产销量最大和应用面最广的电池，价格比较便宜，且电量较好，储存时间长，温度适应条件好，缺点是内阻比较大。其公称输出电压一般为 1.5V。为了获得更高的电压，可选用层叠式电池（内部是多个锌锰电池的串联），公称电压一般为 9V。

2）氧化银电池：氧化银电池是纽扣电池中生产量最大的一种，以锌-氧化银电池最具代表性。它的突出优点是有较大的输出功率，较小的体积与质量，高阶放电曲线平稳，放电曲线几乎成一条直线，因而在助听器、电子手表、微型计算机等方面有广泛的应用，也是便携式仪器常用电池。这种电池的外形一般为短圆柱体，公称输出电压一般为 1.55V。

3）锂离子电池：锂离子电池简称为锂电池，具有比镍氢电池更高的能量密度/电压、长循环使用寿命及无记忆效应等优势。但是锂电池成本高、价格较镍氢电池昂贵、有机电解质具有毒性且易挥发和漏液。锂电池的外形一般为圆形扁平形状，公称输出电压有 1.8V、2.5V、3V、3.3V、3.6V 等多种形式。

4）太阳能电池：太阳能电池与一般的电池不同，它是将太阳能转换成电能的装置，常称为光电池或光伏电池。太阳能电池需要阳光才能运作，所以大多是将太阳能电池与蓄电池串联，将有阳光时所产生的电能先行储存，以供无阳光时产生电压。

（2）线性直流稳定电源　线性直流稳定电源是靠调整管之间的电压降来稳定输出，因此线性电源的突出特点是工作在线性区、稳定性高、纹波小、可靠性高、易做成多路、输出连续可调，但是体积大、较笨重、效率相对较低。

线性直流稳定电源可分为稳压电源和稳流电源以及集稳压、稳流于一身的稳压稳流（双稳）电源。从输出值来看可分定点输出电源、波段开关调整式和电位器连续可调式几种。从输出指示上可分指针指示型和数字显示型等。
图 6-32 为一体化开关稳压电源，采用整体式散热结
构，性能稳定。

（3）开关型直流稳压电源 开关型直流稳压电源的
功率器件调整管不是工作在线性区，而是工作在饱和及
截止区，即始终处于功率开关状态，开关电源因此得
名。开关电源不是工作在工频，而是工作在几十千赫到
几兆赫频段。它的电路型式主要有单端反激式，单端正
激式、半桥式、推挽式和全桥式。

图 6-32 一体化开关稳压电源

开关电源的优点是体积小，重量轻，稳定可靠，尤其是输入电压范围很宽；缺点相对于
线性电源来说纹波较大。具体可分为 AC/DC 电源、DC/DC 电源、通信电源等，目前大部分
电源已经实现模块化。

例如，朝阳电源 4NIC-K 系列一体化开关稳压电源，如图 6-33 所示，输入交流电压为
110V/220V/380V（可选），输出直流电压 0 ~ 300V 任选，输出电流最高可达 200A，输出电
压精度 ≤1%，电压调整率 ≤0.5%，电流调整率 ≤1%，最大纹波 $U_{rms} ≤ 10mV$（$U_o < 48V$）。
工作环境温度：民用级 0 ~ +50℃，工业级 −25 ~ +50℃，军用级 −40 ~ +55℃，宇航级
−55 ~ +85℃，冷却方式为自然/隧道风冷。

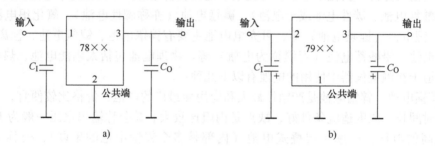

图 6-33 三端稳压器的应用
a）78××系列 b）79××系列

（4）集成稳压器 在许多场合下，电路系统的不同单元对电源的要求是不同的，因此
常常需要在电路系统中进一步对电源进行变换和处理，集成稳压器就是经常需要的器件。

三端集成稳压器是最为常用的稳压器件，它具有输入端、输出端和公共端三个端子。
图 6-33 为经典的 78 系列三端稳压器的应用示意图，输出电压固定不变，78 系列为正输出，
79 系列为负输出。

对于需要输出电压为连续可调的场合，可采用输出电压可调的三端稳压器。图 6-34 为
采用 LM117 组成的 1.2 ~ 25V 可调输出的稳压电路。

图 6-34 的输出电压为

$$U_o = 1.25\left(1 + \frac{R_2}{R_1}\right) + I_{ADJ}R_2 \tag{6-9}$$

式中，R_1 和 I_{ADJ} 是固定不变的，因此输出电压由电阻 R_2 决定。

有些场合需要更高精度、更高稳定性的电源基准（如 A/D 转换器的参考电压等），此
时可以采用精密基准电压源。图 6-35 为采用 Max675 构成的精密 5V 电压源，输出电压为
（1 ±0.15%）×5V，温度稳定性为 12 ppm/℃，噪声为 $10\mu V_{pp}$，功耗小于 1.4mA，负载调整

率为 0.001%/mA。

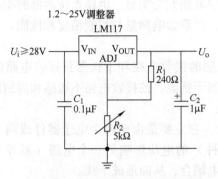

图 6-34 输出可调的三端稳压器

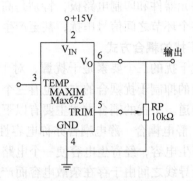

图 6-35 基准稳压电源

五、电路系统的抗干扰技术

从广泛的意义上讲，干扰是影响有用信号的某种不希望的扰动。在实际的测控系统中，不可避免地存在各种各样的干扰信号。这些干扰有些来自电路系统外部，有些来自系统内部。各种干扰对系统影响程度也各有不同，对于测量电路，干扰将会降低测量精度；对于控制电路，干扰也可能产生误动作，造成损失。因此，能否采取行之有效的抗干扰措施，是现代测控系统能否安全工作的关键。

噪声与干扰没有本质上的区别。习惯上将系统的外部干扰称为干扰，来自内部的干扰称为噪声。一般说来，干扰和噪声难以完全消除，但可降低其强度，使之不致影响系统正常工作。

1. 干扰源

一般而言，电路系统的干扰主要来自信号通道、电源、空间电磁辐射和元器件等几个方面。

（1）来自信号通道的干扰 来自信号通道内部的各种干扰信号，主要是由传感器、开关量输入输出、模拟量输入输出、电路本身的固有噪声等产生的。例如，在开关量输入通道中，由于开关开合产生的信号抖动，往往会带来较强的干扰。在开关量输出通道中，也存在着干扰。特别是控制动力设备在起动和停止时，将会产生很强的干扰信号。而电路和电器元件本身的固有噪声主要包括热噪声、低频噪声、耦合噪声和散粒噪声等，也是重要的噪声源。

（2）来自电源的干扰 来自电源的干扰主要分两部分：一部分是指由于电源的输入本身是交流电源，不可避免地残留一定的交流成分而形成噪声信号；另一部分是指由于开关通断、电机中电刷与整流子之间周期性的电火花干扰、大型动力设备的起停、自然界中雷电、汽车发动机点火装置产生的火花等产生的电源的异常抖动。这些来自交流电源的干扰对测控系统的正常运行危害更大。

（3）来自空间的辐射干扰 来自空间的各种电磁波和强电场的干扰，对电路系统也将产生影响。一方面，由于测控系统与被测和被控设备之间不可避免地要进行长线传输，这些信号线有时长达几十米，即使采用了屏蔽导线，也同样会引入来自空间的干扰信号。另一方面，测控仪器本身也将处于各种辐射干扰的作用下，特别是在被测和被控设备是强干扰源时（如晶闸管、电焊机、逆变电源发射机等），强烈的干扰也可能导致系统工作失常。

（4）来自元器件和电路板的噪声 电路系统内部也会产生各种干扰和噪声，它主要来源于各种元器件和印制电路板，特别是高频数字电路尤为明显。电路系统内部的噪声常常导致电路各个环节之间信号串扰，甚至产生自激，严重影响测量与控制精度和性能。

2. 干扰的耦合方式

形成干扰的三个要素是干扰源、对干扰敏感的接收电路和干扰源到接收电路的耦合通道，相应的抑制干扰耦合的方法也有三个：抑制干扰源、使接收电路不敏感和抑制耦合或切断耦合通道。干扰的耦合方式主要有以下几种：

（1）静电耦合 静电耦合亦称电容性耦合，它主要是由于两个电子器件或两个电路之间存在寄生电容，经寄生电容使一个电路（器件）的电荷影响另一个电路（器件）。例如，两条平行导线之间由于存在杂散电容而产生静电耦合，从而形成干扰。

静电耦合干扰的等效电路如图 6-36 所示，图中 E_n 为噪声源的噪声电动势，C_m 为寄生电容，Z_i 为被干扰电路（器件）的输入阻抗，则在 Z_i 上产生的干扰电压 U_n 具有以下特性：① 干扰电压 U_n 正比于干扰源与接收电路之间的杂散电容 C_m，这说明通过合理布线等措施减小寄生电容的重要性；②干扰电压 U_n 正比于接收电路的输入阻抗 Z_i，从这个角度来看，对于放大微弱信号的前置放大器的输入阻抗应尽可能小；③干扰电压 U_n 正比于干扰源的角频率 ω，这说明干扰噪声的频率越高，通过静电耦合形成的干扰就越严重。对于放大微弱信号的电路，即使是低频噪声，静电耦合干扰也不容忽视。

（2）电磁耦合 电磁耦合主要由于两个电路存在互感，使得一个电路的电流变化通过电磁耦合干扰另一电路，其等效电路如图 6-37 所示。图中 I_n 表示噪声电流源，M 表示两个电路间的互感系数，则被干扰电路的噪声电压 U_n 具有以下特性：①干扰电压 U_n 正比于噪声电流 I_n；②干扰电压 U_n 正比于两个电路的互感系数 M，因此，欲减小干扰电压，就必须采取措施减小两个电路之间的互感；③干扰电压 U_n 正比于噪声源的角频率 ω，即噪声的频率越高，通过电磁耦合形成的干扰就越严重。

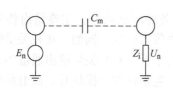

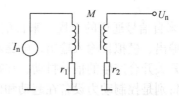

图6-36 静电耦合干扰的等效电路　　　　图6-37 电磁耦合干扰的等效电路

（3）共阻抗耦合 共阻抗耦合一般发生在两个电路的电流流经一个公共阻抗，其中一个电路在该阻抗的压降会影响另一路，如图 6-38 所示。图中地线电流 I_1 和 I_2 流经共同的接地阻抗，电路 1 的地电位被电路 2 流经该接地阻抗的电流所调制，因此一些噪声信号即由电路 2 经公共阻抗耦合至电路 1。由此可知，应尽可能减小公共接地端的阻抗，以降低由此而产生的干扰。

（4）漏电流耦合 漏电流耦合主要是由于绝缘不良，由流经绝缘电阻 R_a 的电流所引起的干扰，其等效电路如图 6-39 所示。图中 E_n 为噪声源，R_i 为被干扰的电路阻抗，当漏电阻为 R_a 时，干扰电压 U_n 与干扰源形成分压电路形式，即 $U_n = E_n R_a / (R_a + R_i)$。因此，当电路附近有较高的直流电压，或者高输入阻抗电路附近有较高的噪声源时，漏电流产生的干扰可能很严重。

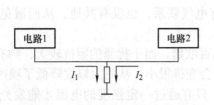

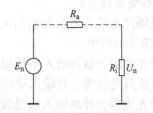

图 6-38 公共阻抗耦合产生的干扰   图 6-39 漏电流耦合产生的干扰

3. 干扰的形态

噪声源产生的噪声通过各种耦合方式进入系统内部，造成干扰。根据噪声进入系统电路的方式可将干扰分为两种形态，即差模干扰和共模干扰。

（1）差模干扰 差模干扰是指能够使接收电路的一个输入端相对于另一个输入端产生电位差的干扰。由于这种干扰通常与输入信号串联，因此也称之为串模干扰。这种干扰在测量系统中十分常见，例如，在热电偶温度测量回路的一个臂上串联一个由交流电源激励的微型继电器时，在线路中将引入交流与直流的差模干扰，如图 6-40 所示。

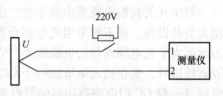

图 6-40 热电偶电路中的差模干扰

一个系统的抗差模干扰的能力可用差模抑制比 SMR 表示，它定义为差模干扰电压有效值 U_s 与由它引起的误差电压有效值 U_0 之比，取对数再乘以 20，即

$$SMR = 20\lg \frac{U_s}{U_0} \tag{6-10}$$

（2）共模干扰 共模干扰是相对于公共的电位基准点，在系统接收电路的两个输入端上同时出现的干扰。当接收器具有较低的共模抑制比时，也会影响系统测量结果。例如，用热电偶测量金属板的温度时，金属板可能对地有较高的电位差 U_c，如图 6-41 所示。

$$CMR = 20\lg \frac{U_c}{U_e} \tag{6-11}$$

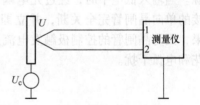

图 6-41 热电偶测温电路的共模干扰

系统的抗共模干扰能力用共模抑制比 CMR 表示，它定义为共模干扰电压有效值 U_c 与由它引起的误差电压有效值 U_e 之比，取对数再乘以 20，即 CMR 值越高，说明系统对共模干扰的抑制能力越强。

4. 常用抗干扰措施

抗干扰设计的基本原则是：抑制干扰源、切断干扰传播路径和提高敏感器件的抗干扰性能。抑制干扰源是抗干扰设计中最优先考虑和最重要的原则，常常会起到事半功倍的效果。

（1）信号通道干扰的抑制措施 在信号通道中的干扰信号与有用信号是混在一起的，根据输入输出信号的不同，干扰信号的特点也不尽相同，抑制干扰的措施也相应有所区别。

1）开关量信号通道中干扰的抑制措施。在实际的应用系统中，尤其是在进行工业控制过程中，在输入的开关量里往往会带来很强的干扰噪声。因此，一般情况下不能采用直接馈入的输入方法，否则系统工作将是很不安全的。

滤除开关通道干扰的方法很多，但最为常用的是采用隔离措施，采用的器件主要是光电耦合器，如图 6-42 所示。从图中和光电耦合器的特性可以看出，采用光电耦合器后，电路具有以下一些突出特点：

① 光电隔离的输入回路与输出回路之间没有电气联系，也没有共地，从而避免了共阻抗耦合干扰信号的产生。

② 由于光电耦合器的输入阻抗很小，只有几百欧姆，而干扰源的阻抗较大，约有 100 ~ 1000kΩ。馈送到光电耦合器输入端的噪声电压就会变得很小，从而大幅度降低了噪声。

③ 由于光电耦合器的输入端是发光二极管，只有通过一定强度的电流才能发光。而干扰信号即便有很高的幅值，也会由于没有足够的能量而不能使二极管发光，从而达到了抑制高峰尖脉冲的冲击，这就使得输入量中的各种干扰噪声都被挡在输入回路这一边。

④ 光电耦合器的响应速度极快，其响应延迟时间只有 $10\mu s$ 左右，适于对响应速度要求很高的场合。

因此，采用光电耦合器的输入隔离电路具有很好的适用性和抗干扰能力。

对于开关量输出通道中的干扰，也可采用光电隔离的方法。但如果输出开关量是用于控制大负荷设备，就不宜采用光电耦合器，而采用继电器隔离输出。因为继电器触点的负载能力远远大于光电隔离器的负载能力，它能够直接控制和驱动动力回路。在以继电器为开关量隔离输出时，要在输入端增加一个 OC 门驱动器（集电极开路输出），用以提供较高的驱动电流（一般 OC 门电路驱动器的低电平输出电流约 300mA，足以驱动小型继电器）。

对于大型动力设备，由于大负荷触点的接通或断开时产生的火花或电弧具有强烈的干扰作用，它会直接损坏测控设备。因此，对于大型设备的控制对象，在输出开关量时不宜采用继电器等全触点式的控制方式，而应采用无触点控制方式。

图 6-42 为利用晶闸管代替继电器进行隔离，当输入高电平时，经过光电耦合器隔离输出，使得小型继电器触点 J_1 接通，此时两个对接的单向晶闸管完全导通，大负荷负载接通电源。当输入低电平时，经过光电耦合器隔离输出，使得小型继电器触点 J_1 断开，此时两个对接的单向晶闸管完全关断，并立即关停大负荷负载。该电路具有较好的抑制强电干扰的效果，因为晶闸管的控制极触发电流只有毫安级，因而在起动和停止大负荷负载时不会产生火花和电弧干扰。

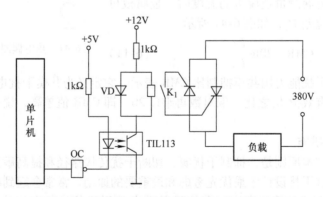

图 6-42 控制大负荷的开关量输出抗干扰电路

2）模拟量信号通道中干扰的抑制措施。和开关量输入输出通道一样，模拟量输入输出通道也因与外部设备直接相连而成为强电干扰窜入系统的一个渠道，所以在模拟量输入输出通道上采取抗干扰措施时，应尽可能将抗干扰器件设置在传感器或执行部件附近。

用于模拟量通道抗干扰的器件很多，主要有耦合变压器、扼流圈和光电耦合器等。隔离变压器，适于 50Hz 以上的信号，而对于低频，特别是超低频时非常不适合。扼流圈对低频信号电流阻抗很小，而对纵向的噪声电流却呈现很高的阻抗，因此扼流圈很适合用于超低频电路。在以计算机为核心的测控仪器系统中，应用较多的还是用光隔离器进行隔离。其设置位置越往外推越好，最好设置在模拟量的输入输出端口处，其线性度可达 0.1%。一般将光电耦合器设置在 A/D 和 D/A 附近，如图 6-43 所示。

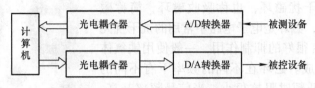

图 6-43　模拟量通道抗干扰电路

采用同轴电缆传输信号是不错的选择，它的中心铜线和网状导电层形成电流回路，因为中心铜线和网状导电层为同轴关系而得名。中心电线发射的无线电被网状导电层所隔离，网状导电层可以通过接地的方式来控制发射出来的无线电，由此可以有效减少信号的泄漏，并抵抗外界电磁干扰的进入。

同轴电缆是一种屏蔽电缆，可以在相对长的无中继器的线路上支持高带宽通信，具有传送距离长、信号稳定的优点，大量用于通信系统中；而其缺点也是显而易见的：一是体积大；二是不能承受缠结、压力和严重的弯曲，这些都会损坏电缆结构，阻止信号的传输；三是成本高。

对于具有双线的电路中可以采用平衡技术，即使得两根导线对地具有相同的阻抗，从而使两根导线上所摄取的干扰相等，经过高共模抑制比的差动放大后总干扰为零。在实用中，信号线的连接线常采用双绞线。

双绞线（Twisted Pair）是由两条相互绝缘的导线按照一定的规格互相缠绕在一起而制成的一种通用配线（见图 6-44），属于信息通信网络传输介质。采用这种方式后，一根导线在传输中辐射的电波会被另一根导线上发出的电波抵消，从而可以降低自身信号的对外干扰。与此同时，采用双绞线之后，空间电磁干扰在这一对双绞线上产生的感应电动势大体相等，由附近电场耦合过来的容性干扰也大体相等，因此可以抵御相当部分来自外界的电磁波干扰。双绞线可用来传输模拟信号和数字信号。实际使用时，双绞线由多对双绞线一起包在一个绝缘电缆套管里，双绞线电缆内，不同线对具有不同的扭绞长度，一般来说，扭绞长度在 $3.81 \sim 14\text{ cm}$ 内，按逆时针方向扭绞。相邻线对的扭绞长度在 1.27 cm 以上，一般扭线越密实其抗干扰能力就越强，与其他传输介质相比，双绞线在传输距离、信道宽度和数据传输速率等方面均受到一定限制，但价格较为低廉。如果双绞线外加屏蔽层，则效果更佳。

在信道采用双绞线的情况下，发送器和接收器均需采用差分形式的电路。由于在双绞线

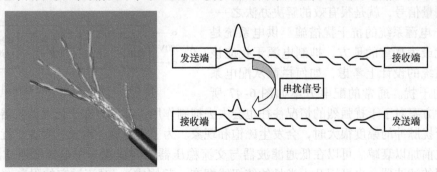

图 6-44　双绞线及其抗干扰原理

收发器中采用了先进的处理技术，很好地补偿了双绞线对信号幅度的衰减以及不同频率间的衰减差，保持了原始信号的真实性以及实时性，在传输距离达到 1km 或更远时，信号基本无失真。如果采用中继方式，传输距离会更远。

此外，采用抗干扰磁环技术，也可有效降低信道电磁干扰的影响。抗干扰磁环，也称吸收磁环，简称磁环。如图 6-45 所示，磁环是电子电路中常用的抗干扰元件，对于高频噪声有很好的抑制作用，一般使用铁氧体材料（Mn－Zn）制成。磁环在不同的频率下有不同的阻抗特性，一般在低频时阻抗很小，当信号频率升高，磁环表现的阻抗急剧升高。因此，磁环可用于抑制电源线、信号线等多股线缆上的电磁干扰，包括电源线上的噪声和尖峰干扰。在磁环作用下，既能使有用信号正常

图 6-45　抗干扰磁环

地通过，又能很好地抑制高频干扰信号，而且成本低廉。所以在显示器信号线、USB 连接线，甚至高档键盘、鼠标上会看到塑料疙瘩形状的一体式磁环。

使用磁环时，可将一根多芯电缆或一束多股线缆穿于其中。为了增加干扰吸收能力，可多穿一次或反复多绕几圈。成品磁环长，具有锁扣，可以方便地夹在电源线、信号线上，如图 6-46 所示。

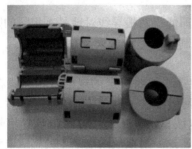

图 6-46　带有锁扣的抗干扰磁环及具有磁环的 USB 数据线

对低频模拟信号而言，采取滤波技术也是很有效的，但在精度高于 ±0.05%（12 位）时，滤波的成本及其电路板的面积将迅速增加。当然，滤波器不能去除内部噪声（如电源线的交流声），但设计良好的平衡通信系统很容易削除该噪声。

在空间电磁干扰比较严重的场合，还可以考虑采用非金属信号线，以减少信道中产生过多的干扰成分。例如，采用光纤、射频识别（Radio Frequency Identification，RFID）、蓝牙等传递测量信号，就是很有效的解决办法之一。

（2）电源系统的抗干扰措施　供电系统是强电干扰最为严重的地方，抑制电源干扰应该从配电系统的设计上考虑，如何拦截从配电系统窜入的干扰。通常的配电方案如图 6-47 所

图 6-47　普通配电系统原理图

示，这种方案对于干扰强烈的情况往往也会失去抑制作用。其原因在于低通滤波器中的电感元件在干扰脉冲的幅度很大时，会发生磁饱和现象。为了避免这一现象，要在干扰进入低通滤波器之前加以衰减。可以在低通滤波器与交流稳压器之间设置一个电源低通滤波器（可采用专用的滤波器，也可用几十米长的绞扭线捆在一起构成），对流过它的附着在低频市电

上的干扰脉冲进行滤波，从而大幅度衰减干扰，保证低通滤波器不至于饱和。

此外，要充分考虑电源对测控电路（特别是基于单片机的测控电路）的影响。许多单片机对电源噪声很敏感，在给单片机电源加滤波电路或稳压器的基础上，在电源输入端（通常是电路板边）使用一个高质量的钽电解电容通过大面积低阻抗的接地面进行去耦，该电容可以将低频噪声旁路，而采用铁氧体磁珠又可以减少电路其他部分的高频噪声。同时在每一个集成电路芯片的电源引脚处使用一个寄生电感较小的陶瓷电容，最好使用表面安装的片状陶瓷电容，因为这种电容的寄生电感较小，引脚长度最短。对于某些芯片，厂家大多会推荐一些降低干扰的做法，参考这些做法也是有益无害的。

电源系统的抗干扰同样可以采用前面介绍的磁环，针对电源线的电磁干扰进行有效的抑制。对于电路板级的电源，也可以采用磁珠提高其抗干扰能力。

磁珠的抗电磁干扰原理与磁环完全相同，同样可用于抑制信号线、电源线上的高频噪声和尖峰干扰，还具有吸收静电脉冲的能力。所不同的是，磁环是空心环形的，主要用于各种电源线和信号线；而磁珠是实心的，如图 6-48a 所示，主要用于电路板级的抗干扰，用来吸收电路板和电子元器件的超高频信号，像一些阻容（RC）电路、锁相环（Phase Locked Loop，PLL）、振荡电路以及含超高频存储器电路（DDR SDRAM，RAMBUS 等）。

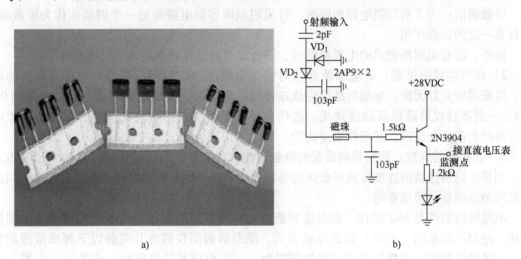

图 6-48　磁珠及其应用
a）磁珠　b）使用磁珠的射频功率监测电路

在使用磁珠时，一般需要把磁珠加在 PCB 的电源输入部分或信号的输入部分。图 6-48b 所示为一种射频功率监测电路，电路中的磁珠用来吸收残余射频信号，抑制其对后级电路产生干扰。

从电路功能的角度来看，磁珠也是一种电感，磁珠和电感的原理相同只是频率特性不同。电感是一种蓄能元件，用在 LC 振荡电路、中低频的滤波电路等，其应用频率很少超过 50MHz。磁珠有很高的电阻率和磁导率，等效于电阻和电感串联，但电阻值和电感值都随频率变化。磁珠对高频信号有较大阻碍作用，一般规格有 100Ω/100MHz，它在低频时电阻比电感小得多。因为磁珠的单位是按照它在某一频率产生的阻抗来标称的，所以磁珠的单位是欧姆，而不是亨特，这一点要特别注意。

此外，在电源电缆中极力推荐使用绞线。在一条电缆中，将所有的相线和零线组合并扭绞起来（单相有两根，三相有三根，三相加零线有四根），能大大减小电源线磁场的发射。

(3) 空间干扰的抑制措施　来自空间的干扰主要作用在系统与外部设备之间的信号线上，以及直接作用在电路系统本身。对于这种干扰，一般是采用屏蔽的方法来解决。利用屏蔽对干扰的发射作用和吸收作用，可有效地防止空间各种磁力线和电力线的干扰。

屏蔽的方法是利用导电的低电阻材料制成容器或采用高导磁材料制成容器，以隔绝容器内外的电磁或静电相互干扰。实施屏蔽的部位有整体外壳屏蔽、电缆屏蔽及连接器屏蔽。屏蔽主要分成三类：防止静电耦合的静电屏蔽；利用导电性良好的金属内的涡流效应，防止高频磁通干扰的电磁屏蔽；利用高导磁材料，防止低频磁通干扰的磁屏蔽。

1) 整体外壳屏蔽主要有以下几种：

屏蔽罩：这是一种常用的封闭式金属盒，可根据干扰场的类型和屏蔽有效性指标对材料、板厚、形状等进行设计，从元件、器件到整机均可应用。

屏蔽栅网：这是一种既有屏蔽作用，又有通风作用的屏蔽结构形式，应用很广泛。

隔舱：在多级电路系统中，常常在两个单元电路之间用金属板隔离开，将一个金属电箱隔成许多舱，用以隔离相互之间的干扰。

导电涂料：在盒式电路外置一个泡沫盒，在泡沫盒表面喷涂一层金属涂料，涂层的材料与厚度直接影响屏蔽效果。

屏蔽铜箔：为了对印制电路板屏蔽，可采用双面印制电路板的一个铜箔面作为屏蔽板，也具有一定的屏蔽作用。

此外，还有编织网做成的电缆屏蔽线，用金属喷涂层覆盖密封电子组件屏蔽等。

2) 信号缆线的屏蔽：电缆屏蔽必须对整条电缆在 360° 范围内覆盖，不得有暴露的部位，屏蔽层须完好无损。电缆屏蔽层应该连接到屏蔽机箱上（即使它们已连接到电路的 0V 点）。一般不建议屏蔽层两端接地线，这样会导致屏蔽层在两端地电位差的驱动下产生电流，可能会产生交流声，甚至使电缆烧毁。

3) 连接器的屏蔽：即使是高质量的屏蔽电缆，如果屏蔽层连接不好，其效果也是很差的。如果电缆所连接的连接器或屏蔽体的屏蔽效能较低，则电缆的屏蔽效能也会降低。因此所采用的连接器是很重要的。

电缆屏蔽层需要 360° 端接，即电缆屏蔽层与它所穿过的屏蔽机箱表面形成完整的圆周连接。绝对不要采用"小辫"式的连接方式，除非屏蔽层仅需在几兆赫以下频率范围起作用。如果坚持使用"小辫"方式端接屏蔽层时，一定要使其尽可能短，或者把"小辫"分成两条，每侧一条。可取的方法是：将外壳安装型 BNC 接头全部换为符合电磁兼容性原则的压接型 BNC 接头，使用压接工具进行安装，压接组装工效很高，可靠性高，返修率低，经济性好。

矩形连接器护套中的床鞍夹紧方式能够满足大多数场合对搭接的要求。绝对要避免使用小辫连接，小辫再短也不行。图 6-49 给出了典型 D 形连接器的屏蔽端接方式。

使用同轴电缆和双股屏蔽电缆由于连接器是金属螺纹的，效果大大改善。这些连接器在高频时性能和可靠性都远高于卡装式的（如 BNC 接头）。例如，在卫星电视接收机外壳上使用的都是这种连接器。

多芯电缆也最好使用螺纹连接的圆形连接器，但实际中使用 D 形的或其他矩形连接器的也很多。因此在选定一种连接器时，一定要特别注意是否能屏蔽电缆与连接器 360° 连接，然后再连接到屏蔽箱上。在实现屏蔽层搭接这一点上，要特别注意单簧片、线夹和导线等的连接方式，这些都会限制高频时的效果。

选取屏蔽材料应当注意以下几方面：在电场屏蔽时，应选用高导电率的铜或铝等金属材

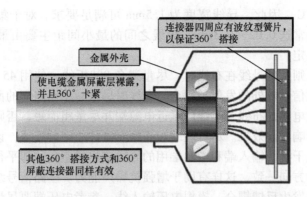

连接器四周应有波纹型簧片，
以保证360°搭接

金属外壳

使电缆金属屏蔽层裸露，
并且360°卡紧

其他360°搭接方式和360°
屏蔽连接器同样有效

图 6-49 D 形连接器护套中的屏蔽电缆 360°端接

料；在磁场屏蔽时，应选用高磁导率的材料；在某些应用场合，单一材料的屏蔽不能在强磁场下保证有足够高的磁导率，不能满足衰减磁场干扰的要求，此时可采用两种或多种不同材料做成多层屏蔽结构，低磁导率高饱和值的材料安置在屏蔽罩的外层，而高磁导率低饱和值的材料则放在屏蔽罩的内层，且层间用空气隔开为佳。

（4）印制电路板设计中的抗干扰技术 印制电路板的设计对整个电路系统的抗干扰能力的有效性是十分明显的。正确的电路板设计方法，可保证最大限度地减小各种干扰和噪声的影响。电路板的抗干扰设计主要体现在整体布局、元器件选用和布线方法等方面。

1）印制电路板布局要合理。首先，应当对电路板的布局进行合理划分，把数字区与模拟区隔离，微弱信号远离功率放大电路，大功率器件及驱动电路（如继电器、大电流开关等）尽可能放在电路板边缘。其次，尽可能按照信号的流程安排各个功能电路单元的位置，使布局便于信号流通，并使信号尽可能保持一致的方向。各部件之间的引线要尽量短，使相互间的信号耦合为最小。此外，以每个功能电路的核心元件为中心，围绕它来进行外围元器件的布局。元器件应均匀、整齐、紧凑地排列在印制电路板上，尽量减少和缩短各元器件之间的引线和连接。易受干扰的元器件不能相互挨得太近，输入和输出元器件应尽量远离。

2）元器件选用要正确。要选择集成度高并有电磁兼容性的集成电路，尽可能使用满足系统要求的最低频率时钟。晶振与单片机引脚尽量靠近，用地线把时钟区包围和隔离起来，晶振外壳接地并固定。

印制电路板上每个大规模集成电路芯片电源管脚旁要并接一个 $0.01 \sim 0.1\mu F$ 的高频电容，以减小对电源的影响。

对于单片机闲置的 I/O 口，不要悬空，要接地或接电源，或定义成输出端。其他的闲置端在不改变系统逻辑的情况下接地或接电源，集成电路上该接电源地的端都要接，不要悬空。闲置不用的运放正输入端接地，负输入端接输出端。单片机使用电源监控及看门狗电路，如 IMP809、IMP706、IMP813、X25043、X25045 等，可大幅度提高整个电路的抗干扰性能。

集成电路器件、各种连接器等接插件尽量直接焊在电路板上，少用 IC 座、连接器等。

尽量选用低速数字电路，能用低速芯片就不用高速的，高速芯片用在关键地方。

3）布线要科学。电源线的布线原则：电源线和地线要尽量粗，除减小压降外，更重要的是降低耦合噪声。尽可能用宽线。印制导线的最小宽度主要由导线与绝缘基板间的黏附强度和流过它们的电流值决定。当铜箔厚度为 0.05mm、宽度为 1 ~ 15mm 时，通过 2 A 的电流，温度不会高于 3℃ ，因此，导线宽度为 1.5mm 可满足要求。对于集成电路，尤其是数字电路，导线宽度通常选 0.02 ～ 0.3mm。导线之间的最小间距主要由最坏情况下的线间绝缘电阻和击穿电压决定。

信号线的布线原则：信号线在布线时，尽量避免 90°折线，使用 45°（135°）折线或圆弧布线，以减小高频信号对外的发射与耦合。布线时尽量减小回路环的面积，以降低感应噪声。特别要注意高频电容的布线，连线应靠近电源端并尽量粗而短，否则，等于增大了电容的等效串联电阻，影响滤波效果。尽可能缩短高频元器件之间的连线，设法减小它们的分布参数和相互间的电磁干扰。输入端和输出端用的导线应尽量避免相邻平行。如有可能，地线的走向和数据传递的方向一致，这样有助于增强抗噪声能力。多路信号线之间不要靠近，最好加线间地线，以免发生反馈耦合。模拟电压输入线、参考电压端要尽量远离数字电路信号线，特别是时钟。

地线的布线原则：数字地与模拟地要分离，最后在一点接于电源地，A/D、D/A 芯片布线也以此为原则。单片机和大功率器件的地线要单独接地，以减小相互干扰。低频模拟电路的地应尽量采用单点并联接地，实际布线有困难时可部分串联后再并联接地。高频模拟电路宜采用多点串联接地，地线应短而粗，高频元件周围尽量用栅格状大面积地箔。地线尽量加粗，使它能通过三倍于印制电路板上的允许电流，地线宽度尽可能在 2mm 以上。对于大功率地线，避免使用大面积铜箔地线，否则长时间受热时，易发生铜箔膨胀和脱落现象。必须用大面积铜箔时，最好用栅格状，这样有利于排除铜箔与基板间黏合剂受热产生的挥发性气体。在条件允许时，可以采用多层电路板，增加额外的层来专门布置地线，使之将敏感的模拟器件与有噪声的数字器件形成物理上的隔离。

时钟信号线的布线原则：时钟电路通常是最主要的发射源，其 PCB 轨线是最关键的一点，要做好元件的布局，从而使时钟走线最短，同时保证时钟线处在 PCB 的同一面且不通过过孔连接。当一个时钟必须经过一段长长的路径到达许多负载时，可在负载旁边安装一时钟缓冲器，这样，长轨线（导线）中的电流就小很多了。长轨线中的时钟沿应尽量圆滑，甚至可用正弦波，然后由负载旁的时钟缓冲器加以整形。

5. 接地技术

在电子仪器或设备中，接地是抑制噪声和防止干扰的重要方法。所谓接地，就是将某点与一个等电位点或一个等电位面之间用低电阻导体连接起来，以构成仪器或设备的基准电位。它可以跟大地有欧姆连接，则该点电位即为大地电位；也可以不跟大地连接，则它仅仅是仪器或设备的基准电位，即"浮地"。地，应是一个良好的导体。

接地设计的两个基本要求是：①消除各电路电流流经一个公共地线阻抗时所产生的噪声电压；②避免形成地环路。

（1）测控仪器的接地系统　在一些精密测控仪器中，至少有三个分开的地，如图 6-50 所示。一条是低电平电路的信号地，通常为传感器的地，也是指信号传输时的所有电路的公共参考电位，在电路中常以零电位为参考电位；一条是继电器、电动机等高噪声电路的功率地；另一条是仪器机

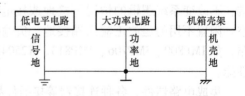

图 6-50　测控仪器的接地系统

壳等金属件的机壳地。如果仪器使用交流电源，则电源地线应和金属件地线相连。上述三种地线通过一点接地，这种方式不会形成地环路和接地电位差。在不会发生混淆的前提下，信号地与功率地的符号可以混用。

（2）测控仪器的浮地系统 浮地系统，是指仪器的整个地线系统和大地之间没有欧姆连接，仅以"浮地"作为它的电平基准，即参考电平。

应用浮地系统的地方很多，如飞行体、舰船上的电子设备都是浮地的，在一般的生产现场或实验室里也常常使用具有浮地系统的仪器或设备。浮地系统的优点是不受大地电流的影响，因此，作为系统"地"的参考电平（即零电平）是按水涨船高的原理随着高电压的感应而相应提高。所以，仪器内部的电子器件不会因高电压的感应而击穿，这对 CMOS 电路尤为有利。浮地系统的缺点是，当附近有高压设备时，其机壳易感应较高电压，形成噪声干扰，因此安全性较差。若此时将屏蔽壳体接大地，则噪声干扰消失。

另外，浮地系统中各个单元电路的地线应在一点接地，如图 6-51a 所示，而不能就近接地，如图 6-51b 所示，否则存在通过输入端杂散电容耦合而形成干扰的可能性。

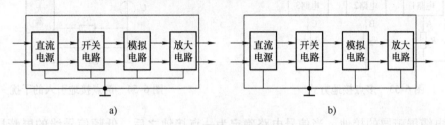

图 6-51 仪器浮地系统
a）一点接地 b）多点接地

（3）测控仪器的接地方式 信号地线的接地方式有两种：一点接地和多点接地。不论采取何种方式，都应注意两点：一是所有的导线都具有一定的阻抗，包括电阻和电抗；二是两个分开的接地点难以做到绝对的等电位。

1）一点接地。图 6-52a 为串联式一点接地方式，各电路的地线是串联的，电路比较简单，但容易相互干扰。通常在制作电路板时，习惯于采用这种方式。由于地线本身存在电阻，因而 A、B、C 三点的电位均不为零，且互不相等。如果各个电路的电平相近，则这种影响较小；若高低电平相差较大，则强信号的电流流到弱信号的电路中去，所形成的干扰危害很大。

图 6-52b 为并联式一点接地方式，各电路的地线是并联的，各自的地电位由各自的地电阻和地电流所决定，不存在共用阻抗耦合产生的干扰。从防止低频噪声（1MHz 以下）的角度来看，并联接地方式较好。但它不适于高频场合，因为高频不仅增大了地线阻抗，而且由于导线电感的存在，造成它们之间的电磁耦合。同时，地线间的分布电容导致的耦合也严重起来。特别是当地线的长度是 1/4 波长的奇数倍时，地线阻抗会变得很高，这时地线就变成了天线，可以向外辐射噪声。所以在高频（1～10MHz）应用时，地线的长度应小于信号波长的 1/20，以防止辐射噪声，并降低地线阻抗。

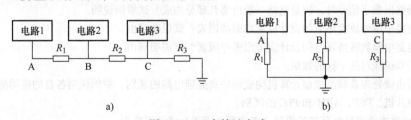

图 6-52 一点接地方式
a）串联式一点接地 b）并联式一点接地

2）多点接地。为了降低地线长度，在高频（10MHz 以上）场合多数采用多点接地方式，如图 6-53 所示。因为随着频率的增高，地线阻抗中的感抗分量将显著增大。因此，在高频场合下，缩短地线长度成为降低地线阻抗的关键。

3）电路的单地原则。精密测量系统中，特别是前置放大电路，若有两个接地点，则很难获得同一电位，其对地电位差将耦合至放大器。如图 6-54 所示，信号源在 A 点接地，放大器在 B 点接地，两"地"之间电位差为 U_n，等效于放大器的输入信号中附加了该噪声信号。由此可见，为了消除噪声，应取消一条地线。若取消 B 点地线，说明放大器不接地；若取消 A 点地线，则说明信号源与地隔离。

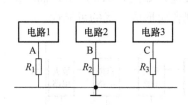

图 6-53　多点接地方式

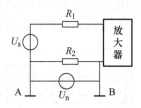

图 6-54　两点接地引入的干扰

4）电缆屏蔽层的接地。当信号电路确定为一点接地之后，低频信号线的屏蔽层也应一点接地。如果电缆屏蔽层的接地点不仅只有一个，则在屏蔽层将产生噪声电流，对于扭绞的芯线将耦合不同的电压，构成噪声干扰。

电缆屏蔽层一点接地的位置不同，其效果也不一样。如图 6-55 所示，当信号源不接地，而放大器接地时，输入端的电缆屏蔽层应接至放大器的公共端（A 点），此时无噪声电压，而其他位置均有噪声电压。当信号源接地，而放大器不接地时，输入端的电缆屏蔽层应接至信号源的公共端（B 点），此时无噪声电压，而其他位置均有噪声电压。

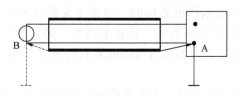

图 6-55　电缆屏蔽层接地方式

思 考 题

1. 测控电路一般由哪几部分组成？各有什么作用？
2. 影响测控电路精度的因素有哪些？各有什么影响？
3. 传感器输出模拟信号时，测量电路一般由哪几部分构成？试举例说明。
4. 传感器输出数字信号时，测量电路一般由哪几部分构成？试举例说明。
5. 测量电路中信号放大环节的设计应考虑哪些因素？试说明理由。
6. 测量电路中模数转换环节的设计应考虑哪些因素？试说明理由。
7. 试分析双绞线对抗干扰的效果。
8. 试分析由微处理器和由微型计算机构成的中央处理电路的区别。举例说明各自的应用场合。
9. 对比单片机、DSP、ARM 和 PLC 的区别。
10. 控制电路中数模转换环节的设计应考虑哪些因素？试说明理由。
11. 控制电路中如何实现信号的隔离保护？

12. 举例说明电源稳定性对测控系统的影响。

13. 试分析线性电源与开关电源的特点与区别。

14. 举例说明磁珠的抗干扰作用。

15. 试分析选用表面贴装型芯片的好处。

16. 试对比分析屏蔽电缆线不同接地方法的屏蔽效果。

17. 电路系统何时一点接地？何时多点接地？图示说明。

18. 测控软件的设计一般应遵循哪些原则？

19. 提高电路系统可靠性的措施有哪些？

20. 提高软件系统可靠性的措施有哪些？

第七章

光电系统设计

光电系统是测控仪器的重要组成部分，它与电子系统、精密机械及计算机相结合，构成光、电、机、计算机相结合的现代测控仪器，它具有许多重要的特点，主要有

1. 精度高

光电式仪器是各种测量仪器中精度很高的一种，如激光干涉仪可达到（0.03 + L/500）μm的测长精度（其中 L 是测量长度，单位为 mm），光外差干涉测量是纳米精度测量的主要手段。

2. 非接触测量

光照到被测物体上可以认为是没有测量力的，也没有摩擦，同时也不会改变被测物体的性质，因此它可以实现动态测量，是各种测量方法中效率最高的一种。

3. 测量范围大

光是最便于远距离传播的介质，尤其适合于远距离测距、遥控、遥测、光电跟踪等。如用光电方法可以测出地球与月球间的距离，分辨力达到1m。

4. 信息处理能力强

光电测量可以提供被测对象信息含量最多的信息；光电系统还具有电子系统的运算、控制、存储极其方便的特点，尤其适于与计算机联机，构成自动化、智能化的测控系统。

本章从光电系统总体设计角度出发对光电系统的精度、设计原则和设计方法进行介绍和讨论，最后通过对激光干涉的设计分析，达到对光电系统设计有一个整体的理解。

第一节　测控仪器光电系统的组成和类型

一、光电系统的组成

光电系统是测控仪器的重要组成部分。测控仪器中的光电系统的组成框图如图 7-1 所示。光源是产生传递信息媒介——光的能源，是光电系统的源头。光源发出的光经过光学系

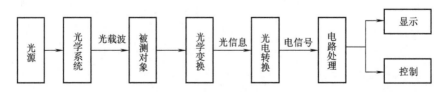

图 7-1　光电系统的组成框图

统后成为汇聚光束、发散光束、平行光束，或其他形式的结构光束，作为载波作用于被测对

象。光学变换可通过各种光学元器件，如透镜、平面镜、棱镜、光栅、码盘、波片、偏振器、调制器、狭缝、滤波器等来实现。经光学变换后的光载波中含有被测对象的信息，称为光信息。光信息被光电检测器接收，并转换为易于处理的电信号，再经电路和逻辑变换等处理，最后显示被测量，或用于探测。

由组成框图可以看出，光电系统的设计主要是研究光信息的检测、传输和变换中的核心技术问题。

二、光电系统的类型

光电系统的类型是很多的，为了突出同类系统的特点和共性，以便掌握其规律性的内容，常把光电系统分为主动系统与被动系统，模拟系统与数字系统，直接检测系统与相干检测系统等。

1. 主动系统与被动系统

主动系统与被动系统是指携带信息的光源（光媒介）是人为制造的还是自然辐射的。若光电系统的照明是人工光源，如白炽灯、发光管、半导体激光器、He - Ne 激光器等，被测信息通过调制的方法加载到光载波上去，然后用光电接收系统进行检测，这种光电系统称为主动光电系统。如果光电系统的照明光源是自然光（如太阳光）或者用不是为光电系统特殊设计的光源来携带光信息，这种光电系统称为被动光电系统。主动光电系统与被动光电系统相比增加了光源、光源光学系统，有时还需要光源调制器。它比被动系统要复杂一些，但信息的对比度好、信噪比高，一般用于精密测量中。被动系统的照明一般来自于目标或者环境的自发辐射，如被测目标是星体、飞机、导弹、大地、车辆、人体等，用这些目标的自发辐射来携带信息。这时目标的辐射功率和背景辐射功率同时进入光学系统，然后都被汇聚到光电检测器件上转换为电信号，因而信噪比往往不高，信息常被淹没，需要一些特殊技术来剔除噪声，提高信噪比。

2. 模拟系统与数字系统

按照传输和接收的光信息是模拟量还是数字量，分为模拟系统和数字系统。模拟光信息与数字光信息一般是用调制的方法将被测信息加载到光载波上来获得的。如果光载波是直流或者是连续的光通量，将被测信息加载到这类光载波上，然后进行传输或变换，则是模拟光电系统。如果光载波是脉冲量，而将被测信息加载到脉冲光载波的幅度、频率、脉宽或相位之中，则得到脉冲调幅、调频或调宽波，然后对脉冲调制光波进行传输或变换称为数字式光电系统。数字式光电系统具有比模拟式光电系统更好的传输效率和更好的抗干扰性，尤其适合于光通信。

3. 直接检测系统（非相干）与相干检测系统

按照光电系统中光电检测是直接检测光功率还是检测光的振幅、频率和相位则分为直接检测系统和相干检测系统。不论是用相干光源还是非相干光源来携带光信息，而检测器件只直接检测光强度，这种光电系统称为直接检测系统。如果采用相干光源利用光波的振幅、频率、相位来携带信息，光电检测不是直接检测光强而是检测干涉条纹的振幅、频率或相位则称为相干检测系统。直接检测系统简单、应用范围广，而相干检测具有更高的检测能力和更高的信噪比，因而系统精度更高、稳定性也更好。

按照光电系统的功能还分为光电信息检测系统、光电跟踪系统、光电搜索系统、光电通信系统等。

第二节 光电系统的特性

光电系统由实现光学变换的光学或光电子学系统与实现光电变换的光电探测器组成。光电系统的被测量是光信息，而输出量是经过光电变换的电信息，不同原理的光电系统其性能指标是不同的，本节只归纳其共性特性。

一、光电特性

光电系统的光电特性即该系统输入、输出特性又称为静特性，其输入量一般是光通量 Φ 或光照度 E，输出量一般是电压或电流。若输入量是光通量 Φ，输出量是电压，则其光电特性即为 $V(\Phi)$ 曲线。若光电系统的光学变换是线性的，则系统的光电特性主要取决于光电探测器的光电特性。

任何一个光电测量系统希望其静特性线性范围大，以获得较大的测量范围，也希望其特性曲线的斜率大，以获得较高的灵敏度。

二、光谱特性及光谱匹配

光电系统中光载波信号的能量来源是光源或辐射源，辐射能量由光源经测试目标、光学系统和传输介质被光电检测器接收。为了提高光能的利用效率，要求检测器件的光谱灵敏度分布和辐射源的辐射度分布及各传输环节的透射率分布相覆盖。在含有多光谱的复合光通量 $\Phi(\lambda)$ 作用下，传输介质、光学系统的透射率光谱分布分别是 $\tau_a(\lambda)$ 和 $\tau_o(\lambda)$，光电检测器的光电灵敏度系数为 $S(\lambda)$ 时，那么检测器件的输出 $I(\lambda)$ 可表示为

$$I(\lambda) = \int_{\lambda_1}^{\lambda_2} S(\lambda)\tau_a(\lambda)\tau_o(\lambda)\Phi(\lambda)d\lambda \tag{7-1}$$

式（7-1）表示出了光电检测器件的输出与光谱波长之间的关系。式中 λ_1 和 λ_2 分别为辐射下限波长和上限波长。

由于光电系统中光源的辐射波长有一定的范围，并存在有峰值波长，而光电子检测器件对波长有选择性，即存在一个最灵敏的波长，因此为充分利用光能，要求光电器件与辐射源在光谱特性上相匹配。

三、光电灵敏度特性（光谱响应率）

光谱响应率又称光电灵敏度，它是光电系统的光电检测器件的输出（电压 U 或电流 I）与入射光通量之比，即

$$S_V = \frac{U}{\Phi}, S_I = \frac{I}{\Phi} \tag{7-2}$$

式中，S_V、S_I 分别称为电压灵敏度和电流灵敏度，其单位分别为 V/W 和 A/W。若入射光参量用照度表示，则光照灵敏度的单位分别为 V/lm 和 A/lm。

若入射光的波长 λ 为单色光，这时输出电压 $U(\lambda)$ 或电流 $I(\lambda)$ 与入射单色辐射通量 $\Phi(\lambda)$ 之比称为光谱灵敏度或光谱响应率

$$S_V(\lambda) = U(\lambda)/\Phi(\lambda), S_I(\lambda) = I(\lambda)/\Phi(\lambda) \tag{7-3}$$

$S_V(\lambda)$ 或 $S_I(\lambda)$ 随波长的变化关系，称为光谱响应函数。

四、频率响应特性

当入射光照是以一定频率变动的交变
光信息时，光照频率的变化将会引起光电
器件响应率的变化。一般地，响应率随光
照频率升高而降低，如图 7-2 所示。它如
同一个低通滤波器的频率特性，即

$$s(f) = \frac{s(0)}{\left[1 + (2\pi f\tau)^2\right]^{1/2}} \qquad (7-4)$$

式中，$s(0)$ 是频率为零（直流）或者频

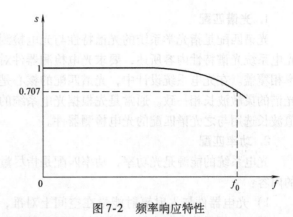

图 7-2　频率响应特性

率很低时的响应率；f 是光信息的频率；τ 为时间常数。

当频率增加时响应率 $s(f)$ 要降低，当 $s(f)$ 降到 $s(0)$ 的 $1/\sqrt{2}$ 时所对应的频率 f_0，称
为上限截止频率，这时有 $\tau = 1/(2\pi f_0)$。

五、光电系统的探测率 D 和比探测率 D^*

光电系统的探测率表征光电系统的探测能力，D 越大，表征探测能力越强。D 可表示为

$$D = S_V/V_n \qquad (7-5)$$

式中，S_V 为用电压表示的光电灵敏度；V_n 为噪声电压。

式（7-5）表明，S_V 越高而噪声越小，则探测能力越强。

光电检测系统的探测率除了与 V_n 和 S_V 有关外还与光电检测器件光敏面面积 A 和光电检
测系统的带宽 Δf 有关，为在同一条件下对光电系统性能加以比较，引入比探测率 D^* 的概念。

$$D^* = D/(A\Delta f)^2 = \frac{S_V}{V_n(A\Delta f)^2} \qquad (7-6)$$

在光电检测系统设计中，还经常用到噪声等效功率的概念，它定义为光电器件输出信号
电压有效值等于噪声方均根电压值时的入射光功率，用公式表示为

$$NEP = \frac{\Phi_s}{V_s/V_n} = V_n/S_V \qquad (7-7)$$

即噪声等效功率是探测率的倒数，亦即 $NEP = 1/D$。

同样，D^* 的倒数称为归一化噪声等效功率，用 NEP^* 表示。

第三节　光电系统的设计原则

在光电系统设计时，应针对所设计的光电系统的特点以及仪器的设计要求，必须遵守一
些重要的设计原则。

一、匹配原则

光电系统的核心是光学变换与光电变换，因而光电系统的光学部分与电子部分的匹配是
十分重要的。这些匹配包括光谱匹配、功率匹配和阻抗匹配。在光电系统中，光电器件是光
学系统的输出口，它同时又是电子部分的输入口，因此匹配的核心是如何正常选择光电检测
器件。

1. 光谱匹配

光谱匹配是指光学系统的光谱特性与光电检测器件的光谱灵敏度特性相匹配。正如前节光电系统光谱特性内容所述，要求光电检测器件对光谱的灵敏响应范围与光学系统光谱透射率相覆盖。在光电系统设计中，光谱匹配的核心是光源的光谱峰值波长应与光电检测器件对光谱的灵敏波长相一致。通常是先根据光电系统的功能要求确定光源，然后再根据光源的峰值波长选用与之光谱匹配的光电检测器件。

2. 功率匹配

光电系统的能源是光功率，功率匹配是指尽量最佳的使用光功率，它包含如下3个方面的内容：

1）光电器件与入射辐射能量在空间上对准，即入射光应与光电检测器件光敏面相垂直，同时又尽量使入射光照射到全部光敏面上，以充分利用光能，实现入射光与光电检测器件的空间匹配。

2）入射光辐射应与光电检测器件的光电特性相匹配，即要求入射光通量的变化中心处于光电检测器件的线性测量范围的中心处，以确保进行良好的线性检测。

3）满足光谱匹配。

3. 阻抗匹配

由于光电检测器件是光电检测电路的信号源，因此两者之间应具有良好的阻抗匹配，以获得最佳的电信号输出，在进行光电检测电路设计时应根据光电检测器件的伏安特性选择最佳工作点，还应根据光电检测器件和光信息的频率特性进行光电检测电路的动态设计，以保证光电系统达到最佳的信号检测能力。

二、干扰光最小原则

光电系统中光干扰是造成系统工作不稳定的重要因素。光电系统中的干扰光主要是指杂散光、背景光和"回授光"。干扰光最小原则就是指干扰光对光电系统影响最小，以使系统稳定性好，抗干扰能力强。

光电系统中的杂散光是指由于光辐射经过各种光学元件（如平面镜、光楔、分光镜、透镜、平行平板、分划板、光栏、镜筒、障碍物等）产生的散射光、衍射光、透射光、双折射光等非期望的杂乱光线对信号光产生杂散干扰，减小杂光干扰可采用光学滤波、光学调制和光外差检测等方法。

背景光是指光电系统主动照明的照明光、房屋照明光、自然光等引起的信号背景光，它主要使信号的对比度变差，信噪比降低。在背景光中影响最大的是主动照明光源的光功率波动。背景光会造成光信号中的无用的直流成分增大或缓慢变化。

减小背景光影响的办法是采用光遮断、光隔离、光控制和光补偿等方法。如加外罩、遮光板等遮断和隔离自然光和房屋照明光的影响。光控制与光补偿主要指对主动照明的光源加以控制与补偿，如采用稳定度好的直流电源或恒流源给光源供电，采用闭环反馈的方法对光源输出功率加以稳定，采用差动测量的方法用差动原理减小光源波动的影响或者去掉直流电平，采用交流调制的方法对信号光加以调制，再辅以滤波的方法滤除光源波动成分的影响，采用外差检测的方法使干扰光不具备外差检测条件使光学系统具有空间滤波和光谱滤波的能力。

"回授光"是指光电系统的照明光经光学元件又返回到光源内，破坏光源的稳定性，使光功率波动、光频率波动等，这对于稳频激光光源的稳定工作有很大影响。解决的办法有多种，如采用光偏离、光遮挡和光偏振片等方法，如图7-3所示。图7-3a采用偏置的角锥棱镜作为测量镜，当入射光束与锥顶相距 b 时，出射光束相对入射光束偏离 $2b$，只要 $2b$ 大于激光器的光栏口径，光束返回后就不会回到激光器内。图 7-3b 在出射线偏振激光的光路中放置一个 $\lambda/4$ 波片，光束穿过 $\lambda/4$ 片时其振动方向偏转 45°，当返回光第二次穿过 $\lambda/4$ 片时其振动方向又偏转 45°，这样返回光与出射光相比振动方向偏转了 90°，从而被激光器上的布儒斯特窗反射掉而不能回到激光器。

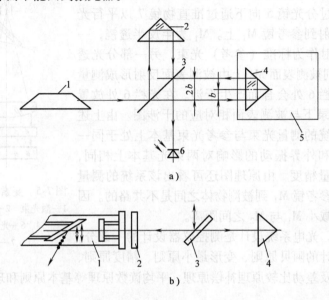

图 7-3　减小"回授光"的两种方法

a）光偏离法　b）光偏振片法

1—激光器　2—$\lambda/4$ 波片　3—分光镜　4—测量镜　5—工作台　6—光电二极管

三、共光路原则

在光电系统中为了实现精密测量和减小共模干扰，经常采用差动测量系统，以实现被测量与标准量的比较，如图 7-4 所示，图 7-4a 是光通量差动测量的例子，图 7-4b 是用光干涉法进行表面形貌测量的例子。它们的共同特点都是将光分成两路，一路是标准量通路而另一路是被测量测量通路，所不同的是图 7-4a 是光通量比较，而图 7-4b 是用光干涉法进行光的光程差比较。它们都是用差动比较法减小了光源波动等共模干扰的影响，但是由于测量路与

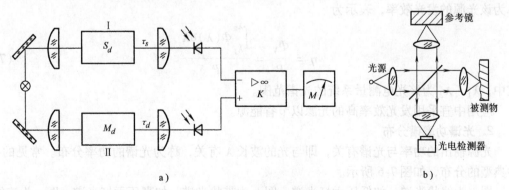

图 7-4　光电差动比较测量

a）光通量差动比较测量原理图　b）干涉仪表面粗糙度测量原理图

标准路处于两种不同的环境中，温度变化和机械变形及振动的影响使两路产生不同的变化，即由于两路环境条件不同而带来误差。如果使测量路与标准路同处同一环境中，则可减小该项误差。如图 7-5 所示是斐索平面干涉仪原理图。激光束 1 被聚光镜 3 汇聚于小孔光栏 4 处，光栏 4 位于准直物镜 7 的焦面处，光束透过分光镜 5 向下通过准直物镜 7 以平行光束出射，并垂直入射到参考镜 M_1 上。M_1 为半反半透镜，一部分光线被 M_1 反射作为标准（参考）光束，另一部分光透过参考镜 M_1 入射到被测表面 M_2 上由被测表面反射形成测量光束，两束光在光栏 6 处会合而产生干涉。在光栏 6 处放置 CCD 摄像机便可记录下与被测表面相对应的干涉图。由上述原理可以看出该系统的测量光束与参考光束基本上处于同一环境中，温度变化和外界振动的影响对两束光基本上相同，因而有利于提高测量精度。由原理图还可看出该系统的测量光束与参考光束在参考镜 M_1 到被测物体之间是不共路的。因此在设计时应尽量减小 M_1 与 M_2 之间距离。

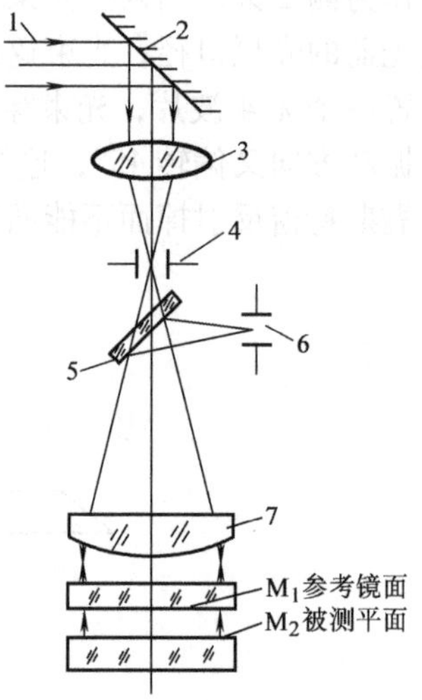

图 7-5 斐索平面干涉仪原理图
1—激光束 2—反射镜 3—聚光镜
4、6—光栏 5—分光镜
7—准直物镜

还应强调的是，光电系统设计是测控仪器设计的一部分，它还应遵守仪器设计的阿贝原则、变形最小原则、精度原则、坐标系统一原则以及差动比较原理补偿原理、平均读数原理等基本原则和理论。

第四节 光电测量系统中的光源及照明系统

光电测量中，光是信息的载体，光源及照明系统的质量对光电测量往往起着关键的作用。根据不同的测量需要，有的需要平行光照明、有的需要点光源照明、有的需要平面光照明、有的需要透射光照明、有的需要反射光照明……这些都由光源的照明系统来提供。本节将对光源的特性、光源的种类、照明光学系统及光源选用等问题加以介绍。

一、光源的基本参数

1. 发光效率

在给定的波长范围内，某一光源所发出的光通量 Φ_V 与该光通量所需要的功率 P 之比，称为该光源的发光效率，表示为

$$\eta = \frac{\Phi_V}{P} = \frac{\int_{\lambda_1}^{\lambda_2} \Phi(\lambda)\,\mathrm{d}\lambda}{P} \tag{7-8}$$

式中，$\lambda_1 \sim \lambda_2$ 为该光电测量系统的光谱范围。

应用中宜采用发光效率高的光源以节省能源。

2. 光谱功率谱分布

光源输出的功率与光谱有关，即与光的波长 λ 有关，称为光谱的功率分布。常见的有 4 种典型的分布，如图 7-6 所示。

图 a 为线状光谱，如低压汞灯光谱；图 b 为带状光谱，如高压汞灯光谱；图 c 为连续光谱，如白炽灯、卤素灯光谱；图 d 为复合光谱，它由连续光谱与线状、带状光谱组合而成，

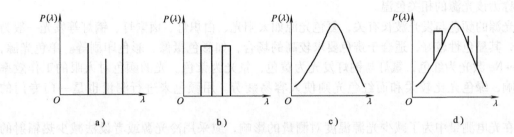

图 7-6　典型光源功率谱分布
a）线状光谱　b）带状光谱　c）连续光谱　d）复合光谱

如荧光灯光谱。

在选择光源的时候，为了最大限度地利用光能，应选择光谱功率分布的峰值波长与光电器件的灵敏波长相一致；对于目视测量，一般可以选用可见光谱辐射比较丰富的光源；对于目视瞄准，为了减轻人眼的疲劳，宜选用绿光光源；对于彩色摄像则应该采用白炽灯、卤素灯作光源。同样对于紫外和红外测量，也宜选用相应的紫外灯（氙灯、紫外汞灯）和红外灯。

3. 空间光强分布特征

由于光源发光的各向异性，许多光源的发光强度在各个方向是不同的。若在光源辐射光的空间某一截面上，将发光强度相同的点连线，就得到该光源在该截面的发光强度曲线，称为配光曲线，如图 7-7 所示为 HG500 型发光二极管的配光曲线。为提高光的利用率，一般选择发光强度高的方向作为照明方向。为了充分利用其他方向的光，可以用反光罩，反光罩的焦点应位于光源的发光中心。

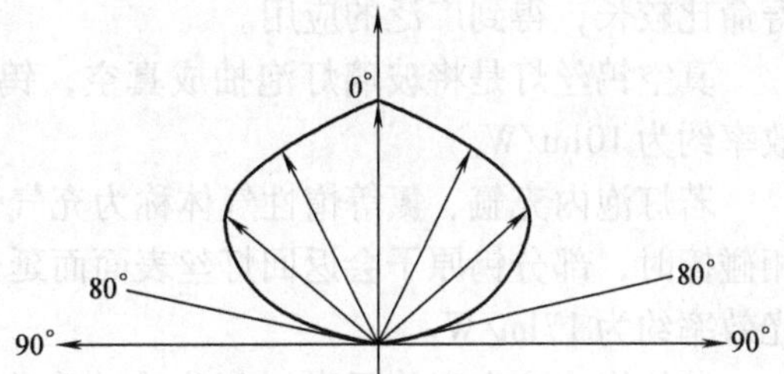

4. 光源的温度和颜色

任何物体，只要其温度在绝对零度以上，就向外界发出辐射，称为温度辐射。黑体是一种完全的温度辐射体，其辐射本领 $M_{\lambda b}'(\lambda, T)$ 表示为

图 7-7　HG500 型发光二极管的配光曲线

$$M_{\lambda b}'(\lambda, T) = \frac{M_{\lambda}'(\lambda, T)}{\alpha(\lambda, T)}$$

式中，$M_{\lambda}'(\lambda, T)$ 代表辐射本领，$M_{\lambda}'(\lambda, T) = \dfrac{\mathrm{d}\Phi_e}{\mathrm{d}\lambda \mathrm{d}A}$，它是辐射体表面在单位面积（$A$）表面单位波长间隔内所辐射的通量；$\alpha(\lambda, T)$ 为吸收率，是在波长 λ 到 $\lambda + \mathrm{d}\lambda$ 间隔内被物体吸收的通量 $\mathrm{d}\Phi_e'(\lambda)$ 与入射通量 $\mathrm{d}\Phi_e(\lambda)$ 之比，即 $\alpha(\lambda, T) = \dfrac{\mathrm{d}\Phi_e'(\lambda)}{\mathrm{d}\Phi_e(\lambda)}$，当 $\alpha(\lambda, T) = 1$ 时的物体称为绝对黑体。

黑体的温度决定了它的光辐射特性。对于一般的光源，它的某些特征常用黑体辐射特征近似地表示，其温度常用色温或相关色温表示。色温是辐射源发射光的颜色与黑体在某一温度下辐射光的颜色相同，则黑体的这一温度称为该辐射源的色温。由于一种颜色可以由多种光谱分布产生，所以色温相同的光源，它们的相对光谱功率分布不一定相同。

相关色温是指光源的色坐标点与某一温度下的黑体辐射的色坐标点最接近，则该黑体的温度称为该光源的相关色温。

光源的颜色与发光波长有关，复色光源如太阳光、白炽灯、卤素灯、镝灯等发光一般为白色，其显色性较好，适合于辨色要求较高的场合，如彩色摄像、彩色印刷等。单色光源，如 He-Ne 激光为红色，氖灯与钠灯发光为黄色，氘光为紫色。光的颜色对人眼的工作效率有影响，绿色光比较柔和而红色光则使人容易疲劳。用颜色来进行测量也是一门专门的技术。

在光电测量中为了减少光源温度对测量的影响，应采用冷光源或者设法减少热辐射的影响。

二、光电测量中的常用光源

物体温度大于绝对零度时就会向外辐射能量，辐射以光子形式进行，我们就会看到光。

1. 太阳光

太阳向地球辐射热我们称之为阳光。阳光是复色光，太阳光源是很好的平行光源。太阳光的照度值在不同光谱区所占百分比是不同的，紫外区约占 6.46%；可见光区占 46.25%；红外光区占 47.29%。

2. 白炽灯

白炽灯靠灯泡中的钨丝被加热而发光，它发出连续光谱。发光特性稳定、简单、可靠、寿命比较长，得到广泛的应用。

真空钨丝灯是将玻璃灯泡抽成真空，钨丝被加热到 2300～2800K 时发出复色光，发光效率约为 10lm/W。

若灯泡内充氩、氮等惰性气体称为充气灯泡，当灯丝蒸发出来的钨原子与惰性气体原子相碰撞时，部分钨原子会返回灯丝表面而延长灯的寿命，工作温度提高到 2700～3000K，发光效率约为 17lm/W。

若灯泡内充有卤族元素（氯化碘、溴化硼等）时，称为卤素灯。钨丝被加热后，蒸发出来的钨原子在玻璃壳附近与卤素化合成卤钨化合物，如 WI_2，WBr 等，然后卤钨化合物又扩散到温度较高的灯丝周围且又被分解成卤素和钨，而钨原子又沉积到灯丝上，弥补钨原子的蒸发，以此循环而延长灯的寿命，卤钨灯的工作温度达 3000～3200K，发光效率约为30lm/W。

白炽灯的灯压决定了灯丝的长度，供电电流决定了灯丝的直径，100W 的钨灯发出的光通量大约 200lm。

白炽灯的供电电压对灯的参数（电流、功率、寿命和光通量）有很大的影响，其关系如下所示：

$$\frac{U_0}{U} = \frac{I_0}{I} = \left(\frac{\eta_{U_0}}{\eta_U}\right)^{0.5} = \left(\frac{\Phi_{U_0}}{\Phi_U}\right)^{0.278} = \left(\frac{\tau}{\tau_0}\right)^n \tag{7-9}$$

式中，U_0、I_0、η_{U_0}、Φ_{U_0}、τ_0 分别为灯泡额定电压、电流、发光效率、光通量和寿命；U、I、η_U、Φ_U、τ 分别为使用值。

对于充气灯泡 $n=0.0714$，对于真空灯泡 $n=0.0769$。如额定电压为 220V 的灯泡降压到 180V 使用，其发光的光通量降低到 62%，但其寿命延长 13.6 倍。降压使用对光电测量用的白炽灯光源十分重要，因为灯泡寿命的延长将使系统的调整次数大为减少，也提高了系统的可靠性。如光栅莫尔条纹法测量，常用 6V、5W 的白炽灯照明，若降压至 4.5V 使用，灯的寿命延长 20 倍左右。

白炽灯泡的灯丝形状对发光强度的方向性有影响，普通照明常用 W 形灯丝，使 360°发光；而光栅的莫尔条纹测量则用直丝形状仪器灯泡，且灯丝长度方向应与光栅刻线方向一致。

3. 气体放电光源

利用气体放电原理来发光的光源称为气体放电光源，如将氢、氦、氙、氩或者金属蒸气（汞、钠、硫等）充入灯中，在电场作用下激励出电子和离子。当电子向阳极，离子向阴极运动时，由于其已经从电场中获得能量，当它们再与气体原子或分子碰撞时激励出新的原子和离子，如此碰撞不断进行；使一些原子跃迁到高能级，由于能级的不稳定性，处于高能级的原子就会发出可见辐射（发光）而回到低能级，如此不断地进行，就实现了气体持续放电、发光。

气体放电电源的特点是：

1）发光效率高，比白炽灯高 2 ~ 10 倍，可节省能源。

2）结构紧凑，耐振、耐冲击。

3）寿命长，大约是白炽灯的 2 ~ 10 倍，可节省能源。

4）光色范围大，如普通高压汞灯发光波长大约为 400 ~ 500nm，低压汞灯则为紫外灯，钠灯呈黄色（589nm），氙灯近日光色，而水银荧光灯为复色。由于以上特点气体放电光源经常被用于工程照明和光电测量之中。

4. 半导体发光器件 LED

在电场的作用下使半导体的电子与空穴复合而发光的器件称为半导体发光器件，又称为注入式场致发光光源，通常称为 LED。

图 7-8a 是半导体发光二极管原理图，图 b 是其外观图，图 c 则是其器件符号。

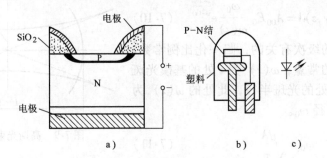

图 7-8　半导体发光二极管

a）原理图　b）外观图　c）器件符号

常用发光二极管材料及性能见表 7-1。

表 7-1　发光二极管材料及性能

材料	光色	峰值波长/nm	光谱光视效能/$(lm \cdot W^{-1})$
$GaAs_{0.6}P_{0.4}$	红	650	70
$GaAs_{0.15}P_{0.85}$	黄	589	450
$GaP:N$	绿	565	610
$GaAs$	红外	910	
$GaAs:Si$	红外	940	

半导体发光二极管既是半导体器件也是发光器件，因此其工作参数有电学参数和光学参数，如正向电流、正向电压、功耗、响应时间、反向电压、反向电流等电学参数；辐射波

长、光谱特性、发光亮度、光强分布等光学参数。这些参数可从光电器件手册中查到。

发光二极管的寿命很长，在电流密度 J 为 $1A/cm^2$ 情况下，可以达到 $10^5 h$ 以上。电流密度大时，发光亮度高，但寿命很快缩短。在正常情况下，LED 的寿命大约是白炽灯的 30 倍，间歇使用的 LED 寿命可达 30 年。发光二极管动态响应较好，可工作于 $10 \sim 100MHz$ 动态场合。

LED 在光电测量中除了做光源外，还可用作指示灯、电平指示、安全闪光、交替闪光、电源极性指示、数码显示等。高亮度的 LED 广泛地使用，如将它用于汽车仪表显示灯、汽车尾灯、交通信号灯等，将大量节约能源。作为照明用的 LED 已逐渐取代了白炽灯。

5. 激光光源

激光又称为受激发射光，它的单色性好，相干能力强，方向性好、亮度高在光电测量中常用作相干光源。能激发出激光并能实现激光的持续发射的器件称为激光器。

激光器要实现光的受激发射，必须具有激光工作物质、激励能源和光学谐振腔三大要素。根据工作物质的不同，激光器分为固体激光器（工作物质为固体，如红宝石、钇铝石榴石、钛宝石等）、气体激光器（工作物质为 $He-Ne$、CO_2、Ar^+ 等）和半导体激光器（工作物质为 GaAs、GaSe、CaS、PbS 等）等。激励系统有光激励、电激励、核激励和化学反应激励等。光学谐振腔用以提供光的正反馈，以实现光的自激振荡，对弱光进行放大，并对振荡光束方向和频率进行限制，实现选频，保证光的单色性和方向性。

在光电测量中应用最多的是 $He-Ne$ 气体激光器，因为 $He-Ne$ 激光器发出的激光单色性和方向性好。

$He-Ne$ 激光器的光振幅分布如图 7-9 所示的高斯分布，其表达式为

$$|E_{00}(x,y,z)| = A_{00}E_0 \frac{\omega_0}{\omega(z)} e^{\frac{x^2+y^2}{\omega^2(z)}} \quad (7\text{-}10)$$

式中，A_{00} 为与模的级次有关的，归一化比例常数；E_0 为与坐标无关的常量；$\omega(z)$ 为 z 处的基模光斑半径；ω_0 为 $z=0$ 处的光斑半径，此处的 $\omega(z)$ 为最小，称为束腰半径 ω_0。

$$\omega_0 = \sqrt{\frac{f\lambda}{\pi}} \quad (7\text{-}11)$$

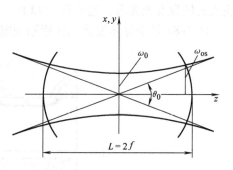

图 7-9　高斯光束及束腰半径

式中，f 为球面镜焦距，对于共焦腔 $f = L/2$；L 为谐振腔腔长；λ 为激光波长。

在球面镜表面上，即 $z = L/2$ 处的光斑半径 ω_{OS} 为

$$\omega_{OS} = \sqrt{L\lambda/\pi} = \sqrt{2}\,\omega_0$$

激光束的发散角

$$\theta_0 = 2\sqrt{\lambda/(f\pi)} \quad (7\text{-}12)$$

在各种激光器中发射激光方向性最好的是 $He-Ne$ 激光，它的发散角可达到 $3 \times 10^{-4}rad$，接近衍射极限（$2 \times 10^{-4}rad$）。

利用 $He-Ne$ 激光方向性好的特点可用于准直测量，而且测量距离也远。

由于激光束方向性很好，在空间传播是一个立体角很小的圆锥光束，所以亮度很高。

光源的高亮度使光电测量的测量距离更远，信噪比更高，尤适合于遥测和遥控。

$He-Ne$ 激光的单色性很好，所以它的相干性也非常好，它是目前发现的各种光源中相干性最好的光源，$He-Ne$ 激光的时间相干长度达到几百公里。由于激光的单色性和方向性

好，使之空间相干性也非常好，因而它也是散斑测量和全息测量的理想光源，但是在用激光干涉法测量长度和表面形貌时，也会由于激光相干性太好，而使干涉场内的干涉图出现散斑使干涉场散乱，给图像处理带来困难。

在选择和使用 He - Ne 激光器时应注意以下几点：

（1）激光的模态　在用 He - Ne 激光器作光电测量的光源时，一般都选用单模激光。激光的模态记作 TEM$_{mnq}$，其中 q 为纵模序数，m、n 为横模序数。对于单模激光，其模态为 TEM$_{00}$。

激光的纵模是指在谐振腔内沿光轴方向形成谐振的振荡模式，这种振荡模式是由激光工作物质的光谱特性和谐振腔的频率特性共同决定的。谐振腔频率表达式为

$$\nu = \frac{c}{2nl}q \tag{7-13}$$

式中，c 为光速；n 为激光工作物质折射率；l 为谐振腔长；q 为正整数。

式（7-13）表明，只有谐振腔的光学长度等于半波长整数倍的那些光波才能形成稳定的振荡，因此激光器输出激光的频率有多个，即多个纵横。为了获得单一的纵模输出，可通过选择谐振腔的腔长和在反射镜上镀选频膜的方法来达到，单一纵模的激光工作稳定性较好。

观察激光输出的光斑形状发现，光斑形状较为复杂，如图 7-10 所示。图 a 为一均匀的圆形光斑，图 b 表示在 X 方向有一个极小值记作 TEM$_{10}$，图 c 表示在 X 方向有一个极小值而在 Y 方向有 3 个极小值记作 TEM$_{13}$。图 d 表示在 X 方向和 Y 方向各有一个极小值，记作 TEM$_{11}$。在光电测量中选用的激光光斑形状应为均匀的圆形光斑，即选 TEM$_{00}$ 横模。

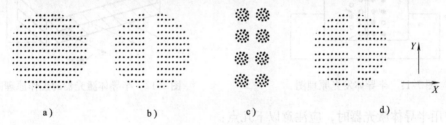

图 7-10　激光的横模

a）TEM$_{00}$模　b）TEM$_{10}$模　c）TEM$_{13}$模　d）TEM$_{11}$模

（2）功率　光电测量中所用的 He - Ne 激光器光源功率一般在 0.3 毫瓦至十几毫瓦之间。如果测量系统需要多次分光，为保证干涉场具有足够的照度和信噪比，可用功率略大些的激光器。

（3）稳功率和稳频　He - Ne 激光器输出的功率变化较大，当它用作非相干探测的光源时，由于光电器件直接检测入射于其光敏面上的平均光功率，这时光源的功率波动对测量影响很大。如果 He - Ne 激光器用作相干检测的光源时，光源的功率波动将直接影响干涉条纹的幅值检测。因此在精度较高的光电测量中，应对 He - Ne 激光器稳功率。此外，在相干测量中光的波长是测量基准，因此要求波长很稳定，而波长 λ 与光频率 ν 的关系为

$$\lambda = \frac{c}{\nu} \tag{7-14}$$

因而有 $\Delta\lambda = -\dfrac{c}{\nu^2}\Delta\nu = -\lambda\dfrac{\Delta\nu}{\nu}$，此式可写成

$$\frac{\Delta\lambda}{\lambda} = -\frac{\Delta\nu}{\nu} \qquad\qquad (7\text{-}15)$$

因此，稳波长实质就是稳光频，即要采用稳频技术。在购置和采用具有稳频功能的激光器时，应注意其稳频精度。还要说明的是，稳频对稳功率也有作用。

（4）激光束的漂移　虽然 He‐Ne 激光具有很好的方向性和单色性，但它也是有漂移的，当作用精密尺寸测量和准直测量时尤应注意。由于激光器的光学谐振腔受温度和振动的影响，会使谐振腔长变化或使反射镜有倾角变化，从而造成输出激光束产生漂移，一般其角漂移达到 1′左右，而光束平行漂移大约十多微米。当这种漂移对精密测量有较大影响时，应设法补偿或减小漂移。

半导体激光器简称 LD，它是用半导体材料（GaAs、GaSe、CaS、PbS 等）制成的面结型的二极管。半导体材料是 LD 的激活物质，在半导体的两个端面精细加工磨成解理面而构成谐振腔。给半导体施以正向外加电场，而产生电激励。在外部电场作用下，使半导体中的高能电子与空穴相遇产生复合，同时将多余的能量以光的形式放出来，由于解理面谐振腔的共振放大作用实现受激反馈，实现定向发射而输出激光。如图 7-11、图 7-12 所示，半导体激光器输出功率约几毫瓦到数百毫瓦，在脉冲输出时可达数瓦。由于结构和温度场的影响，它的单色性比 He‐Ne 激光差，大约大 10^4 倍左右，但比 LED 小 10^4 倍左右。输出的波长范围与工作物质材料有关，从紫外到红外均可发光。

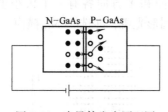

图 7-11　半导体发光原理图

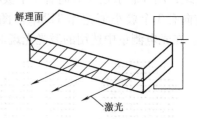

图 7-12　半导体激光器的工作原理图

在使用半导体激光器时，应注意以下几点：

1）LD 发出的光束不是高斯光束，光束截面近似矩形，发散角又较大，因此用 LD 作为平行光照明时应该用柱面镜将光束整形，再用准直镜准直。

2）频率稳定性。前面已经提到 LD 光的单色性远逊于 He‐Ne 激光，因而其相干性也较差，因此用 LD 作相干光源且测量距离又较大时，必须对 LD 稳频。

LD 的稳频法主要有吸收法和电控法。吸收法稳频精度较高可达 $10^{-10} \sim 10^{-8}$，但复现性差，方法复杂，不宜常规使用。电控稳频法应用普遍，电流控制法的频率稳定度可达 $10^{-8} \sim 10^{-7}$。

3）调频。改变 LD 的注入电流 Δi 会使 LD 的输出频率产生 $\Delta\nu$ 的变化。如果注入电流是按某一频率变化规律来变化，那么输出的激光将被调频。这种调频是在 LD 内部实现的，故称为内调制。由此原理制成的半导体激光器可用于外差测量。应注意的是，以上调频的同时伴随着 LD 输出功率的改变，因此应注意功率变化对测量的影响。

三、照明系统

照明对光学系统的成像质量起着非常重要的作用，照明的种类繁多，用途也非常广泛。本节只介绍光电系统中常用的照明方式。

（一）照明系统的设计原则

照明系统的设计应满足下列要求：

1）保证足够的光能。

2）有足够的照明范围，照明均匀。

3）照明光束应充满物镜的入瞳。

4）应尽量减少杂光进入物镜，以保证像面的对比度。

5）合理安排布局，避免光源高温的有害影响。

根据这些要求，照明系统设计应满足两个原则：

1）光孔转接原则。即照明系统的出瞳应该与物镜的入瞳重合，否则照明光束不能充分利用。如图7-13所示，由于光瞳不重合，成像光束仅为照明光束的一部分，光束的阴影部分被物镜的入瞳遮挡，不能参与成像。

2）照明系统的拉赫不变量应大于或等于物镜的拉赫不变量。

拉赫不变量是表征光学系统性能的一个重要参数。如图7-14所示，拉赫不变量的定义为

$$J = nyu = n'y'u' \tag{7-16}$$

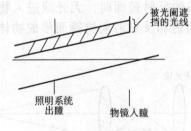

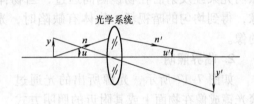

图7-13 光孔转接示意图　　　　　　　图7-14 拉赫不变量示意图

拉赫不变量表示光学系统在近轴区成像时，在物像共轭面上，物体的大小 y、成像光束的孔径角 u、物空间介质的折射率 n 的乘积为一常数。

在显微光学系统的照明系统设计中，按照要求2），可得 $n_0 y_0 u_0 \geq nyu = n'y'u'$，如图7-15所示。

由于显微镜的放大倍率很高，成像光束的像方孔径很小，并且被观察的物体通常是不发光的，为了获得清晰的图像，必须保证充足的照明。

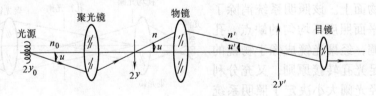

图7-15 显微光学系统拉赫不变量示意图

（二）照明的种类

1. 直接照明

直接照明按照明方法分为透射光亮视场照明、反射光亮视场照明、透射光暗视场照明、反射光暗视场照明，如图7-16所示。图中阴影部分为照明光场。按光源类型分为白炽灯照明、光纤照明等。

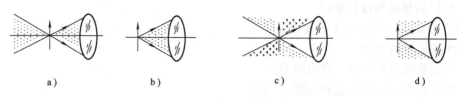

图7-16 直接照明4种类型

a）透射光亮视场照明 b）反射光亮视场照明 c）透射光暗视场照明 d）反射光暗视场照明

（1）透射光亮视场照明 照明光源和物镜在物的两侧，物平面上各部分的透射率不同而调制照明光。当物体为无缺陷的玻璃板时，得到均匀的亮场。

（2）反射光亮视场照明 照明光源和物镜在物的同侧，物平面上各部分的反射率不同而调制照明光。当物体为无缺陷的漫反射表面时，得到均匀的亮视场。

（3）透射光暗视场照明 照明光源和物镜在物的两侧，倾斜入射的照明光束在物镜侧向通过，当物体为无缺陷的玻璃板时，无光线进入物镜成像，因此得到均匀的暗视场。物体有缺陷时，光束通过物体内部结构的衍射、折射和反射射向物镜而形成物体缺陷的像。

（4）反射光暗视场照明 照明光源和物镜在物体的同侧，从物镜旁侧入射到物体的照明光束经反射后在物镜侧向通过，当物体为无缺陷的反射镜面时，无光线进入物镜成像，得到均匀的暗视场。物体有缺陷时，光束通过衍射和反射射向物镜而形成物体缺陷的像。

2. 临界照明

如图7-17所示，光源所出的光通过聚光镜成像在物面上或其附近的照明方式称为临界照明。在图7-17中，照明光源灯丝成像到物平面上，这种照明在视场范围内有最大的亮度，而且没有杂光。缺点是光源亮度的不均匀性将直接反映在物面上，并且不满足光孔转接原则。

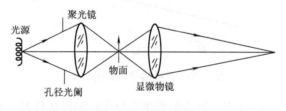

图7-17 临界照明

3. 远心柯勒照明

如图7-18所示，集光镜将光源成像到聚光镜的前焦面上，孔径光阑位于聚光镜的物方焦面上，组成像方远心光路，视场光阑被聚光镜成像到物面上。该照明系统消除了临界照明中物平面照度不均匀的缺点，孔径光阑大小可调，经聚光镜成像于物镜的入瞳位置，满足光孔转接原则，又充分利用了光能。孔径光阑大小决定了照明系统的孔径角，也决定了分辨力和对比度，视场光阑控制照明视场的大小，避免杂光进入物镜。

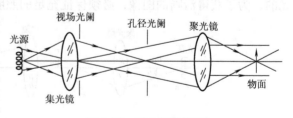

图7-18 远心柯勒照明

4. 光纤照明

光纤照明因照明均匀、亮度高、光源热影响小而得到广泛应用。根据照明光线端部排列形式和光束出射方向，分为环形光纤照明和同轴光纤照明等。图7-19所示是一环形光纤照明光源，光源发出的光经过聚光镜耦合进入光纤束，光纤束在另一端分束，形成一环形光纤排。光纤照明光能集中，能获得较均匀的高亮度照明区域，并且照明部分远离光源，解决了光源散热对被测物体的影响。

5. 同轴反射照明

如图 7-20 所示，光源发出的光经过物镜 7 投射到物面 8 上，物镜本身兼做聚光镜。物镜将物面成像到 CCD 器件 9 的光敏面上。这种照明系统可以检测反射镜面上的缺陷。如果被测表面是镜面，则镜面的反射光线全部进入物镜成像，因此整个图像都是白色。当镜面上有腐蚀斑点或者污渍时，所产生的漫反射光线进入物镜的甚少，因此图像上将产生黑色的斑点。

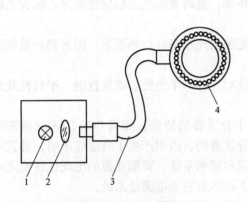 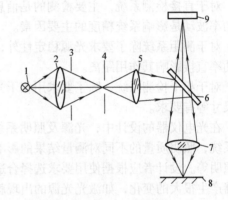

图 7-19　光纤照明
1—光源　2—聚光镜
3—光纤束　4—环形光纤排

图 7-20　同轴照明
1—光源　2—集光镜　3—孔径光栏　4—视场光栏
5—聚光镜　6—分光镜　7—物镜　8—物面　9—CCD 器件

四、光源及照明系统的选择

正确地选用光源是充分而又有效地满足仪器使用要求的必要条件。在选择光源时，一般应考虑以下几方面的问题。

1. 光源的光谱能量分布特性

光源的光谱能量分布首先应满足仪器使用上的要求。如在干涉仪中，光源的波长是仪器的标准器，因此其单色性应满足测量精度及测量范围的要求。在非相干照明中，光源的光谱分布应与接收器的光谱响应相匹配，这不仅是节省能量问题，还是提高检测信号的信噪比的重要措施。因信号加载于光源的峰值波长上，故若接收器的峰值灵敏波长与光源匹配得很好，则在其他波长上出现"噪声"后引起的响应是较小的。在目视仪器中，视场的背景最好是适宜人眼的黄绿色，而将有害的红外辐射（它可能引起仪器的热变形）用滤色片滤去。若仪器中有几个不同的接收器共用一个光源，则光源的光谱分布要能兼顾各接收器的响应。

2. 光度特性

在精密测量中，被测对象一般都不是发光体，所以必须进行人工照明，使被测物体达到一定的照度。在以光电元件为接收器的仪器中，被测物体光照度应有利于提高信噪比及后继电路的处理；而在目视仪器中，视场应有足够的照度，这在大屏幕投影测量系统中问题较为突出。如按规定投影屏上的照度应达到 10~30lx，为此要采用高亮度的光源。当投影屏很大时，甚至要采用 1000W 的灯泡。此时光源光强的极坐标分布也是一个重要的参数，它决定了灯丝使用的方向及聚光系统的孔径角。总之，应根据使用要求及接收器的性能来考虑对光源的光强要求。

3. 发光面的形状、尺寸及光源的结构

在临界照明系统中是将灯丝（发光体）成像在被测物面上，因此灯丝发光面的形状与被测物相似才能获得均匀而又有效的照明。在柯勒照明中，灯丝的像成在系统的入瞳上，若使灯丝（发光面）的形状与入瞳相似，就能充分利用入瞳的孔径而传递更多的光能。因此设计时应根据被测物面的形状和入瞳形状来选择光源的发光面形状。至于发光面的尺寸及光源的结构尺寸，还与仪器的结构尺寸有关，应按仪器总体要求的尺寸来选用合适的光源结构尺寸。若现有的品种不能满足要求，可按设计的要求直接向生产厂订货。

4. 满足光电系统的功能要求

对于直接检测系统，主要检测的是信息的光功率，这时要求光源稳定性要好，因为光源的功率波动是影响系统精度的主要因素。

对于测距系统除了要求光源稳定性外，还对光源的光功率有严格要求，因为测距系统的光功率直接影响其作用距离。

对于相干检测系统，除了要求用相干光源外还对光源的单色性、稳频性能、平行性及光源尺寸等有要求。

在光电仪器的设计中，光源及照明系统有着十分重要的地位，如用 CCD 的视觉精密测量系统，照明质量的不同对测量结果的影响是十分显著的，因而产生了自适应照明，脉宽可控照明等。设计者应根据使用要求选择合适的光源和照明系统。新型光源的出现往往使光电仪器产生很大的变化，如激光光源的出现就产生了许多新的光电测量系统。

在选用光源时还应考虑光源的供电系统复杂与否、是否需要人工冷却、使用寿命、更换方便程度以及价格等因素。

设计时可采取一定措施来改变光源的某些性能，如对普通的钨丝灯，改变灯丝电压后，电流、温度、光通量、发光效率以及寿命等均随之变化。

第五节　直接检测系统的设计

在本章第一节中已经为直接检测系统进行了定义，该系统的特点是直接检测光功率（光能量）。直接检测系统的组成框图可用图 7-21 表示。

直接检测系统的光源一般要根据被测对象的特点、光学变换的方法来确定。

直接检测光学变换的目的在于将被测信息载荷到光载波上以形成光信息，或者改善系统的时间或空间分辨力和动态品质以提高

图 7-21　直接检测系统的组成框图

传输效率、检测精度和改善系统的检测信噪比。常用的直接检测光学变换方法有几何光学和光电子学方法，见表 7-2。

表 7-2　直接检测光学变换方法

变换方法	光学原理	应用
几何光学法	直射、反射、折射、散射、遮光、光学成像等非相干光学现象	光开关、光学编码、光扫描、瞄准定位、光准直、外观质量检测、测长测角、测距等
光电子学法	电光效应、声光效应、磁光效应、空间光调制、光纤传光与传感等	光调制、光偏转、光开关、光通信、光记录、光存储、光显示等

其中几何光学变换法是利用几何光学意义上的光传播的直线性，光的反射与折射，光的透射与遮光来改变光的传播方向和光通量，从而把被测量载荷到光通量之中；利用光的成像和成像光学系统，如显微镜光学系统、投影光学系统、望远光学系统、摄影光学系统等对被测物进行放大、缩小、转像等进行几何量与光学量变换；利用狭缝、光楔、刀口相对光轴和物像的关系进行几何量与光通量的变换进行几何定位等。也可利用光传播的距离与光速及传播时间之间关系进行测距等。

利用光电子学的方法，即用电光效应的电光调制，利用声光效应的声光调制和利用磁光效应的磁光调制来实现光偏转、光隔离和将被测信息载荷到光通量、光振幅、光频率之中而实现光学变换。

在直接检测系统中光电变换大多用光功率检测器件，如光电倍增管、光敏电阻、光电池、光电二极管、光电晶体管、PIN 管等来检测光通量的变化。有时也用光电位置器件 PSD 和光电摄像器件 CCD 来检测不同位置的光通量以实现位置检测。

直接检测光电系统应用十分广泛，如用检测光透射率的方法可以测物质的透明度、液体的纯度、反射率、大气质量监测、光的偏振状态等；检测调制光的频率和波数变化可以测速、测角和测距；利用光学成像和像分析器可以定位、尺寸检测、位置检测；利用多光谱的光谱分析可以测温等。

一、直接检测光电系统的工作原理

直接检测系统简单、实用，在许多领域都得到广泛应用。

直接检测是将待测的光信号直接入射到光电器件的光敏面上，光电器件的输出电流或电压与入射光强有关。

若入射信号光波为 $U_s(t) = a_s \sin(\omega_s t + \varphi_s)$，$a_s$、$\omega_s$、$\varphi_s$ 分别为信号光波的振幅、角频率和相位，则入射光功率 $P_s(t) = a_s^2 \left[\sin^2(\omega_t t + \varphi_s) \right]_{平均} = \frac{1}{2} a_s^2$，光电检测器件的输出光电流为

$$I_{ds} = SP_s = \frac{1}{2} S a_s^2 \tag{7-17}$$

式中，S 为光电灵敏度，$S = \eta q / (h\nu)$，其中 ηq 为产生的电荷，$h\nu$ 为入射光子的能量。

若光电器件的负载电阻为 R_L，则它的输出功率为

$$P_L = I_{ds}^2 R_L = \left(\frac{\eta q}{h\nu} \right)^2 P_s^2 R_L \tag{7-18}$$

式（7-18）表明光电检测器件输出的功率正比于入射功率的平方。若入射光信号为强度调制光，调制信号为 $d(t)$，则直接检测系统光电检测器件输出的光电流为

$$I_{ds} = SP_s[1 + d(t)] \tag{7-19}$$

式中，第一项为直流电平；第二项为有用信号，即光载波的包络线。

直流电平是无用的背景信号，可用差动相减或高通滤波等方法把它去掉。第二项中的有用信号可用检波或相敏检波等方法提取。

由式（7-18）可以看出，直接检测的光电系统是直接检测入射光功率 P_s，而被测信息载荷于光功率之中。系统的光电灵敏度 S 应该具有线性特性和好的稳定性。

二、光功率直接检测光电系统的设计

为了说明直接检测光电系统设计的关键技术，首先来分析一下光通量直接测量的光电系

统。图 7-22 是样品透射率测试的原理及框图。

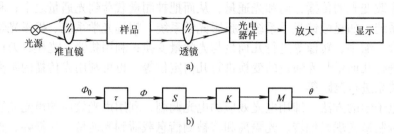

图 7-22 样品透射率测试的原理及框图

a) 样品透射率测试原理   b) 透射率测试的框图

由光源发出的光（光通量为 Φ_0）经准直镜以平行光照射被测样件，如纯净水等。由于被测样件纯度不好或者浓度不同而产生光的吸收、散射等使光的透射率不同，若透射率为 τ，则通过样品后的光通量变为 $\Phi = \Phi_0\tau$。这样，通过光的透射实现了光学变换。光通量 Φ 经透镜汇聚而被光电器件接收并转换为电信号，再经放大器放大由指示表显示测量结果。图 7-22b 是其原理框图。

若光电检测灵敏度为 S，放大增益为 K，读数装置传递系数为 M，则指示表的输出 θ 可写为

$$\theta = \Phi_0\tau SKM = K_0\tau \tag{7-20}$$

式中，系数 $K_0 = \Phi_0 SKM$。

在测量过程中应保持 K_0 不变，使 θ 与 τ 有确定的对应关系，根据 θ 便可确定被测样品的透射率 τ。

可以看出光通量的直接测量就是利用光学变换的方法，光的透射、反射、折射、遮光或者成像的方法将被测信号直接加载到光通量的变化之中，再用光电器件检测光通量的幅值变化。它广泛用于光开关、辐射测温、测表面粗糙度、测气体或液体浓度、测透射率、反射率等。

影响光功率直接检测光电系统精度的主要误差因素是照明光源发光强度的不稳定和噪声影响，下面对这两个问题加以分析。

（一）光功率直接检测光电系统的稳定性设计

从式（7-20）可以看出，影响 K_0 的因素有 Φ_0、S、K、M，而 Φ_0 的不稳定影响是最大的。因而对于光通量直接测量来说，稳定的光照是极为重要的。通常可采用如下方法稳定光源：①用稳定的直流电压给灯丝供电。由于灯丝有热惯性，用交流供电时会产生频闪现象，用光电器件接收频闪的光照时就会产生交变的背景噪声；②将电源的引线焊在灯头上。由于仪器中采用的大都是低压灯泡，其灯丝电阻较低，若灯头与灯座接触不良，外界的轻微振动就会改变接触电阻值而使输出不稳定；③采用光电反馈的方法来稳定光源；④用差动测量系统来减少光源的影响；⑤光源调制法。

图 7-23 是用反馈的方法稳光源的原理图。光源发出的光经分光镜获取部分光被光电器件接收，通过监控电路来控制光源的驱动电路以保证光源恒流或者恒压供电。

图 7-24 是采用差动测量法（双通道法）减少光源光通量波动对测量影响的原理图。为了与单通道光电测量系统相比较，这里仍以透射率测量为例。设标准物质透射率为 τ_0，被测物质透射率为 τ_s，入射光通量为 Φ_0，它被分为两路，一路经标准物质透过后由灵敏度为 S_1 的光电器件接收，另一路透过被测物质，由灵敏度为 S_2 的光电器件接收。两路信号经差

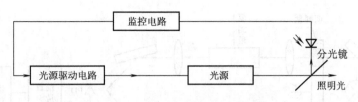

图 7-23 用反馈的方法稳光源的原理图

分放大后，由指示表指示结果。这样指示的转角 θ 为

$$\theta = KM\Phi_0(S_1\tau_0 - S_2\tau_s) \quad (7\text{-}21)$$

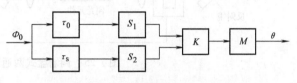

图 7-24 差动测量法原理图

若两路光电器件的性能完全一致，则两个光电器件所产生的暗电流可以在差动中消除，若两个光电器件的位置接近，则背景光对它们产生的影响相近，而输出之差即可基本消除背景光的影响。设两个光电器件的灵敏度完全相同，即 $S_1 = S_2 = S$，则有

$$\theta = KM(\tau_0\Phi_0 - \tau_s\Phi_0)S \quad (7\text{-}22)$$

现设参考通道的光通量输出为 $\Phi_1 = \tau_0\Phi_0$，测量通道的光通量输出为 $\Phi_2 = \tau_s\Phi_0$，$\Phi_1/\Phi_2 = \tau_0/\tau_s = n$，若光源光通量发生变化，则测量通道与参考通道光通量同时发生变化，它们的变化量分别为 $\Delta\Phi_2$ 和 $\Delta\Phi_1$，则 $\Delta\Phi_1/\Delta\Phi_2 = n$。设光源光通量变化后两通道的光通量分别为 Φ'_2 和 Φ'_1，则它们的差为

$$\begin{aligned}\Phi'_2 - \Phi'_1 &= (\Phi_2 + \Delta\Phi_2) - (\Phi_1 + \Delta\Phi_1) = (\Phi_2 - \Phi_1) + (\Delta\Phi_2 - \Delta\Phi_1)\\ &= (\Phi_2 - \Phi_1) + \Delta\Phi_2(1 - n)\end{aligned} \quad (7\text{-}23)$$

式中，$(\Phi_2 - \Phi_1)$ 为光源光通量未发生变化时的差动输出；$\Delta\Phi_2(1 - n)$ 为光源光通量发生变化时的误差。

当 $n = 1$ 时，可以完全消除光源光通量变化带来的误差。而在整个测量范围内只能部分消除光源光通量变化的影响。

可见差动法对光通量变化有一定抑制作用，同时对杂光及其他共模干扰也有抑制作用。

为了更好地消除光源波动的影响，对图 7-24 可采用除法器，即比值法。

两路通道的比值为

$$\frac{\Phi'_1}{\Phi'_2} = \frac{\Phi_1 + \Delta\Phi_1}{\Phi_2 + \Delta\Phi_2} = \frac{\Phi_1 + \Delta\Phi_1}{\dfrac{\Phi_1}{n} + \dfrac{\Delta\Phi_1}{n}} = n = \frac{\tau_0}{\tau_s} \quad (7\text{-}24)$$

可见，尽管光源的光通量发生了波动，但两通道的光通量比值保持不变。

以上分析是基于两个通道的光电器件性能完全一致的前提下，实际上很难做到。为了解决此问题，可采用两个通道共用一个光电器件的方法，两个通道信号分时采集，再用减法器或除法器来减小或消除光源波动的影响。

图 7-25 是用调制法来减小光源波动影响的实例。

光源发出的光经反射镜和旋转的调制盘分成两束相位差为 π 的脉冲调制光。在无测量信号时可用调光元件，使两路光 $\Phi_1 = \Phi_2$，此时光电器件 PD 的输出为一个恒定的直流量。可用隔直流电容消除消除直流分量。

当测量信号变化时，$\Phi_1 \neq \Phi_2$，PD 的输出为直流分量与交流分量之和。其直流分量被隔直流电容隔离，交流信号通过了隔直流电容，再用交流放大器进行放大，用锁相放大器保证

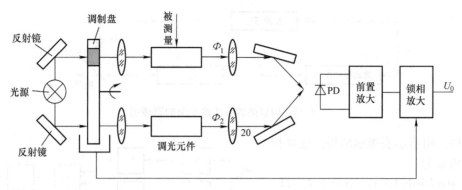

图 7-25　调制盘式两通道测量系统

两路信号相位差恒定以确保后续电路正确处理。

当光源光通量发生变化时，引起 $\Phi \pm \Delta\Phi$ 的变化，由于 $\Delta\Phi$ 也是缓慢的变化信号，用隔直流电容器可将其滤出。

调制的方法有调制盘、旋转光栅、电磁元件、电光调制器、声光调制器、磁光调制器等。

（二）光功率直接检测光电系统的噪声设计（微弱信号的提取）

1. 光电检测系统的噪声

光电检测系统的噪声来自两个方面：系统外部干扰噪声和内部噪声。外部干扰来自市电、无线电台、电火花、脉冲放电、机械振动、雷电、太阳星球的辐射源随机波动、光调制与光传输介质的湍流和背景光起伏、杂光干扰等。对电磁干扰可以采用适当的屏蔽、滤波等方法减少或消除；对光辐射干扰可以采用稳定辐射源、遮蔽杂光、光学滤波、反馈控制、差动抑制以及采用滤光片、偏振片等。系统的内部噪声主要是光电器件的噪声和光电检测电路的噪声。

（1）光电检测器件的噪声　光电器件的噪声是光电检测系统最重要的噪声来源之一，它包括热噪声、散粒噪声、产生-复合噪声和闪变噪声等。

1）热噪声：热噪声是由耗散元件中电荷载流子的无规则热运动引起的，任何有电阻的材料都有热噪声。由于载流子的均方速度与热力学温度成正比，噪声电流随温度增高而增加，因此称为热噪声。

热噪声电流常用均方值表示。在纯电阻情况下

$$I_{nT} = \left(\frac{4kT\Delta f}{R}\right)^{1/2} \tag{7-25}$$

该电阻两端产生的热噪声电压均方值可由下式给出

$$U_{nT} = (4kTR\Delta f)^{1/2} \tag{7-26}$$

式中，R 是所讨论元件的电阻值；k 是玻尔兹曼常数；T 为电阻所处环境的热力学温度；Δf 为所用测量系统的频带宽度。

热噪声功率谱密度平坦，属于白噪声。对于一个 $R = 1k\Omega$ 的电阻，在室温下，$\Delta f = 1Hz$ 的带宽内的均方根热噪声电压约为 4nV。对于工作带宽为 500kHz 的系统，若放大器增益为 10^4 倍，则放大器输出端可有约 28mV 的热噪声均方根电压值。由此可见，检测系统通频带对白噪声输出电压有很强的抑制作用。由式（7-26）可知，减小热噪声应从减小热影响和检测通频带不要过宽两个方面着手。

2) 散粒噪声：光电探测器的散粒噪声是由于载流子的微粒性引起的。这是一种在光电子发射器件和光伏型器件中出现的噪声，如光电倍增管的光阴极和二次电子发射；光伏器件中穿过 P – N 结的载流子涨落等。

散粒噪声的电流均方值为

$$I_{ns} = (2qI_{DC}\Delta f)^{1/2} \tag{7-27}$$

式中，q 为电子电荷；I_{DC} 为光电流的直流分量。

光电探测器的暗电流 I_d 也同样引起散粒噪声，因此无光照时的暗电流噪声为

$$I_{nd} = (2qI_d\Delta f)^{1/2} \tag{7-28}$$

从式（7-28）中可以看出，散粒噪声与温度无关，但与 I_{DC} 和 Δf 有关，应尽量减小它们的影响。

3) 产生 – 复合噪声：光电导探测器因光或热激发产生载流子和载流子复合这两个随机性过程，引起电流随机起伏形成产生 – 复合噪声。这是半导体辐射探测器中的一种主要噪声。该噪声的电流均方值为

$$I_{ng} = \left(\frac{4qI(\tau/\tau_e)\Delta f}{1 + 4\pi^2 f^2 \tau^2} \right) \tag{7-29}$$

式中，I 是流过光电导器件的平均电流；τ 是载流子的平均寿命；τ_e 是载流子在光电导器件两电极间的平均漂移时间；f 是调制频率；Δf 是测量系统的带宽。

由式（7-29）可以看出，产生 – 复合噪声与频率 f 有关，属于非白噪声。但在相对低频（即 f 较小）的条件下，公式可简化为

$$I_{ng} = [4qI(\tau/\tau_e)\Delta f]^{1/2} \tag{7-30}$$

该式与散粒噪声的表达式相类似，有时把 $\tau/\tau_e = G$ 称为光电导器件的内增益。

4) 1/f 噪声：1/f 噪声，又称为闪烁噪声，通常是由元器件中存在局部缺陷或有微量杂质所引起的。该噪声电流通常表示为

$$I_{nf} = \left(\frac{k_1 I^a \Delta f}{f^\beta} \right)^{1/2} \tag{7-31}$$

式中，k_1 为比例系数，与元器件的制造工艺、电极接触情况、半导体表面状态及器件尺寸有关；a 为与流过元器件电流 I 有关的常数，通常取 $a = 2$；β 为与器件材料性质有关的系数，约在 $0.8 \sim 1.3$ 之间，大多数材料可近似取 $\beta = 1$。

因此式（7-31）可以写成

$$I_{nf} = \left(\frac{k_1 I^2 \Delta f}{f} \right)^{1/2} \tag{7-32}$$

由式（7-32）可见，该噪声的功率与调制频率 f 成反比，因此称为 1/f 噪声。它不是白噪声，主要出现在 1kHz 以下的低频区，因此有时又称为低频噪声。工作频率大于 1kHz 后，与其他噪声相比，这种噪声可以忽略不计。

5) 光电器件噪声功率谱的综合分布：在实际的光电检测器件中，由于光电转换机理的不同，上述各种噪声的作用大小各不相同。综合上述各种噪声源、其功率谱分布可用图 7-26 来表示。可以看出在频率很低时 1/f

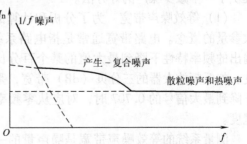

图 7-26 光电器件噪声功率谱综合分布图

噪声起主导作用；当频率达到中频时，产生-复合噪声比较显著；当频率较高时，只有白噪声占主导地位，而其他噪声影响就比较小了。因此，在设计与输入电路连接的前置放大器时，其工作频率应选择在噪声较低的频率区中。同时应注意实际工作频率与光电检测器的频率匹配，采用低噪声运算放大器和负反馈放大器都有利于减小噪声的影响。

由光电器件噪声可以看出，光电器件的噪声都随着测量系统的带宽 Δf 增加而增加，因此在光电检测系统设计时不应该盲目地追求系统带宽，而应该根据调制信号的频率恰当地选取光电检测系统的工作频率。此外散粒噪声、产生－复合噪声和 $1/f$ 噪声都与流过光电器件的电流 $I^{1/2}$ 成比例，因此在满足光电测量所需要的光电流情况下，取其较小值，有利于减小噪声。

（2）光电检测电路的噪声　光电检测系统的内部噪声还与光电检测电路有关，包括光电检测器件的输入电路和前置放大电路，为了方便起见把它们统称为光电检测系统的电路，该电路中每一个元器件都是一个噪声源，把所有的噪声源都折算到输入端，就是一个串联在输入端的噪声电压源 U_n 和一个并联的噪声电流源 I_n，即当成一个内阻为 R_s 的噪声信号源，那么光电检测电路的噪声 U_{ni} 可写成：

$$U_{ni} = \sqrt{U_n^2 + I_n^2 R_s^2 + U_t^2} \tag{7-33}$$

式中，U_t 是源电阻 R_s 上的热噪声。

$$U_t = \sqrt{4kTR_s\Delta f}$$

2. 直接检测光电系统的信噪比

直接检测属于非相干检测，影响较大的噪声有：信号光功率 P_s 引起的噪声 i_{sn}^2，背景光功率 P_b 引起的噪声 i_{bn}^2 以及光电器件的噪声和光电检测电路的噪声。在这 4 种噪声中信号光功率 P_s 和背景光功率 P_b 引起的噪声远比后二者大，这样直接检测系统的信噪比可大致写成：

$$SNR_d = \frac{I_{ds}^2}{i_{sn}^2 + i_{bn}^2} = \frac{S^2 P_s^2}{SP_s 2q\Delta f + SP_b 2q\Delta f} = \frac{P_s^2}{(P_s + P_b) \, 2q\Delta f} = \frac{P_s^2}{P_s + P_b} \frac{\eta}{2hv\Delta f} \tag{7-34}$$

在 $P_s \gg P_b$ 时

$$SNR_d = \frac{\eta}{2hv\Delta f}$$

可检测的最小光功率

$$P_{smin} = \frac{2hv\Delta f}{\eta} \tag{7-35}$$

3. 噪声的等效处理

在做噪声估算和噪声设计时可用噪声等效处理的方法来进行分析，不仅简化了电路，又提供了一个减少噪声的好方法。

（1）等效噪声带宽　为了分析和计算的方便，引入噪声等效参量的概念。电路带宽通常是指电路系统的电压（或电流）输出的频率特性下降到最大值的某个百分比时所对应的频带宽度。如低频放大器的三分贝（dB）带宽，是指电信号频率特性下降到最大信号的 0.707 时，对应从零频率到该频率间的频带宽度。

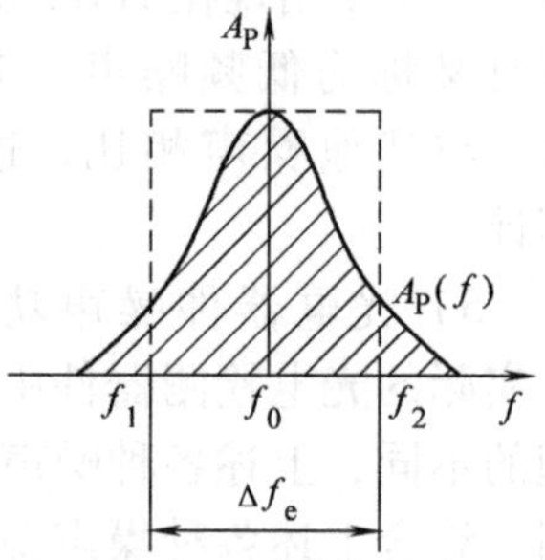

测量系统的等效噪声带宽是噪声量的一种表示形式，定义为最大增益矩形带宽，如图 7-27 所示，可表示为

图 7-27　等效带宽的物理意义

$$\Delta f_e = \frac{1}{A_P} \int_0^\infty A_P(f) D(f) \, df \tag{7-36}$$

式中，Δf_e 是等效噪声带宽；$A_P(f)$ 是放大器或电路的相对功率增益，是频率 f 的函数；$D(f)$ 是等效于电路输入端的归一化噪声功率谱。白噪声情况下，$D(f) = 1$，则有

$$\Delta f_e = \frac{1}{A_P} \int_0^\infty A_P(f) \, df \tag{7-37}$$

当电路的频率响应为带通型时，式（7-37）可以改写为

$$A_P \Delta f_e = \int_0^\infty A_P(f) \, df \tag{7-38}$$

如图 7-27 所示，A_P 为中心频率上所对应的功率增益；当电路频率响应为低频型时，A_P 就是零频上的功率增益。

式（7-38）右边是功率增益函数 $A_P(f)$ 在图中曲线下所包含的面积（阴影部分），而左边 $A_P\Delta f_e$ 是以 A_P 为高、Δf_e 为宽的一块面积，该面积与 $A_P(f)$ 曲线下所含的面积相等，Δf_e 是等效面积的宽度，称为等效噪声带宽，它是网络通过噪声能力的一种量度。

（2）阻容器件的噪声等效处理 简单电阻的噪声等效电路表示在图 7-28 中，它由热噪声电流源 I_{nT} 和电阻并联组成。对于由两个电阻串联或并联组成的合成电路，可以证明，其综合热噪声电流等于合成电阻提供的噪声电流，并表示为

$$I_{nT}^2 = 4kT\Delta f / R_\Sigma \tag{7-39}$$

在电阻和电容 C 并联的情况下，电容 C 的频率特性使合成阻抗随频率的增加而减少，合成电阻可表示为

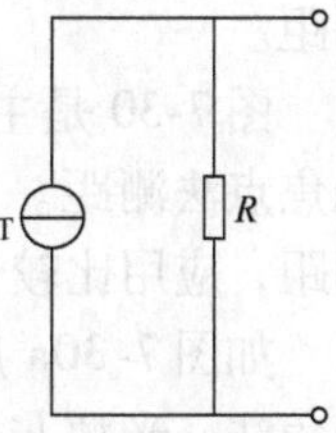

图 7-28 热噪声等效电流源

$$R(f) = R / [1 + (2\pi f RC)^2] \tag{7-40}$$

因此，并联 RC 电路的噪声电压有效值为

$$U_{nT}^2 = 4kT \int_0^\infty R(f) \, df = 4kT \int_0^\infty \frac{R}{1 + (2\pi f RC)^2} df \tag{7-41}$$

变换积分变量使 $\tan\theta = 2\pi f RC$，代入式（7-41）得

$$U_{nT}^2 = \frac{4kTR}{2\pi RC} \int_0^{\frac{\pi}{2}} d\theta = \frac{kT}{C} \tag{7-42}$$

在分子分母上同乘以因子 $4R$，可将上式改变成

$$U_{nT}^2 = \frac{4kTR}{4RC}$$

式中，$1/(4RC)$ 就是电路的等效噪声带宽 Δf_e，即

$$\Delta f_e = \frac{1}{4RC} \tag{7-43}$$

式（7-43）表明，并联 RC 电路对噪声的影响相当于使电阻热噪声的频率谱分布由白噪声变窄为等效噪声带宽 Δf_e，它的物理意义可以由图 7-27 看到。频带变窄后的噪声非均匀分布曲线所包围的图形面积等于以 Δf_e 为带宽，$4kTR$ 为恒定幅值的矩形区的面积。也就是说，用均匀等幅的等效带宽代替了实际噪声频谱的不均匀分布，这样就有

$$U_{nT}^2 = 4kTR\Delta f_e \tag{7-44}$$

式（7-44）表明对于并联 RC 输入电路对噪声的影响相当于使电阻热噪声的频谱分布由白噪声变为等效噪声带宽 Δf_e。它使得系统的信噪比提高但使电路的通频带变窄。因此在采

用与负载电阻并联电容的方法减小噪声电流来提高信噪比时应兼顾由此而带来的带宽损失。

还应指出，等效带宽的概念同样适用于散粒噪声。

三、距离检测光电系统的设计

距离检测是直接检测光电系统的重要方面。

1. 常用测距方法

（1）三角法测距　图7-29是被动三角法测距原理图。光电系统1和光电系统2分别探测目标点 O，被测距离为 R，若两个光电系统之间的距离 h 事先测出，两系统对目标 O 的瞄准角分别为 α_1 和 α_2，则可测得目标距离 R 为

$$R = h\sin\alpha_1 / \sin(\alpha_1 + \alpha_2) \qquad (7\text{-}45)$$

由于该测距系统没有主动照明，而是靠目标物或者自然光辐射照明，故称为被动三角法测距。

图7-30是主动三角法测距原理图，又称为光焦点法测距。它用于从数毫米到数米的精密测距，应用比较普遍。

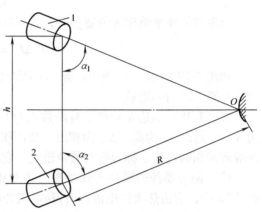

图7-29　被动三角法测距原理图

如图7-30a所示是接收漫反射光的三角法。光源与聚光镜组成的照明部分的光轴垂直被测物表面，照明光被聚光镜汇聚于一点 A，光点大小为数十微米，光点被物镜成像于 P 点。若被测表面轴向位移 ΔZ，相应像点由 P 移至 P_1，则由三角关系可得

$$\Delta Z = \frac{\overline{PP_1}}{\beta\sin\theta} \qquad (7\text{-}46)$$

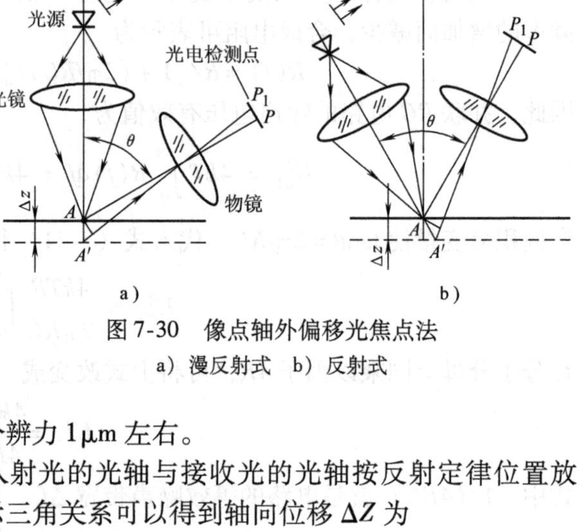

图7-30　像点轴外偏移光焦点法
a）漫反射式　b）反射式

式中，β 为物镜的横向放大倍数；θ 为入射光轴与接收光轴的夹角。

这种方法的测量范围可达数百毫米，分辨力 $1\mu m$ 左右。

如图7-30b所示是反射式三角法，即入射光的光轴与接收光的光轴按反射定律位置放置，用于测量光滑物体的轴向位移，由图示三角关系可以得到轴向位移 ΔZ 为

$$\Delta Z \approx \frac{\overline{PP_1}\cos\dfrac{\theta}{2}}{\beta\sin\theta/2} \qquad (7\text{-}47)$$

这种方法测量范围比漫反射三角法小，但分辨力可达 $0.1\mu m$。

光三角法的光电检测器件可以用线阵CCD或PSD，CCD的分辨力比PSD高，但PSD的响应速度比CCD快。

用光三角法可以实现自动调焦，而且对物面倾斜不敏感，当物面有轴向位移且又存在不太大的倾斜时，像面反映的仅是 Z 轴离焦量。

（2）相位法（连续波）测距　该方法的原理是正弦波调制的激光束在传播过程中利用

其相位变化来测量距离。图 7-31 是其原理图。该系统采用半导体激光器作为光源，在光源的驱动电路中施加正弦电压，则光源发出的正弦规律变化的光通量 Φ 为

$$\Phi = \Phi_0 + \Phi_m \sin(\omega_0 t + \varphi_0)$$

式中，Φ_0 为直流分量；Φ_m 为交流分量的振幅；ω_0 和 φ_0 分别为光通量变化的角频率和初相位。

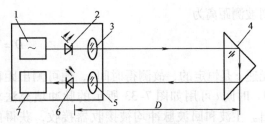

图 7-31 相位法光波测距原理图
1—半导体激光器激励源 2—半导体激光器
3、5—光学系统 4—靶镜 6—光电器件
7—放大电路

光辐射经光学系统 3 发射到放在被测距离物体上的靶镜 4 上，光被靶镜全反射后被光电器件 6 接收，经放大、鉴相后可获得相位差变化 φ。

若被测距离为 D，从发射光至接收到返回光的时间为 t，光的传播速度为 c，则

$$t = 2D/c \tag{7-48}$$

在这段时间里光载波的相位改变了 φ，即

$$\varphi = \omega_0 t = \omega_0 \times 2D/c \tag{7-49}$$

从而可以计算出待测距离 D

$$D = \frac{c\varphi}{2\omega_0} = \frac{c\varphi}{4\pi f_0} \tag{7-50}$$

被测相位值 φ 可以表示为

$$\varphi = (m + \Delta m) \times 2\pi = m \times 2\pi + \Delta\varphi \tag{7-51}$$

式中，m 为调制波传播的整周期数；Δm 为相位变化的小数周期数，只要测得 m 和 Δm 就可测出距离 D。

实际测距时，整周期数无法测得，只能用鉴相等方法测得 $\Delta\varphi$，这样就有一个测距分辨力问题。对式（7-50）微分可得

$$\Delta D = \frac{c\Delta\varphi}{2\omega_0} = \frac{c_0\Delta\varphi}{4\pi n f_0}$$

式中，$\omega_0 = 2\pi f_0$；n 为空气折射率，c_0 为真空中光速。

如果系统相位测量的分辨力为 $\Delta\varphi_{min}$，则可测最小距离

$$\Delta D_{min} = \frac{c\Delta\varphi_{min}}{4\pi n f_0}$$

增加光源的调制频率 f_0 可以提高测距系统的分辨力。

（3）时间法测距 若光源发出的光通量是脉冲式辐射，这时可用测量单个脉冲的时间延迟来测距离，称为时间法。脉冲式激光测距仪和激光雷达都是时间法测距的典型应用，如图 7-32 所示。

强脉冲激光器 1 发出的能量为几兆瓦，作用时间为几纳秒，发射角为几毫弧度的激光巨脉冲，经光学系统 2 射向被测距离的目标 3，光被目标反射后被测距仪的光电检测器件 5 接收。若该巨脉冲从发射到接收的时间延迟为 t，

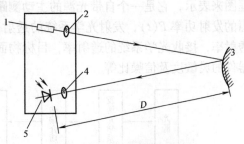

图 7-32 时间法测距原理图
1—激光器 2、4—光学系统
3—目标 5—光电检测器件

则被测距离为

$$D = \frac{1}{2}ct \tag{7-52}$$

光速 c 是恒定的，故测得时间 t，便可测出距离 D。时间 t 可用如图 7-33 所示的脉冲填充法求出。主波和回波脉冲均被接收器接收，获得的信号脉冲经整形后获得时间宽度为 t 的方波，时间间隔为 ΔT 的时钟脉冲在门控电路作用下向脉宽为 t 的信号方波内填充脉冲，并用计数器计数，若计数值为 N，则

$$t = N\Delta T = N/f_0$$

从而可得

$$D = \frac{1}{2}ct = \frac{1}{2f_0}cN = KN \tag{7-53}$$

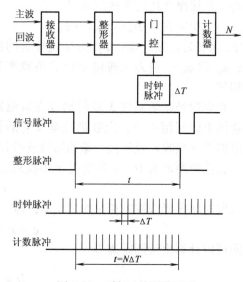

图 7-33　时间 t 的测量原理

式中，$K = \dfrac{c}{2f_0}$ 是测距脉冲当量，即单位脉冲对应的被测距离。若时钟脉冲频率为 149.9MHz，光速 c 为 $2.999 \times 10^8 \mathrm{m/s}$，则 $K = 1\mathrm{m}$ 每个脉冲，即分辨力达到 1m。由式（7-53）可以看出时钟脉冲频率 f_0 越高，则系统测距的分辨力越高。

由式（7-50）和式（7-53）可以看出，相位法和时间法测距都要求光源调制频率 f_0 稳定，同时 f_0 越高则有利于提高测距分辨力。

2. 光电测距的作用距离

对于主动测距系统，作用距离是一个重要技术指标，作用距离的估算及影响作用距离因素的分析是光电测距系统设计的重要方面。

在中远距离测量时，由于传输介质对光的吸收和散射，发射光学系统与接收光学系统对光的反射、散射、吸收、衍射都会使光载波产生衰减，而被测距的目标物对光的吸收、散射和光电接收器件窗口效应和灵敏度都对接收光有影响，从而对主动测距系统的作用距离产生影响。

作用距离是指对于点目标，当目标张角小于系统的瞬时视场时，光电系统所收到的目标辐射量与目标到光电接收系统的距离有关，与该光电系统所允许的最小接收能量相对应的距离叫作测距系统的作用距离。对于图 7-31 和图 7-32 所示的测距系统可以用如图 7-34 所示的框图来表示，它是一个自带光源的主动测距系统。对于这种测距影响作用距离的因素有：光源的发射功率 $P(t)$，发射光学系统的透射率，光被大气的吸收衰减与大气散射引起的大气透射率，接收光学系统的透射率，目标物面的反射率 ρ，接收光学系统的口径 A_r，光电检测器件的灵敏度及信噪比等。

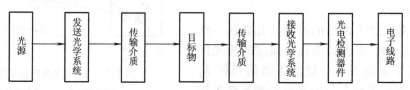

图 7-34　光电测距系统

对于反射表面积比光照面积大（大目标漫反射）的情况，反射功率是在 π 立体角内，于是目标物的反射功率为

$$P(\lambda) = P(t)_\lambda \rho / \pi \tag{7-54}$$

式中，$P(t)_\lambda$ 为光源发射波长为 λ 并照射到目标上的功率。

对于激光光源来说其单色性很好，光束发散角又很小（毫弧度数量级），再经过发射光学系统准直，因此光束投射到目标物上的功率 $P(t)_\lambda$ 为

$$P(t)_\lambda = P(t) / L^2 \tag{7-55}$$

式中，L 为光源与目标物之间的距离。

当光源和光电接收器位于同一测距仪电箱内时，接收物镜与目标物距离也为 L，再考虑光学系统的透射率 $\tau_{\lambda 1}$ 及大气吸收与衰减散射引起的透射率 $\tau_{\lambda 2}$，接收光学系统接收到的功率为

$$P_s(t) = \int_{\lambda_1}^{\lambda_2} \frac{P(t)_\lambda \rho \tau_{\lambda_1} \tau_{\lambda_2} A_r}{\pi L^2} d\lambda \tag{7-56}$$

式中，A_r 为接收光学系统通光口径。

对于小目标反射，即反射体面积 A_D' 小于照射于其上的光的面积 A_D''，则有

$$P_s(t) = \int_{\lambda_1}^{\lambda_2} \frac{P(t)_\lambda \rho A_D' \tau_{\lambda_1} \tau_{\lambda_2} A_r}{\pi \Omega L^4} d\lambda \tag{7-57}$$

式中，Ω 为发射光束的立体角；$A_D' = \Omega L^2$。

光电接收器输出的电信号 $U_s(t)$ 为

$$U_s(t) = P_s(t) R_v(\lambda)$$

式中，$R_v(\lambda)$ 为光电检测器件的光谱响应度，对于激光光源其单色性极好，故视 $R_v(\lambda)$ 为常数 R_v，取光学系统透射率 $\tau_{\lambda 1}$ 在 $\lambda_1 \sim \lambda_2$ 光谱范围内的平均值为 τ_1；取大气透射率 $\tau_{\lambda 2}$ 在 $\lambda_1 \sim \lambda_2$ 光谱范围内的透射率为 τ_2；被测物体在 $\lambda_1 \sim \lambda_2$ 光谱范围内单位立体角辐射功率为 J，则可分别得到大目标和小目标物反射后，光电器件的输出

对于大目标主动系统

$$U_s = \frac{J \tau_1 \tau_2 A_r}{L^2} R_v \tag{7-58}$$

对于小目标主动系统

$$U_s = \frac{J \tau_1 \tau_2 A_r}{L^4} R_v \tag{7-59}$$

在弱光下不能忽略探测器的噪声，引入比探测率

$$D^* = (U_s / U_n P) \sqrt{A_d \Delta f} = R_v (A_d \Delta f)^{\frac{1}{2}} U_n$$

式中，U_n 为噪声电压；P 为入射光功率；A_d 为光敏面面积；Δf 为测量带宽。

由此可得到激光测距时的作用距离为

对于大目标主动系统

$$L = \left[\frac{J \tau_1 \tau_2 A_r D^*}{(A_r \Delta f)^{\frac{1}{2}} \left(\dfrac{U_s}{U_n} \right)} \right]^{\frac{1}{2}} \tag{7-60}$$

对于小目标的主动系统

$$L = \left[\frac{J\tau_1\tau_2 A_r D^*}{(A_r\Delta f)^{\frac{1}{2}}\left(\dfrac{U_s}{U_n}\right)} \right]^{\frac{1}{4}} \tag{7-61}$$

从式（7-60）和式（7-61）可以看出，为提高测距系统的作用距离应该使用功率大、发散角小的光源；光学系统的透射率要高；还要使 A_r/A_d 尽量大。即用大相对口径的光学系统和小面积光电器件。要求高的光电检测信噪比时，则 L 越小，系统工作可靠性越好，精度越高；系统带宽 Δf 越窄则可测距离大，一般在满足要求情况下，Δf 越窄则越好。

3. 光电测距系统设计要点

（1）三角法测距设计要点

1）三角法测距的输入输出特性都是非线性特性，因此在量程较大时应采用非线性补偿法来减小非线性误差。

2）对于主动三角法测距，光源的稳定性是影响测量精度的重要方面，可以采用高稳定性直流电源供电或者采用自适应光强控制方法保持照明的稳定，若能采用差动测量法则可有效地减小光源波动的影响。

3）主动三角法测距时对被测对象的表面形态、加工工艺方法和被测对象表面光学特性比较敏感，在设计时应考虑仪器的适应性，采用差动法和补偿法是解决这一问题的重要途径。

4）光学系统的分辨力、像差、光电接收器件的位置及其光电特性、光谱特性、频率特性都对测距精度有影响，应加以注意。

（2）相位法与时间法测距系统设计要点

1）相位法与时间法测距用的光源都是调制光源，稳定、可靠和高调制频率的光源设计是十分重要的。

2）高精度鉴相器或计时器设计是相位法和时间法测距的关键。

3）由于相位法和时间法是中、远距离测量的主要方法，光在传输过程中受大气对光的吸收和散射影响很大，因此要考虑大气的窗口效应，尽量减小大气的影响。

4）接收光学系统的口径 A_r 与光电器件光敏面积 A_d 之比应尽量取大些，有利于提高测距范围。

四、几何中心与几何位置光电检测系统设计

几何中心与几何位置检测系统，用于光强随空间分布的光信号检测。其基本原理是：先将几何形体的轮廓被光学系统成像，其像的位置与几何形体相对光轴（基准）的位置有关，再用一个与光轴位置有确定关系的像分析器将像的空间位置分布转换成照度分布，获得与几何位置有关的光通量变化，即得到位置—光通量变换特性，根据光通量的变化就可检测出几何位置。

图7-35是确定精密线纹尺刻线定位位置的静态光电显微镜原理图。光源1发出的光经聚光镜2、分光镜3、物镜4照亮被测线纹尺上的刻线。刻线尺5上的刻线被物镜4成像到狭缝6所在的平面上，由光电检测器件7检测光通量的变化。

仪器设计时取狭缝的缝宽 l 与刻线5的像宽 b 相等，狭缝高 h 与像高 d 相等，如图7-36a所示。当刻线中心位于光轴上时，刻线像刚好与狭缝对齐，透过狭缝的光通量为0，即刻线像的透射率 $\tau=0$。而在刻线未对准光轴时，刻线像中心也偏离狭缝中心，因而有光通量从狭

缝透过，即 $\tau \neq 0$。当刻线偏离光轴较大时，其像完全偏离狭缝，此时透射率最大，光敏面照度达到 E_0。由此可以确定当刻线对准光轴时，即光通量输出为零时的状态即为刻线的正确定位位置。可以看出由刻线像与狭缝及光电器件构成的装置可以分析物（刻线）的几何位置，称之为像分析器。

若光电器件接收光通量为 $\Phi(x)$，狭缝窗口照度分布为 $E(x)$，取样窗口函数为 $h(x)$，则定位特性可用 $h(x)$ 与 $E(x)$ 的卷积积分求得，即 $\Phi(x) = h(x) * E(x)$。在理想情况下定位特性 $\Phi(x)$ 为

$$\Phi(x) = \begin{cases} E_0 h |x| & |x| < l \\ 0 & x = 0 \\ E_0 h l & |x| \geq l \end{cases} \tag{7-62}$$

式中，l 是狭缝的缝宽，见图 7-36。

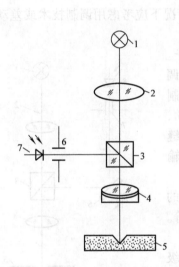

图 7-35 静态光电显微镜工作原理图
1—光源 2—聚光镜 3—分光镜 4—物镜
5—刻线尺 6—狭缝 7—光电检测器件

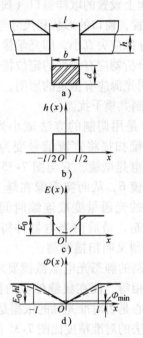

图 7-36 像分析器及其特性
a) 狭缝与刻线像关系 b) 窗口函数分布
c) 相面照度分布 d) 定位特性

但是由于背景光、像差、狭缝边缘厚度的存在，实际的照度分布与定位特性如图 7-36 中虚线所示，即当 $x = 0$ 时仍有一小部分光通量输出

$$\Phi_{\min} = (1 - \tau) E_0 h l \tag{7-63}$$

式中，$\Phi_{\min}$ 是背景光通量，它对系统的对比度有一定影响；τ 为刻线像的透射率。

式（7-62）表明，像分析器的特性 $\Phi(x) = E_0 h |x|$ 是一个线性特性。在测量过程中照度 E_0 变化将直接带来测量误差，因此要求照明光源必须十分稳定。另外光学系统的像差和狭缝的位置、形状都对仪器的精度有影响。

图 7-37 是用 CCD 摄像法确定物体的几何位置的例子，可用计算机生成各种电子指标线进行对准，如十字线、平行线、圆、圆弧、螺纹、齿轮齿形等。光源发出的光经照明光学系统对物照明，物被成像光学系统成像到面阵 CCD 上，经图像卡数据采集和计算机图像处理后，在计算机监视器上显示出像轮廓。在计算机上生成一个与光轴位置相关的十字线，当物

的像中心与十字线中心重合时，表明物的位置已经确定。

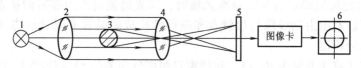

图 7-37　CCD 摄像法原理图

1—光源　2—照明光学系统　3—物　4—成像光学系统　5—CCD　6—十字线准星

该方法也是将几何中心定位在光轴上，其像分析器是 CCD 摄像器件，采用预先标定的方法确定 CCD 坐标与物坐标的相对位置关系。

从以上两个例子可以看出几何中心和几何位置检测系统的设计应考虑如下问题：

1）像面上设置的取样窗口（狭缝，刀口，劈尖等）是定位基准，它应与光路的光轴保持正确的位置，窗口的形状和尺寸与目标像的尺寸应保持严格的关系，窗口的边缘应陡直。

2）目标像应失真小，即光学像差要小，并有一定的照度分布。

3）像分析器应有线性的定位特性。

4）照明光源应有恒定的照明，在精度要求更高的情况下应考虑用调制技术或差动测量等方法来抑制共模干扰。

图 7-38 是用调制的方法减小光源波动影响的例子。它采用振动镜扫描将直流信号变为交流信号，又称为调制式静态光电显微镜，它与图 7-35 相比增加了用于调制的振动反射镜 6，从而实现像在缝上作周期性扫描运动，使透过狭缝的光通量变成连续时间调制信号，再被狭缝实现幅度调制，最后由光电器件得到连续的幅度调制输出，这种调制又叫扫描调制。

扫描调制的静态光电显微镜要求狭缝宽 l 与被定位的刻线像宽 b 相等，而在狭缝处像的振幅 A 也与它们相等。判断刻线中心是否对准光轴的依据是光通量的变化频率。

这种方法的对准精度比图 7-35 的方法提高一个数量级左右。

为了减小光源波动的影响，还可以将像分析器设计成差动形式，图 7-39 是差动式光电瞄准显微镜工作原理图，光源 1 发出的光经聚光镜 2 投射到刻线 4。它经物镜分别成像在像分析器的 7 和 8 的狭缝处。狭缝 A 和 B 的空间位置是错开放置，像先进入 A，经过 $l/3$ 后进入狭缝 B。像宽 b 与狭缝 A 及 B 的宽度 l 相等。刻线像与狭缝 A、B 及其光照特性，输出特性如图 7-40 所示。从图中可以看出，当 $|x| \leqslant l/3$ 时，特性近似处于线性区，这时两光电检测器件输出的电压差为

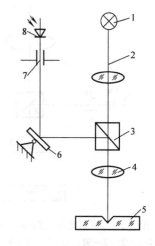

图 7-38　扫描调制式静态光电显微镜工作原理图

1—光源　2—聚光镜　3—分光镜　4—物镜　5—刻线　6—振动反射镜　7—狭缝　8—光电检测器件

$$\Delta u = u_A - u_B = \left[E_0 hx - (-E_0 hx) \right] S_e = 2E_0 hx S_e \tag{7-64}$$

式中，h 为狭缝高；S_e 为光电灵敏度（光谱响应率）。

从式（7-64）可以看出，由于采用差动法，光源波动（$\Delta \Phi$ 或 ΔE）的影响大为减小，并且线性区扩大一倍，曲线斜率也增加一倍。

类似于图 7-36～图 7-39 原理制成的仪器还广泛应用于集成电路检验和多种用于对准的

仪器中。

由以上分析不难得出，几何中心和几何位置光电检测系统设计应注意以下几点：

1）照明光源应稳定，且照度应均匀。

2）光学系统像差要小，像的对比度好。

3）用于对准的标志物或被检测的物的边缘应清晰、陡直、无毛刺。

4）像分析器的位置相对测量基准要精确校准；在直接用光电器件窗口作象分析器时要注意像分析器的坐标、光学系统坐标和物坐标的统一。

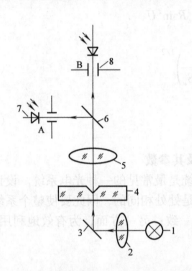

图 7-39　差动式光电显微镜原理图
1—光源　2—聚光镜　3—反射镜　4—被瞄准
的刻线　5—物镜　6—分光镜　7—像分析器 A
8—像分析器 B

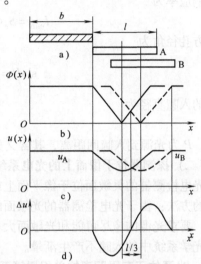

图 7-40　刻线像与狭缝 A、B
的光电特性和输出特性
a）刻线像及狭缝 A、B 相对应位置　b）光照特性
c）光电器件的输出特性　d）差分输出特性

5）在用扫描调制法进行调制时要求调制中心稳定，调制幅度恒定。在用差动法检测时，要求两路差动信号具有相同的特性。

五、直接检测光电系统中的光学参数的确定

直接光电检测系统的光学系统参数确定的主要依据是光电检测器件的噪声等效功率 NEP。

（一）入瞳直径的计算

考虑图 7-41 所示的光电系统。光源 1 的辐射能通过介质和光学系统射到检测器 3 上。某些光学系统中设置滤光片 2，用以改变辐射到探测器上的光谱成分。在光电系统中，要使系统能够正常工作，光学系统的作用应使检测器对特定光源的辐射能通量的响应至少应等于 I_{min}。而 I_{min} 与所用探测的噪声等效功率 NEP 有关，即

$$I_{min} \geq kNEP \qquad (7-65)$$

式中，$k \geq 1$。

如果光源位于光轴上，且向各个方向辐射的亮度 L_e 相同，通过光学系统入瞳进入系统的辐射能通量为

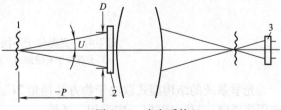

图 7-41　光电系统
1—光源　2—滤光片　3—检测器

$$\Phi_e = \tau_a \pi L_e A_e \sin^2 U$$

式中，τ_a 是光源和入瞳间介质的透过率；U 是在物空间的数值孔径；A_e 是光源的面积。

如果滤光片的透射率为 τ_f，光学系统的透射率为 τ_s，则进入系统后的辐射能通量，在不存在渐晕的情况下为

$$\Phi_e' = \tau_f \tau_s \Phi_e = \tau_a \tau_f \tau_s \pi L_e A_e \sin^2 U$$

假设所有辐射能通量 Φ_e' 到达具有光谱响应率为 S_e 的检测器的光敏面上，则检测器的阈值响应率为

$$I_{\min} = S_e \Phi_e' = \tau_a \tau_f \tau_s L_e A_e R \sin^2 U$$

则物方孔径角为

$$\sin U = \left(\frac{I_{\min}}{\tau_a \tau_f \tau_s \pi L_e A_e S_e} \right)^{1/2} \qquad (7\text{-}66)$$

系统的入瞳直径为

$$D = 2P \tan U \qquad (7\text{-}67)$$

式中，P 为光源到入瞳间距离，其含义见图 7-41。

（二）探测器位于像面上的光电系统的光学结构及其参数

光电检测器的灵敏面位于像平面上或其附近的系统是最常见的一种光电系统。设计这种系统的方法：由于光电检测器的光敏面的响应率并不是处处相同的，因此要使整个系统性能稳定，要求光源的像尽可能和光敏面大小相同，位置一致；另一方面，为有效地利用光能，应使光学系统中的入瞳不产生渐晕。

1. 光源位于有限距离的单组透镜系统

如图 7-42a 所示，此时 $\tau_a = 1$，$\tau_f = 1$，则式（7-66）可写为

$$\sin U = \left(\frac{I_{\min}}{\tau_s \pi L_e A_e S_e} \right)^{1/2} \qquad (7\text{-}68)$$

式（7-68）成立的条件是光学系统没有渐晕，没有使用滤光片，如果光源是 $b \times c$ 矩形，检测器光敏面是直径为 d_d 的圆，光学系统的放大率应是

$$\beta = -\frac{d_d}{(b^2 + c^2)^{1/2}} \qquad (7\text{-}69)$$

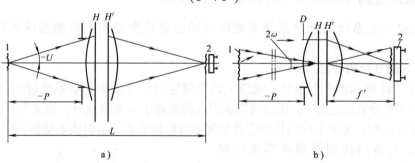

a)   b)

图 7-42　光源位于不同位置时的光电系统

a) 光源位于有限距离　b) 光源位于无限远

光学系统的结构型式取决于物方孔径角 $2U$。如果 $2U \leqslant 30°$，可用单透镜；$2U \leqslant 60°$，则选用双透镜；$2U \leqslant 90°$ 时，应采用三透镜。

2. 光源位于无限远处的单组透镜系统

图 7-42b 所示的结构中，检测器位于系统后焦平面上。如果光源 1 对前主点的最大张角是 2ω，那么它在后焦平面上像的尺寸是 $d_d' = 2f'\tan\omega$，像的大小与检测器光敏面相符，即 $d_d' \leq d_d$。因此系统的焦距应是 $f' = d_d/(2\tan\omega)$。

如果在光源的像比检测器的光敏面小得多，那么检测器应远离焦平面。当光源和检测器确定后，物方孔径角和入瞳直径 D 可由式（7-66）和式（7-67）确定。对于光源位于无限远的情形，$|P| \gg D$，则 $\sin U = \tan U$，因此

$$D = 2P\sin U = 2P\sqrt{\frac{I_{\min}}{\tau_a\tau_f\tau_s\pi L_e A_e S_e}} \tag{7-70}$$

无限远物体的尺寸用它的张角 2ω 表征，如果光源是圆形的，它所对的张角是 2ω，光源面积是 $A_e = \pi P^2\omega^2$，则入瞳直径为

$$D = \frac{2}{\pi\omega}\sqrt{\frac{I_{\min}}{\tau_a\tau_f\tau_s L_e S_e}} \tag{7-71}$$

3. 筒长为无穷远的光学系统

该系统由前后两组透镜组成，光源 1 位于前组透镜的前焦平面上，检测器位于后透镜的后焦平面上，用薄透镜表示每组透镜，如图 7-43 所示。系统的放大率为

$$\beta = -f_2'/f_1'$$

当选定光源和检测器后，系统的放大率便确定了。

物方孔径角为

$$\sin U = \sqrt{\frac{I_{\min}}{\tau_s\pi L_e A_e S_e}} \tag{7-72}$$

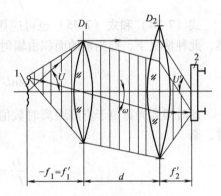

图 7-43 筒长为无穷远的光学系统
1—光源 2—检测器

式中，τ_s 是两透镜组的透射率。

前组透镜的口径为

$$D_1 = 2f_1'\sin U$$

如果光源是 $b \times c$ 的矩形，则

$$\tan\omega = \frac{\sqrt{b^2 + c^2}}{2f_1'}$$

两透镜组的间距为 d，在不发生渐晕情况下，后组透镜的口径为

$$D_2 = D_1 + 2d\tan\omega \tag{7-73}$$

如果 d 较大，则 D_2 是相当大的，其渐晕是不可避免的。

（三）光源像大于检测器的光电系统的光学参数

光电仪器中的光学系统不存在渐晕及像的大小和检测器光敏面面积相同时，通过系统入瞳进入的光通量全部射到检测器的光敏面上，适当选择光学系统的放大率和焦距便可实现这个条件。然而在实际设计时，有时光学系统的放大率及焦距不能满足设计的要求。在这种情况下，通过入瞳进入系统的光通量不能全部由检测器接收，因而上述导出的入瞳表达式无效。

当光源像大于检测器光敏面的尺寸时，从像空间开始设计光学系统是合理的。光源在检

测器光敏面上的光照度为

$$E'_e = \tau_a \tau_f \tau_s \pi L_e \sin^2 U'$$

式中，L_e 为物方辐射亮度。

因为光源像大于检测器光敏面的尺寸，故射到检测器上的辐射能通量为

$$\Phi'_e = E'_e A_d = \tau_a \tau_f \tau_s \pi L_e \sin^2 U' A_d$$

式中，A_d 是检测器的光敏面面积。

检测器的输出信号为

$$I_{min} = R \Phi'_e$$

根据上述二式，像方孔径角为

$$\sin U' = \sqrt{\dfrac{I_{min}}{\tau_a \tau_f \tau_s \pi L_e A_d R}} \tag{7-74}$$

如果光源位于无限远，则 $\sin U' = D/2f'$，从而得到

$$\dfrac{D}{f'} = 2\sqrt{\dfrac{I_{min}}{\tau_a \tau_f \tau_s \pi L_e A_d R}} \tag{7-75}$$

式（7-74）和式（7-75）也可应用于光源像恰好和检测器光敏面尺寸匹配的情况。显然，此种情况下，检测器的面积由辐射源的像面积 A'_e 代替，记为

$$\sin U' = \sqrt{\dfrac{I_{min}}{\tau_a \tau_f \tau_s \pi L_e A'_e R}}$$

此时即为光源位于有限距离时数值孔公式（7-75）中的右边部分。当光源位于无限远时，则

$$\dfrac{D}{f'} = 2\sqrt{\dfrac{I_{min}}{\tau_a \tau_f \tau_s \pi L_e A'_e R}} \tag{7-76}$$

（四）检测器位于出瞳面上的光电系统的光学结构

在某些应用中发现，即使对均匀的检测器表面，其上的响应也并不均匀。在这种情况下，不能采用检测器在像平面附近的移动来解决问题，因为在检测器上像的微小移动便产生不稳定的响应。这种缺陷可以通过将检测器安放在光学系统的出瞳上来改善。在无渐晕情况下，出瞳平面上存在均匀的辐射照度，因此无论光源位于何处均可使检测器接收到均匀的辐射。

把检测器安置在出瞳面上的最简单的光学系统必须有两组透镜，由单透镜构成的该种系统如图 7-44 所示。前组透镜将光源成像于视场光阑上，在物方空间，光源的视场角为 2ω。后组透镜将前组透镜成像于系统的出瞳面 D' 上，即检测器的光敏面上。

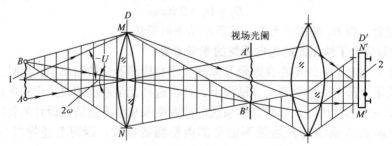

图 7-44　检测器位于出瞳面上的结构
1—光源　2—检测器

与其他结构设计一样，该系统设计时，应首先选定所使用的光源和检测器。如果光源位于有限距离上，物方孔径角由式（7-66）确定。

第六节　相干变换与检测系统设计

利用相干变换的方法来携带被测信息，可将信息加载于相干光波的振幅、频率和相位之中，因此，相干检测比直接检测手段更丰富，测试精度和分辨力更高。广泛地应用于精密测长、测角、测距、测速、测力、测振、测应变及光谱分析等。

一、光学干涉测量基本公式

光学测量中，常常需要利用相干光作为信息变换的载体，将被测信息加载到相干光载波上，使光载波的特征参量随被测信息变化。但是由于光波波动频率很高，目前的光探测器还不能直接探测光波本身的振幅、相位、频率以及偏振等的变化。所以大多数情况下只能利用光的干涉现象，将这些特征参量转化为光强度的变化，从而得出被测的参量。所谓光干涉是指可能相干的两束或多束光波相叠加，它们的合成信号的光强度随时间或空间有规律的变化。干涉测量的作用就是把光波的相位关系或频率状态以及它们随时间的变化关系以光强度的空间分布或随时间变化的形式检测出来。

以双光束干涉为例，设两相干平面波的振动 $U_1(x,y)$ 和 $U_2(x,y)$ 分别为

$$\begin{cases} U_1(x,y) = a_1 \exp\{-j[\omega_1 t + \varphi_1(x,y)]\} \\ U_2(x,y) = a_2 \exp\{-j[\omega_2 t + \varphi_2(x,y)]\} \end{cases}$$

式中，a_1、a_2 为光波的振幅；φ_1、φ_2 为初始相位；ω_1、ω_2 为角频率。

两束光合成时，所形成干涉条纹的强度分布 $I(x,y)$ 可表示成

$$I(x,y) = a_1^2 + a_2^2 + 2a_1 a_2 \cos[\Delta\omega t + \varphi(x,y)] = A(x,y)\{1 + \gamma(x,y)\cos[\Delta\omega t + \varphi(x,y)]\}$$

$$(7-77)$$

式中，$A(x,y)$ 为条纹光强的直流分量，$A(x,y) = a_1^2 + a_2^2$；$\gamma(x,y)$ 为条纹的对比度，$\gamma(x,y) = 2a_1 a_2/(a_1^2 + a_2^2)$；$\Delta\omega$ 为光频差，$\Delta\omega = \omega_1 - \omega_2$；$\varphi(x,y)$ 为相位差，$\varphi(x,y) = \varphi_1(x,y) - \varphi_2(x,y)$。

当两束频率相同的光（即单频光）相干时，有 $\omega_1 = \omega_2$，即 $\Delta\omega = 0$，有

$$I(x,y) = A(x,y)\{1 + \gamma(x,y)\cos[\varphi(x,y)]\}$$

$$(7-78)$$

此时，干涉条纹不随时间改变，呈稳定的空间分布。随着相位差的变化，干涉条纹强度的分布表现为有偏置的正弦分布。以此为基础形成的干涉测量技术称为单频光干涉条纹检测技术。干涉条纹的强度信息和被测量的相关参数相对应。对干涉条纹进行计数或对条纹形状进行分析处理，可以得到相应的被测信息。

当两束光的频率不同，即式（7-78）中 $\Delta\omega \neq 0$ 时，干涉条纹将以 $\Delta\omega$ 的角频率随时间波动，形成光学拍频信号，也叫外差干涉信号。如果两束光的频率相差较大，超过光电检测器件的频响范围，将观察不到干涉条纹。在两束光的频率相差不大（$\Delta\omega$ 较小）的情况下，采用光电检测器件可以探测到干涉条纹信号，并且可以通过电信号处理直接测量拍频信号的频率及相位等参数，从而能以极高的灵敏度测量出相干光束本身的特征参量，形成外差检测技术。

干涉条纹的强度取决于相干光的相位差，而后者又取决于光传输介质的折射率 n 对光的传播距离 ds 的线积分，即

$$\varphi = \frac{2\pi\int_0^L n\mathrm{d}s}{\lambda_0} \tag{7-79}$$

式中，λ_0 为真空中光波波长；L 为光经过的路程。

对于均匀介质，式（7-79）可简化为

$$\varphi = \frac{2\pi nL}{\lambda_0} \tag{7-80}$$

对式（7-80）中的变量 L 和 n 作全微分可得到相位变化量 $\Delta\varphi$

$$\Delta\varphi = \frac{2\pi}{\lambda_0}(L\Delta n + n\Delta L) \tag{7-81}$$

从式（7-80）可以看出，光波传播介质折射率和光程长度都将导致相干光相位的变化，从而引起干涉条纹强度的改变。干涉测量中就是利用这一性质改变光载波的特征参量，以形成各种光学信息。能够引起光程差发生变化的参量有很多，例如，几何距离、位移、角度、速度、温度引起的热膨胀等，这些参量都会引起光波传播距离的改变；介质的成分、密度、环境温度、气压以及介质周围的电场、磁场等能引起折射率的变化。另外从物体表面反射光波的波面分布可以确定物体的形状。因此，光学干涉技术，是一种非常有效的检测手段。

从信息处理的角度来看，干涉测量实质上是被测信息对光载波的调制和解调的过程。各种类型的干涉仪或干涉装置是光频载波的调制器和解调器。

能实现干涉测量的装置是干涉仪，它的主要作用是将光束分成两个沿不同路径或同路径传播的光束，在其中一路中引入被测量，产生光程差后，再重新合成为一束光，以便观察干涉现象。

常用的干涉仪有迈克尔逊（Michelson）干涉仪、马赫—曾德尔（Mach-Zchender）干涉仪、萨固纳克（Sagnac）干涉仪、吉曼（Gell-Mann）干涉仪、米勒（Miller）干涉仪、林尼克（Linnik）干涉仪、斐索（Fizeau）干涉仪等。常用的检测器件有光电二极管、光电倍增管、PIN 管、光电位置检测器件（PSD）及光电摄像器件 CCD 等。

二、干涉条纹光强检测法及其设计

在干涉场中确定的位置上用光电器件直接检测干涉条纹的光强变化称为条纹光强检测法。图 7-45 给出了一维干涉测长的实例。为了获得最佳的光电信号，要求有最大的交变信号幅值和信噪比，这需要光学装置和光电检测器确保最佳工作条件，尽可能地提高两束光的相干度和光电转换的混频效率。

由式（7-78）可知，单频光相干时，合成信号的瞬时光强为

$$I(x,y,t) = a_1^2 + a_2^2 + 2a_1 a_2 \cos[\varphi(t)]$$

上式只有在检测时间 τ 内 $\cos[\varphi(t)]$ 为恒定时，才能得到确定的光强值。若 $\varphi(t)$ 随时间表变化，则合成光强是对 t 的积分

$$I(x,y,t) = a_1^2 + a_2^2 + 2a_1 a_2 \frac{1}{\tau}\int_0^\tau \cos[\varphi(t)]\mathrm{d}t \tag{7-82}$$

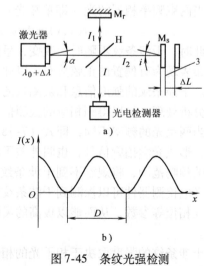

图 7-45 条纹光强检测
a）原理示意图 b）波形图

用 $\varphi(t)$ 的平均值 φ_0 等效表示这一积分值，即令

$$\frac{1}{\tau}\int_0^\tau \cos[\varphi(t)]\mathrm{d}t = \Gamma\cos\varphi_0 \qquad (7\text{-}83)$$

式中，比例因子 Γ 称为两光束的相干度，$0 \leqslant \Gamma \leqslant 1$。当 $\Gamma = 1$ 时，表示在 τ 时间内相位保持不变，相干度最大；当 $\Gamma = 0$ 时，表示 τ 时间内两光束不相干。

将式（7-83）代入式（7-82），可得

$$I(x,y,z) = a_1^2 + a_2^2 + 2a_1 a_2 \Gamma\cos\varphi_0 \qquad (7\text{-}84)$$

而且

$$\Gamma = \frac{\dfrac{1}{\tau}\displaystyle\int_0^\tau \cos[\varphi(t)]\mathrm{d}t}{\cos\varphi_0} \qquad (7\text{-}85)$$

式（7-85）表明，Γ 越大，光强随相位的变化越明显，因此相干度 Γ 是衡量干涉条纹光强对比度的重要指标。在进行干涉条纹光强检测系统设计时应设法提高相干度。

1. 光的单色性和测量范围对相干度的影响

相干光源波的非单色性 $\Delta\lambda$（波长变动范围）会引起不同波长不同初相位的叠加，从而会降低相干度。若入射光的波长为 $\lambda_0 \pm \Delta\lambda$，研究表明相干度 Γ_λ 为 $\Delta\lambda$ 和测量范围 ΔL 的 $\mathrm{sin}c$ 函数，即

$$\Gamma_\lambda = \mathrm{sin}c\left(\frac{2\pi\Delta L}{\lambda_0^2}\Delta\lambda\right) \qquad (7\text{-}86)$$

式（7-86）表明光程差（测量范围）ΔL 越小，光源的单色性越好（$\Delta\lambda$ 小），Γ_λ 值越大。式（7-86）中的 $\lambda_0^2/\Delta\lambda$，是相干长度，当 ΔL 等于相干长度时，干涉条纹消失。因此在做干涉条纹光强检测系统设计时，应尽量使其测量范围远小于相干长度。即选择相干性好的光源，测量范围又不必过大。

2. 光源的光束发散角影响

对于光干涉测量系统除了要求光源的单色性好以外，还要求平行光照明，若光的平行性不好，则相干光源的光发散会使不同光线产生不同的光程差，从而引起相位变化。对于平行平板干涉的情况，入射光束若有发散角 α 变化，而入射光不垂直反射镜的偏角为 i 时（见图7-46），可以算出由此引起的相干度 Γ_α 为

$$\Gamma_\alpha = \mathrm{sin}c\left(\frac{2\pi n\Delta L\alpha\sin i}{\lambda_0}\right) \qquad (7\text{-}87)$$

这表明由于 α 和 i 会引起空间每条相干光线的光程差不同，而使对比度下降。因此在设计时应采用好的平行光照明。且光线应垂直于反射镜入射。

3. 光电检测器的接收孔径光阑的影响

光电检测器把光信号转变成电信号，得到的是光敏面上光强的积分值。光电信号的质量不仅取决于干涉条纹的相干度，而且取决于接收器光阑和条纹宽度之间的比例关系。如图7-47所示，设接收光阑是 $h \times l$ 的矩形，由均匀照明光产生的平行直条纹的间距为 D，空间坐标为 x，则沿 x 向的条纹光强空间分布 $I(x)$ 为

$$I(x) = a_1^2 + a_2^2 + 2a_1 a_2 \Gamma\cos\frac{2\pi}{D}x \qquad (7\text{-}88)$$

在任一位置 $x = x_0$ 处，光电检测器的输出 I_{so} 为

$$I_{\mathrm{so}} = S_e\int_{-h/2}^{h/2}\mathrm{d}y\int_{x_0-l/2}^{x_0+l/2}\left(a_1^2 + a_2^2 + 2a_1 a_2 \Gamma\cos\frac{2\pi}{D}x\right)\mathrm{d}x$$

$$= S_e hl \left[(a_1^2 + a_2^2)\ 2a_1 a_2 \Gamma \frac{\sin \dfrac{\pi l}{D}}{\dfrac{\pi l}{D}} \cos \frac{2\pi}{D} x_0 \right]$$

$$= S_e hl \left(a_1^2 + a_2^2 + 2a_1 a_2 \beta \Gamma \cos \frac{2\pi}{D} x_0 \right) \tag{7-89}$$

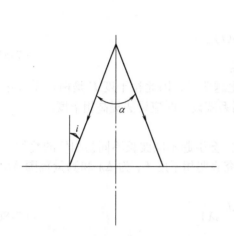

图 7-46　入射光束平行度的影响

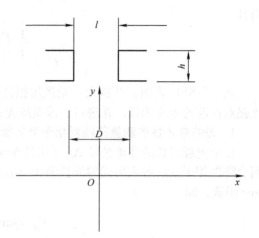

图 7-47　干涉条纹与接收光阑的关系

因此，对于不同位置 x，光电检测器的输出 I_s 为

$$I_s = S_e hl \left(a_1^2 + a_2^2 + 2a_1 a_2 \beta \Gamma \cos \frac{2\pi}{D} x \right) \tag{7-90}$$

式中，β 称作光电转换混频效率，$\beta = \mathrm{sinc}\left(\dfrac{\pi l}{D} \right)$，$0 < \beta < 1$；$S_e$ 为光电灵敏度。

当 $l/D \to 0$，$\beta = 1$ 时光电信号交变分量幅度最大；当 $l = D$，$\beta = 0$ 时光电信号只有直流分量。由此可见混频效率 β 或光阑宽度与条纹宽度之比 l/D 直接影响电信号的幅值。为了增大 β 值，在 D 值确定时应减少 l 值，但这样将降低有用光信号的采集。正确的做法是使干涉区域充分占据接收光阑，通过加大条纹宽度来增大 β 值。这一结果不论对采用均匀扩束照明还是采用单束激光（光束截面强度呈高斯分布）照明，或者是采用圆孔形光阑的情况都是适用的。

4. 合理选择透射与反射比，获得等光强干涉

由式（7-78）可知相干涉的两路光的波振幅 a_1 和 a_2 相等时，条纹对比度 $\gamma(x, y)$ 为 1，即得到最好的条纹对比度，使信噪比大为增加。如何获得等光强干涉，其核心是光学系统设计时应使相干的两路光的透射率与反射率之比近似为 1。如图 7-45 所示的迈克尔逊干涉仪，光源发出的光经分光镜 H 分为两路，两路光分别经参考镜 M_r 和测量镜 M_s 反射后又在 H 上相遇而产生干涉。为了获得等光强干涉，则要求分光镜的反射率与透射率大致相等（通过分光镜表面镀膜来达到），测量镜与反射镜的反射率大致相等。对于更复杂的光学系统则会经过多次分光与反射再相遇产生干涉，这时应逐一计算测量路与参考路光的透射率与反射率，最终使相干的两路光获得等光强干涉。

5. 共光路设计

在本章第三节中已经分析过，遵守共光路设计原则可以减小外界温度变化和机械振动等

对干涉测量的影响。使测量光路与参考光路处于相同的外部工作环境下，有利于提高相干检测系统的精度和稳定性。

为了获得共光路干涉可采用如下方法：

将参考镜与被测物（或测量镜）放在同一光路中。如图 7-48 所示米勒干涉仪，在物镜和被测物之间放置参考镜和半反半透镜。由光源来的照明光被半反半透镜反射和透射。反射光经参考镜和物镜投射到 CCD 的光敏面上作为参考光路；透过半反半透镜的光照射到被测物的表面上，并被反射也被物镜成像在 CCD 光敏面上，两束光相遇产生干涉。可以看出，该光学系统使测量光与参考光基本上共路，只是在半反半透镜与被测物之间不是共路的。类似的方法还有如图 7-5 所示的斐索干涉仪。它们属于准共路干涉仪。

完全共路可采用散射板或沃拉斯顿棱镜等分光。图 7-49 是散射板式共路干涉仪原理图。由于散射板的作用，使参考光与测量光都由被测凹面镜 5（物面）反射发出，而无须专门的参考表面。

其工作原理是：光源发出的光被聚光镜 2 汇聚到针孔光栏 3 上，投影物镜 6 把针孔成像在被测凹面镜的中心点上，散射板 4 放在被测凹面的球心处，入射光经过散射板后光束的一部分直接透过散射板到达被测表面的中心区域（即针孔成像的区域），另一部分光束经散射板散射充满被测表面的全孔径。这两支光束均被被测表面反射后又一次经散射板透射和散射。所不同的是第一次透过散射板的汇聚光第二次则被散射板散射成为参考光束；而第一次透过散射板散射的光充满被测表面，并又被被测表面反射后第二次再经过散射板后形成的透射光为测量光束，这两束光相遇产生干涉。由于参考光和测量光均来自于物面，两者完全为共光路，因此温度、振动和空气扰动影响都是共模干扰，可以消除，所以干涉条纹稳定，且结构简单，适合于在车间使用。

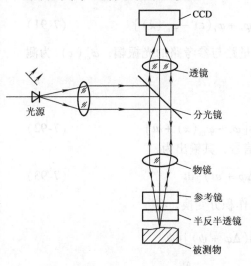

图 7-48　米勒干涉仪原理图

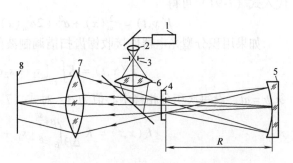

图 7-49　散射板式共路干涉仪原理图
1—光源　2—聚光镜　3—针孔光栏　4—散射板
5—被测凹面镜　6—投影物镜　7—成像物镜　8—观察屏

采用沃拉斯顿棱镜分光的错位干涉仪，用萨瓦分束器分光、双焦透镜分光及二元光学分光的共路干涉仪可参阅有关文献。

三、干涉条纹相位检测法及其设计

干涉条纹相位检测法是用式（7-80）直接检测相位 $\Delta\varphi$ 的变化，而不是如前面所述通过检测条纹光强（振幅）来检测被测量。由于直接检测由被测量（ΔL 和 Δn）引起的干涉条纹相位变化，因此凡对光强有影响的因素，对相位检测影响极小。因而相位检测有很好的稳定性和很高的精度。

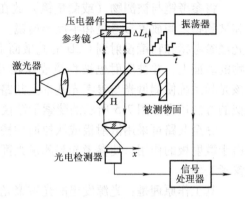

图 7-50 是相位检测的泰曼—格林干涉仪原理图。它在参考镜处使用压电器件驱动参考镜做周期性的运动，从而在被测物不动的情况下，干涉条纹各点都形成以同样周期变化的信号。在不同位置上时序信号的初相位与该点被测波面的初相位相对应。用面阵 CCD 接收该干涉条纹信号，并用干涉图分析法，就可得到与被测表面粗糙度相

图 7-50　相位检测的泰曼—格林
干涉仪原理图

对应的干涉图上各点的初相位，再用公式 $\Delta L(x,y) = \dfrac{\lambda_0 \Delta\varphi(x,y)}{4\pi n}$ 就可测得物上各点的粗糙度分布。

压电器件驱动可以采用阶梯波、正弦波、锯齿波等。不同的驱动方式产生的参考镜运动规律不同，因此求解 $\Delta\varphi$ 的方法也不同。以锯齿波驱动为例，由锯齿波扫描相位调制的干涉面上任一点 x 的光强可表示为

$$I(x,t) = a_m^2(x) + a_r^2 + 2a_m(x)a_r\cos\left[\varphi_r + \varphi_r(t) - \varphi_m(x)\right] \tag{7-91}$$

式中，$\varphi_r(t)$ 为锯齿波，$\varphi_r(t) = at$；a_m、a_r 分别为测量路与参考路的光振幅；$\varphi_m(x)$ 为测量点处的相位差。

代入式（7-91）可得

$$I(x,t) = a_m^2(x) + a_r^2 + 2a_m(x)a_r\cos\left[\varphi_r - \varphi_m(x) + at\right] \tag{7-92}$$

如果用积分型光电器件接收锯齿扫描调制波的光信号，其输出为

$$I_s(x,t) = K\int_{t_1}^{t_2}\left[s_1 + s_2\cos(\Delta\varphi + at)\right]\mathrm{d}t \tag{7-93}$$

令 $\psi = at$，设每次积分相移中心值为 β，对式（7-93）作积分变换，有

$$I_s(x,t) = K\frac{1}{\Delta\beta}\int_{\beta-\frac{\Delta\beta}{2}}^{\beta+\frac{\Delta\beta}{2}}\left[s_1 + s_2\cos(\Delta\varphi + \psi)\right]\mathrm{d}\psi$$

$$= K\frac{1}{\Delta\beta}\left[s_1\psi + s_2\sin(\Delta\varphi + \psi)\right]\Bigg|_{\beta-\frac{\Delta\beta}{2}}^{\beta+\frac{\Delta\beta}{2}}$$

$$= Ks_1 + Ks_2\,\mathrm{sinc}\frac{\Delta\beta}{2}\cos(\Delta\varphi + \beta) \tag{7-94}$$

式中，K 为系数；$S_1 = a_m^2(x) + a_r^2$；$S_2 = 2a_m(x)a_r$；$\Delta\varphi = \varphi_r - \varphi_m(x)$。

式（7-94）的未知数分别为 s_1、s_2、$\Delta\beta/2$ 和 $\Delta\varphi$，可以采用多次积分数据优化求解。如积分 N 次可以求得多个 $\Delta\varphi$ 值，再利用最小二乘原理对这些值进行优化，便可求得唯一解。

　　二次相位调制用测量并比较时序信号的相位来代替测量光强的空间分布，这种方法不受幅度变化的影响，同时受振动、背景光和某些噪声的影响也减小，因此测量更稳定，测量精度更高。如用平面光波二次相位调制法检测非球面镜的球面形变和表面粗糙度，其测量准确度可达到纳米量级。

　　对于干涉条纹相位检测系统，要求相位的检测精度要高和相位信号稳定。因此对该系统设计时要注意的是：①参考镜的驱动应重复性好，且驱动稳定；②参考镜采用阶梯波驱动时，由于阶梯波的特点，驱动过程是：驱动—静止（采样）—驱动—静止（采样），因此信息采集是间歇的，在采样过程中应避免压电器件蠕变影响。当采用正弦波驱动时，驱动是连续的，由于振幅与检测点处波面相位差成正弦关系，当采用相位锁定法检测相位时，有原理误差存在。而锯齿波法没有原理误差；③由于参考路与测量路是分置的，因此环境温度和振动的影响是重要误差因素，因而采用共光路的相位干涉仪是好方法；④相位检测精度是关键，参考镜的不同驱动方式，其相位检测方法是不一样的，采用精度高且方法简便的相位检测是十分重要的。

四、干涉条纹的外差检测系统

　　光学外差检测是将包含有被测信息的相干光调制波和作为基准的本机振荡光波，在满足波前匹配条件下在光电检测器上进行光学混频。检测器的输出是频率为两光波光频差的拍频信号，该信号包含有调制信号的振幅、频率和相位特征。通过检测拍频信号能最终解调出被传送的信息。

（一）光学外差检测原理

　　光学外差检测原理如图 7-51a 所示。设入射信号光波的复振幅和本机振荡参考光波的复振幅分别为

$$U_s(t) = a_s \sin(\omega_s t + \varphi_s) \tag{7-95}$$
$$U_0(t) = a_0 \sin(\omega_0 t + \varphi_0) \tag{7-96}$$

式中，ω_s、ω_0 为两束光波的角频率，$\omega_s = 2\pi\nu_s$、$\omega_0 = 2\pi\nu_0$；ν_s 和 ν_0 为对应的光波频率。

　　在光混频器上的输出光强为

$$I_{hs} = K|U_s(t) + U_0(t)|^2 = K[U_s^2(t) + U_0^2(t) + 2U_0(t)U_s(t)]$$
$$= \frac{K}{2}\{[a_s^2 + a_0^2 - a_s^2\cos(2\omega_s t + 2\varphi_s) - a_0^2\cos(2\omega_0 t + 2\varphi_0)] -$$
$$2a_0 a_s \cos[(\omega_s + \omega_0)t + (\varphi_s + \varphi_0)] + 2a_0 a_s \cos[(\omega_s - \omega_0)t + (\varphi_s - \varphi_0)]\} \tag{7-97}$$

式中，K 为探测器的光电灵敏度。

　　由式（7-97）可见，混频后的光电信号包含直流分量、二倍参考光频和二倍信号光频分量以及参考光和信号光的和频和差频分量。它们的频谱分布如图 7-51b 所示。其中的倍频项与和频项不能被光电器件接收，只有当 ω_0 和 ω_s 足够接近，并使频差 $\Delta\omega = \omega_s - \omega_0$ 处于探测器的通频带范围内才能被响应。此时探测器的输出信号变成

$$I_{hs} = K a_s a_0 \cos(2\pi\Delta\omega t + \Delta\varphi) \tag{7-98}$$

式中，$\Delta\varphi = \varphi_s - \varphi_0$ 为双频光波的相位差。式（7-98）即为光学外差信号表达式。

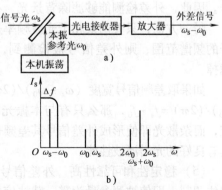

图 7-51　光学外差探测原理

a）原理图　b）频谱分布图

在外差干涉信号中，参考光束（又称为本机振荡光束或简称本振光）是两相干光的光频率和相位的比较基准。信号光可以是由本振光分束后经调制形成，也可以采用独立的相干光源保持与本振光波的频率跟踪和相位同步。前者多用于干涉测量，后者用于相干通信。不论哪种方式，由式（7-97）可知，在保持本振光的 a_0、ω_0、φ_0 不变的前提下，外差信号的振幅 Ka_0a_s、频率 $\Delta\omega = \omega_s - \omega_0$ 和相位 $\Delta\varphi = \varphi_s - \varphi_0$ 可以表征信号光波的特征参量 a_s、ω_s 和 φ_s，也就是说外差信号能以时序电信号的形式反映相干场上各点处信号光波的波动性质。即使是信号光的参量受被测信息调制，外差信号也能无畸变地精确复制这些调制信号。

（二）光外差检测的特性

光外差干涉测量具有以下优点：

（1）检测能力强　光波的振幅、相位及频率的变化都会引起光电检测器的输出，因此外差检测不仅能够测出振幅和强度调制的光波信号，而且可以检测出相位和频率调制的光波信号，是测试光的波动性的一种非常有效的方法。

（2）转换增益高　外差检测时经光电接收器输出的电流幅值 I_{hsm} 为

$$I_{hsm} = Ka_0a_s = 2K\sqrt{P_0P_s}$$

式中，P_s 和 P_0 分别是信号光和本振光的功率。

在同样信号光功率 P_s 条件下，光外差检测与直接检测所得到的信号功率比为

$$G = \frac{I_{hs}^2}{I_{ds}^2} = \frac{4K^2P_sP_0}{K^2P_s^2} = \frac{4P_0}{P_s} \tag{7-99}$$

式中，G 称为转换增益，相干检测中本振光的功率 P_0 远大于接收到的信号光功率 P_s，通常高几个数量级，因此 G 可高达 $10^7 \sim 10^8$ 数量级。

（3）信噪比高　外差检测与直接检测的信噪比，在只考虑散粒噪声的情况下，外差检测的信噪比 SNR_h 与直接检测的信噪比 SNR_d 之比为

$$\frac{SNR_h}{SNR_d} = \frac{2P_0}{P_s} \tag{7-100}$$

式（7-100）表明外差检测信噪比在 $P_0 = P_s$ 时是直接检测的 2 倍，在实际的光学系统中，可以使 $P_0 \gg P_s$，因而外差检测的信噪比很高。

（4）滤波性好　为了形成外差信号，要求信号光和本振光空间方向严格对准。而背景光入射方向是杂乱的，偏振方向不确定，不能满足空间调准要求，不能形成有效的外差信号。因此，外差检测能够滤除背景光，有较强的空间滤波能力。

另一方面，只要两束相干光波频率是稳定的，当检测通道的通频带刚好覆盖有用外差信号的频谱范围，则外差信号被检测到，而在此通带外的杂散光即使形成拍频信号也将被滤掉。

如果取差频信号宽度 $(\omega_s - \omega_0)/(2\pi)$ 为检测器后面放大器的通频带 Δf，即 $\Delta f = (\omega_s - \omega_0)/(2\pi) = f_s - f_0$，那么只有与本振光混频后的外差信号落在此频带内的光才可以进入系统，而杂散光即使形成外差信号其差频也在通频带之外，而被滤掉。因此光外差检测系统也具有良好的光谱滤波性能。

（5）稳定性和可靠性高　外差信号通常是交变的射频或中频信号，并且多采用频率和相位调制，即使被测参量为零，载波信号仍保持稳定的幅度。对这种交流的测量系统，直流分量的漂移和光信号幅度的涨落不直接影响检测性能，能稳定可靠的工作。

（三）光外差检测系统设计要点

1. 光外差检测的空间条件

在前面叙述中，我们曾假设信号光束和本振光束重合且垂直入射到光混频器的光敏面上，也就是信号光和本振光的波前在光混频器表面上保持相同的位相关系，并根据这个条件导出了通过带通滤波器的瞬时中频电流。由于光辐射的波长比光混频器的尺寸小得多，实际上光混频是在一个个面积元上发生的，即总的中频电流等于光混频器表面上每一微分面积元所产生的微分中频电流之和。很显然，只有当这些微分中频电流保持恒定的相位关系时，总的中频电流才会达到最大值。这就要求信号光和本振光的波前必须重合，也就是说，必须保持信号光和本振光在空间上的角准直。

为了研究两光束波前不重合对外差检测的影响，假设信号和本振光都是平面波。如图 7-52 所示，信号光的波前和本振光的波前有一夹角 θ。为了简单起见，假定光检测器的光敏面是边长为 d 的正方形。在分析中，假定本振光垂直入射，并令本振光为

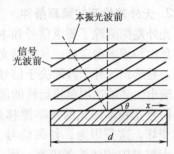

图 7-52　光外差检测的空间关系

$$U_0(t) = a_0 \cos(\omega_0 t + \varphi_0)$$

由于信号光与本振光波前有一失配角 θ，故信号光斜入射到光电检测器表面，同一波前到达检测器光敏面的时间不同，可等效于在 x 方向以速度 v_x 行进，所以在光检测器光敏面不同点处形成波前相差，故可将信号光写为

$$U_s(t) = a_s \cos\left(\omega_s t + \varphi_s - \frac{2\pi \sin\theta}{\lambda_s} x\right)$$

式中，λ_s 为信号光波长。

令

$$\beta_1 = \frac{2\pi \sin\theta}{\lambda_s}$$

则上式写为

$$U_s(t) = a_s \cos(\omega_s t + \varphi_s - \beta_1 x)$$

入射到光混频器表面的总光场为

$$U_t(t) = U_s(t) + U_0(t)$$

于是光混频器输出的瞬时光电流为

$$i_p(t) = K \int_{-\frac{d}{2}}^{\frac{d}{2}} \int_{-\frac{d}{2}}^{\frac{d}{2}} \left[U_s(t) + U_0(t) \right]^2 \mathrm{d}x\mathrm{d}y \tag{7-101}$$

对式（7-101）积分后，并经中频滤波可得光电器件检测到的信号为

$$i_{IF} = Kd^2 a_s a_0 \cos\left[(\omega_0 - \omega_s)t + (\varphi_0 - \varphi_s) \right] \frac{\sin\dfrac{d\beta_1}{2}}{\dfrac{d\beta_1}{2}}$$

式中，K 为光电灵敏度。

由于 $\beta_1 = 2\pi \sin\theta / \lambda_s$，因此瞬时中频电流的大小与失配角 θ 有关。显然当上式中的因子

$\sin\dfrac{d\beta_1}{2}\Big/\dfrac{d\beta_1}{2}=1$ 时，瞬时中频电流达到最大值，此时要求 $d\beta_1/2=0$，也就是失配角 $\theta=0$。

但是实际中 θ 角很难调整到零。为了得到尽可能大的中频输出，总是希望因子 $\sin\dfrac{d\beta_1}{2}\Big/\dfrac{d\beta_1}{2}$ 尽可能接近于 1，要满足这一条件，只有 $d\beta_1/2\ll1$，因此

$$\sin\theta\ll\frac{\lambda_s}{\pi d} \tag{7-102}$$

式（7-102）表明，失配角与信号光波长 λ_s 成正比，与光混频器尺寸 d 成反比，即波长越长，光电检测器尺寸越小，容许的失配角就越大。波长越短，空间准直要求也越苛刻。也正是这一严格的空间准直要求，使得外差探测具有很好的空间滤波性能。

2. 光外差检测的频率条件

光外差探测除了要求信号和本振光必须保持空间准直、共轴以外，还要求两者具有高度的单色性和频率稳定度。从物理光学的观点来看，光外差检测是两束光波叠加后产生干涉的结果。显然，这种干涉取决于信号光和本振光的单色性。一般情况下，为了获得单色性好的激光输出，必须选用单模运转的激光器作为相干检测的光源。

信号光和本振光的频率漂移如不能限制在一定的范围内，则光外差检测系统的性能就会变坏。这是因为，如果信号光和本振光的频率相对漂移很大，两者频率之差就有可能大大超过中频滤波器带宽，因此，光混频器之后的前置放大和中频放大电路对中频信号不能正常地加以放大。所以，在光外差检测中，需要采用专门措施稳定信号光和本振光的频率和相位。通常两束光取自同一激光器，通过频率偏移取得本振光，而信号光用调制的方法得到。

通过频率偏移获得本振光的方法有：①利用塞曼效应使激光器输出的激光发生分裂，获得频移 $1.5\sim1.8\mathrm{MHz}$ 的本振光；②利用半导体激光器注入电流变化来获得偏频，其原理是半导体激光输出频率是其注入电流的函数；③利用声光调制器改变声频使一级衍射光产生频移；④利用光入射到旋转的衍射光栅或波片来获得偏频。无论用什么方法来获得频移，都要求频率要稳定，允许频率偏移的大小，视测量精度要求而定。

3. 光外差检测的偏振条件

在光混频器上要求信号光与本振光的偏振方向一致，这样两束光才能按光束叠加规律进行合成。一般情况下都是通过在光电接收器的前面放置检偏器来实现的。分别让两束信号中偏振方向与检偏器透光方向相同的信号通过，以此来获得两束偏振方向相同的光信号。

4. 外差检测的功率稳定

外差检测的信噪比 $SNR_h=\eta P_0/(h\nu\Delta f)$，式中 η 为量子效率，h 为普朗克常数，ν 为光频，Δf 为系统带宽，P_0 为本机振荡功率，P_0 若不稳定将会引起很大的噪声，因此外差检测要求本振光功率要稳，除了采用稳频率和稳功率技术来稳定 P_0 之外，在光路中采用双通道混频技术来减小 ΔP_0 的影响是十分有效的。

第七节　光电系统设计举例——激光干涉仪的设计

干涉仪是基于光波干涉原理设计成的仪器，它在光电测控仪器中占有重要地位。干涉测量本质上是以光波波长为单位来计量的，现代的干涉计量技术已能达到一个光波波长的百分之一的精度。采用激光器作为光源构成的激光干涉仪，不但使干涉测量的范围大大扩展、测

量速度加快、测量精度进一步提高，而且使干涉仪的结构更为简化。目前，已经出现了许多性能优良的激光干涉仪器。本节以激光干涉仪设计为例说明光电系统设计的方法。

一、干涉仪的一般特性及设计要点

一般干涉仪主要由 4 部分组成：光源及照明系统、干涉系统、观察接收系统和信号处理系统。干涉仪的这几部分，根据测量对象和测量要求的不同而有各种不同的组合，由此形成各种结构不同的干涉仪器。

干涉仪的输出信息，在光电变换之前，是一幅干涉图样，它以干涉条纹的变化来反映被测对象的信息。干涉条纹是干涉场上光程差相同的点的轨迹。干涉条纹的形状、间隔、位置及颜色等的变化均与光程差的变化有关。

干涉仪按其用途，可分为两类：一类是用来测量条纹的弯曲量；另一类是用来测量干涉场指定点上条纹的移动量。根据条纹弯曲量，可以检查形状偏差或表面微观几何形状，研究气流中的密度分布，测量光学系统的波面像差等。根据条纹的移动量，可测量零件的尺寸、物体的位移和振动，也可以测量物质的折射率。

干涉仪和一般的光学成像仪器不同，它具有两支（或多支）光路。这两支光路汇合后形成干涉条纹。一般光学仪器中，入射光瞳的大小决定了进入仪器光能量的多少，窗则和仪器的视场相联系。为了尽可能引用熟知的概念，在干涉仪中，将限制光源大小的光阑 S 称为干涉仪的入射光瞳，可观测干涉图的平面 B 称为出射窗或干涉场（见图7-53）。双光束干涉仪有两支相干的光路：与被测量有关的一支称测量光路，与测量光路作比较的一支称参考光路。每支光路都是独立的光学系统，它们有共同的入射光瞳和共同的干涉场。每支光路都生成入瞳的像，故两光束干涉仪有两个出瞳 S_1、S_2 和两个入射窗 B_1、B_2（它们是出窗干涉场B 在物方的像）。与一般光学仪器一样，入瞳 S 和入窗 B_1、B_2 属物方空间；出瞳 S_1、S_2 和出窗 B 属像方空间。因此，干涉仪和普通光学仪器的差别在于它有两个（或多个）入窗和两个（或多个）出瞳，而普通光学仪器都只有一个。各种不同的干涉仪，其区别在于瞳和窗的形状、大小及相对位置不同，因此借助于干涉仪的光瞳和窗的分析，可以简捷地了解干涉仪的许多性质，并能解决干涉仪设计和调整中的许多问题。

图 7-53　干涉仪的瞳和窗

干涉仪是利用干涉条纹来进行测量的仪器，设计时首先应使仪器能方便地调出所需要的干涉条纹。因此，必须研究干涉仪中光学元件运动与条纹的形状、间隔、方向变化等因素的关系，从中找出规律，指导干涉仪的设计。

在干涉仪设计时，应注意遵守测控仪器设计的阿贝原则、变形量小原则、差动比较原则及误差补偿原理、平均读数原理外，还应遵守测控仪器中光电系统设计的共光路原则、等光强原则、匹配原则及干扰光最少原则。

二、激光干涉测长仪设计

激光干涉测长仪是用由激光器发出的波长为基准，利用光干涉原理来测量长度的仪器，它是一种典型的激光干涉式仪器。

设计要求：设计一台在计量室使用的测量范围 $0 \sim 3\text{m}$，测量准确度（单位为 μm）为 $(0.3 \pm 0.5 \times 10^{-6}L)$（$L$ 为测量长度，单位为 mm）的激光干涉测长仪。

（一）激光干涉测长的基本原理

图 7-54 所示为一种基于迈克尔逊干涉的激光干涉测长仪的原理图。它主要由以下几部分组成：

（1）激光光源　它一般采用单模稳频 He – Ne 激光器，使用输出波长 $\lambda = 632.8\text{nm}$ 的红光。He – Ne 激光器具有比半导体激光器更稳定的波长和更好的相干性。

（2）干涉系统　该系统采用迈克尔逊干涉的原理，迈克尔逊干涉仪结构简单，条纹对比度好，信噪比高。被测长度位移量通过干涉仪的移动臂引入，对光波的位相进行调制，再由干涉仪中两臂光波的干涉实现对位移

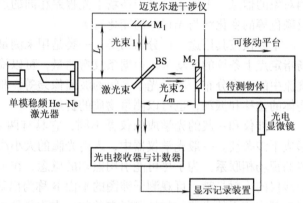

图 7-54　激光干涉测长仪的基本原理图

量的解调。由于该测长仪的准确度要求不是很高，所以为了使用方便可以不设计成共路干涉形式。

（3）干涉信号处理系统　这部分主要包括干涉信号的光电探测、信号放大、辨向、细分以及可逆计数和显示、记录等。

（4）瞄准系统　它采用光电显微镜，用于给出被测长度的起始和终止位置，实现对被测长度或位移的精密瞄准，使干涉信号处理系统和被测长度之间实现同步，其工作原理如图 7-38 所示。

激光干涉测长仪的基本原理图如图 7-54 所示，由激光器发出的光经分束镜 BS 分为两束：一束射向干涉仪的固定参考臂，经参考反射镜 M_1 返回后形成参考光束；另一束射向干涉仪的测量臂，测量臂中的反射镜 M_2 将随被测长度位移而移动，这一束光从测量反射镜返回后形成测量光束；测量光束和参考光束的相互叠加干涉形成干涉信号。干涉信号的明暗变化次数 N 直接对应于测量镜的位移，可表示为

$$L = N\frac{\lambda}{2} = N\frac{\lambda_0}{2n} \tag{7-103}$$

式中，λ_0 为真空中波长；n 为测量环境介质折射率。

因此，由光电显微镜发出对 N 的起始计数点（如瞄准被测物的零刻线），便可通过对 N 的计数得出被测位移 L 的值。干涉仪处于起始位置时，测量光路与参考光路的光程差（又称初始程差或零程差）为 $2n(L_\text{m} - L_\text{r})$，对应的干涉条纹数为

$$K_0 = \frac{2n(L_\text{m} - L_\text{r})}{\lambda_0} \tag{7-104}$$

式中，L_m 与 L_r 分别为测量光路与参考光路的初始长度（见图 7-54）。

测量时，反射镜 M_2 随被测物体一起移动。如移动长度为 L，那么干涉条纹数变为 K，其值为

$$K = \frac{2nL}{\lambda_0} + \frac{2n(L_m - L_r)}{\lambda_0} \tag{7-105}$$

若干涉条纹经 m 倍细分后，再用计数器计数，所计的数为 N，那么

$$N = Km = \frac{2mnL}{\lambda_0} + \frac{2mn(L_m - L_r)}{\lambda_0} \tag{7-106}$$

从而被测长度 L 为

$$L = \frac{N\lambda_0}{2mn} - (L_m - L_r) \tag{7-107}$$

由于激光干涉测长是增量码式测量，在测量开始前应对计数器清零，因而在测量过程中只要 $L_m - L_r$ 不再改变，其测量结果为

$$L = \frac{N\lambda_0}{2mn} \tag{7-108}$$

式（7-108）即为激光干涉测长的基本公式。

对式（7-107）进行全微分，便可用微分法求出影响激光干涉测长的主要误差

$$\Delta L = \frac{\lambda_0}{2mn}\Delta N + \frac{N}{2mn}\Delta\lambda_0 - \frac{N\lambda_0}{2mn^2}\Delta n - \Delta(L_m - L_r)$$

$$= L\left(\frac{\Delta N}{N} + \frac{\Delta\lambda_0}{\lambda_0} - \frac{\Delta n}{n}\right) - \Delta(L_m - L_r) \tag{7-109}$$

式中，$L(\Delta N/N)$ 为计数误差；$L(\Delta\lambda_0/\lambda_0)$ 为波长不稳定带来的测量误差；$L(\Delta n/n)$ 为由于测量环境下空气折射偏离标准环境下的空气折射率而带来的误差；$\Delta(L_m - L_r)$ 为测量过程中由于温度、力变形及振动造成初始程差发生变化而带来的误差。

由此可以看出，激光干涉仪设计时应解决的几个主要问题为

1）干涉仪的布局应合理，应尽量遵守阿贝原则和共路原则，同时应尽量使初始程差为零，尽量减小力变形和温度变形。

2）应解决干涉测量基准的稳定性问题，即激光波长要稳定，从而使 $L(\Delta\lambda_0/\lambda_0)$ 尽量小，因此应采取稳频措施。

3）测量环境下空气折射率偏离标准状态而产生的 Δn 不容忽视，由此而产生的测量误差，可采用空气折射率修正的方法来解决。

4）$L(\Delta N/N)$ 是计数误差，包括分辨力、计数器的稳定性及细分误差，选择合适的分辨力和提高细分精度是减小该项误差的主要办法。

以上介绍的是激光干涉长度测量系统的基本原理和误差表达式。对于实际应用的测量系统，若采用这种简单的干涉光路进行测量将会存在一些问题。例如，当参考光束和测量光束经过分光镜合成时，一部分光合成到光电检测器上进行干涉，形成有用的干涉信号，另一部分光束将沿原光路返回到激光器中，这部分光将对激光器的正常工作产生影响，对激光管的输出引起不稳定干扰。此外，对于长距离的测量，干涉仪的测量臂的移动由于受到导轨精度或干涉仪本身及外界振动等因素的影响，都会引起测量反射镜的方向和位置的偏移，从而影响到干涉信号的变化，产生测量误差。再则，就是测量系统必须能对正向位移和反射位移进行方向辨别，以进行可逆计数。因此，在光路和电路设计中，必须考虑把测量的位移方向鉴

别出来。基于以上几点考虑，下面介绍实际的激光干涉测长系统的光路设置、辨向和计数、提高精度的措施等问题。

（二）激光干涉测长仪的光路设置

一种实际应用的激光干涉测长仪的简化光路设置如图 7-55 所示。由 He－Ne 激光器 1 发出的光经由透镜 2、小孔光阑 3、透镜 4 组成的准直光学系统使激光束的截面扩大，并压缩光束的发散角。准直光学系统由一倒置的望远系统组成，其小孔光阑 3 位于透镜 2、4 的焦点处，形成一种空间滤波器用于减小光源中的杂散光影响。从准直光学系统出来的光经反射镜 5 后光路转折到达分光镜 9，分光镜 9 将入射光分为两部分，一部分透射射向角锥反射棱镜 10 形成参考光束，另一部分反射射向角锥反射棱镜 8 形成测量光束；其中角锥棱镜 10 固定不动，作为干涉仪的参考臂；而角锥棱镜 8 则作为干涉仪的测量臂，随着被测位移的变化而移动。经参考臂上的棱镜 10 反射的参考光束与经测量臂上的棱镜 8 反射的测量光束再经分光镜 9 合成后分为两路干涉信号，一路由透镜 11 聚集和光阑 12 滤除杂散光后由光电检测器 13 接收；另一路则经反射棱镜 6 反射转折后经透镜 14 和光阑 15 后由光电检测器 16 接收。图中测量光束的光学元件 7 称之为位相板，它的作用是使通过它的部分光束产生附加的位相移动，以使由光电检测器 13 和 16 所接收到的干涉信号在相位上的相差 π/2。利用这组信号间的关系，经电路处理后就可以实现对测量臂位移方向的辨别，在计数器上进行加减可逆计数。下面进行较为详细的分析。

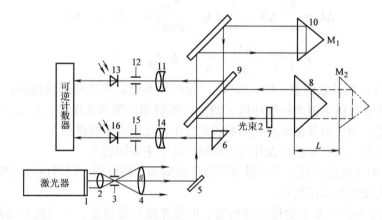

图 7-55　一种激光干涉测长仪的简化光路

1. 干涉仪的布局

目前采用的干涉系统的光路布局可以取如下几种形式：

（1）整体式　如图 7-56a 所示，这种布局是把参考反射镜 M_1、分光镜 BS、激光器 J 均密封于一体内，而测量反射镜 M_2 与被测物体相连接，测量时置于外界条件下。这种布局整体性好，但是，干涉仪的参考臂区域与测量臂区处于不同的环境条件下，因此计算"零程差漂移误差"时，应考虑测量过程中空气折射率和被测长度对起始状态动量的影响。

（2）最短程差式　所谓最短程差式布局，其目的是在最大测量行程时，使两相干光束具有最短的相干长度，如图 7-56b 所示。为此，｜$L_m - L_r$｜ ＝ $L/2$。这种布局零程差不为零。然而，由于参考反射镜 M_1 和测量反射镜 M_2 布置在同一侧，可以认为干涉仪的两臂经受相同的环境因素，因此零程差漂移误差较小。

（3）齐端式　所谓"齐端"，即指干涉仪的参考反射镜和测量反射镜在开始测量时"齐端"，如图 7-56c、d 所示。由图可知，在这种布局情况下，$L_m - L_r = 0$。而且，因为干涉系统

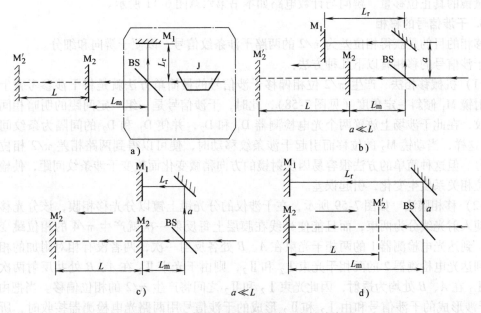

图 7-56　整体式、最短程差式、齐端式布局

两臂布置在同一侧，所以 $\Delta(L_m - L_r) = 0$。因此，"齐端"式是使零程差漂移误差为零的布局。

（4）光学倍程式　图 7-57 是一种光学倍程式布局。这种结构使测量光束在测量镜内多次往返，实现了对位移灵敏度的提高，使之产生光学多倍程的效果。此时，当 M_2 每移动 $\lambda/(4k)$ 就产生干涉信号的一个周期的变化（k 为光束在移动镜中的往返次数），其灵敏度提高 k 倍。应用这种干涉系统可以通过简单的干涉信号可逆计数方式工作，无须依靠对信号的电子细分技术。但初始程差不为零，零点漂移误差较大。

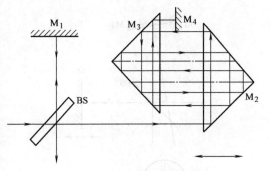

图 7-57　光学倍程式布局

由以上分析可知，为减小测量过程中力变形、温度变形的影响，应选用图7-56c的零程差式结构布局。另外在结构布局时应考虑遵守阿贝原则。在该仪器中测量镜 M_2 的顶点移动方向要与测量线方向一致。

2. 干涉信号的辨向与计数

以上提到，要使激光干涉仪能进行实际工作，必须对测量反射镜的位移方向进行辨别，以实现对干涉信号的可逆计数。由于测量反射镜在测量过程中可能需要进行正反两方向的移动，或在测量过程中由于各种干扰因素的影响（外界振动、拖动测量镜移动的导轨误差以及机械传动机构的不稳定等），可能使测量镜在正向移动过程中产生一些偶然的反向移动。此种正、反方向的移动均使干涉信号产生明、暗的变化。此时，若测量系统中没有辨向能力，则由光电检测器接收信号后，由计数器所显示的计数值将是测量镜正反移动的总和，使干涉仪带来很大测量误差。为了解决这一问题，仪器的电路中必须设计有方向辨别部分。该电路把计数脉冲分为加和减两种脉冲，当测量镜正向移动时所产生的脉冲为加脉冲，而测量镜反向移动时引起的脉冲为减脉冲。把这两种脉冲送入可逆计数器进行可逆计数，就可以得出测量镜的真正位移量。辨向与计数电路如本书第六章图6-11所示。

3. 干涉信号的移相

移相的目的是获得相位差为 π/2 的两路干涉条纹信号，以便于辨向和细分。

干涉信号的移相有以下几种方法：

（1）机械移相法　产生 π/2 位相偏移干涉信号的最简单方法就是将干涉参考臂上的固定反射镜 M_1 倾斜一定角度（见图7-58），此时，干涉信号是一组一定间距的明暗相间的干涉条纹，在此干涉场上放置两个光电检测器 D_1 和 D_2，并使 D_1 和 D_2 的间隔为条纹间距的 1/4，这样，当动镜 M_2 的位移而引起干涉条纹移动时，便可以得到两路相差 π/2 相位的干涉信号。但这种简单的方法很容易因反射镜的方向稍微变化而改变干涉条纹间距，使输出信号的位相关系发生变化，引起误差。

（2）移相膜法　如图7-59所示，在干涉仪的分光镜上镀以分光移相膜，该分光移相膜不仅使入射光线分为两束，而且能使光线在膜层上每反射一次就产生 π/4 的相位跳变。在图中，到达光电检测器1的两相干光束在 A、B 处各反射一次，两者没有相对附加的相位移动。到达光电检测器2的两相干光束 I_2 和 II_2，则由于光束 II_2 在 A、B 处共反射两次，而光束 I_2 在 A、B 处均为透射，因此光束 I_2 和 II_2 之间将产生 π/2 的相位偏移。当把由 I_1、II_1 干涉形成的干涉信号和由 I_2 和 II_2 形成的干涉信号用两路光电检测器接收时，所得到的干涉信号就相位上相差 π/2。这种方法可获得很稳定的信号移相。

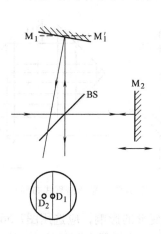

图7-58　倾斜反射镜移相

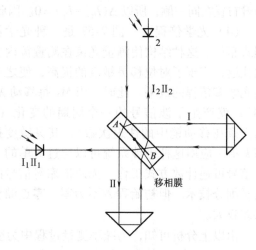

图7-59　移相膜法移相

（3）翼形板移相　翼形板是由两块厚度相同、材料相同的玻璃平板胶合而成，如图7-60a所示。厚度常在0.5~5mm之间。使用中它被安置在干涉光路（测量光路或参考光路均可）的光束截面的下半部。当以两板的交棱为轴，适当转动翼形板时，可使通过两板的光线彼此有 λ/4 的光程差。图7-60b所示为测量反射镜为角锥棱镜时与翼形板的位置关系图。图7-61表示了有无翼形板时所得到的干涉条纹的干涉场比较。无翼形板时，随着测量镜的移动，干涉条纹或明或暗，如图7-61a所示。当在光路中放置翼形

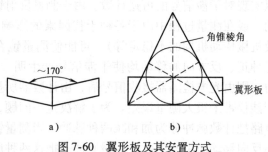

图7-60　翼形板及其安置方式

板时，则干涉场将如图 7-61b 所示，出现Ⅰ、Ⅲ象限为亮纹时，Ⅱ、Ⅳ象限为半亮半暗区；反之，当Ⅱ、Ⅳ象限为亮纹时，则Ⅰ、Ⅲ象限为半亮半暗区，即这组条纹在空间上相差 $\pi/2$。若用一分像棱镜把Ⅰ、Ⅲ象限和Ⅱ、Ⅳ象限的干涉条纹分开，再由两路光电探测器分别接收，即可获得相互移相的干涉信号。该仪器中采用的是翼形板移相法，移相较准。

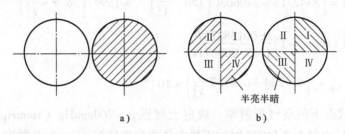

图 7-61　有无翼形板时干涉场光强比较

此外，还有利用偏振光的移相方法等。在选择和设计移相方法时，要根据测量条件、系统结构特点以及精度要求等多方面综合考虑。

4. 光波长的稳定和修正

激光器应满足单模（TEM_{00}）输出。这样，输出的激光光束才具有均匀的远场光斑和良好的方向性。由于激光干涉测长的基准是光的波长，因此，对激光器输出波长的稳定性有较高要求。由式（7-108）可知，由于波长不稳定所引起的被测长度 L 的相对误差为

$$\frac{\Delta L_\lambda}{L} = \frac{\Delta\lambda}{\lambda}$$

如果要求在测量长度为 1m 范围内，由于激光波长不稳定所引起的测量误差小于 $0.1\mu m$，故要求激光波长的稳定度为

$$\left|\frac{\Delta\lambda}{\lambda}\right| = \frac{0.1\times10^{-6}}{1} = 1\times10^{-7}$$

由于激光波长的稳定与激光频率 ν 的稳定是一致的，因此就相应地要求

$$\left|\frac{\Delta\nu}{\nu}\right| \leqslant 10^7$$

由于激光的谐振频率 ν 与谐振腔长 L_s 的关系为

$$\nu = \frac{c}{2nL_s}k \tag{7-110}$$

式中，c 为光速；n 为谐振腔内介质的折射率；k 为正整数。

因此有

$$\frac{\Delta\nu}{\nu} = -\left(\frac{\Delta L_s}{L_s} + \frac{\Delta n}{n}\right) \tag{7-111}$$

式（7-111）表明，激光频率的稳定度与谐振腔长及介质折射率的稳定度有关；此外，激光器的输出功率也随腔长的变化而变化。因此对于精密测量中选用的激光器必须采取一定的稳频措施。常用的稳频方法有：兰姆凹陷稳频、热稳频、碘吸收、甲烷吸收等。

5. 空气折射率修正

对于某些要求更高测量精度的场合，还需要对引起测量误差的环境因素（如空气折射率、温度、大气压等）进行修正。由于当空气折射率发生变化时，激光的波长值也随之发

生变化，因此，应精确测定干涉仪工作环境的空气折射率 n，以进行对测量值的修正。修正时可先对测量环境下的空气温度、大气压、湿度进行测量，然后进行计算修正。常用的修正公式有艾伦给出的经验计算公式：

$$\begin{cases} (n_s - 1) = \left[8342.13 + 2406030 \left(130 - \frac{1}{\lambda_0^2} \right)^{-1} + 15997 \left(38.9 - \frac{1}{\lambda_0^2} \right)^{-1} \right] \times 10^{-8} \\ (n_{t.p} - 1) = (n_s - 1) \dfrac{0.00138823P}{1 + 0.003671t} \\ n_{t.p.f} = n_{t.p} - f \left(5.7224 - 0.0457 \dfrac{1}{\lambda_0^2} \right) \times 10^{-8} \end{cases} \tag{7-112}$$

式中，n_s 为标准状态下的空气折射率，规定大气压 $p = 760\text{mmHg}$（$1\text{mmHg} = 133.322\text{kPa}$）、温度 $t = 15℃$、CO_2 含量为 0.003% 时的干燥空气为标准状态；$n_{t.p}$ 为温度为 t、大气压为 p 时的空气折射率；$n_{t.p.f}$ 为温度为 t、大气压为 p、环境湿度为 f 时的空气折射率；f 表示湿度，以 mmHg 计；λ_0 为真空中波长。

这样，只要用传感器测出测量环境下的温度、大气压和湿度便可计算得测量环境的空气折射率，就可用式（7-108）进行折射率修正。也可采用瑞利干涉仪测出折射率 n，再进行修正。

6. 光学退耦和非期望光的抑制

在激光干涉仪中，常常会出现激光光束"回授"现象，"回授"会破坏激光器的工作稳定性，使输出光强发生变化，并使激光输出频率不稳定。为了消除这种干扰，使激光器工作稳定，就要防止光束返回激光器，此过程一般称为"光学退耦"。在此仪器中采用角锥棱镜的光束偏离法进行"光学退耦"，如图 7-3a 所示。

在干涉仪中光学零件的各个界面上光线都会发生反射和折射，这些光线通过各种路径进入干涉场，不反映被测信息的光线称为非期望光线或杂光。光线在镜框、管壁等处的漫反射也会产生杂散光，这些光线形成有害的亮背景，降低条纹对比度，严重时产生非期望的干涉图，扰乱了干涉场。在激光干涉仪中，这种情况更容易出现。因此，设计时必须设法抑制或消除非期望光线，可采用如下措施：

1）设计时尽可能减少干涉系统中光学零件的数量，以减少产生非期望光线的机会。同时在非期望的反射界面上镀以增透膜，镜筒、镜框内表面要发黑处理，以减少非期望光线的强度。

2）采用平行平板作为分光器时常常产生非期望光线。如图 7-62 所示，除在分光器析光面上分裂出两条期望的相干光线 1 和 2 外，还可能产生非期望光线 3 和 4，其强度虽然较弱，但若形成条纹，还可以觉察出来。因此，实际上平行平板分光器常常设计成具有很小楔角的光楔。如果适当增加其厚度且增大其楔角，并在出瞳处加一光阑，就可以抑制非期望光的通过。另外，在光束口径较小的场合，选用立方棱镜形式的分光器，可以消除这种非期望光线。

3）在光路中适当地方放置一个针孔光阑，可以挡去大部分非期望光线，而期望光线能照常通过，如图 7-55 中

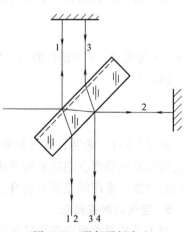

图 7-62　平行平板产生
的非期望光线

的光阑3。

4）光学零件表面的尘埃会产生衍射花样，此种现象在激光束很细的地方尤为严重，必须做好光学元件的清洁工作。同时，对光学材料的气泡、麻点等质量指标均应适当提高。

7. 正确选择光电器件

选择光电器件时应考虑它的灵敏度，要注意尽量工作在光电器件的光电特性线性区，减小非线性误差；还应考虑光电器件的光谱特性与光源的光谱匹配，即应有最大的光谱响应；在探测动态光信号时应注意光电器件的频响特性，要满足动态信号的动态特性要求等。在激光干涉系统中常用的光电器件有 PIN 管、光电二极管、光电池和光电倍增管等。在该仪器中选用噪声小频响较高的 PIN 管。

思 考 题

1. 光电系统的主动系统与被动系统、直接检测系统与相干检测系统各有何特点？
2. 说明光电系统的光电特性、光谱特性、光电灵敏度特性及频率响应特性的含义。
3. 什么是光电系统的光谱匹配、功率匹配与阻抗匹配？
4. 光电系统设计要考虑哪些重要原则？
5. 光电系统常用光源有哪几种？选择它们时应考虑哪些问题？
6. 写出直接检测光电系统输出的光电流、光功率及信噪比的表达式并说明其物理意义。
7. 如何提高直接检测光电系统的稳定性？
8. 距离检测有哪些方法？作用距离与哪些因素有关？
9. 影响几何中心和几何位置光电检测系统精度的因素有哪些？如何提高其精度？
10. 直接检测光电系统设计时，光学参数的确定依据是什么？一般应确定哪些光学参数？
11. 写出相干检测的光强、相位表达式并说明其物理意义。
12. 设计干涉条纹光强检测系统时应考虑哪些问题？
13. 说明干涉条纹外差检测原理及其特性。
14. 设计干涉条纹外差检测系统时要考虑哪些问题？
15. 导出单频激光干涉仪测长的基本公式。
16. 提高激光干涉仪的测量精度应采取哪些措施？

第八章

智能仪器设计技术

智能仪器的出现，极大地提升了传统测控仪器的性能，并显著地扩充了传统测控仪器的应用范围。智能仪器凭借其功能强、适应性广等卓越优势，迅速地在国民经济众多领域中得到了广泛的应用，并逐渐占据越来越多的市场份额。

第一节　智能仪器概述

一、智能仪器原理与组成

一般而言，智能仪器是指拥有对数据进行智能化采集、存储、运算、逻辑判断等操作功能的仪器。智能仪器通常带有微型计算机或者微型处理器作为仪器的控制中心，代替人的许多操作，从而保证仪器能够发挥最佳的工作效能。因此，智能仪器也可以简单地理解为含有微型计算机或者微型处理器的仪器。

例如，照相机可以看成一台测量光线、记录图像的仪器。传统的老式照相机的光圈、焦点、快门等参数都是靠拍摄者手动调节的，这要求操作者具有一定的光学知识、底片感光知识、摄影原理与技术，否则拍不出满意的照片。照相机的参数一旦调节完毕，相机的性能也随之确定并不会自动改变。当被拍摄目标或拍摄环境发生变化后，原有的参数（包括焦距、光圈、快门等）不再适应，必须由操作者重新调节。而现在照相机常常被称为"傻瓜相机"，其实就是一台智能仪器。它可以利用内置的微处理器把拍摄现场的各种参数自动测定好，并自动控制照相机的光圈、快门、焦点以及曝光常数等，使得人们只需要一按快门就能完成所有的操作。

与传统的测控仪器相比，智能仪器采用微处理器或者微型计算机取代传统测控仪器的中央处理电路，从而实现相应的智能化处理。典型的智能仪器硬件组成如图 8-1 所示，主要由传感器、测量电路、中央处理电路、控制电路、执行机构、显示操作电路、电源电路等组成。传感器拾取被测参量的信息并转换成电信号，经过测量电路后送入中央处理电路。中央处理电路根据仪器所设定的功能要求进行相应的数据运算和处理，最终得出测量与控制结果，通过控制电路对执行机构发出动作指令，同时将结果予以显示并存储于中央处理电路内部的存储器内。

例如，虽然数码相机的光学镜头系统、电子快门系统、电子测光及操作与传统相机并无太大差别，但数码相机的其他特性结构，例如，光电传感器（CCD 或 CMOS）、模/数转换器（A/D）、图像处理单元（DSP）、图像存储器、液晶触摸显示屏（LCD）以及输出控制单元（连接端口）等基本元器件的结构和工作原理（图 8-2）与基于胶片的传统相机却有本质的区别。

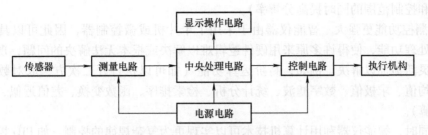

图 8-1 智能仪器的硬件组成原理

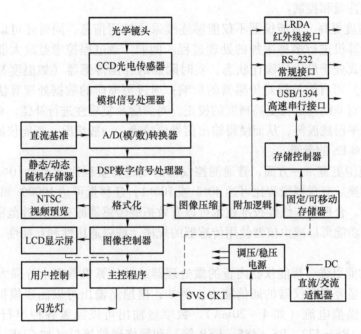

图 8-2 数码相机的组成原理

此外，智能仪器还可以与 PC 组成分布式测控系统，由微处理器作为下位机测控仪器的核心，负责采集各种测量信号与数据，通过标准通信接口将信息传输给上位机（PC），最后由上位机（PC）进行全局管理。

二、智能仪器的特点

智能仪器以微处理器或微型计算机为中央处理电路，将计算机技术和检测技术有机结合，组成新一代智能化仪器，引起测控仪器从结构到性能多个方面的根本性变革。智能仪表不仅能解决传统仪表不易或不能解决的问题，还能简化仪表电路，提高仪表的可靠性，更容易实现高精度、高性能、多功能的目的。与传统仪器仪表相比，智能仪器具有以下几方面的显著特点：

（1）自动化程度更高 智能仪器的整个测量与控制过程（如采样与调理、量程选择、键盘扫描、开关开启闭合、数据的采集、传输与处理以及显示打印等）都用单片机或微控制器来控制操作，实现测量与控制全过程的自动化。与此同时，智能仪器还可以具有自动对零功能（在每次采样前对传感器的输出值自动清零，从而大大降低了因仪器漂移变化造成的误差）、量程自动切换功能（可根据测量值和控制值的大小改变测量范围和控制范围，在保证测量和控制范围的同时提高分辨率)。

（2）测控功能更强大　智能仪器由于采用了单片机或微控制器，因此可以具有非常强大的数据处理功能，使得许多原来用硬件逻辑难以解决或根本无法解决的问题，现在可以用软件非常灵活地加以解决。例如，高阶运算功能（如可以执行开二次方、取对数、零点平移、取平均值、求极值、数字滤波、统计分析、检索排序、函数变换、差值近似、频谱分析等复杂运算）。

与此同时，智能仪器利用计算机技术可以实现更为复杂规律的控制，如PID控制、自适应控制、模糊控制等。通过分布式控制技术，智能仪器可以实现多点快速测控，可对多种不同参数进行快速测量和控制。

（3）测控精度更高　智能仪器不仅能够连续采样被测信息，同时还可以利用内置的微处理器或微型计算机进行多种附加的处理过程。例如，通过程控增益放大器实施改变放大比、保证信号失真处于最优信噪比状态；实时附加的补偿传感器（如温度补偿传感器、压力补偿传感器等）可有效补偿对传感器的影响；通过更高阶的数据处理算法，对测量信号进行数字滤波，对非线性进行更高精度的校正，对滞后及复现性进行补偿，对多次测量结果进行平均滤波与平滑滤波等，从而使得输出信号更精确。一般情况，智能仪器的测量精度最高可达到±0.01%FS的量级。

（4）测量范围更宽　一方面，普通测控仪器的变送器量程比最大为10:1，而智能仪器采用量程自动切换后变送器量程比可达40:1或100:1，迁移量可达1900%和-200%，成倍增大。另一方面，合理的非线性校准技术可以有效拓展传感器原有的线性范围，从而扩大其测量范围。这一功能可以减少仪器使用传感器的规格，增强通用性和互换性，也给用户带来诸多方便。

（5）通信功能更强　智能仪器内置的微处理器或微计算机具有十分强大的通信能力与标准接口，可以显著提高仪器的通信能力。例如，模拟量输出可以涵盖模拟电压（如0~10V，±5V）和模拟电流（如4~20mA），数字量输出可以涵盖各种串行通信接口（如GPIB、RS-232、RS-422、RS-485、USB等）和网络通信接口（如GigE、I/O Link等），为实现现场总线通信、网络通信、无线通信奠定了基础。可以很方便地与PC和其他仪器一起组成用户所需要的多种功能的自动测量系统，来完成更复杂的测试任务。

（6）可靠性更高　智能仪器的自诊断功能，包括自动归零、自动故障与状态检验、自动校准、自诊断等，能自动检测出故障的部位甚至故障的原因。这种自测试可以在仪器起动时运行，同时也可在仪器工作中运行，极大地方便了仪器的维护、显著提升了仪器的可靠性与稳定性。测控仪器采用计算机技术后，可对仪器的重点部分进行监测，一旦发现故障立即报警，并可显示故障部位或可能的故障原因，对排除故障的方法进行提示。

（7）集成度更高　随着微电子技术的不断发展，集成了CPU、存储器、定时器/计数器、并行和串行接口、看门狗、前置放大器甚至A/D、D/A转换器等电路在一块芯片上的超大规模集成电路芯片（如MCU、ARM）出现了。以单片机为主体，将计算机技术与测量控制技术结合在一起，又组成了所谓的"智能化测量控制系统"，也就是高集成度智能仪器。

（8）具有可编程控操作能力　一般的智能仪器都配有以太网、USB、GPIB、RS-232C、RS-485等标准的通信接口，可以很方便地与PC和其他仪器一起组成用户所需要的多种功能的自动测量系统，通过用户编程操控各个仪器，来完成更复杂的测试任务。

（9）友好的人机对话功能　智能仪器还通过显示屏将仪器的运行情况、工作状态以及对测量数据的处理结果及时告诉操作人员，使仪器的操作更加方便和直观。智能仪器利用计算机的多媒体技术，可以使仪器具有声光和语音等功能，增强仪器的个性或特色。

如今，智能仪器在测量过程自动化、测量数据处理及功能多样化等方面显示出更大的优势，逐渐成为仪器领域的主流产品。

三、智能仪器的发展历程与趋势

智能仪器的发展历史由来已久。早在 20 世纪 80 年代，微处理器就已被应用到测控仪器之中，仪器前面板开始朝键盘化方向发展，测量系统常通过 IEEE—488 总线连接。因其不同于传统独立仪器的模式，这种个人仪器得到了发展。

到了 20 世纪 90 年代，智能仪器发展进入快车道，突出表现在以下几个方面：微电子技术的进步更深刻地影响仪器仪表的设计；DSP 芯片的问世，使仪器仪表数字信号处理功能大大加强；微型机的发展，使仪器仪表具有更强的数据处理能力；图像处理功能的增加十分普遍；VXI 总线得到广泛的应用。

近年来，智能仪器的发展尤为迅速，各行各业的各种仪器呈现出全面智能化的态势。市场上已经出现了多种多样的智能化测控仪器仪表，例如，能够自动进行差压补偿的智能节流式流量计，能够进行程序控温的智能多段温度控制仪，能够实现数字 PID 和各种复杂控制规律的智能式调节器，以及能够对各种谱图进行分析和数据处理的智能色谱仪等。

国际上智能测量仪表更是品种繁多，例如，美国 HONEYWELL 公司生产的 DSTJ - 3000 系列智能变送器，能进行差压值状态的复合测量，可对变送器本体的温度、静压等实现自动补偿，其精度可达到 ±0.1% FS；美国 RACA - DANA 公司的 9303 型超高电平表，利用微处理器消除电流流经电阻所产生的热噪声，测量电平可低达 -77dB；美国 FLUKE 公司生产的超级多功能校准器 5520A，内部采用了 3 个微处理器，其短期稳定性达到 1ppm，线性度可达到 0.5ppm；美国 FOXBORO 公司生产的数字化自整定调节器，采用了专家系统技术，能够像有经验的控制工程师那样，根据现场参数迅速整定调节器。这种调节器特别适合于对象变化频繁或非线性的控制系统。智能仪器的发展呈现出如下趋势：

（1）智能仪器微型化　微型智能仪器指微电子技术、微机械技术、信息技术等综合应用于仪器的生产中，从而使仪器成为体积小、功能齐全的智能仪器。它能够完成信号的采集、线性化处理、数字信号处理，控制信号的输出、放大、与其他仪器的接口、与人的交互等功能。随着微电子机械技术的不断发展，微型智能仪器技术不断成熟，价格不断降低，因此其应用领域也将不断扩大。它不但具有传统仪器的功能，而且能在自动化技术、航天、军事、生物技术、医疗领域起到独特的作用。例如，目前要同时测量一个病人的几个不同的参量，并进行某些参量的控制，通常病人的体内要插进几个管子，这增加了病人感染的机会，微型智能仪器能同时测量多参数，而且体积小，可植入人体，使得这些问题得到解决。

（2）智能仪器多功能化　多功能本身就是智能仪器仪表的一个特点。例如，为了设计速度较快和结构较复杂的数字系统，仪器生产厂家制造了具有脉冲发生器、频率合成器和任意波形发生器等功能的函数发生器。这种多功能的综合型产品不但在性能上（如准确度）比专用脉冲发生器和频率合成器高，而且在各种测试功能上提供了较好的解决方案。

（3）智能仪器 AI 化　人工智能（AI）是计算机应用的一个崭新领域，利用计算机模拟人的智能，用于机器人、医疗诊断、专家系统、推理证明等各方面。智能仪器的进一步发展将含有一定的人工智能，即代替人的一部分脑力劳动，从而在视觉（图形及色彩辨读）、听觉（语音识别及语言领悟）、思维（推理、判断、学习与联想）等方面具有一定的能力。这样，智能仪器可无须人的干预而自主地完成检测或控制功能。显然，人工智能在现代仪器仪表中的应用，使我们不仅可以解决用传统方法很难解决的一类问题，而且有望解决用传统方法根本不能解决的问题。

（4）智能仪器网络化　融合 ISP 和 EMIT 技术，实现仪器仪表系统的 Internet 接入成为发展趋势。伴随着网络技术的飞速发展，Internet 技术正在逐渐向工业控制和智能仪器仪表系统设计领域渗透，实现智能仪器仪表系统基于 Internet 的通信能力以及对设计好的智能仪器仪表系统进行远程升级、功能重置和系统维护。

在系统编程技术（In‐System Programming，ISP）是对软件进行修改、组态或重组的一种最新技术。它是 LATTICE 半导体公司首先提出的一种使我们在产品设计、制造过程中的每个环节，甚至在产品卖给最终用户以后，具有对其器件、电路板或整个电子系统的逻辑和功能随时进行组态或重组能力的最新技术。ISP 技术消除了传统技术的某些限制和连接弊病，有利于在板设计、制造与编程。ISP 硬件灵活且易于软件修改，便于设计开发。由于 ISP 器件可以像任何其他器件一样，在印制电路板（PCB）上处理，因此编程 ISP 器件不需要专门编程器和较复杂的流程，只要通过 PC、嵌入式系统处理器甚至 Internet 远程网进行编程。

EMIT 嵌入式微型因特网互联技术是 emWare 公司创立 ETI（Extend The Internet）扩展 Internet 联盟时提出的，它是一种将单片机等嵌入式设备接入 Internet 的技术。利用该技术，能够将 8 位和 16 位单片机系统接入 Internet，实现基于 Internet 的远程数据采集、智能控制、上传/下载数据文件等功能。

目前美国 ConnectOne 公司、emWare 公司、TASKING 公司和国内的 P&S 公司等均提供基于 Internet 的 Device‐Networking 的软件、固件（Firmware）和硬件产品。

（5）智能仪器虚拟化　虚拟仪器是智能仪器发展的新阶段。测量仪器的主要功能都是由数据采集、数据分析和数据显示等三大部分组成的。在虚拟现实系统中，数据分析和显示完全用 PC 的软件来完成。因此，只要额外提供一定的数据采集硬件，就可以与 PC 组成测量仪器。这种基于 PC 的测量仪器称为虚拟仪器。在虚拟仪器中，使用同一个硬件系统，只要应用不同的软件编程，就可得到功能完全不同的测量仪器。可见，软件系统是虚拟仪器的核心，"软件就是仪器"。

传统的智能仪器主要是在仪器技术中使用某种计算机技术，而虚拟仪器则强调在通用的计算机技术中植入某些仪器技术。作为虚拟仪器核心的软件系统具有通用性、通俗性、可视性、可扩展性和升级性，能为用户带来极大的利益，因此，具有传统的智能仪器所无法比拟的应用前景和市场。

第二节　智能仪器的硬件设计

智能仪器的硬件设计涉及智能仪器的电路系统，其中以中央处理电路为主，也涉及测量电路、控制电路以及相关的配套接口环节。

一、智能仪器的测量电路

1. 智能采样电路

采样（Sampling）也称取样，是指把时间域或空间域的连续量转化成离散量的过程，也就是在时间上将连续变化的模拟信号转换成离散信号的过程。对于一个测控仪器而言，采样就是用每隔一定的时间间隔来获取传感器输出的电信号的过程。实现采样的主体通常是采样开关，连续两次采样的时间间隔称之为采样周期，其倒数称之为采样频率，每次采样的持续时间称之为采样时间。

具体的采样过程如图8-3所示，传感器输出的连续信号 $x(t)$ 作用在采样开关的输入端，采样开关每隔一个时间 T（即采样周期）瞬时闭合一次，在采样开关的输出端就得到了离散信号 $x^*(t)$。假设采样器每隔 T 秒闭合一次（接通一次），每次接通时间（即采样时间）为 τ，采样器可用一个周期性闭合的采样开关 S 表示，$f(t)$ 为输入的连续信号，$f^*(t)$ 为定宽度等于 τ 的调幅脉冲序列，在采样瞬时 $nT(n=0，1，2，3，\cdots)$ 时出现。

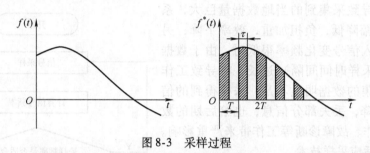

图8-3　采样过程

采样开关输出的离散信号 $x^*(t)$ 是输出的连续信号 $x(t)$ 在各个不同采样时刻的一系列瞬时值，可以看成是一个脉冲序列，每个脉冲的幅值依次为 $x(0T)$，$x(1T)$，$x(2T)$，$\cdots$ 每个脉冲出现的时刻依次为 $0T$，$1T$，$2T$，$\cdots$。因此，采样时间 τ 应该小于采样周期 T。

以视觉测控仪器为例，其核心传感器通常为各种 CMOS 或 CCD 图像传感器，在时序电路的控制下逐点、逐线或逐面采样各个像元的光电信号并按序输出。其采样频率也称之为帧频（frames per second，fps），其倒数为采样周期，而采样时间（即采样开关接通的持续时间）则应该是曝光时间或快门时间。一般而言，采样时间应该明显短于采样周期。在特殊情形下，需要超长的采样时间，此时需要降低采样频率，以便延长采样周期。例如，CMO-SIS 公司生产的 CMOS 图像传感器 CMV2000，其像素为 2048×1088，最高帧频为 50fps，对应的最短采样周期为 20ms，曝光时间 $1\mu s \sim 60s$（最短调节间隔为 $1\mu s$）。当被测目标表面反射率较低或者照明不足时，为了保证成像质量，常常需要加长曝光时间（即加长采样时间），例如曝光时间加长到 100ms，此时最短的采样周期应不少于 100ms，即实际帧频应该设置低于 10fps 才可以满足要求。

对于单个传感器输出信号而言，常用的采样方式有以下几种：

1）等周期采样：采样开关以等周期的规律打开与关闭。

2）非周期采样：采样开关以不等周期的规律打开与关闭。

3）随机采样：采样开关的开关动作随机，没有确定的规律性。

对于多个传感器输出信号而言，常用的采样方式有以下几种：

1）同步采样：所有采样开关均以同一时刻开始采样。

2）异步采样：所有采样开关分别从不同时刻开始采样。

3）随机采样：所有采样开关随机开始采集，没有规律性。

例如，CMOSIS 公司生产的 CMOS 图像传感器 CMV2000 具有外触发同步功能（External Trigger），可用于多个图像传感器之间的同步采样控制。

在进行模拟采样与转换的过程中，当采样频率高于信号中最高频率的 2 倍时，采样之后的信号完整地保留了原始信号中的信息，这就是"采样定理"。采样定理是美国电信工程师

H. 奈奎斯特在1928年提出的，又称奈奎斯特定理。在数字信号处理领域，采样定理是连续时间信号（通常称为模拟信号）和离散时间信号（通常称为数字信号）之间的基本桥梁。该定理说明采样频率与信号频谱之间的关系，是连续信号离散化的基本依据。它为采样率建立了一个足够的条件，该采样率允许离散采样序列从有限带宽的连续时间信号中捕获所有信息。一般实际应用中保证采样频率为信号最高频率的2.56~4倍。

当信号的变化频率出现大幅度变化时，恒定不变的采样频率显然无法满足采样要求。在这种情形之下，传统的恒定采样频率（即等间隔采样周期）特性的采样方法有可能会引起两种极端情况：一方面，当输入信号变化频率很高时，由于数据采样周期（即采样时间间隔）过小，将导致采集到的当地数据量巨大，系统处理能力大幅降低，负担加重，效率下降；另一方面，当输入信号变化频率很低时，由于数据采样周期（即采样时间间隔）过长，将导致工作时间段内所采集的数据明显不足，采样得到的信号质量严重下降，丢失部分信息，也给后期的数据分析处理工作、故障诊断等工作带来严重影响。由此产生了自适应采样技术。

自适应采样（Adaptive Sampling）指的是在数据采样过程中能够根据输入信号的实际频率变化，自动改变采集频率的一种采样技术。典型的自适应采样流程如图8-4所示。

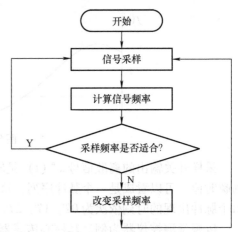

图8-4 典型的自适应采样流程图

以周期性信号采样为例，通常的周期信号采样都是定频等间隔采样的，如图8-5所示。这样势必造成采样信号的一段区间在幅值方向比较密集（如图8-5a中的峰顶与谷底两处），而另一段区间的采样在幅值方向比较稀疏（如图8-5a中的上升段和下降段），这样的平均采样取点并不能有效反映周期函数信号的实际变化规律。为此，可以采用变频采样点模式，可以根据信号幅值的变化速率自适应调整采样频率与采样周期，对于幅值变化较缓的峰顶与谷底区域可以适当降低采样频率、增大采样周期，而对于变化幅度较为剧烈的上升段与下降段可以适当增高采样频率、减小采样周期，如图8-5b所示，以更好地反映信号的函数变化规律。

2. 智能调理技术

信号调理（Conditioning）是指将采样过程得到的各种信号转换为标准信号，以便进行后续的传输和处理。常用的信号调理主要包括放大衰减、滤波消抖、隔离保护、电平转换、模数转换等。合理的信号调理技术可以将信号质量和测控仪器的总体性能成倍提高。

信号调理通常由相应的电路来完成，包括如下功能：

（1）放大与衰减　放大，是指高输入信号的电平，以便使之更好地匹配后续电路的输入范围（如模拟-数字转换器的输入范围），从而提高测量精度和灵敏度。此外，使用放置在更接近信号源或转换器的外部信号调理装置，可以通过在信号被环境噪声影响之前提高信号电平来提高测量的信噪比。衰减，即与放大相反的过程，具有类似作用与功效，特别是当输入信号的电压超过后续电路输入范围时或在测量高电压时，衰减都是十分必要的。

（2）滤波　滤波，是指在一定的频率范围内去除噪声信号或者不需要的其他无用信号。几乎所有的信号采样都会受到一定程度噪声的影响（来自于外部电器设备或测控仪器内部）。最为典型的噪声就是50Hz工频干扰信号，大部分信号调理装置都包括了为最大程度

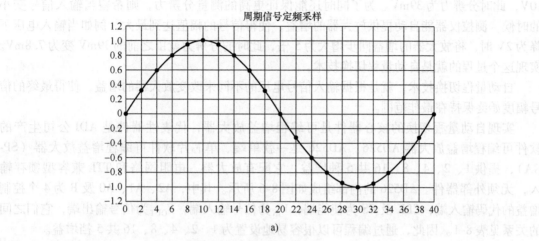

周期信号定频采样

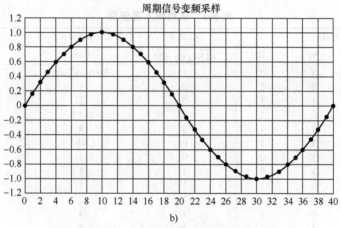

周期信号变频采样

图 8-5 周期信号的定频采样与变频采样

a) 定频采样 b) 变频采样

抑制 50Hz 噪声而专门设计的低通滤波器。

（3）隔离与保护 隔离，是指切断输入信号与输出信号之间的电联系，从而保护后续电路，以免输入异常的高压信号的冲击对后续电路造成损坏，从而既保护了昂贵的测量设备，也保护了操作人员。信号隔离通常使用变压器、光电耦合等技术，无须物理连接即可将信号从它的源传输至测量设备，并切断接地回路。隔离也阻隔了高电压浪涌以及较高的共模电压。

（4）模数转换 对于采样得到的模拟信号只有通过模数转换为数字信号后才能用软件进行处理，这一切都是通过 A/D 转换器（ADC）来实现的。

具体的信号调理电路组成与调理过程，需要根据具体的测控仪器的组成与需求进行相应的设计与选择。

3. 自动量程切换电路

通常，测控仪器的分辨力与量程是一对互相矛盾的指标，难以取舍。当测量范围增大时，势必导致测量的分辨力下降。如果想提高测量分辨力，常常需要减小测量范围。以电压信号的模数转换为例，假设 8 位 A/D 转换器，其量化分辨率为 1/256。如果输入的电压为 10V，则分辨力为 39mV；如果输入的电压为 5V，则分辨力为 19.5mV；如果输入的电压为 2V，则分辨力为 7.8mV。

为了保证测量范围，测控仪器的各个环节均应满足最大量程的需要，例如上述的电压

10V，此时分辨力为39mV。为了同时还能保证更高的测量分辨力，则希望当输入信号变小的时候，测控仪器能自动提供放大器的增益，使得信号的幅值达到最大，例如当输入电压下降为2V时，将放大器的增益同步增大为5倍，此时的分辨力就由之前的39mV变为7.8mV。实现这个过程的就是自动量程切换技术。

自动量程切换技术，就是根据输入信号电压的不同来改变放大器的增益，使得最终的信号幅度始终保持在最佳范围。

实现自动量程切换的核心器件是可编程增益放大器，代表性器件是ADI公司生产的软件可编程增益放大器AD526。AD526是一款单端、单芯片软件可编程增益放大器（SP-GA），提供1、2、4、8、16共5种增益，它配有放大器、电阻网络和TTL兼容型锁存输入，无须外部器件。AD526的内部组成如图8-6所示。其中，A2、A1、A0及B为4个控制增益的代码输入端，CLK及CS为使能端，V_{IN}为信号输入端，V_{OUT}为信号输出端，它们之间的关系见表8-1。因此，通过编程可以很容易地设置为1、2、4、8、16共5档增益。

表8-1　逻辑输入真值表

A2	A1	A0	B	$\overline{CLK}$ ($\overline{CS}=0$)	Gain	Condition
X	X	X	X	1	Previous State	Latched
0	0	0	1	0	1	Transparent
0	0	1	1	0	2	Transparent
0	1	0	1	0	4	Transparent
0	1	1	1	0	8	Transparent
1	X	X	1	0	16	Transparent
X	X	X	0	0	1	Transparent
X	X	X	0	1	1	Latched
0	0	0	1	1	1	Latched
0	0	1	1	1	2	Latched
0	1	0	1	1	4	Latched
0	1	1	1	1	8	Latched
1	X	X	1	1	16	Latched

（表头：Gain Code 涵盖 A2、A1、A0、B；Control 涵盖 $\overline{CLK}$ ($\overline{CS}=0$)；Condition 涵盖 Gain、Condition）

二、智能仪器的中央处理电路

1. 基于微处理器的中央处理电路设计

（1）基于单片机的中央处理电路设计　为了满足日益广泛的应用需要，随着大规模、超大规模集成电路技术的发展，微型计算机系统的发展形成了两个分支：一是软硬件资源丰富的高性能的微型计算机，另一是可独立工作的微控制器（Micro Controller Unit，MCU）和单片计算机（Single Chip Micro Computer，SCMC）。含有单片计算机构成的测控仪器获得了迅速的发展。

单片计算机（简称为单片机），是指在一块芯片上集成了计算机的基本部件，包括中央处理器（CPU）、存储器（RAM/ROM）、输入/输出接口（I/O）、计数器/定时器以及其他有关部件构成的一台计算机。单片机的主要特点包括：可靠性高、易扩展、控制功能强、存储器容量小、体积小，因此特别适用于小型测控仪器和便携式测控仪器。常用的有MCS-51系列单片机、PIC系列单片机、AVR系列单片机、MSP430系列单片机等，可以根据测控仪器的具体要求选用。

以单片机为核心的中央处理电路的设计，应将单片机作为一个芯片，同主机电路的其他芯片有机地结合起来，从而构成一体化处理系统。由于单片机内部的存储器容量和I/O端口

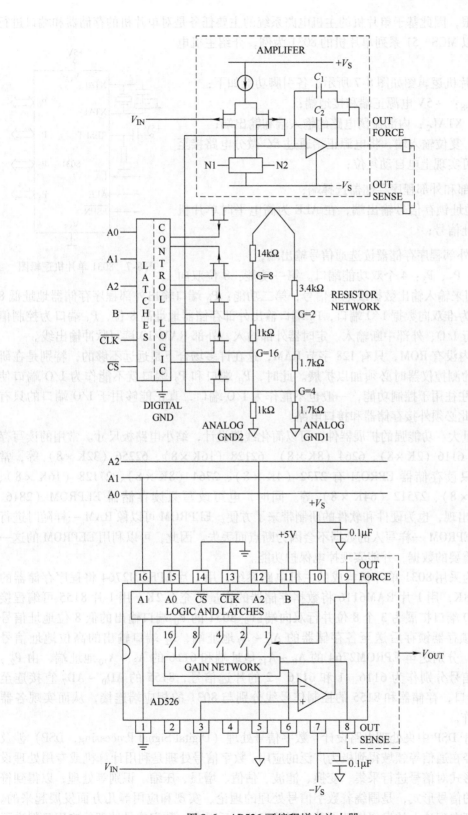

图 8-6　AD526 可编程增益放大器

能力十分有限，因此基于单片机的主机电路系统的主要任务是对单片机的存储器和端口进行扩展。下面以 MCS‑51 系列单片机的 8031 为例，介绍主机电路的设计。

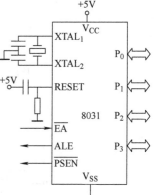

图 8-7　8031 单片机逻辑图

8031 单片机逻辑图如图 8-7 所示，各引脚功能如下：

V_{CC}、V_{SS}：+5V 电源正端和接地端；

$XTAL_1$、$XTAL_2$：内部振荡电路的输入端和输出端；

RESET：复位输入端，将电源正端通过 RC 微分电路接至此复位端，可实现上电自动复位；

$\overline{EA}$：内部和外部程序存储器选择端；

ALE：地址锁存信号输出端，在 ALE 为高电平时单片机输出低位地址信号；

$\overline{PSEN}$：外部程序存储器读选通信号输出端；

P_0、P_1、P_2、P_3：4 个双功能端口。第一功能：8 位双向 I/O 端口，用来输入输出数据或地址信号；第二功能：P_0 端口输出外部程序存储器地址低 8 位，P_1 端口为准双向数据 I/O 端口，P_2 端口输出外部存储器地址高 8 位，P_3 端口为控制信号，包括串行 I/O、外部中断输入、定时器外部输入、外部 RAM/IO 读写脉冲输出线。

8031 片内没有 ROM，只有 128 字节 RAM，这在许多场合下是远远不够的，特别是在研制容量较大的测控仪器时必须加以扩展。此时，P_0 端口和 P_2 端口就不能作为 I/O 端口使用，P_3 端口往往用于控制功能，一般也不能作为 I/O 端口，真正能够用于 I/O 端口的只有 P_1 端口，因此必须外接存储器和接口电路。

采用容量大、功能强的扩展器件，可以简化线路设计，缩小电路板尺寸。常用的读写存储器 RAM 有 6116（2K×8）、6264（8K×8）、62128（16K×8）、62256（32K×8）等，常用的可编程只读存储器 EPROM 有 2732（4K×8）、2764（8K×8）、27128（16K×8）、27256（32K×8）、27512（64K×8）等。同时，电可改写只读存储器 EEPROM（2816、2864 等）的出现，也为硬件和软件的研制带来了方便。EEPROM 可以像 RAM 一样随时进行改写，又像 EPROM 一样写入的数据不会因为断点而丢失。因此，可以利用 EEPROM 的这一特点来存储重要的数据，并能实现掉电保护功能。

图 8-8 为采用 8031 单片机构成的主机电路系统，用 1 片 EPROM2764 将程序存储器的容量扩展至 8K，用 1 片 RAM6116 将数据存储器的容量扩充至 2K，用 1 片 8155 可编程接口芯片将 I/O 端口扩展为 3 个 8 位并行双向端口。8031 的 P_0 端口输出的低 8 位地址信号经 74LS373 锁存器锁存后送至各存储器的 $A_0 \sim A_7$ 地址端，P_2 端口输出的高位地址信号（$P_{2.0} \sim P_{2.4}$）分别送至 EPROM2764 的 $A_8 \sim A_{12}$ 地址端和 6116 的 $A_8 \sim A_{10}$ 地址端，由 $P_{2.7}$ 和 $P_{2.3}$ 组合信号分别作为 6116‑1 和 6116‑2 的片选信号，8155 的 $AD_0 \sim AD_7$ 直接连至 8031 的 P_0 端口，存储器和 8155 的控制信号线分别与 8031 的相应端连接，从而实现各器件的读写操作。

（2）基于 DSP 中央处理电路设计　数字信号处理（Digital Signal Processing，DSP）涉及多学科，已经在通信等领域得到极为广泛的应用。数字信号处理是利用计算机或专用处理设备，以数字形式对信号进行采集、变换、滤波、估值、增强、压缩、识别等处理，以得到符合人们需要的信号形式，是围绕着数字信号处理的理论、实现和应用等几方面发展起来的。数字信号处理在理论上的发展推动了其应用的发展；反过来，数字信号处理的应用又促进了理论的提高。而数字信号处理的实现则是理论和应用之间的桥梁。DSP 芯片具有以下特点：

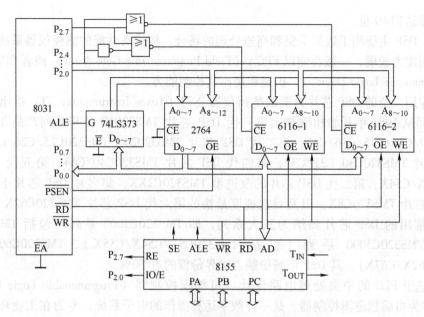

图 8-8　由 8031 单片机构成的主机电路系统

1）多总线结构。DSP 芯片内部一般采用的是哈佛结构，其主要特点是将程序和数据存储在不同的存储空间，每个存储器独立编址，独立访问。在片内有相应的程序总线和数据总线，程序总线和数据总线可以允许同时获取指令字和操作数，而互不干涉。这意味着在一个机器周期内可以同时准备好指令和操作数。为了进一步提高运行速度和灵活性，DSP 也采用了改进的哈佛结构和超级哈佛结构。

2）流水线操作。流水线操作技术使两个或更多不同的操作可以重叠执行，从而在不减小时钟周期的条件下缩短每条指令的执行时间，增强了处理器的数据处理能力。要执行一条DSP 指令，需要通过取指令、指令译码、取操作数和执行指令等若干阶段，每一阶段称为一级流水。DSP 的流水线操作是指它的这几个阶段在程序执行过程中是重叠的，在执行本条指令的同时，下面的几条指令已依次完成了取指令、解码、取操作数的操作。

3）专用的硬件乘法器。硬件乘法器的功能是在一个指令周期内完成一次乘法运算，是DSP 实现快速运算的重要保证。可以说几乎所有的 DSP 器件内部都有硬件乘法器。

4）专用的 DSP 指令。DSP 芯片为了对数字信号进行更为高效、快速的处理，专门设计了一套相应的特殊指令。这些特殊指令节省了指令的条数，缩短了指令的执行时间，提高了运算速度。

5）多机并行运行特性。DSP 芯片的单机处理能力是有限的，而随着 DSP 芯片价格的不断降低和广泛的应用，多个 DSP 芯片并行处理已成为可能，可以运用这一特性，达到良好的高速实时处理的要求。

6）快速的指令周期。随着芯片制造工艺的不断发展，DSP 芯片采用了 CMOS 技术、先进的工艺和集成电路的优化设计，工作电压下降的同时，DSP 芯片的主频不断提高。这一变化将随着微电子技术的不断进步而继续提高。

7）低功耗。随着微电子产品在人类日常生活中所占比重越来越大，DSP 的应用领域得到了巨大的拓展。

8）高的运算精度。浮点 DSP 提供了大的动态范围，定点 DSP 的字长也能达到 32 位，有的累加器达到40位。

综上，DSP主要用于数据采集和高速处理的场合，构建高性能的测控仪器系统。考虑到DSP的控制能力较弱，一般会辅以FPGA（Field Programmable Gate Array）或者CPLD（Complex Programmable Logic Device），扩展和提高其控制能力。

目前应用广泛的DSP芯片为美国德州仪器公司（Texas Instruments，TI）推出的系列产品。TI公司从1982年开始相继推出第一代DSP芯片TMS32010及其系列产品TMS32011、TMS320C10/C14/C15/C16/C17，第二代DSP芯片TMS32020、TMS320C25/C26/C28，第三代DSP芯片TMS320C30/C31/C32，第四代DSP芯片TMS320C40/C44，第五代DSP芯片TMS320C5X/C54X，第二代DSP芯片的改进型TMS320C2XX，集多片DSP芯片于一体的高性能DSP芯片TMS320C8X，以及目前速度最快的第六代DSP芯片TMS320C62X/C67X等。TI公司将常用的DSP芯片归纳为三大系列，即TMS320C2000系列（包括TMS320C2X/C2XX）、TMS320C5000系列（包括TMS320C5X/C54X/C55X）、TMS320C6000系列（TMS320C62X/C67X）。其DSP市场份额占世界份额的近50%。

（3）基于PLC的中央处理电路设计　可编程控制器（Programmable Logic Controller，PLC）又称为可编程逻辑控制器，是一种数字运算操作的电子系统，专为在工业环境应用而设计。它采用一类可编程的存储器，用于其内部存储程序，执行逻辑运算、顺序控制、定时、计数与算术操作等面向用户的指令，并通过数字或模拟式输入/输出控制各种类型的机械或生产过程。

早期的PLC主要用来代替继电器实现逻辑控制。随着技术的发展，这种采用微型计算机技术的工业控制装置的功能已经大大超过了逻辑控制的范围。自20世纪60年代美国推出可编程逻辑控制器取代传统继电器控制装置以来，PLC得到了快速发展，同时，PLC的功能也不断完善。随着计算机技术、信号处理技术、控制技术、网络技术的不断发展和用户需求的不断提高，PLC在开关量处理的基础上增加了模拟量处理和运动控制等功能。今天的PLC不再局限于逻辑控制，在运动控制、过程控制等领域也发挥着十分重要的作用。

PLC实质是一种专用工业控制计算机，其硬件结构基本上与微型计算机相同，包括电源、CPU、存储器、输入输出接口、通信以及其他功能模块。PLC具有以下鲜明的特点。

1）功能完善，组合灵活，扩展方便，实用性强。现代PLC所具有的功能及其各种扩展单元、智能单元和特殊功能模块，可以方便、灵活地组成不同规模和要求的控制系统，以适应各种工业控制的需要。以开关量控制为其特长；也能进行连续过程的PID回路控制；并能与上位机构成复杂的控制系统，如直接数字控制（Direct Digital Control，DDC）和分布式控制系统（Distributed Control System，DCS）等，实现生产过程的综合自动化。

2）使用方便、编程简单，采用简明的梯形图、逻辑图或语句表等编程语言，因此系统开发周期短，现场调试容易。PLC在应用中能够在线修改程序，改变控制的方案而无须拆开机器设备。

3）安装简单、容易维修。PLC可以在各种工业环境下直接运行，只需将现场的各种设备与PLC相应的I/O端相连接，写入程序即可运行。各种模块上均有运行和故障指示装置，便于用户了解运行情况和查找故障。PLC还有强大的自检功能，这为它的维修提供了方便。

4）抗干扰性及可靠性好，隔离和滤波是抗干扰的两大措施。对PLC的内部电源还采取了屏蔽、稳压、保护等措施，以减少外界干扰，保证供电质量。另外使输入/输出接口电路的电源彼此独立，以避免电源之间的干扰。正确地选择接地地点和完善的接地系统是 PLC 控制系统抗电磁干扰的重要措施之一。为适应工作现场的恶劣环境，还采用密封、防尘、抗震的外壳封装结构。通过以上措施，保证了 PLC 能在恶劣环境中可靠工作，使平均故障间隔时间长，故障修复时间短。

5）环境要求低。PLC 能在一般高温、振动、冲击和粉尘等恶劣环境下工作，能在强电磁干扰环境下可靠工作。

6）易学易用。PLC 是面向工矿企业的工控设备，接口容易，编程语言易于为工程技术人员接受。PLC 编程大多采用类似继电器控制电路的梯形图形式，很容易被一般工程技术人员理解和掌握。

因此，在测控仪器系统中，PLC 可发挥其自身控制性能优越的优势，构建以控制为主的测控系统。

目前 PLC 的主要品牌有西门子、施耐德、三菱、松下、欧姆龙、富士、罗克韦尔等。在选型过程中，应详细分析被控对象的工艺过程及工作特点，确定系统所需的全部输入设备（如按钮、位置开关、转换开关及各种传感器等）和输出设备（如接触器、电磁阀、信号指示灯及其他执行器等），从而确定与 PLC 有关的输入/输出设备，以确定 PLC 的 I/O 点数，最终确定 PLC 的机型、容量、I/O 模块、电源等。

（4）基于 ARM 的中央处理电路设计　嵌入式系统是当前最热门、最有发展前途的 IT 应用领域之一。随着需求的增加，传统的 8 位处理器（如 GUI，TCP/IP，FILESYSTEM 等）已经不能胜任一些复杂的应用，而 ARM 芯片凭借强大的处理能力和极低的功耗，非常适合这些场合，所以现在越来越多的公司在产品选型时考虑使用 ARM 处理器。另外，随着 ARM 功能的增强和完善，某些方面可以取代原先 X86 架构的单板机，特别是工控领域。

ARM（Advanced RISC Machines）既是一个公司的名字，也是对一类微处理器的通称，还可以认为是一种技术的名称。1991 年 ARM 公司成立于英国剑桥，主要出售芯片设计技术的授权。目前，采用 ARM 技术知识产权（IP）核的微处理器（即通常所说的 ARM 处理器）已遍及工业控制、消费类电子产品、通信系统、网络系统、无线系统等各类产品市场，基于 ARM 技术的微处理器应用约占据了 32 位 RISC 微处理器 75% 以上的市场份额。ARM 技术正在逐步渗入到日常生活的各个方面。ARM 是一种 16/32 位的高性能、低成本、低功耗的嵌入式 RISC 微处理器，其主要的特点有：

1）采用 RISC 架构；

2）体积小、低功耗、低成本、高性能；

3）支持 Thumb（16 位）/Arm（32 位）双指令集，能很好地兼容 8 位/16 位器件；

4）大量使用寄存器，指令执行速度更快；

5）大多数数据操作都在寄存器中完成；

6）寻址方式灵活简单，执行效率高；

7）指令长度固定。

到目前为止，ARM 公司设计了许多处理器，它们可以根据使用内核的不同划分到各个系列中。系列划分是基于 ARM7、ARM9、ARM10、ARM11 内核的。后缀数字 7、9、10、11 表示不同的内核设计。数字升序说明性能和复杂度的提高。ARM8 开发出来以后很快就被取代了。在每个系列中，存储器管理、cache 和 TCM 处理器扩展也有多种变化。

（5）不同微处理器的对比　各种不同微处理器的性能对比见表 8-2。根据不同微处理器的特性差别，可以有针对性地选择，以满足不同测控仪器系统的需求。

表 8-2　不同微处理器的性能对比

类别	单片机	DSP	PLC	ARM
属性	芯片	芯片	设备	芯片
内存容量	较小	较大	最大	较大
运行速度	较慢	最快	较快	较快
体积	小	小	大	小
功耗	较低	较低	较高	一般
抗干扰能力	最差	中等	最高	一般
可靠性	较低	一般	最高	一般
稳定性	最差	一般	最高	较好
可扩展性	较好	较差	好	一般
可维护性	较差	较好	最好	较好
通信能力	较弱	强	强	较强
开发周期	短	长	较短	较短
应用领域	各种领域	运算	控制	各种领域
价格	较低	较高	高	一般

2. 基于个人计算机的中央处理电路设计

目前个人计算机（Personal Computer，PC）的应用已经十分普遍，其价格不断下降，因而基于个人计算机的个人仪器也迅速发展起来。个人仪器的特点是使用灵活、应用广泛，并可以充分利用 PC 的软硬件资源和各种功能，如可以用 CRT 显示测量结果及绘制图形，利用计算机的磁盘存储测量数据和处理结果，利用打印机和绘图仪打印、绘制图形和文本资料，利用计算机的网络互通信功能与其他设备交换数据。更重要的是，PC 强大的数据处理能力和内存容量将使测控仪器的性能更上一层楼。另外，PC 的软件系统已成为仪器系统的重要组成部分，通过软件的更新可以方便进行仪器的升级换代。基于 PC 的测控仪器中央处理电路可分为内插式、外接式和组合式三种。

（1）内插式　内插式中央处理电路结构框图如图 8-9 所示，它是将输入或输出接口电路制成印制电路板的插板形式，并直接插入 PC 主机箱内的扩展槽内，通过计算机的各种系统总线与 CPU 交换信息。来自测量电路的测量信号通过插板与计算机打交道，主机与控制电路系统之间也是通过插板进行联系。内插式中央处理电路的特点是构成简便，结构紧凑，成本低廉，可直接形成典型的个人仪器。由于 PC 的扩展槽数有限，且显卡、声卡、网卡、调制解调器等均会占用微机扩展槽，因此可用于输入/输出接口的扩展槽较少，灵活性较差。

由内插式中央处理电路构成的测控仪器从外观上看与一般的个人计算机并无明显区别，操作者可以通过键盘和鼠标向中央处理电路发出控制命令并进行各种操作。测量结果及控制状态等信息可通过计算机的显示器显示出来，并可利用计算机的硬盘存储测量及处理结果。

需要注意的是，在设计内插式测控仪器时应留意可用的扩展槽的总线形式（PCI 总线或 AGP 总线），以便正确设计接口电路的总线结构。由于扩展槽上的接口板是由 PC 的电源统一供电的，因此在设计内插式接口电路板时应考虑 PC 电源的容量。

（2）外接式　外接式中央处理电路结构框图如图 8-10 所示，它是将输入接口与输出接口安装于 PC 机箱外部一个独立的专用电箱中，并通过外部总线（如 RS-232C 串行总线或 IEEE-488 并行总线等）与 PC 通信和传递数据。外接式中央处理电路系统的外接电箱可以独立供电，且不受 PC 总线的限制，必要时可以有自己的微处理器和总线结构，其特点是灵活方便，适用于多通道、高速数据采集或一些特殊场合的测控要求。

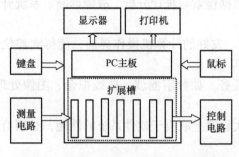

图 8-9　内插式中央处理电路结构框图

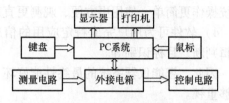

图 8-10　外接式中央处理电路结构框图

在外接式中央处理电路中，外接电箱可以根据测控仪器的不同功能或要求单独进行设计，也可以购置通用电箱和处理系统。而 PC 既可以专用于本测控仪器，也可以兼作他用，或同时管理多个测量仪器和相关设备，因而具有极大的灵活性。

（3）组合式　组合式中央处理电路是将内插式和外接式两种方式有机结合起来，兼有两种方式的优点或特长。组合式中央处理电路结构框图如图 8-11 所示，输入接口与输出接口安装于 PC 机箱外部一个独立的专用电箱中，同时在 PC 内部扩展槽中也安装有接口板，测量信号和控制信号通过外接电箱后，再经过接口板与计算机交换数据。组合式中央处理电路的特点是灵活方便，适用范围广，是一些特殊场合下的最佳选择。

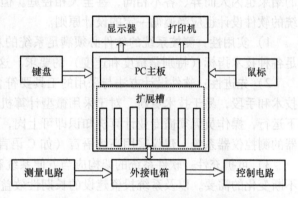

图 8-11　组合式中央处理电路结构框图

值得注意的是，随着计算机硬件功能的逐渐完善和多样化，标准化插件的不断增多，电路系统模块化的进一步发展，基于微型计算机的测控仪器的中央处理电路将逐渐为软件系统所部分取代。这时，从计算机的角度来看，不同的测控仪器只是区别于不同的软件系统，仪器的更新和升级也主要是软件的更新和升级。

第三节　智能仪器的软件设计

一、软件系统的作用与特点

在以计算机为核心的智能仪器中，软件具有举足轻重的作用。没有软件的计算机系统是根本不能工作的，被称为"裸机"。具体而言，在测控仪器系统中软件的主要作用包括以下几个方面：

1）软件对计算机的硬件资源进行控制与管理，提高计算机资源的使用效率，协调计算机各组成部分的工作，从而完成信息采集、信号传输与转换、数据处理、显示与存储、指令输出以及控制等一系列硬件工作过程。

2）在硬件提供的基本功能的基础上，软件可以极大地扩大计算机的功能，提高计算机实现和运行各类应用任务的能力，其中包括：进一步提高测量精度、分离各种信号、智能化控制、多功能数据处理、智能通信与数据交换、数据检索与统计分析、故障诊断、系统升级与功能扩充等。

3）软件系统可向用户提供尽可能方便、灵活、友好的计算机操作界面，使得测控仪器系统操作更简单、使用更方便、观测更直观、更具人性化。

4）软件可为用户完成特定应用的信息处理任务，如数字滤波、曲线拟合、图像处理、逻辑判断、目标识别等。

因此，智能仪器系统的最终性能好坏，在很大程度上取决于软件系统的性能，必须给予足够重视。

二、软件设计的原则

软件反映的是人们进行数学计算或求解某一工程问题的思想，软件是人们的理念、逻辑思维与具体算法的集中体现，软件开发的过程是人们高度智力活动的过程。因此，软件设计的结果也因人而异、各不相同，甚至大相径庭。但是，同其他计算机系统一样，测控仪器系统的软件设计也应当遵循一定的设计原则。

1）实用性：测控系统的软件必须满足系统的总体要求，满足仪器各种功能的需求，满足各种技术指标（特别是精度和速度）的要求。这也是对软件设计最为基本的要求和原则。

2）先进性：软件设计方法与采用的工具要符合计算机技术发展趋势，采用先进成熟的技术和手段，易于技术更新。对于采用微型计算机的测控仪器系统，建议在较新的操作系统下运行，操作员无须懂专业计算机知识即可上岗，无须特别培训。对于采用单片机和微处理器的测控仪器系统，建议采用高级语言（如 C 语言）编制程序，便于修改、升级和移植。

3）可扩充性：软件系统的架构应当方便系统和支撑平台的升级，满足用户对信息需求不断变化的需要，以及系统投资建设的长期性效益。

4）灵活性：通过采用结构化、模块化的设计形式，满足系统及用户各种不同的需求，适应不断变化的要求。

5）规范性：采用的技术标准要遵循国际标准和国家标准与规范，保证系统发展的延续和可靠性。

6）系统性：软件的设计并不是独立于系统硬件之外的，应当在满足系统设计的总体前提下综合考虑。典型的情况，就是经常采用"以软代硬"的方法。

三、软件设计方法与过程

相对于电路系统而言，软件具有独特的智能性与无形性，因而导致了认识上的抽象性。因此，在软件的设计过程中需要认真调研和分析，然后再进行具体设计。软件开发方法在很大程度上决定着软件开发的成败与优劣，是软件工程学科的关键环节之一。

人们在几十年软件工程的探索和实践过程中，逐渐形成了各种各样的软件设计与开发方法。从开发风格上分类，软件设计方法可分为自顶向下和自底向上的方法。自顶向下法遵循由粗到细、从总体到局部的开发。自底向上法则是按照由局部到总体、由细节到框架的一类开发方法。大部分软件开发并不单独使用某一种，而是两者相结合，但以某一种为主。从方法的面向分类，软件设计方法可分为面向功能法、面向数据法、面向对象法和面向其他处理对象法。面向功能法是把系统的功能作为分析、设计和实现的主线，结构化设计法属于该类。面向数据法是从数据及其结构入手，进行软件开发，是典型的面向数据结构的方法。面向对象法是以客观事物和主观概念为对象，进行软件设计。目前较有影响的软件开发方法有结构化法、JSD 法、原型法以及面向对象法等，其中结构化方法是测控仪器系统常用的软件设计方法。

结构化方法（Structured Method）是 20 世纪 60 年代末在结构化程序设计的基础上发展起来的，它遵循系统工程的思想，充分考虑用户的需求，突出功能特征，按照软件生命周期严格划分工作阶段，强调软件各部分之间的结构及关系，是开发软件的全局设计方法。结构化方法由结构化分析（SA）、结构化设计（SD）和结构化编程（SP）三部分构成，这也是结构化软件设计的三个步骤。

1. 结构化分析

结构化分析是其中的第一个环节，它主要是运用结构化分析方法和工具，研究现行系统的业务管理过程和新系统的需求，通过综合系统目标、用户要求、考虑系统的背景和环境以及资金能力和技术因素，通过客观、认真、全面的分析，确定合理可行的系统需求，并提出新系统的逻辑方案（也叫系统逻辑模型），编写系统说明书。系统说明书经过审查之后，提供给设计阶段，作为结构化设计的依据。

结构化分析遵从瀑布模型，所运用的工具是数据流图和数据字典。用数据流图描述数据的传输、加工处理；数据流图既作为现行系统数据加工处理的描述工具，同时又是新系统逻辑模型的描述工具。

2. 结构化设计

结构化设计认为软件系统是由多个具有相互联系的模块组成，模块是系统的基本构件。结构化设计的基本工作就是确定构成系统的模块、各模块之间的联系以及每一个模块的功能、算法和流程。所以，结构化设计也称为模块化设计。结构化设计包括总体设计和详细设计两个层次的工作。

总体设计需要确定构成系统的所有模块以及各模块之间的关系，并用系统结构图来描述系统的总体结构。总体设计的过程主要由系统设计和结构设计两个阶段组成，包括以下步骤：

1）设计供选择的系统实现方案，并选择确定最佳方案。

2）设计软件模块的结构，描述之间的关系。软件设计方法主要有面向数据流的设计方法和面向数据结构的设计方法，在总体设计阶段，主要采用面向数据流的结构化设计方法。

3）数据库的设计，包括模式设计、子模式设计、完整性和安全性设计等。

4）制订测试计划，包括调试方法与规则等。

详细设计则需要深入到各个模块内部，设计模块的数据结构和处理逻辑，详细设计也称为模块设计，一般用伪码、判定树、判定表等工具描述其内部逻辑。设计工作的依据是系统的逻辑模型，在设计过程中把系统的数据流图转变成结构图，并根据数据流图中的各个"加工"，来设计各模块的内部数据结构和处理流程。

3. 结构化编程

结构化编程是利用结构化程序设计方法，把设计的各个模块利用程序设计语言编写出来，并对编写的程序进行模块调试和集成调试，最后形成用户所需要的软件系统。

为了设计出高水平的程序，一般要求程序设计人员要有清楚的理念、正确的算法和供程序设计的语言。设计出的程序应当编排合理、结构紧凑、功能完整、易于执行、易于阅读和理解。

四、常用应用软件

软件一般分为系统软件和应用软件两种，对于测控仪器设计人员而言，在熟悉和了解系统软件的基础上，更需了解、熟知和掌握各种应用软件，以进行各种软件设计工作。应用软件一般包括开发工具软件、数据库管理软件、数据处理与分析软件、工程设计软件、办公自动化软件、多媒体软件等，以下介绍四种应用软件。

1. 开发工具软件

对于微型计算机而言，开发工具软件主要指各种高级程序设计语言。目前高级程序设计语言大约有上千种，而常用的仅有几十种。为了方便用户使用，如今开发工具软件多以集成环境的形式提供给用户。也就是说，在一个集成环境中包含有文本编辑器、调试、编译、运行以及图形图像制作等工具。如在 Windows 环境下常用的有 Microsoft 的 Visual Studio 套件，其中包括 Visual C++、Visual J++、Visual Basic、Visual FoxPro、InterDev 等；Borland 公司的 J builder、Delphi、C++ Builder；Sybase 公司的 Power Builder、Power J 等。值得一提的是，基于 LabVIEW 的虚拟仪器设计方法近年来逐渐得到越来越多的应用。

LabVIEW（Laboratory Virtual Instrument Engineering Workbench）是一种用图标代替文本行创建应用程序的图形化编程语言，由美国国家仪器（NI）公司研制开发，类似于 C 和 BASIC 开发环境，但是 LabVIEW 与其他计算机语言的显著区别是：其他计算机语言都是采用基于文本的语言产生代码，而 LabVIEW 使用的是图形化编辑语言 G 编写程序，产生的程序是框图的形式。LabVIEW 提供很多外观与传统仪器（如示波器、万用表）类似的控件，可用来方便地创建用户界面。用户界面在 LabVIEW 中被称为前面板。使用图标和连线，可以通过编程对前面板上的对象进行控制。这就是图形化源代码，又称 G 代码。LabVIEW 的图形化源代码在某种程度上类似于流程图，因此又被称作程序框图代码。与 C 和 BASIC 一样，LabVIEW 也是通用的编程系统，有一个完成任何编程任务的庞大函数库。LabVIEW 的函数库包括数据采集、GPIB、串口控制、数据分析、数据显示及数据存储等。LabVIEW 也有传统的程序调试工具，如设置断点、以动画方式显示数据及其子程序（子 VI）的结果、单步执行等，便于程序的调试。

LabVIEW 已广泛地被工业界、学术界和研究实验室所接受，视为一个标准的数据采集和仪器控制软件。LabVIEW 集成了满足 GPIB、VXI、RS-232 和 RS-485 协议的硬件及数据采集卡通信的全部功能。它还内置了便于应用 TCP/IP、ActiveX 等软件标准的库函数。这是一个功能强大且灵活的软件。利用它可以方便地建立自己的虚拟仪器，其图形化的界面使得编程及使用过程都生动有趣。

虚拟仪器（Virtual Instrument）是基于计算机的仪器，即以通用的计算机硬件及操作系统为依托，实现各种仪器功能。虚拟仪器实际上是一个按照仪器需求组织的数据采集系统。虚拟仪器的研究中涉及的基础理论主要有计算机数据采集和数字信号处理。目前在这一领域内，使用较为广泛的计算机语言就是美国 NI 公司的 LabVIEW。

对于微处理器而言，开发工具软件是指直接面向硬件的各种程序语言和开发工具软件。编程语言常用的有两种，一种是汇编语言，另一种是 C 语言。汇编语言的机器代码生成效率很高但可读性却不强，复杂一点的程序就更难读懂，而 C 语言在大多数情况下其机器代码生成效率和汇编语言相当，但可读性和可移植性却远远超过汇编语言，而且 C 语言还可以嵌入汇编来解决高时效性的代码编写问题。对于开发周期来说，中大型的软件编写用 C 语言的开发周期通常要小于汇编语言很多。目前国内较为流行的开发软件主要是针对 51 系列、PIC 系列、AVR 系列单片机的，大多数是集编辑、编译、仿真等于一体的集成化智能开发软件。用于 51 系列单片机及其兼容机的开发工具软件有 Keil Software 公司开发的 uVision2、广州周立功单片机发展有限公司开发的 TKStudio、南京万利电子有限公司开发的 Medwin 等；用于 PIC 单片机的开发软件主要采用 Microchip 推出的 MPLAB；用于 AVR 单片机的开发软件主要是 MCS 公司开发的以 BASIC 高级程序设计语言为平台的 AVR 单片机开发软件 BASCOM - AVR。

2. 数据库管理系统软件

信息管理是计算机的一个重要应用领域，测控仪器更是如此，它需要科学、合理、高效的数据管理系统。而数据管理的核心是数据结构和数据库管理软件。

目前数据库管理系统软件很多，常用的有 Access、FoxPro、Paradox、SQL Server、Informix、Oracale 等。随着多媒体技术和 Internet 的发展，如今许多大型数据库管理系统都能支持多媒体数据类型的存储与管理，并支持 Internet。

3. 数据处理与分析软件

数据处理和分析是测控仪器软件系统的主要工作，它对测量精度、控制性能以及系统的稳定性、可靠性的影响很大，也是测控仪器软件设计的重点。不同的测控仪器具有不同的数据处理需求和要求，最具代表性的是 MATLAB 数据处理软件。

MATLAB 是美国 MathWorks 公司开发的软件，它起源于矩阵运算，并已经发展成一种高度集成的计算机语言。它提供了强大的科学运算、灵活的程序设计流程、高质量的图形可视化与界面设计、便捷的与其他程序和语言接口的功能。MATLAB 语言是当今国际上科学界（尤其是自动控制领域）最具影响力、最有活力的软件。它在科学计算、建模仿真以及信息工程系统的设计开发上，已经成为行业内的首选设计工具。作为各个领域的设计/模拟环境的标准软件，在国际市场上广为人知，并广泛地运行在各种应用中。

在基于微型计算机的测控仪器中，MATLAB 可以完成各种科学计算和数据处理工作，如数字滤波、小波变换、曲线拟合、仿真分析、图像处理、电机控制等。使用 MATLAB 软件，可以大大缩短传统 C、C + +、Fortran 等编程语言程序设计的工作周期，使得科学技术计算的问题解决更加得心应手。特别是 MATLAB 提供的与其他高级语言的接口，可以实现同测控仪器主题编程语言的嵌入和连接调用，极大地方便了软件设计和优化。

4. 工程设计软件

工程设计是测控仪器系统设计的必要环节和过程，主要包括机械设计、电路设计和光学设计几个方面。

（1）机械设计软件　机械设计软件很多，应用最为广泛的是 AutoCAD 、UG、SolidWorks 和 Pro/E（PRO/ENGINEER）等，主要用于工业设计、仿真、制造、管理、产品装配、机构分析、有限元分析等。

（2）电路设计软件　PCB 设计工作的开展是一项十分细致的工作。在进行 PCB 设计时，首当其冲的是选择设计软件，没有完美无缺的 PCB 设计软件，关键是找到一种适合自己的工具，能很快、很方便地完成设计工作。当然，在日常使用当中，对不同的工作任务，有必要选择不同的设计软件，甚至多种软件协同设计。

目前常用的电路设计软件有 PROTEL、Cadence、Mentor 等公司的产品。

最具代表性的 Protel 软件是 PROTEL 公司（现为 Altium 公司）在 20 世纪 80 年代末推出的电路行业的 CAD 软件，它当之无愧地排在众多的电路设计自动化（Electronic Design Automatic，EDA）软件的前面，是电路设计者的首选软件。从最初的 Protel for DOS，到后来的

Protel for Windows、Protel 99 及其升级版 Protel 99 se、Protel DXP，直到 Altium Designer，现在的 Protel 已发展到 Protel 99，已经发展成为一个庞大的 EDA 软件。Protel 软件是一个完整的全方位电路设计系统，包含了电原理图绘制、模拟电路与数字电路混合信号仿真、多层印制电路板设计（包含印制电路板自动布线）、可编程逻辑器件设计、图表生成、电路表格生成、支持宏操作等功能，并具有 Client/Server（客户/服务器）体系结构，同时还兼容一些其他设计软件的文件格式，如 ORCAD、PSPICE、EXCEL 等。使用多层印制电路板的自动布线，可实现高密度 PCB 的 100% 布通率。

（3）光学设计软件　光学设计软件可分为成像设计、照明设计、光通信设计和薄膜设计四类设计软件。成像设计软件主要有 Code V（ORA 公司）、Zemax（ZEMAX 公司）、OS-LO（Lambda Research Corporation 公司）等，照明设计软件主要有 Lightools（ORA 公司）、ASAP、Tracepro、ODIS 等，光通信设计软件有 OptiWave 等，薄膜设计软件主要有 TFCalc、Filmstar 等。

最具代表性的 Zemax 是美国焦点软件公司开发的光学设计软件，可做光学组件设计与照明系统的照度分析，也可建立反射、折射、绕射等光学模型，并结合优化、公差等分析功能，是一套可以运算 Sequential 及 Non‑Sequential 的软件。Zemax 的主要特点为：①分析。提供多功能的分析图形，对话窗式的参数选择，方便分析，且可将分析图形存成图文件，例如 *.BMP，*.JPG 等，也可存成文字文件 *.txt。②优化。表栏式 merit function 参数输入，对话窗式预设 merit function 参数，方便使用者定义，且多种优化方式供使用者使用。③公差分析。表栏式 tolerance 参数输入和对话窗式预设 tolerance 参数，方便使用者定义。④报表输出。多种图形报表输出，可将结果存成图文件及文字文件。

五、常用处理算法

智能仪器的处理算法内涵丰富，如数字滤波、非线性矫正、自动校准、自动补偿、故障诊断、深度学习、大数据、云技术等，其随着科学技术不断发展进步，而且还在快速发展进步当中。

1. 数字滤波技术

数字滤波是对输入离散信号的数字代码进行滤波运算处理，以达到改变信号频谱特性的目的。数字滤波器是由数字乘法器、加法器和延时单元组成的一种算法或装置。

数字滤波器对信号滤波的方法是：用数字计算机对数字信号进行处理是按照预先编制的程序进行计算。数字滤波的核心是数字信号处理器。如果采用通用的计算机，随时编写程序就能进行信号处理的工作，但处理的速度较慢。如果采用专用的计算机芯片，按运算方法制成的集成电路连接信号就能进行处理工作，处理速度很快，但功能不易更改。如果采用可编程的计算机芯片，那么装入什么程序机器就能具有什么功能。这种可编程芯片的优点很多，是现代电子产品的首选。如果是对模拟信号进行处理，则需要添加模/数转换器和数/模转换器。

数字滤波器最通用的方法是借助于模拟滤波器的设计方法。模拟滤波器设计已经有了相当成熟的技术和方法，有完整的设计公式，还有较完整的图表可以查询，因此数字滤波器的设计可以充分利用这些丰富资源。数字滤波器设计的具体步骤如下：

1）按照一定的规则将给出的数字滤波器的技术指标转换为模拟低通滤波器的技术指标。

2）根据转换后的技术指标设计模拟低通滤波器的传递函数 $G(s)$。

3) 再按照一定的规则将 $G(s)$ 转换成数字滤波器的传递函数 $H(z)$。

若设计的数字滤波器是低通的, 上述的过程可以结束; 若设计的是高通、带通或者是带阻滤波器, 那么还需要下面的步骤: 将高通、带通或带阻数字滤波器的技术指标转换为低通模拟滤波器的技术指标, 然后设计出低通 $G(s)$, 再将 $G(s)$ 转换为 $H(z)$。

数字滤波器可以按所处理信号的维数分为一维、二维或多维。一维数字滤波器处理的信号为单变量函数序列, 如时间函数的抽样值。二维或多维数字滤波器处理的信号为两个或多个变量函数序列, 例如, 二维图像离散信号是平面坐标上的抽样值。

(1) 一维数字滤波器 处理一维数字信号序列的算法或装置。线性、时不变一维数字滤波器的输出信号序列 $y(n)$ 和输入信号序列 $x(n)$ 的关系由线性、常系数差分方程描述为:

$$H(z) = \frac{Z[y(n)]}{Z[x(n)]} = \frac{\sum_r a_r Z^{-r}}{\sum_k b_k Z^{-k}} \tag{8-1}$$

式中, a_r、b_k 为数字滤波器系数; $Z[y(n)]$ 和 $Z[x(n)]$ 分别为输出和输入信号序列的 Z 变换。转移函数 $H(z)$ 的 Z 反变换称为一维数字滤波器的单位冲激响应, 即 $h(n) = Z^{-1}[H(z)]$。输出信号序列也可以表示为输入信号序列 $x(n)$ 与数字滤波器单位冲激响应 $h(n)$ 的离散褶积

$$y(n) = \sum_{k=-\infty}^{\infty} h(k)x(n-k) \tag{8-2}$$

如果数字滤波器的单位冲激响应 $h(n)$ 只有有限个非零值, 称为有限冲激响应数字滤波器。如果单位冲激响应具有无限多个非零值, 称为无限冲激响应数字滤波器。

有限冲激响应数字滤波器一般采取非递归型算法结构, 因此也称非递归型数字滤波器。无限冲激响应数字滤波器只能采取递归型算法结构, 故又称递归型数字滤波器。

(2) 二维数字滤波器 处理二维数字信号序列的算法或装置。线性、时不变二维数字滤波器的输出 $y(m, n)$ 与输入 $x(m, n)$ 关系由两个变量线性常系数差分方程描述为

$$\sum_k \sum_l b_{k,l} y(m-k, n-l) = \sum_k \sum_l a_{k,l} y(m-k, n-l) \tag{8-3}$$

相应的转移函数为

$$H(z_1, z_2) = \frac{Z[y(m,n)]}{Z[x(m,n)]} = \frac{\sum_k \sum_l a_{k,l} Z_1^{-k} Z_2^{-l}}{\sum_k \sum_l b_{k,l} Z_1^{-k} Z_2^{-l}} \tag{8-4}$$

式中, a 和 b 为滤波器系数; $Z[y(m, n)]$ 和 $Z[x(m, n)]$ 分别为输出和输入信号序列的二维 Z 变换。

转移函数 $H(z_1, z_2)$ 的二维 Z 反变换 $h(m, n) = Z^{-1}[H(z_1, z_2)]$ 称为二维数字滤波器的单位冲激响应。二维数字滤波器的输出 $y(m, n)$ 亦可表示为输入信号序列 $x(m, n)$ 和单位冲激响应 $h(m, n)$ 的二维离散褶积

$$y(m,n) = \sum_{k=-\infty}^{\infty} \sum_{l=-\infty}^{\infty} h(k,l)x(m-k, n-l) \tag{8-5}$$

二维数字滤波器对单位冲激响应亦分有限冲激响应和无限冲激响应两类。二维有限冲激响应数字滤波器为非递归型算法结构, 因此又称为二维非递归型数字滤波器。二维无限冲激响应数字滤波器为递归型算法结构, 因此又称为二维递归型数字滤波器。

2. 非线性校正技术

测控仪器的理想输入-输出是线性规律, 但是由于各个环节 (包括传感器、测量电路、控制电路、执行器等) 都不可避免地存在一定程度的非线性, 最终导致整个输入-输出特性

出现非线性，而非线性校正是唯一有效的手段。完整的非线性校准过程包含标定和校准两个过程。

（1）非线性标定 标定（Calibration）是指使用标准的计量仪器对所使用仪器的准确度（精度）进行检测，验证其是否符合标准，一般大多用于精密度较高的仪器。非线性标定是指利用高一等级精度的标准仪器给出输入量，然后考察测控仪器输出量的变化规律及其线性度。具体的标定过程如下：

在规定的实验测试条件下，给测控仪器的输入端逐次加入已知标准的被测量 x_1，x_2，$\cdots$，x_n，并记下对应的输出读数 y_1，y_2，$\cdots$，y_n，这样就获得 n 对输入-输出数据 $(x_i, y_i)(i = 1, 2, \cdots, n)$，这些"标定"数据就是对测控仪器的输入-输出特性 $y = f(x)$ 的离散方式描述，如图8-12所示。

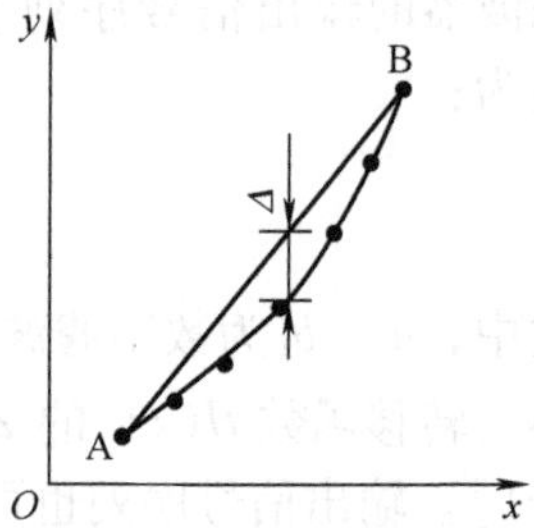

对于获得的标定数据组 $(x_i, y_i)(i = 1, 2, \cdots, n)$，可以采用端点连线法、最小二乘法等计算其非线性误差。以最小二乘法为例，其拟合直线方程可为

$$y_L = a + bx \tag{8-6}$$

式中，$a = \dfrac{\sum x_i^2 \sum y_i - \sum x_i \sum x_i y_i}{n \sum x_i^2 - (\sum x_i)^2}$；$b = \dfrac{n \sum x_i y_i - \sum x_i \sum y_i}{n \sum x_i^2 - (\sum x_i)^2}$。

图8-12 非线性检定结果

以此拟合直线为基准，可以计算得出每个标定点处的非线性偏差值

$$\Delta(i) = y(i) - y_L(i)(i = 1, 2, \cdots, n) \tag{8-7}$$

（2）非线性校正 在标定过程获得测控仪器的非线性误差值之后，在实际的测量过程中就可以利用上述数据进行非线性校正。常用的非线性校正方法有查表法、插值法、拟合法等。

1）查表法：查表法是在计算机或微处理器的内存中建立一张二维数组/数据表，将"标定"试验获得的 n 对数据 $(x_i, y_i)(i = 1, 2, \cdots, n)$ 存入该数据表。在测量过程中，根据测控仪器的输出值 y 在这个数据表中进行查找，找到与之对应的输入值 x，并将 x 作为最终测量结果予以输出。

采用查表法进行非线性校正的优点是不需要进行计算，只需简单的查找过程，就可以完成非线性校正过程；其缺点是在标定过程中需要在整个测量范围内获得足够密、足够多的测试数据，才能满足校正的要求，否则有可能无法查到对应的测量点数据。

2）插值法：插值法是将标定过程获得的 n 对测定数 $(x_i, y_i)(i = 1, 2, \cdots, n)$ 对应的特性曲线分为首尾相接的若干段，每一段特性曲线指定采用一个函数（称之为插值函数）作为实际的输入量 x 与输出量 y 函数关系的近似表达式，并将每一段所对应的函数表达式的特征参数保存在计算机或微处理器的内存之中。在实际的测量过程中，根据测控仪器的输出值 y 判断其所在的区段，取得与该区段对应的函数表达式的特征参数，通过计算得出与之对应的输入值 x，并将 x 作为最终测量结果予以输出。

最常用的插值函数为线性函数，即以每两个相邻的标定数据为端点，构成一段直线，如图8-13所示。

插值法非线性校正的优点是所需的标定点数较少，可适应任意测量值的校正。缺点是校准函数与实际的特性曲线存在一定偏差，非线性校准精度优势下降。

3）拟合法：拟合法是将标定过程获得的全部 n 对测定数 $(x_i, y_i)(i = 1, 2, \cdots, n)$ 进行曲线拟合，从而得到一个函数（称之为拟合函数）作为实际的输入量 x 与输出量 y 函数关系的近似表达式，并将与拟合函数对应的函数表达式的特征参数保存在计算机或微处理器

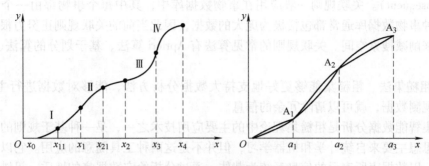

图 8-13 线性插值法非线性校正

的内存中。在实际的测量过程中，根据测控仪器的输出值 y 直接利用该拟合函数，通过计算得出与之对应的输入值 x，并将得到的 x 作为最终测量结果予以输出，如图 8-14 所示。

具体选择哪一种函数对标定数据进行拟合，主要取决于测控仪器本身的输入-输出特性曲线的规律，需要保证尽可能小的拟合误差，以保证测控精度。常用的拟合函数形式有多项式（如二次曲线、抛物线等）、指数、对数等。

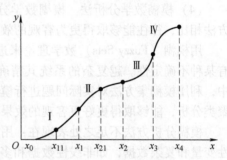

图 8-14 拟合法非线性校正

3. 智能数据分析技术

智能数据分析（Intelligent Data Analysis）是指运用统计学、模式识别、机器学习、数据抽象等数据分析工具从数据中发现知识的分析方法。智能数据分析的目的是直接或间接地提高工作效率，在实际使用中充当智能化助手的角色，使工作人员在恰当的时间拥有恰当的信息，帮助他们在有限的时间内做出正确的决定。

智能数据分析方法主要为两种类型，一是数据抽象（Data Abstraction），主要涉及数据的智能化解释，以及如何将这种解释以可视化或符号化的形式表示出来；二是数据挖掘（Date Mining），主要涉及从数据中分析和抽取知识，目的是为了支持业务管理或预测趋势。具体的智能数据分析方法有：

（1）决策树法　决策树（Decision Tree）是在已知各种情况发生概率的基础上，通过构成决策树来求取净现值的期望值大于等于零的概率，评价项目风险，判断其可行性并进行决策分析。决策树方法是一种直观运用概率分析的图解方法，它是建立在信息论基础之上对数据进行分类的一种方法。首先通过一批已知的训练数据建立一棵决策树，然后采用建好的决策树对数据进行预测。决策树的建立过程是数据规则的生成过程，因此这种方法实现了数据规则的可视化，其输出结果容易理解，精确度较好，效率较高。缺点是难以处理关系复杂的数据。常用的方法有分类及回归树法、双方自动交互探测法等，其中分类树主要用于数据记录的标记和归类，回归树主要用于估计目标变量的数值。

决策树数据分析方法需要基于信息论基础上，这种方法实现的输出结果容易理解，精确度较高，效率也较快，但是它不能用来对复杂的数据进行处理与分析。

（2）关联规则法　关联规则方法主要用于事物数据库中，通常带有大量的数据，当今使用这种方法来削减搜索空间。关联规则分析发现大量数据中项集之间有价值的关联或相关联系，要建立形如 $X \rightarrow Y$ 的蕴涵式，其中 X 和 Y 分别称为关联规则的先导（Antecedent）和后继（Consequent）。关联规则一般应用在事物数据库中，其中每个事物都由一个记录集合组成。这种事物数据库通常都包括极为庞大的数据，因此当前的关联规则正努力根据基于记录支持度来削减搜索空间。关联规则的常见算法有 Apriori 算法、基于划分的算法、FP 树频集算法等。

（3）粗糙集法 粗糙集能够更好地支持大数据分析方法，能够对数据进行主观评价，只要通过观测数据，就可以清除冗余的信息。

粗糙集智能数据分析是粗糙集理论中的主要应用技术之一，是一种基于规则的数据分析方法。其思想主要来自统计学和机器学习，但并不是这两种工具随意的应用。它以粗糙集理论为基础，以数据表所表示的信息系统为载体，通过分析给定数据集的性质、粗糙分类、决策规则的确定性以及覆盖度因子等过程，从中获取隐含的、潜在有用的知识。

用粗糙集理论进行数据分析主要有以下优势：它无须提供对知识或数据的主观评价，仅根据观测数据就能删除冗余信息，非常适合并行计算，提供结果的直接解释。

（4）模糊数学分析法 模糊数学分析能够对实际问题进行模糊的分析，与其他的分析方法相比，往往能够取得更为客观的效果。

用模糊（Fuzzy Sets）数学理论来进行智能数据分析。现实世界中客观事物之间通常具有某种不确定性。越复杂的系统其精确性越低，也就意味着模糊性越强。在数据分析过程中，利用模糊集方法对实际问题进行模糊评判、模糊决策、模糊预测、模糊模式识别和模糊聚类分析，能够取得更好更客观的效果。

模糊分析方法不足之处表现在：用户驱动，用户参与过多；处理变量单一，不能处理定性变量和复杂数据，如非线性数据和多媒体数据；发现的事实或规则是以查询为主要目的，对预测和决策影响不大，而且过分依赖主观的经验。

（5）人工神经网络法 人工神经网络。数据分析方法具有自学习功能，在此基础上还具有联想存储的功能。人工神经网络是一种应用类似于大脑神经突触连接的结构进行信息处理的数学模型。该模型由大量的节点（或称神经元）之间相互连接构成。每个节点代表一种特定的输出函数，称为激励函数（Activation Function）。每两个节点间的连接都代表一个对于通过该连接信号的加权值，称之为权重，这相当于人工神经网络的记忆。网络的输出则依网络的连接方式、权重值和激励函数的不同而不同。而网络自身通常都是对自然界某种算法或者函数的逼近，也可能是对一种逻辑策略的表达。

典型的神经网络模型主要分三大类，即前馈式神经网络模型、反馈式神经网络模型和自组织映射方法模型。人工神经网络具有非线性、非局限性、非定性、非凸性等特点，它的优点包含有三个方面：第一是具有自学习功能，第二是具有联想存储功能，第三是具有高速寻找优化解的能力。

（6）混沌分形法 混沌（Chaos）和分形（Fractal）这两种理论主要用来对自然社会中存在的现象进行解释，一般用来进行智能认知研究，还能应用于自动控制等众多领域中。

混沌和分形理论是非线性科学中的两个重要概念，研究非线性系统内部的确定性与随机性之间的关系。混沌描述的是非线性动力系统具有的一种不稳定且轨迹局限于有限区域但永不重复的运动，分形解释的是那些表面看上去杂乱无章、变幻莫测而实质上潜在有某种内在规律性的对象，因此，二者可以用来解释自然界以及社会科学中存在的许多普遍现象。其理论方法可以作为智能认知研究、图形图像处理、自动控制以及经济管理等诸多领域应用的基础。

（7）自然计算法 自然计算分析方法是指受自然界中生物体的启发，模拟或仿真实现发生在自然界中、易作为计算过程解释的动态过程。针对不同生物层面的模拟与仿真，有群体智能算法、免疫算法、遗传算法等。

　　群体智能（Swarm Intelligence，SI）是一种模仿自然界动物昆虫觅食筑巢行为的新兴演化计算技术，研究的是由若干简单个体组成的分散系统的集体行为，每个个体与其他个体以及环境都有相互作用。目前主要的 SI 算法有粒子群优化算法（Particle Swarm Optimization，PSO）、蚁群算法（Ant Colony Optimization，ACO）、文化算法（Culture Algorithm）、人工鱼群算法（Artificial Fish Swarm Optimization，AFSO）以及觅食算法（Foraging Algorithm），其中 PSO 和 ACO 受到人们广泛的关注。人工免疫系统（Artificial Immune System，AIS）是从脊椎动物免疫系统中获取灵感构建的计算系统。人工免疫（亦称计算机免疫）学借鉴生物免疫的思想，以典型的多样性、适应性、自治性、动态覆盖性、动态平衡性等特性，求解某些特定复杂问题具有较好的效果。

　　经典免疫算法有反向选择、克隆选择、免疫网络、危险理论等。

　　遗传算法（Genetic Algorithm）是一类借鉴生物界的进化规律（适者生存，优胜劣汰遗传机制）演化而来的随机化搜索方法。它是由美国 J. Holland 教授 1975 年首先提出，其主要特点是直接对结构对象进行操作，不存在求导和函数连续性的限定；具有内在的隐并行性和更好的全局寻优能力；采用概率化的寻优方法，能自动获取和指导优化的搜索空间，自适应地调整搜索方向，不需要确定的规则。遗传算法的这些性质，已被人们广泛地应用于组合优化、机器学习、信号处理、自适应控制和人工生命等领域。

　　(8) 基于大数据的智能数据分析　大数据分析相比传统的数据分析，具有数据量大、查询分析复杂等特点，因而需要不断有新的大数据分析方法和理论的出现。人们发现现有的单一智能数据分析方法已经不能全面、高效地胜任数据分析工作，由此，一种交叉融合多种智能数据分析技术的方法应运而生。例如，模糊数学和其他理论融合形成了模糊人工神经网络、模糊遗传算法、模糊进化算法、模糊计算学习理论；演化计算和其他理论融合渗透形成了模糊演化算法、演化人工神经网络等。如惠普推出基于 HAVEn 大数据分析平台、Teradata 天睿公司推出的 Teradata Aster 大数据探索平台（Teradata Aster Discovery Platform）以及 IBM 公司和 Intel 公司都推出了各自的大数据分析方案。这些方案都涉及 Hadoop 这个大数据分析平台。Hadoop 是 Appach 基金会支持的一个开源系统，如图 8-15 所示，包括两部分，一是分布式文件系统，二是分布式计算系统。Hadoop 在 HBase 上还提供了一个数据仓库/数据挖掘软件 Hivi。面向机器学习，还提供了一个机器学习软件包 Mahout，从而满足大数据管理和

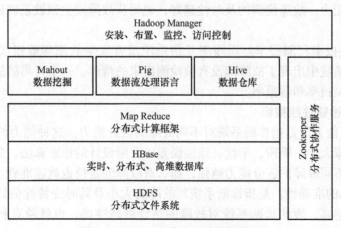

图 8-15　Hadoop 分布式系统架构图

分析的要求。

　　大数据智能分析技术的发展还依赖于新型数据存储和组织技术以及新的高效率计算方法的支持。数据存储和组织技术应该采用更好的分布式数据存储策略，并尽量提高数据的吞吐效率、降低故障率。如谷歌公司的 GFS 和 Hadoop 项目的 HDFS 是两个最知名的分布式文件系统，它们都采用比较新颖的策略。高效率的计算方法有分布式运算、数据流技术、新硬件技术等。

六、故障诊断技术

　　故障诊断（Troubleshooting）是利用各种检查和测试方法，发现系统和设备是否存在故障的过程；而进一步确定故障所在大致部位的过程是故障定位。故障检测和故障定位同属网络生存性范畴。要求把故障定位到实施修理时可更换的产品层次（可更换单位）的过程称为故障隔离。

　　故障诊断是一种了解和掌握仪器在运行过程中的状态，确定其整体或局部正常或异常，早期发现故障及其原因，并能预报故障发展趋势的技术，如油液监测、振动监测、噪声监测、性能趋势分析和无损探伤等为其主要的诊断技术方式。系统故障诊断是对系统运行状态和异常情况做出判断，为系统故障恢复提供依据。要对系统进行故障诊断，首先必须对其进行检测，在发生系统故障时，对故障类型、故障部位及原因进行诊断，最终给出解决方案，实现故障恢复。

　　故障诊断的主要任务有：故障检测、故障类型判断、故障定位及故障恢复等。其中：故障检测是指与系统建立连接后，周期性地向下位机发送检测信号，通过接收的响应数据帧，判断系统是否产生故障；故障类型判断就是系统在检测出故障之后，通过分析原因，判断出系统故障的类型；故障定位是在前两步的基础上，细化故障种类，诊断出系统具体故障部位和故障原因，为故障恢复做准备；故障恢复是整个故障诊断过程中最后也是最重要的一个环节，需要根据故障原因，采取不同的措施，对系统故障进行恢复。

　　评价故障诊断系统性能的指标大体可分为以下三个方面：

1. 故障诊断检测性能指标

　　1）早期检测的灵敏度。是指一个故障检测系统对"小"故障信号的检测能力。检测系统早期检测的灵敏度越高，表明它能检测到的最小故障信号越小。

　　2）故障检测的及时性。是指当诊断对象发生故障后，检测系统在尽可能短的时间内检测到故障发生的能力。故障检测的及时性越好，说明从故障发生到被正确检测出来之间的时间间隔越短。

　　3）故障的误报率和漏报率。误报率是指系统没有发生故障却被错误地判定出现了故障；漏报则是指系统中出现了故障却没有被检测出来的情形。一个可靠的故障检测系统应当保持尽可能低的误报率和漏报率。

2. 故障诊断诊断性能指标

　　1）故障分离能力。是指诊断系统对不同故障的区分能力。这种能力的强弱取决于对象的物理特性、故障大小、噪声、干扰、建模误差以及所设计的诊断算法。分离能力越强，表明诊断系统对于不同故障的区分能力越强，那么对故障的定位也就越准确。

　　2）故障辨识的准确性。是指诊断系统对故障的大小及其时变特性估计的准确程度。故障辨识的准确性越高，表明诊断系统对故障的估计就越准确，也就越有利于故障的评价与决策。

3. 故障诊断综合性能指标

1）鲁棒性。是指故障诊断系统在存在噪声、干扰、建模误差的情况下正确完成故障诊断任务，同时保持满意的误报率和漏报率的能力。一个故障诊断系统的鲁棒性越强，表明它受噪声、干扰、建模误差的影响越小，其可靠性也就越高。

2）自适应能力。是指故障诊断系统对于变化的被诊断对象具有自适应能力，并且能够充分利用由于变化产生的新信息来改善自身。引起这些变化的原因可以是被诊断对象的外部输入的变化、结构的变化或由诸如生产数量、原材料质量等问题引起的工作条件的变化。

4. 故障诊断的主要方法

（1）基于专家系统的故障诊断方法　基于专家系统的诊断方法是故障诊断领域中最为引人注目的发展方向之一，也是研究最多、应用最广的一类智能型诊断技术。它大致经历了两个发展阶段：基于浅知识领域专家的经验知识的故障诊断系统、基于深知识诊断对象的模型知识的故障诊断系统。

浅知识是指领域专家的经验知识。基于浅知识的故障诊断系统通过演绎推理或产生式推理来获取诊断结果，其目的是寻找一个故障集合使之能对一个给定的征兆（包括存在的和缺席的）集合产生的原因做出最佳解释。基于浅知识的故障诊断方法具有知识直接表达、形式统一、高模组性、推理速度快等优点。但也有局限性，例如，知识集不完备，对没有考虑到的问题系统容易陷入困境；对诊断结果的解释能力弱等缺点。

深知识则是指有关诊断对象的结构、性能和功能的知识。基于深知识的故障诊断系统，要求诊断对象的每一个环境具有明显的输入输出表达关系，诊断时首先通过诊断对象实际输出与期望输出之间的不一致，生成引起这种不一致的原因集合，然后根据诊断对象及其内部特定的约束联系，采用一定的算法，找出可能的故障源。

基于深知识的智能型专家诊断方法具有知识获取方便、维护简单、完备性强等优点，但缺点是搜索空间大，推理速度慢。

基于复杂设备系统而言，无论单独使用浅知识或深知识，都难以妥善地完成诊断任务，只有将两者结合起来，才能使诊断系统的性能得到优化。因此，为了使故障智能型诊断系统具备与人类专家能力相近的知识，研发者在建造智能型诊断系统时，越来越强调不仅要重视领域专家的经验知识，更要注重诊断对象的结构、功能、原理等知识，研究的重点是浅知识与深知识的整合表示方法和使用方法。事实上，一个高水平的领域专家在进行诊断问题求解时，总是将他具有的深知识和浅知识结合起来，完成诊断任务。一般优先使用浅知识，找到诊断问题的解或者是近似解，必要时用深知识获得诊断问题的精确解。

（2）基于人工神经网络的故障诊断　知识获取上，神经网络不需要由知识工程师进行整理、总结以及消化领域专家的知识，只需用领域专家解决问题的实例或范例来训练神经网络；在知识表示方面，神经网络采取隐式表示，并将某一问题的若干知识表示在同一网络中，通用性强、便于实现知识的主动获取和并行联想推理。在知识推理方面，神经网络通过神经元之间的相互作用来实现推理。

现在许多领域的故障诊断系统中已开始应用神经网络技术，如在化工设备、核反应器、汽轮机、旋转机械和电动机等领域已取得了较好的效果。由于神经网络从故障事例中学到的知识只是一些分布权重，而不是类似领域专家逻辑思维的产生式规则，因此诊断推理过程缺乏透明度。

（3）基于模糊数学的故障诊断　许多诊断对象的故障状态是模糊的，诊断这类故障的一个有效方法是应用模糊数学的理论。基于模糊数学的诊断方法，不需要建立精确的数学模型，适当地运用局部函数和模糊规则，进行模糊推理就可以实现模糊诊断的智能化。

（4）基于故障树的故障诊断　故障树方法是由电脑依据故障与原因的先验知识和故障率知识自动辅助生成故障树，并自动生成故障树的搜索过程。诊断过程从系统的某一故障"显现"开始，沿着故障树不断提问而逐级构成一个梯阶故障树，透过对此故障树的启发式搜索，最终查出故障的根本原因。在提问过程中，有效合理地使用系统的及时动态数据，将有助于诊断过程的进行。基于故障树的诊断方法，类似于人类的思维方式，易于理解，在实际中应用较多，但大多与其他方法结合使用。

第四节　典型智能测控仪器

一、视觉传感器

1. 视觉传感器概述

视觉传感器（Intelligent Vision Sensor）并不是一台简单的相机，而是一种高度集成化的微小型视觉测量系统。智能化视觉传感器将图像的采集、处理与通信功能集成于一体，通过获取图像数据和数据处理最终输出所需的各种信息（如长宽、角度、面积、重心、位置、形状、数量、姿态、颜色等），从而提供具有多功能、模块化、高可靠性、易于实现的机器视觉测量解决方案。同时，由于应用了最新的 DSP、FPGA 及大容量存储技术，视觉传感器的智能化程度不断提高，可满足多种视觉检测的需求。

视觉传感器在功能原理上一般由采集单元、测控单元、通信单元等构成，如图 8-16 所示，各部分的功能如下：

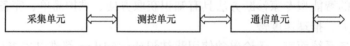

图 8-16　视觉传感器的功能组成原理

采集单元：采集单元的主要功能是获取被测目标所在场景的图像数据。在视觉传感器中，采集单元主要包括图像传感器、镜头和光源，其中：图像传感器目前多为各种形式的 CCD/CMOS 器件（一维或二维），它负责将光学图像转换为数字图像，并输出至数据处理单元；镜头负责将保护被测目标在内的整个场景的光学图像成像到图像传感器的成像面之上，保证足够的测量范围和良好的图像质量；光源不是必需的，它的作用是对整个测量场景进行照明和补光，以保证图像质量、提升测量精度。

测控单元：测控单元的主要功能包括两个方面，一方面是对采集单元获取的图像数据进行处理并得出最终所需的检测结果，另一方面是对采集单元进行相应的参数设置与控制。测控单元的组成也包含测控硬件和测控软件两个方面：测控硬件包含有可供测控软件运行所需的硬件（如处理器、存储器、驱动器等），它是测控软件的工作支撑平台，并在测控软件的支持与操控之下进行相应的数据处理、存储、控制等操作；测控软件是在测控硬件的支撑下完成各种数据处理与控制功能。例如，数据处理功能包括图像滤波、边缘提取、灰度分析与变换、OCV/OVR、定位和搜索等，控制可以包括图像数据采集、光源控制（光源的开与关、光源亮度、照明持续时间等）、图像传感器参数设置（如 ROI、帧频、曝光时间、快门时间）。在智能化视觉传感器中，各种数据处理与控制算法常常是封装成固定的软件模块，用户可直接应用而无须二次编程。

通信单元：通信单元的主要功能主要是接收来自上位机的控制信息和向上位机传送所需的检测结果和视觉传感器状态参数信息。目前的智能化视觉传感器一般均内置有多种通用的通信接口（如以太网、USB、RS－232/RS－422/RS－485 等），并可以支持多种标准网络和总线协议，从而使多台智能视觉传感器构成更大的分布式视觉检测系统。

完整的智能化视觉传感器的组成如图 8-17 所示，一般分为视觉探头和控制器两个分体形式，视觉探头包含有镜头、图像传感器、光源等，控制器包括存储器、驱动器、微处理器、通信接口等。有时也可以将全部器件集成在一个测头之内，形成内置控制器的高度集成的智能化、一体式视觉传感器。

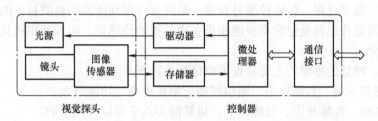

图 8-17　完整的智能化视觉传感器组成（分体式）

在相近的可用检验备选方案中，除了视觉传感器之外，还有视觉系统、光电传感器、智能相机。相比较而言，视觉传感器通常因其精确性、易用性、丰富的功能及合理的成本而成为最佳选择。他们之间的差异对比如下：

（1）视觉传感器与视觉系统对比　视觉系统是一项相对成熟的技术方案，可执行更为细致的自动检验。但是，由于其相对复杂和成本较高，限制了其在许多行业中的应用。这些复杂的视觉系统需要一个或多个摄像头、定制软件以及一台计算机，相互之间通过专用的独立机构进行定位和支撑，也需要通过线缆进行连接，往往需要专业人员来进行设计、集成和安装。由于各个组成单元相对独立，对于系统的安装精度、相位稳定性等要求更高，优势难以保证。此外，鉴于此类系统的专用性，无法将它们轻松地改作他用。这些复杂的系统通常要求持续的专业支持。

视觉传感器具有更高的集成度，相对而言更廉价、更容易使用，为一些工业应用提供了性价比更佳的解决方案。此外，由于视觉传感器体积小、集成度高、更易安装，系统的性能也更为稳定，甚至可实现免维护。因此在检验和校验应用中，制造商更愿意采用视觉传感器。

（2）视觉传感器与光电传感器对比　光电传感器通常仅包含一个或多个光电传感元件，其功能只是将光学信息转变为电学信息，自身并不具备各种数据处理与分析功能，更不能直接得出所需的检测信息。例如，视觉传感器中的图像传感器就是一种光电传感器，它只是视觉传感器的一个组成部分，其功能也很单一，远远少于视觉传感器。

视觉传感器与光电传感器相比可以赋予设计者更大的灵活性和集成度，以往需要多个光电传感器的应用，现在可以用一个视觉传感器来检验多项特征。视觉传感器能够检验大得多的面积，并实现了更佳的目标位置和方向灵活性。这使视觉传感器在某些原先只有依靠光电传感器才能解决的应用中受到广泛欢迎。此外，由于一个基本视觉传感器的成本仅相当于数个具有较贵配件的光电传感器及与之配套的处理器与控制器，因此价格已不再是问题。特别地，视觉传感器配置有处理软件，为各种不同类型应用的切换提供了无与伦比的灵活性。

（3）视觉传感器与智能相机对比　智能相机（Smart Camera）也是一种内部集成有控制器的微小型机器视觉系统。它将图像采集、图像处理与通信功能集成于单一相机内，从而提供了具有多功能、模块化、高可靠性、易于实现的机器视觉解决方案。但是，智能相机仍然是相机，它不包含有镜头和光源，仅能获取图像，也可以进行简单的图像处理功能，包括图像滤波、边缘提取、特征提取等，但是这些结果仍然是像素级的图像信息，并非是被测目标的实际信息。

视觉传感器并不是一台简单的相机，而是一种高度集成化的微小型视觉测量系统。视觉传感器将图像采集、数据处理与通信功能集成于一体，通过获取图像数据和数据处理最终输出所需的各种信息。因此，视觉传感器不仅包含智能相机的图像传感器与处理器，还包含镜头、光源，其功能不仅可以具有智能相机的图像采集与图像处理功能，而且还具有光源控制、曝光控制、数据处理、标定校准等功能，最终可以得到所需的被测目标的相关信息。因此，也可以说视觉传感器是包含有智能相机在内的智能传感器，而智能相机只是视觉传感器的一个组成部分。

综合考虑，视觉传感器的主要特点可以概括为以下几点：

1）集成图像采集、数据处理、通信控制，集成度高、功能强大。

2）结构紧凑、性能稳定、故障率低，运算能力几乎可以等同于 PC。

3）工作过程可完全脱离 PC，与生产线上其他设备连接方便。

4）能直接在显示器或监视器上输出视频图像。

5）提供基本的开源图像处理库，方便用户进行源码级的二次开发。

6）增益可调并可实现自动增益控制（AGC），电子快门时间可调，可以实现全局曝光，快门时间可软件设置。

7）可对曝光时间以及曝光时刻进行精确外同步控制。

8）支持外触发和外部闪光灯接口。

9）自带多路数字 I/O、以太网、USB、工业串行等接口。

2. 典型的视觉传感器

工业级视觉传感器的代表是美国康耐视（Cognex）公司推出的 In－Sight 系列视觉传感器，如图 8-18 所示。该产品具有元件检测、识别和引导功能，包含有高级视觉工具库，具有高速图像采集和处理功能。此外，还提供了多种型号，包括线扫描和彩色系统，并增加了 LED 光源，也适用于简单的防错应用。

3. 视觉传感器典型应用

视觉传感器的低成本和易用性已吸引机器设计

图 8-18　康耐视 In－Sight 系列视觉传感器

师和工艺工程师将其集成入各类曾经依赖人工、多个光电传感器，或根本不检验的应用。其工业应用包括检验、计量、测量、定向、瑕疵检测和分拣。

1）在汽车组装厂，检验由机器人涂抹到车门边框的胶珠是否连续，是否有正确的宽度。

2）在瓶装厂，校验瓶盖是否正确密封、装灌液位是否正确、在封盖之前是否有异物掉入瓶中。

3）在包装生产线，确保在正确的位置粘贴正确的包装标签。

4）在药品包装生产线，检验阿司匹林药片的泡罩式包装中是否有破损或缺失的药片。

5）在金属冲压生产中，以每分钟逾 150 片的速度检验冲压部件，比人工检验快 13 倍以上。

6）在汽车生产线进行仪表板装配件上的泡沫塑料片及塑料螺母的到位及定位检测。

7）在空气压缩机输出过程对密封环的装配精度进行检测，分析图像确认工件是否正确。

8）汽车生产线门板密封胶均匀度检测，监控密封胶的宽度、位置及连续性。

二、红外热像测温仪

1. 红外热像测温概述

红外热像测温技术是当今迅速发展的高新技术之一，已广泛地应用在军事、准军事和民用等领域并发挥着其他产品难以替代的重要作用。随着新半导体材料的不断出现，红外测温技术在科学研究、现代工程技术和军事领域中的应用越发广泛。

红外热成像是使用光电设备来检测和测量辐射并在辐射与表面温度之间建立相互联系的技术。辐射是指辐射能（电磁波）在没有直接传导媒体的情况下移动时发生的热量移动。现代红外热像仪的工作原理是使用光电设备来检测和测量辐射，并在辐射与表面温度之间建立相互联系。红外测温技术的理论基础是普朗克定律，该定律揭示了黑体辐射能量在不同温度下按波长的分布规律，其数学表达式为

$$E_{b\lambda} = \frac{c_1 \lambda^{-5}}{e^{c_2/\lambda T} - 1} \tag{8-8}$$

式中，$E_{b\lambda}$为黑体光谱辐射通量密度。

红外热像测温仪的工作原理如图 8-19 所示，被测目标的红外辐射通过热像仪内的光学镜片聚焦于探测器，从而引起相应的光电反应，通常是引起电压或电阻的变化，该变化由热成像系统中的电子元件读取，并转换成电子图像（温度记录图），最后显示在屏幕上。温度记录图是经过电子处

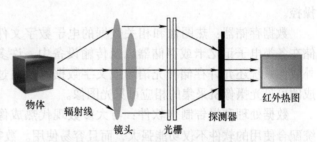

图 8-19 红外热像测温仪的工作原理示意图

理后显示在屏幕上的目标图像，在该图像中，不同的色调与目标表面上的红外辐射分布相对应。在这个简单的过程中，热像仪可以查看与目标表面上发出的辐射能量相对应的温度记录图。

红外热像测温仪的组成如图 8-20 所示，主要包括光学系统、滤波器、探测器、视频处理器、显示器等。

镜头：热像仪至少配有一个镜头，如图 8-21 所示。热像仪镜头可以捕获红外辐射并使

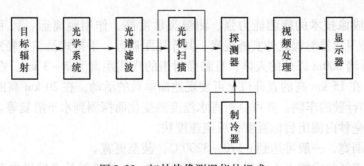

图 8-20 红外热像测温仪的组成

之聚焦于红外探测器上。探测器将做出反应并生成电子（热）图像或温度记录图。大多数长波热像仪的镜头包含锗（Ge）薄层增透膜，可以改善镜头的透光能力。

探测器：目标发出的热辐射通过镜头之后将聚焦于探测器（通常是电子半导体材料）上，被测目标的温度变化产生的热辐射可使探测器做出相应的反应，并输出相应的电信号。

处理器件：探测器输出的电信号在热像仪中经过电子处理，形成热图像，并显示在热像仪的显示屏上。

图 8-21　热像测温仪的镜头

显示屏：热图像显示在热像仪的液晶显示屏（LCD）上，如图 8-22 所示。LCD 显示屏必须足够大，足够清晰，以便在各种场合的不同光线条件下轻松查看图像。此外，显示屏通常还会提供其他信息，如电池电量、日期、时间、目标温度（以 ℉、℃ 或 K 为单位）、可见光图像以及与温度有关的色谱键。控件可以对温度范围、热跨度和级别、调色板和图像融合度等变量进行电子调整，以优化显示屏上的热图像，还可以对辐射率和反射背景温度进行调整。近几年已出现触摸屏热像仪实现所有操控。

数据存储器：热图像和相关数据的电子数字文件存储在各类电子记忆卡或存储器以及传输设备中。许多红外成像系统还允许存储补充语音或文字数据以及通过集成的可见光摄像机采集的相应可见光图像。

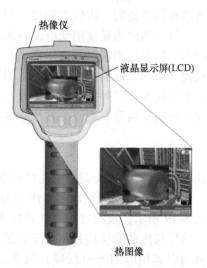

图 8-22　热像测温仪的显示屏

数据处理和报告制作软件：与大多数现代热成像系统配合使用的软件不仅功能强大，而且容易使用。数字热图像和可见光图像可以导入个人计算机中，然后在此处通过各种调色板显示，而且还可以进一步调整所有辐射参数和分析功能。之后，经过处理的图像将被插入报告模板中，或者发送至打印机，以电子形式存储或者通过互联网发送给客户。福禄克红外热像仪使用的是 SmartView 红外分析软件。

手持式红外热像测温仪的外观如图 8-23 所示。

红外测温技术的优点：

1）红外热成像技术是一种对目标的被动式的非接触检测，它无须与被测物体接触，因而隐蔽性好，不容易被发现，不会破坏被测物体的温度场，从而使红外热成像仪的操作者更安全。

2）红外热成像技术的探测能力强、测温灵敏度高、作用距离远。利用红外热成像技术，可在敌方防卫武器射程之外实施观察，其作用距离远。手持式及装于轻武器上的热成像仪可让使用者看清 800m 以外的人体，且瞄准射击的作用距离为 2 ~ 3 km，在舰艇上观察水面可达 10 km，在 15 km 高的直升机上可发现地面单兵的活动，在 20 km 高的侦察机上可发现地面的人群和行驶的车辆，并可分析海水温度的变化而探测到水下潜艇等。

3）可在几毫秒内测出目标温度，反应速度快。

4）测温范围宽，一般可达到 -170 ~ 3200℃，甚至更宽。

5）红外热成像技术能真正做到 24h 全天候监控。红外辐射是自然界中存在最为广泛的

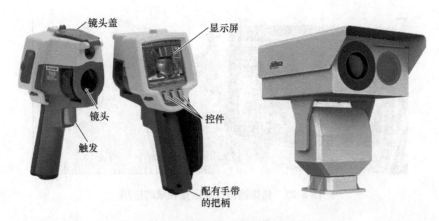

图 8-23　手持式红外热像测温仪

辐射，而大气、烟云等可吸收可见光和近红外线，但是对 3～5μm 和 8～14μm 的红外线却是透明的，这两个波段被称为红外线的"大气窗口"。因此，利用这两个窗口，可以在完全无光的夜晚，或是在雨、雪等烟云密布的恶劣环境，能够清晰地观察到所需监控的目标。正是由于这个特点，红外热成像技术能真正做到 24h 全天候监控。

6）红外热成像技术能直观地显示物体表面的温度场，不受强光影响，可在有如树木、草丛等遮挡物的情况下进行监控。红外测温仪只能显示物体表面某一小区域或某一点的温度值，而红外热成像仪则可以同时测量物体表面各点温度的高低，直观地显示物体表面的温度场，并以图像形式显示出来。由于红外热成像仪是探测目标物体的红外热辐射能量的大小，不像微光像增强仪那样处于强光环境中时会出现光晕或关闭，因此不受强光影响。

目前，红外测温仪的应用范围愈来愈广泛，在科研、医疗、电子等领域都将发挥举足轻重的作用。

1）对于工业领域，可用热像测温仪检查大功率电器的发热情况，检查轴承温度过高现象，电刷和集电环发热情况，绕组短路或开路，冷却管路堵塞，变压器等电器的过热与过载，发电机三相负载不平衡等问题，如图 8-24 所示。

图 8-24　热像测温仪在工业领域的应用

2）对于安全领域，可用热像测温仪进行夜视侵入探测防盗，屋顶查漏，环保检查，节能检测，无损探伤，森林防火等。同时也可以监控像火山爆发、山体滑坡等突发的自然环境变化。

3）对于医疗卫生领域，热像测温仪可以实现无接触人体体温检测与筛查，提示炎症、周围神经疾病，肿瘤的早期预警，如图 8-25 所示。

热像测温仪的技术指标有：

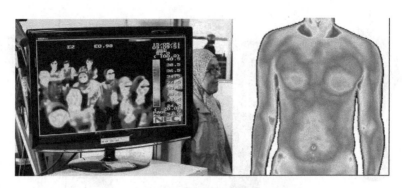

图 8-25　热像测温仪在医疗领域的应用

1）热灵敏度（NETD）。热像仪具有分辨细小温差的能力，在一定程度上影响成像的细腻程度。灵敏度越高，成像效果越好，越能分辨故障点的具体位置。

2）红外分辨率。红外分辨率指的是热像仪的探测器像素，与可见光类似，像素越高，画面越清晰越细腻，同时获取的温度数据越多。

3）视场角（FOV）。探测器上成像的水平角度和垂直角度。角度越大，看到的越广，如广角镜。角度越小，看到的越窄，如长焦镜。所以根据不同的场合选择合适的镜头也是相当重要的。

4）空间分辨率（IFOV）。IFOV 是指在单个像素上所能成像的角度，因为角度太小，所以用毫弧度（mrad）表示。IFOV 受到探测器和镜头的影响，可以发现镜头不变，像素越高，IFOV 越小。反之像素不变，视场角越小，IFOV 越小；同时，IFOV 越小，成像效果越清晰。

5）测温范围。设备可以测量的最低温度到最高温度的范围，范围内可具有多个温度量程，需要手动设置。如 FOTRIC 226 测温范围是 -20 ~ 650℃，温度量程分为 -20 ~ 150℃、0 ~ 350℃和 200 ~ 650℃。尽可能选择符合要求的小量程进行测试，如果测试 60℃ 的目标，选择 -20 ~ 150℃ 的量程会比选择 0 ~ 350℃ 的量程热像图清晰。

6）全辐射热像视频流。保存每帧每个像素点温度数据的视频流，全辐射视频可以进行后期温度变化分析，也可以对每一帧图片进行任意温度分析。

2. 红外热像测温仪的自动校准

目前的红外热像测温仪的精度仍然不理想，具体原因主要包括：

（1）热像测温仪探测器与热辐射为非线性关系　红外热像测温仪是基于黑体辐射理论实现测温的，当热像仪红外元件接受到来自目标和背景的辐射能量后，将其光辐射能信号转换成电信号，经过电子线路放大处理后以热电平 $U_{\Delta\lambda}$ 形式输出。热电平 $U_{\Delta\lambda}$ 值与被测目标的辐射温度 T 值的关系为非线性，具体公式如下

$$U_{\Delta\lambda} = \frac{R}{e^{(B/T)} - F} \tag{8-9}$$

式中，T 为目标等效黑体辐射温度（K）；B、R、F 为热像仪系统的标定常数，仅与热像仪的波段、滤光片、孔径、红外元件响应率及电路放大系统等因素有关。从式中可以看出，电压和温度之间有指数和积分的关系。B、R、F 标定常数在仪器出厂时，一般由厂方设定，然而在使用过程中将不可避免地产生变化。

（2）热像测温仪影响测温精度的因素　热像测温仪的测温结果不仅取决于被测目标的发射率，还取决于测温仪内部的倍率系数、被测目标与热像测温仪之间的距离和角度

等，如图 8-26 所示。

（3）检测精度受环境因素影响严重　其中最主要的有环境温度波动（辐射能随温度的 4~8 次方变化）、外部光源辐射（特别是室外太阳光直射的情形）、气体参数变化（特别是水蒸气的密度）、随机干扰热源等，如图 8-27 所示，现场设置参数困难、滞后，而且需要专业人士才能完成，无法满足室内外不同场合的高可靠筛检要求。

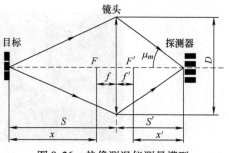

图 8-26　热像测温仪测量模型

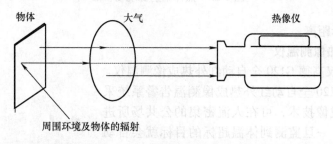

图 8-27　热像测温仪与环境的关系

解决问题的主要方法是进行标定，一般是把标准黑体辐射源置于测量环境之中，作为辐射源并提供准确的温度值，然后用红外热像仪测量其辐射转换的辐射温度或亮度输出，定标方式如图 8-28 所示。

标定过程如下：

1）设定黑体源温度值 $T = T_1$（℃）（可按测量要求改变 T_1 值），待温度稳定后起动红外热像仪。

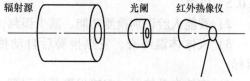

图 8-28　热像测温仪标定原理

2）选定红外热像仪视场和工作波段。

3）红外热像仪探测头对准黑体源，调整红外热像仪位置和焦距，确定测量距离，使成像清晰。

4）根据黑体标定温度范围选择红外热像仪相应测温档位。

5）利用红外热像仪取样区域分析功能键，读取红外热图像中黑体显示的平均温度值 T_1。

6）重新设定黑体源温度值 T_i，重复 1）~5）的操作，得出一组标定值 T_i。

7）由标定数组，可得到红外热像仪温度读出值与标准黑体源温度值的偏差。

图 8-29 为某热像仪的实际现场校准。

在工作实践中发现，以上传统标定方法在选择不同的标定距离时得到的红外热像仪温度读出值略有不同，距离越远，温度值越偏低。其原因在于：如果目标尺寸明显小于视场，背景辐射能量就会进入测温仪的视声符支干扰测温读数，造成误差。在不同距离处，被测目标的有效直径也是不同的。因此，建议被测目标尺寸超过视场大小的 50% 为好，在测量小目标或者目标距离比较远时必须注意目标距离。为此，定义了红外热像测温仪的距离系数为：被测目标的距离 L 与被测目标直径 D 之比，即 $K = L/D$。

在像素数足够多的情况下，主要是受空气中水汽和二氧化碳的影响，因此在实验室中尽

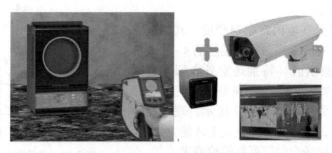

图 8-29　黑体辐射源现场校准

可能采用近的定标距离。

3. 典型红外热像测温仪

图 8-30 为武汉高德 G120 全自动红外热成像测温仪。

产品特点：G120 全自动红外热成像测温告警系统采用军工级红外热成像技术，可在人流密集的公共场所进行快速体温筛查，一旦监测到体温超标的目标就会自动报警并拍照留存，可大面积排查人群中的发热人员，提高疫情防控效率，大大降低传染风险。主要功能与指标：

1）采用自研红外非制冷氧化钒探测器，测温精度在 ±0.5℃ 以内。

2）智能人脸识别检测功能，减少误判，更精准。

3）人体体温筛查，发热报警后自动拍照捕获发热目标。

图 8-30　高德红外 G120 系列测温仪

4）支持自动校温，支持报警预值设置，减少人工作业，效率更高。

5）标配 PC，功能强大，历史数据可查。

图 8-31 为典型的热像仪实际应用场景中红外图与可见光图的对比。

可见光场景

红外场景

图 8-31　可见光与红外热像对比

参 考 文 献

[1] 薛实福，李庆祥. 精密仪器设计 [M]. 北京：清华大学出版社，1990.

[2] 王尔琪，宋德慧. 光学仪器精度分析 [M]. 北京：测绘出版社，1988.

[3] 陈林才，张鄂. 精密仪器设计 [M]. 北京：机械工业出版社，1990.

[4] 鲁绍曾. 现代计量学概论 [M]. 北京：中国计量出版社，1987.

[5] 郑文学，王金波. 仪器精度设计 [M]. 北京：兵器工业出版社，1992.

[6] 王宝琦. 传感器与测量系统特性方程的样条函数最小平方拟合法 [J]. 计量学报，1990 (2).

[7] 孙祖宝. 量仪设计 [M]. 北京：机械工业出版社，1982.

[8] 邓善熙，吕国强. 在线检测技术 [M]. 北京：机械工业出版社，1996.

[9] 庞志成. 液体静动压轴承 [M]. 哈尔滨：哈尔滨工业大学出版社，1991.

[10] 孙方金，陈世杰. 精密轴系回转精度测试 [M]. 哈尔滨：哈尔滨工业大学出版社，1997.

[11] 李志杰. 主轴回转运动精度的误差评定 [J]. 计量学报，1993 (4).

[12] 刘墩. 静压气体润滑 [M]. 哈尔滨：哈尔滨工业大学出版社，1990.

[13] 张善锺. 精密仪器结构设计手册 [M]. 北京：机械工业出版社，1991.

[14] 浦昭邦. 几何量精密计量仪器 [M]. 哈尔滨：哈尔滨工业大学出版社，1988.

[15] 高宏，李庆祥. 亚微米柔性铰链微位移工作台设计及精度分析 [J]. 清华大学学报，1988 (5).

[16] 王家祯，王俊杰. 传感器与变送器 [M]. 北京：清华大学出版社，1997.

[17] 严仲豪，谭祖根. 非电量电测技术 [M]. 北京：机械工业出版社，1988.

[18] 王因明. 光学计量仪器设计 [M]. 北京：机械工业出版社，1989.

[19] 汪成为，高文. 灵境（虚拟现实）技术的理论、实现及应用 [M]. 北京：清华大学出版社，南宁：广西科学技术出版社，1996.

[20] 赵贤森. 经纬仪原理、使用与检定 [M]. 北京：中国计量出版社，1993.

[21] 浦昭邦，赵辉. 超精瞄准定位系统的研究 [J]. 计量学报，1997 (2).

[22] 张国雄，沈生培. 精密仪器电路 [M]. 北京：机械工业出版社，1987.

[23] 赵新民. 智能仪器原理及设计 [M]. 哈尔滨：哈尔滨工业大学出版社，1990.

[24] 季建华，等. 智能仪器原理、设计及调试 [M]. 南京：华东理工大学出版社，1994.

[25] 黄圣园，等. 智能仪器 [M]. 北京：航空工业出版社，1993.

[26] 殷纯永. 光电精密仪器设计 [M]. 北京：机械工业出版社，1996.

[27] 罗先和，等. 光电检测技术 [M]. 北京：北京航空航天大学出版社，1995.

[28] 徐家骅. 工程光学基础 [M]. 北京：机械工业出版社，1994.

[29] 孙培懋，等. 光电技术 [M]. 北京：机械工业出版社，1992.

[30] 李庆祥. 实用光电技术 [M]. 北京：中国计量出版社，1996.

[31] 王清正，等. 光电探测技术 [M]. 北京：电子工业出版社，1989.

[32] 杨国光. 近代光学测试技术 [M]. 北京：机械工业出版社，2002.

[33] 史锦珊，等. 光电子学及其应用 [M]. 北京：机械工业出版社，1991.

[34] 吴震. 光干涉测量技术 [M]. 北京：中国计量出版社，1995.

[35] 高稚允，等. 光电检测技术 [M]. 北京：国防工业出版社，1995.

[36] 任仲贵. CAD/CAM 原理 [M]. 北京：清华大学出版社，1991.

[37] 徐灏. 机械设计手册：第 2 卷 [M]. 北京：机械工业出版社，1991.

[38] 陈祥荣. 仪器仪表中连环机构的优化设计 [J]. 仪器仪表学报，1988，9 (2).

[39] 薛定宇. 控制系统计算机辅助设计：MATLAB 语言及其应用 [M]. 北京：清华大学出版社，1996.

[40] 林正盛. 虚拟仪器技术及其应用 [J]. 电子技术应用，1997，23 (3).

[41] 董仲元，蒋克铸. 设计方法学 [M]. 北京：高等教育出版社，1991.

[42] 电机工程手册编辑委员会. 机械工程手册：机械设计基础卷［M］. 2 版. 北京：机械工业出版社，1996.

[43] 仲梁维，等. 计算机辅助设计教程［M］. 上海：复旦大学出版社，1997.

[44] 何献忠，李萍. 优化设计及其应用［M］. 北京：北京理工大学出版社，1995.

[45] 潘兆庆，周济. 现代设计方法概论［M］. 北京：机械工业出版社，1993.

[46] 蔡萍，赵辉，等. 现代检测技术与系统［M］. 北京：高等教育出版社，2003.

[47] 李庆祥，王东生，等. 现代精密仪器设计［M］. 北京：清华大学出版社，2004.

[48] 费业泰. 误差理论与数据处理［M］. 北京：机械工业出版社，2000.

[49] 浦昭邦. 光电测试技术［M］. 北京：机械工业出版社，2005.

[50] 袁哲俊. 纳米科学与技术［M］. 哈尔滨：哈尔滨工业大学出版社，2005.

[51] 缪家鼎. 光电技术［M］. 杭州：浙江大学出版社，1995.

[52] 江月松. 光电技术与实验［M］. 北京：北京理工大学出版社，2000.

[53] 李志能，叶旭炯. 光电信息处理系统［M］. 杭州：浙江大学出版社，1999.

[54] 顾文郁. 现代光电测试技术［M］. 上海：上海科学技术文献出版社，1994.

[55] 高志允. 军用光电系统［M］. 北京：北京理工大学出版社，1996.

[56] 强锡富. 传感器［M］. 北京：机械工业出版社，2003.

[57] 贾云得. 机器视觉［M］. 北京：科学出版社，2000.

[58] 何照才. 光学测量系统［M］. 北京：国防工业出版社，2002.

[59] 朱京平. 光电子技术基础［M］. 北京：科学出版社，2003.

[60] 张珂，刘国福，等. 仪器科学与技术概论［M］. 北京：清华大学出版社，2011.

[61] 曲兴华. 仪器制造技术［M］. 北京：机械工业出版社，2011.

[62] 徐钟济. 蒙特卡罗方法［M］. 上海：上海科学技术出版社，1985.

[63] 罗继曼，孙志礼. 对曲柄滑块机构运动精度可靠性模型的研究［J］. 机械科学技术，2002，21（6）959－962.

[64] 马洪，王金波. 仪器精度理论［M］. 北京：北京航空航天大学出版社，2009.

[65] 朱文龙. 我国智能仪器仪表的发展现状及趋势［J］. 黑龙江科技信息，2011（2）:80.

[66] 殷莹敏. 浅谈红外热像仪的应用［J］. 山东工业技术，2015（20）：254.

[67] 陶亮，赵劲松，刘传明，等. 高可靠性红外热像仪的设计方法［J］. 红外技术，2014（12）：941-948.

[68] 崔美玉. 论红外热像仪的应用领域及技术特点［J］. 中国安防，2014（12）:90-93.